NOV 0 7 2017

¿Humanos o posthumanos?

FRAGMENTOS, 33

Albert Cortina
Miquel-Àngel Serra
coordinadores

¿HUMANOS O POSTHUMANOS?

SINGULARIDAD TECNOLÓGICA Y MEJORAMIENTO HUMANO

Con 24 fotografías de David Molina

ROUND LAKE AREA
LIBRARY
906 HART ROAD
ROUND LAKE, IL 60073
(847) 546-7060

FRAGMENTA EDITORIAL

Publicado por FRAGMENTA EDITORIAL
Plaça del Nord, 4, pral. 1.ª
08024 Barcelona
www.fragmenta.es
fragmenta@fragmenta.es

Colección FRAGMENTOS, 33

Primera edición MARZO DEL 2015

Dirección editorial IGNASI MORETA
Producción editorial MARINA VALLÈS
Producción gráfica INÊS CASTEL-BRANCO
Fotografías (cubierta e interior) DAVID MOLINA

Impresión y encuadernación AGPOGRAF, S.A.

El importe de los derechos de autor de este libro será destinado a SOM Fundación Catalana Tutelar *Aspanias*
www.somfundacio.org

© 2015 ALBERT CORTINA RAMOS
MIQUEL-ÀNGEL SERRA BELTRÁN
por el cuidado de la edición y sus textos respectivos

© 2015 LOS AUTORES
por sus textos respectivos

© 2015 DAVID MOLINA GADEA
por las fotografías

© 2015 FRAGMENTA EDITORIAL, S.L.
por esta edición

Depósito legal B. 4.505-2015
ISBN 978-84-15518-14-3

PRINTED IN SPAIN

RESERVADOS TODOS LOS DERECHOS

ÍNDICE

A nuestros hijos, Àlex, Anna,
Jaume, Stella-Maris, Àlex, Carmen y Josep,
y a las generaciones futuras

¡No tengáis miedo!

PRESENTACIÓN

Màrius Carol

LA WEB COMO PUNTO DE ENCUENTRO

La gestión del conocimiento en red y la interacción en Internet a menudo son una realidad manifiesta. En tiempos en los que la comunicación en línea que permiten las tecnologías de la información ya se ha popularizado al hacerse extensible no solo al ámbito doméstico, sino también a cualquier usuario poseedor de un dispositivo móvil con conexión a la Red de redes, los usuarios interactúan con fluidez y con pasmosa facilidad en cualquiera de sus formas posibles: chats, redes sociales, foros de discusión de una web, etc.

La web de *La Vanguardia* (www.lavanguardia.com) se ha erigido en los últimos años en un punto de encuentro y en un ágora digital que alberga la discusión de miles y miles de usuarios que cada día comentan las noticias articulando múltiples debates sobre los contenidos informativos publicados, así como sobre otras opiniones de los lectores. Es tal la concurrencia en el espacio digital, que la realidad internauta precisa adoptar las herramientas que permitan encauzar ese ingente volumen de comentarios para garantizar que esos espacios sean utilizados adecuadamente, en beneficio de la misma discusión. Por eso sorprende especialmente cuando un grupo de usuarios —en el caso que nos ocupa, expertos en distintas materias procedentes del ámbito científico, técnico, sociológico, filosófico, teológico o espiritual— concurren a una publicación de *La Vanguardia* en la web y articulan un debate que trasciende más allá de lo constructivo para elevar el nivel hacia lo que podemos denominar *gestión del conocimiento*. Ese valor que aportan supone un mayor atractivo para los usuarios porque no solo transmiten su visión —ya sea desde el punto de vista personal, profesional y/o académico—, sino que sus aportaciones complementan el contenido original e incluso ayudan a mejorarlo, con lo que el resultado es algo exclusivo, de alto nivel cualitativo. Y, además, permanece en la Red, por lo que favorece el dinamismo del debate y se traduce en conclusiones desde voces especializadas en la materia. Aun habiendo numerosos precedentes, el caso que nos ocupa ha llamado poderosamente la atención. El articulista y colaborador de *La Vanguardia* Albert Cortina Ramos —abogado, urbanista y director del Estudio DTUM— junto con el científico Miquel-Àngel Serra Beltrán —biólogo de la Universidad Pompeu Fabra— decidieron emprender este proyecto a partir de un análisis y de una reflexión en la sección de opinión «Temas de debate» del diario *La Vanguardia*. Al participar con sus artículos de opinión, su acertada visión no se quedó congelada como la de los meros espectadores, sino que, además de implicarse en la dinamización de un diálogo abierto, ejercieron el rol de coordinadores, facilitando a los lectores implicados que pudieran emitir sus comentarios de forma ordenada y bien canalizada, lo que se tradujo en un debate exclusivo de alto nivel en el que la mayoría de los participantes son voces reconocidas en su ámbito de especialización.

El resultado es este libro, que recoge esa experiencia, un debate articulado por iniciativa propia que se vio favorecido por la misma inercia del medio digital en un espacio de discusión en el que se implicaron distintas personas con un interés colectivo y con una visión en común que han enriquecido la discusión. Bienvenidos al Debate 3.0: *¿Humanos o posthumanos? Singularidad tecnológica y mejoramiento humano.*

MÀRIUS CAROL PAÑELLA
Periodista y escritor, director de *La Vanguardia*.

INTRODUCCIÓN

Albert Cortina
Miquel-Àngel Serra

Somos naturaleza, y el ser humano y la vida en nuestro planeta evolucionan según las leyes del orden cósmico, desde la trascendencia, confrontados con la trascendencia y aspirando a unirse a la trascendencia, al infinito, a lo eterno...

Seguramente, esa afirmación puede resultar un tanto provocativa en nuestro entorno cultural occidental, neoliberal, materialista y laico, en el que, precisamente en estos momentos históricos, estamos desarrollando una incipiente sociedad del conocimiento, de la comunicación y de la interacción con nuevas formas de vida sintética y de inteligencia artificial. Algunos filósofos y científicos actuales de la corriente transhumanista llegan a afirmar que pronto nos liberaremos de los condicionamientos biológicos impresos en nuestra naturaleza humana, gracias a las tecnologías convergentes o exponenciales, y que, de ese modo, evolucionaremos hacia una nueva dimensión de la conciencia en la que podremos incluso llegar a ser inmortales.

La frase con la que iniciamos esta introducción resume muy bien lo que queremos trasmitir al lector a la hora de abordar dos temas de enorme complejidad y de máximo interés para el presente y para el futuro de la humanidad y de la misma vida en la Tierra: la *singularidad* tecnológica y el *mejoramiento* humano. Ambos temas se han puesto en relación con nuestra propia evolución biocultural y con una posible convivencia e interacción, en las próximas décadas del siglo XXI, entre seres humanos, transhumanos y posthumanos.

El presente libro se ha estructurado en tres capítulos. En el primero, «¿Humanos o posthumanos?», se reproducen los dos artículos publicados en la sección de opinión «Temas de debate» del diario *La Vanguardia*, el día 29 de septiembre del 2013. El *análisis* se centra en la *singularidad tecnológica* y *la clave* aborda el tema del *mejoramiento humano*. En el segundo capítulo, «Debate 3.0», se reproducen los comentarios redactados por una comunidad de doscientas trece personas con diversos perfiles personales, profesionales y académicos que, a lo largo de los doce meses posteriores a la publicación de los dos artículos iniciales, han querido contribuir con su reflexión al Debate 3.0 abierto en *LaVanguardia.com* (<www.lavanguardia.com/opinion/temas-de-debate/20130929/54388125935/humanos-o-posthumanos.html>). Con frases sintéticas o con textos más elaborados, los miembros de esa comunidad han realizado mayoritariamente un ejercicio introspectivo, contrastando sus propias ideas, principios éticos y creencias con determinadas cosmovisiones, conceptos del ser humano, de la naturaleza y de la evolución de la vida en nuestro planeta y en el cosmos, planteadas por movimientos filosóficos, culturales, sociales y políticos, como el transhumanismo.

El tema tiene la suficiente entidad como para interpelar directamente a nuestra inteligencia y a nuestra conciencia. Por ello, y dados los aspectos complejos y las dimensiones poliédricas planteadas, demanda de nosotros, como individuos y como sociedad, una reflexión holística e integrada.

Resulta absolutamente necesario que los expertos y los grupos de poder se presten a un debate transparente con el resto de la sociedad, ya que esta debería conocer más y mejor los proyectos de *mejoramiento humano* y la agenda de *singularidad tecnológica* que se están desarrollando ante la ignorancia o, en el mejor de los casos, la mirada atónita y condescendiente de los ciudadanos del mundo globalizado.

En el tercer capítulo, «¿Presente o futuro?», los dos coordinadores de esta obra coral formulamos interrogantes sobre los diversos aspectos relacionados con las tecnologías emergentes aplicadas al ser humano, a los sistemas naturales y a los hábitats urbanos. La mayoría de esas cuestiones nos exigen ya en estos momentos un posicionamiento ético y un refortalecimiento de los conceptos de humanismo, democracia y bien común.

Nuestra cotidianidad va a verse alterada sustancialmente en pocos años por esa revolución tecnológica, cultural, ética y espiritual que se nos manifiesta todavía hoy de forma incipiente, y necesitamos conocer y analizar, pensar y dudar sobre esas cuestiones ahora que todavía tenemos cierta lucidez. A partir de la enumeración de palabras clave proponemos, en ese tercer capítulo, un conjunto de preguntas sobre las materias desarrolladas en el capítulo anterior para incitar al lector a la reflexión y a continuar el debate con otras personas en sus respectivos ámbitos de relación social, profesional y académica.

Finalmente, hemos seleccionado una bibliografía con la intención de que el lector pueda seguir profundizando en las cuestiones abordadas en el presente libro.

Deseamos que en las páginas que siguen a esta introducción hayamos sabido transmitir confianza en el ser humano, respeto a su dignidad y a la de la naturaleza de la que forma parte, y esperanza en el Espíritu para abordar sin miedo y con responsabilidad nuestro futuro y el de las próximas generaciones.

La redacción de una obra como la que presentamos tiene una deuda con una larga lista de personas y de colectivos que sería excesivamente larga y prolija de relacionar, con el riesgo de omitir involuntariamente alguna de dichas aportaciones. Sin embargo, es justo manifestar públicamente nuestro agradecimiento a Màrius Carol, director de *La Vanguardia*, y a Enric Sierra, subdirector de *LaVanguardia.com*, por la aceptación y el impulso de este proyecto; a Pau Baquero, redactor jefe de Opinión de *La Vanguardia*, por su apoyo para la publicación de los dos artículos iniciales en «Temas de debate»; a Josep Pulido, por la ilustración que acompaña ambos artículos; a Toni Rubies, responsable de Participación y Redes Sociales de *LaVanguardia.com*, por su ayuda entusiasta en todo momento para hacer posible el buen desarrollo del Debate 3.0; al padre Lluc Torcal, prior del monasterio de Santa María de Poblet, por compartir con nosotros sus conocimientos sobre filosofía y física cuántica, así como por su orientación teológica en el taller internacional sobre *human enhancement* impartido en Poblet en junio del 2013 por el profesor Gennaro Auletta; a Elena Postigo, por su generosa aportación bibliográfica y la transmisión de sus amplios conocimientos sobre bioética del *human enhancement* y por sus trabajos académicos sobre el transhumanismo; al padre Josep M. Feliu, por su orientación espiritual y su profunda amistad desde la India; a Josep M. Mallarach, por compartir con nosotros su inestimable visión humanista y ética de la vida, así como por sus conocimientos sobre el paisaje y su concepción de la naturaleza como teofanía; a Emilio Chuvieco, por su seminario sobre ética ambiental celebrado en Cáceres en julio del 2013; al padre Javier Melloni, por la transmisión generosa de su profunda espiritualidad; a la comunidad benedictina del monasterio de Montserrat y especialmente a su padre abad, Josep M. Soler, y al padre Sebastià Bardolet, así como al padre Ramon Ribera-Mariné y al hermano Vicenç Santamaria, por la profundidad y la autenticidad con la que desarrollan sus talleres *Naturaleza y Espiritualidad* en el santuario del Miracle; a Victòria Camps, por las conversaciones compartidas sobre los aspectos éticos planteados por los temas enunciados en la presente publicación; a SOM Fundación Catalana Tutelar *Aspanias*, por la inestimable labor que realiza a favor de las personas con discapacidad intelectual; a todos nuestros buenos amigos y amigas, por las magníficas conversaciones que hemos mantenido a lo largo de los últimos meses sobre esas materias; a Enric Puig, por su intuición y su clara visión de la realidad; a José Manuel Pérez, por sus oportunos mensajes en línea; a Hèctor Tatxé, por su ayuda en el momento preciso; a Alejandro Häsler, por su obra pictórica *Vatikan Apokalypse* actualmente en elaboración; a todos y a cada uno de los autores y autoras de las reflexiones y comentarios expresados en el Debate 3.0 desarrollado en *LaVanguardia.com*; a nuestras compañeras de vida Mercè Mercadé e Imma Vila, por darnos su apoyo incondicional; a los bosques y a los campos de El Pujolet, en Castellterçol, y de El Molinet, en Bell-lloc d'Urgell, en las horas placenteras del verano del 2013; a las señales visibles e invisibles en el paisaje nocturno del cosmos contemplado desde Poblet.

Asimismo, deseamos expresar nuestra gratitud a todo el equipo de Fragmenta Editorial por la magnífica edición del libro. Finalmente, queremos agradecer a David Molina las estupendas fotos que acompañan al texto, y a las personas que han cedido su imagen para dicho reportaje fotográfico, así como al Ayuntamiento de Sant Cugat del Vallès, por la cesión de las Google Glass para una de las fotografías, y al Barcelona Supercomputing Center – Centro Nacional de Supercomputación (BSC-CNS), por facilitarnos captar la imagen del superordenador MareNostrum.

I

¿HUMANOS O POSTHUMANOS?

ALBERT CORTINA Y MIQUEL-ÀNGEL SERRA

ANÁLISIS: SINGULARIDAD TECNOLÓGICA

Albert Cortina

El proyecto humano es abierto; la integración cognitiva será clave en esa etapa evolutiva del hombre y de la noosfera

PARA EL INGENIERO de Google Ray Kurzweil, la singularidad tecnológica o «Singularidad» está cerca. Nuestra especie está a punto de evolucionar artificialmente y de convertirse en algo diferente de lo que ha sido siempre. ¿Estamos preparados para afrontarlo?

La Singularidad será un acontecimiento que sucederá dentro de unos años, con el aumento espectacular del progreso tecnológico debido al desarrollo de la inteligencia artificial. Eso ocasionará cambios sociales inimaginables, imposibles de comprender o de predecir por cualquier humano anterior al citado acontecimiento. En esa fase de la evolución se producirá la fusión entre tecnología e inteligencia humana. Finalmente, la tecnología dominará los métodos de la biología hasta dar lugar a una era en que se impondrá la inteligencia no biológica de los posthumanos, que se expandirá por el universo.

Kurzweil pronostica que el siglo XXI marcará la liberación de la humanidad de sus cadenas biológicas y la consagración de la inteligencia como el fenómeno más importante de nuestro universo. Los ordenadores tendrán una inteligencia que los hará indistinguibles de los humanos. De esa forma, la línea entre humanos y máquinas se difuminará como parte de la evolución tecnológica. Los implantes cibernéticos *mejorarán* a los seres humanos al dotarlos de nuevas habilidades físicas y cognitivas que les permitirán actuar integradamente con las máquinas.

Hay que decir que Kurzweil es un insigne representante de la ideología transhumanista, muy extendida en ámbitos científicos que desarrollan tecnologías NBIC —nanotecnología, biotecnología, tecnología de la información, ciencia cognitiva— y en otros que promueven la inteligencia artificial, la robótica o la neurociencia espiritual, así como entre filósofos, intelectuales, financieros y políticos que buscan una finalidad: la «mejora» de la especie humana, el cambio en su naturaleza y la prolongación de su existencia.

El filósofo Nick Bostrom ha definido el transhumanismo como un «movimiento cultural, intelectual y científico que afirma el deber moral de mejorar las capacidades físicas y cognitivas de la especie humana, y de aplicar al hombre las nuevas tecnologías a fin de que se puedan eliminar los aspectos no deseados y no necesarios de la condición humana: el padecimiento, la enfermedad, el envejecimiento e, incluso, la condición mortal».

Según esa visión, hay que diferenciar entre transhumano y posthumano. El primero sería un ser humano en transformación, con algunas capacidades físicas y psíquicas superiores a las de un humano *normal*. En cambio, un posthumano sería un ser —natural-artificial— con unas capacidades que sobrepasarían de forma excepcional las posibilidades del hombre actual. Esa superioridad sería tal que eliminaría cualquier ambigüedad entre un humano y un posthumano, completamente diferente y más *perfecto*.

Por otra parte, la visión *smart city* propone que el hábitat humano mejore tecnológicamente a través de la llamada *inteligencia ambiental*. Las tecnologías aplicadas al territorio y a la ciudad entendida como un sistema de información permitirán abstraer esa información de su soporte físico material, integrándola en un sistema operativo externo que facilitará una gestión urbana más inteligente.

¿Se implementará en los próximos años una noocracia democrática basada en la inteligencia colectiva, en la sincronización global de la conciencia humana y en el poder distribuido horizontalmente? ¿O bien el desarrollo de la Red como Supercerebro de Gaia comportará un totalitarismo cibernético?

Estamos ante un gran debate sobre el futuro de la condición humana, la organización social, el hábitat urbano, el misterio de la iniquidad y nuestra relación con el orden natural que rige el mundo y el cosmos. Para abordarlo, hace falta una gran dosis de prudencia y de responsabilidad. El proyecto humano es abierto. La integración cognitiva será clave en esa etapa evolutiva del hombre y de la noosfera. Necesitaremos un humanismo fundamentado en la conciencia universal, abierto a la trascendencia, centrado en la libertad y en la dignidad de la persona, en su esencia, belleza y perfeccionamiento integral. El ser humano es aquel que equilibra condición biológica y dimensión espiritual. Los mecanismos clave de la evolución humana son el amor y el altruismo. La evolución va hacia el Espíritu.

La racionalidad del cosmos puede entenderse mediante la ley natural, fundamento del derecho positivo y de la ética universal que identifica el bien común en cada momento y situación. La conciencia en sentido amplio, los principios morales y una democracia avanzada y justa permitirán fijar medidas de autocontrol y definir los límites infranqueables ante las nuevas tecnologías con el fin de evitar, en el futuro, el dominio absoluto de unos cuantos posthumanos sobre el resto de la humanidad.

29-9-2013

ALBERT CORTINA RAMOS

Abogado y urbanista (UAB y UPC). Director del Estudio DTUM, despacho que desde 1992 está especializado en urbanismo, ordenación del territorio, medio ambiente, gestión del paisaje y gobernanza inteligente. Máster en Estudios Regionales, Urbanos y Metropolitanos (UAB). Máster Oficial en Estudios Territoriales y de la Población (UAB). Ha sido miembro de diferentes equipos redactores de planeamiento urbanístico, territorial y estratégico. Asesora a gobiernos, a organismos públicos y a agentes privados en la implementación de políticas y de instrumentos de regulación, de intervención y de gestión de la ciudad y del paisaje. Es impulsor de procesos de implicación ciudadana, de mediación y de concertación territorial, consultor en estrategia para un urbanismo 3.0 y un hábitat urbano inteligente y sostenible integrado en la sociedad global del conocimiento, y miembro de grupos de investigación sobre ética aplicada a la intervención en la ciudad, en el territorio y en el paisaje. Imparte docencia en diferentes universidades y es autor de publicaciones especializadas en dichas materias. También es socio y secretario de la junta directiva de la Sociedad Catalana de Ordenación del Territorio (SCOT), filial del Instituto de Estudios Catalanes.

LA CLAVE: MEJORAMIENTO HUMANO

Miquel-Àngel Serra

El mejoramiento *humano pone en riesgo nuestra existencia como especie*

El filósofo Albert Camus afirma que «el hombre es la única criatura que rechaza ser lo que es». Ese inconformismo explica el éxito evolutivo del *Homo sapiens*: nuestra extraordinaria capacidad de adaptación al medio, desde las sabanas africanas, hace 40.000 años, al espacio exterior. El transhumanismo quiere introducir artificialmente unas *mejoras* —genéticas, orgánicas, tecnológicas— en el hombre con el objetivo declarado de hacerlo más feliz. Nos podemos imaginar no ya los deseables resultados de la medicina regenerativa o de la robótica, sino verdaderos cíborgs —seres biónicos— con chips integrados que les permitan interactuar mentalmente con otros individuos y con superordenadores o androides. O bien superatletas que representen el dopaje fisicoquímico perfecto y dejen atrás a nuestros Usain Bolt o Ryan Lochte. Esas modificaciones neuronales/conductuales también podrían alterar nuestros procesos deliberativos y comprometer nuestra libertad.

Debemos reflexionar prudentemente y dotarnos de regulaciones adecuadas que respeten los principios de libertad, de igualdad y de fraternidad, que son primordiales para todo el mundo. Sin embargo, la *mejora* humana promovida por el transhumanismo comportaría, a la larga, la desaparición de lo que somos ahora, quizá pasando por una más o menos larga sumisión a los nuevos posthumanos. ¿Estamos preparados para eso, o bien pensamos que hay que conservar nuestro patrimonio genético —cuya manipulación es objetivo prioritario de los transhumanistas—

y seguir siendo *hombres*, con nuestra dignidad inalienable? Los códigos bioéticos prohíben la modificación genética de las células de la línea germinal, precisamente con el fin de evitarlo. Cada día conocemos mejor nuestro genoma, pero también crece lo que desconocemos.

¿Pensamos de verdad que unos seres *posthumanos* superdotados física y cognitivamente serían más felices? ¿Queremos acabar convirtiéndonos en sociedades totalitarias, como las reflejadas en los filmes *Gattaca*, *La isla* o el más reciente *Elysium*, en el que esos *posthumanos* dominan y desprecian a los humanos *normales*? ¿Sería justo que unos cuantos —seguramente los más ricos— tuvieran acceso a todas esas *mejoras*, mientras que una gran mayoría quedara al margen? El hombre ha triunfado evolutivamente porque ha sido y es cooperativo, no porque haya sido o sea egoísta. Albert Einstein decía que «Dios no juega a los dados»; a ver si seremos ahora los hombres los que juguemos a ellos. Pero mucho cuidado, porque el riesgo de perder será nuestra desaparición como especie.

29-9-2013

MIQUEL-ÀNGEL SERRA BELTRÁN

Doctor en Biología (UAB) e investigador de biomedicina (neurociencias). Máster en Liderazgo y Gestión de la Ciencia (interuniversitario, UPF, UB y UAB). Es gestor de investigación del Laboratorio de Neurofarmacología del Departamento de Ciencias Experimentales y de la Salud de la Universidad Pompeu Fabra (Barcelona) desde el 2005. Fue investigador científico de la Comisión Europea en el Centro Común de Investigación de Ispra (Varese, Italia) durante más de catorce años, donde trabajó en diferentes proyectos europeos en el ámbito de la toxicología ambiental y de la salud humana (1988-2002). Después regresó a España y fue decano de la Facultad de Ciencias de la Salud y profesor agregado de Biología Molecular y Celular de la Universidad Internacional de Cataluña, de cuyo Centro de Estudios de Bioética también fue miembro (2002-2005). Está implicado en proyectos internacionales en el ámbito de las neurociencias y de la salud humana, imparte docencia en el campo de la bioética y de la gestión de la investigación científica, y es autor de publicaciones especializadas en neurociencias y en bioquímica. También es socio fundador de CiViCa.

II

DEBATE 3.0

COMUNIDAD DE 213 PARTICIPANTES

I

No podemos creer que el futuro será la perfección tecnológica

Ante el debate abierto y complejo de la globalización y el poder de la tecnología se exponen los conflictos que la ausencia de un orden —lógico— global, normalizado y armonizado genera en el medio ambiente y en el tradicional orden cultural. Es, sin duda, el resultado de la simplificación y de la imposición de la realidad de la expansión mercantil y de los valores inducidos que la acompañan, último eco de la colonización que Europa inició siglos atrás. Es la ausencia de una convivencia justa y equilibrada que genera abusos, errores y conflictos ecológicos de primer orden, en los que también incluyo las guerras y las matanzas humanas. ¿Qué conclusión podemos sacar? Que no podemos seguir simplificando más nuestras voluntades ni creer que el futuro será la perfección tecnológica, no podemos porque, haciéndolo, nos limitamos y limitamos la evolución de la vida, tensando los lazos que nos unen los unos a los otros, que unen a la humanidad con la vida; es el amor y la espiritualidad que Albert Cortina cita en su artículo. Existe un grave error, que no es otro que el de pensar que el ser humano es el que mejor se ha adaptado al mundo, cuando en realidad es al revés: es el ser vivo que peor lo ha hecho porque no se ha integrado en él.

1-10-2013

ANDREU MARFULL PUJADAS
Arquitecto y urbanista, director de Filatura urbana. Taller de la cuestión urbana.

2

Antes de aspirar a vivir eternamente debemos evitar la muerte de nuestros congéneres

Me ha gustado e inquietado la reflexión suscitada en este debate. Me inquieta pensar que ese movimiento estará en manos de las personas que ostentan el capital y que lo llevarán a cabo de forma no democrática. Las nuevas tecnologías no se han democratizado, más allá del uso de las redes sociales, que, por otra parte, ya son un escenario de control por parte de gobiernos supuestamente democráticos. Hemos vivido un gran desarrollo tecnológico, pero me parece que estamos sumidos en una involución espiritual. En la sociedad capitalista, todo se ha comercializado, incluido el ser humano; todo se basa en el consumo masivo de unas necesidades ilusorias, hedonistas... Nos convertimos en *homo consumens* y no en *bios politikos.* Opino que debemos reconstruir una sociedad donde el ser humano, y no la economía, sea el centro; una sociedad en la que el hombre sea capaz de vivir en armonía con el planeta. Nuestra primera misión es cuidar nuestra casa, la Tierra, en vez de fantasear sobre la posibilidad de conquistar galaxias. Antes de aspirar a vivir eternamente, creo que debemos evitar la muerte de nuestros congéneres, cincuenta mil de los cuales mueren a diario ante nuestra supina indiferencia. Ciertamente, creo que precisamos de una mayor evolución espiritual.

2-10-2013

SALVADOR SIMÓ ALGADO
Doctor en Educación Inclusiva. Máster en Administración de Empresas. Terapeuta ocupacional, profesor del Departamento de Salud y Acción Social, y coordinador del Postgrado Internacional en Emprendimiento Social y Desarrollo del Territorio de la Universidad de Vic.

3

El ser humano siempre está en progresivo perfeccionamiento hacia el espíritu

Creo que ese artículo sobre «Singularidad tecnológica» que nos ofrece Albert Cortina en el contexto del debate más general sobre «¿Humanos o posthumanos?» hay que entenderlo después de haber reflexionado sobre el contenido de otros dos artículos de ese autor publicados también en *La Vanguardia*: «Urbanismo 3.0» y «Custodia de la Creación». En mi opinión, el ser humano, siempre en progresivo perfeccionamiento hacia el Espíritu, es tan sublime en su humanidad que es capaz de componer e interpretar magníficas alabanzas al cosmos: *Polyeleos* —monasterio de Chevetogne— o «Norma» —*Casta diva*— interpretada por Sumi Jo.

2-10-2013

CARLOS BATLLE SEGURA
Interiorista.

4

La libertad es lo que permite al ser no mental manifestarse

Me conformo con las bienaventuranzas y una humilde vela. Si bien se me hace tremendamente atractiva la singularidad tecnológica, tengo a bien recelar del hombre y no de ella, tengo a bien creer en un espíritu que habita un cuerpo y no en una máquina que habita un cuerpo. No soy ingeniero de mundos mecánicos, me basta el aire que respiro y el hacer de lo humano. La inteligencia vivirá su edad de oro, pero ¿qué es aquello que informa la materia? ¿No será que estamos preparando un próximo encuentro de civilizaciones exoplanetarias? El debate está abierto. También se bendice la ignorancia. Respirad, que todo pasa, y, en cualquier caso, sed conscientes de que estamos llevando fuera de nosotros todo nuestro potencial de programación y de información en forma de artilugios creados con una intención discutible en términos de evolución espiritual. Las máquinas no dejan de ser un exocerebro humano controlado por un programa de ceros y de unos. En cualquier caso, se trata de controlar algo, algo que en última instancia es libertad, y la libertad es lo que permite al ser no mental manifestarse, así que, sencillamente, van a tratar de confiscar tu libertad.

2-10-2013

ANDRESH COCA FERNÁNDEZ
BioPoetah.

5

Una puerta abierta hacia la dualidad de la humanidad

Sí, esa es la puerta que se abre. El tema será el de una humanidad dual: una extensión que se nos escapará y que podrá ser incorpórea y galáctica, y otra mísera dentro de la Tierra, profundizando en lo que desde Marx sabemos.

2-10-2013

MANEL LARROSA PADRÓ
Doctor arquitecto, miembro de la Fundación Bosch y Cardellach.

6

La tecnología da más herramientas de control al poder

La verdad es que, por un lado, parece que la tecnología nos libera porque nos permite conectar mejor entre nosotros, evitar intermediarios, tener tecnología y *softwares* abiertos, poder disponer de más acceso a la información y de más control sobre la naturaleza humana; pero, por otro, da más herramientas de control al poder cuando, teniendo tantas opciones y fuentes de información para elegir, simplemente nos quedamos siempre con las mismas. Así se controla mejor y la información es menos verificable. Por lo tanto, como dice Albert Cortina, tenemos grandes herramientas para mejorar, pero a la vez nuevos retos y elementos de control que crear para que el progreso no se vuelva en nuestra contra.

2-10-2013

ALBERT GOMÀ SALA
Responsable de Social Innova y colaborador del Instituto de Estudios Andorranos, centro de investigación social.

7

El progreso técnico debe estar al servicio de la preservación de la libertad y de la dignidad humana

Es muy interesante el artículo de Albert Cortina, que, juntamente con el de Miquel-Àngel Serra, pone el acento en lo verdaderamente relevante de este debate —y de todos—, que no es el progreso técnico en sí mismo, sino la dignidad humana. El progreso técnico es, obviamente, muy loable y muy necesario, pero es simplemente instrumental y, si no va dirigido a preservar la libertad y la dignidad de los hombres, hechos a imagen de Dios, sirve para bien poco.

2-10-2013

ARNAU GUASCH SOL
Abogado.

8

Nos estamos rediseñando. Tenemos que protegernos de nosotros mismos

Buen retrato, tan inquietante como apasionado, de la época de transformaciones que estamos viviendo. Algunos la ven como un hecho nuevo, pero también se puede interpretar como una etapa más en la evolución de la humanidad. Desde que empezamos a usar utensilios rudimentarios no hemos dejado de dotarnos de extensiones de nuestro cuerpo o prótesis, que han mejorado nuestras facultades naturales. La novedad es que, hasta hoy, esas extensiones las hemos proyectado hacia el exterior y, ahora, lo hacemos también hacia dentro, hacia nuestro propio cuerpo y su interior más profundo, el cerebro. Nos estamos rediseñando. Todas las revoluciones tecnológicas han comportado cambios importantes en la vida social y colectiva, así que la actual no será una excepción. Probablemente se acercan transformaciones intensas que apenas entrevemos. El autor del artículo «Singularidad tecnológica» nos advierte de algunos peligros y se muestra optimista: «Los mecanismos clave de la evolución humana son el amor y el altruismo», nos dice. Convendría ser prudentes, no obstante, y no pasar por alto que el odio y el egoísmo son, también, constituyentes de nuestro diseño natural y de nuestro bagaje cultural. Parece una paradoja, pero debemos protegernos de nosotros mismos.

2-10-2013

JAUME BUSQUETS FÀBREGAS

Geógrafo. Profesor de la Facultad de Educación de la Universidad de Barcelona. Presidente de la delegación territorial de Cataluña del Colegio de Geógrafos. Ha sido subdirector general de Paisaje y Acción Territorial del Departamento de Política Territorial y Obras Públicas de la Generalitat de Cataluña. Su trayectoria profesional está vinculada a los ámbitos de la didáctica, la geografía y el paisaje.

9

Los valores se miden según los otros valores que han de sacrificarse para obtenerlos

Me ha gustado mucho el artículo, especialmente ver como Albert Cortina amplía el debate con la referencia a las *smart cities*, o sea, a la supuesta mejora del yo junto con la supuesta mejora del entorno. Aquí se me ocurre que también se podría añadir un vínculo no solo con el entorno, sino también con la paradoja de que, mientras que muchos científicos están trabajando en una dirección transhumanista, vemos como los grandes retos del siglo XXI siguen siendo la seguridad alimentaria, la salud, la educación básica, etc., en un contexto de crecimiento demográfico exponencial. Resulta inquietante ver ese desarrollo en dos velocidades. Es decir, una parte de la población del planeta está casi centrada en cuestiones básicas de supervivencia y otra parte está en pleno inicio de una era tan tecnológica como la nuestra. Sí, me parece que la evolución transhumanista va más encaminada a resolver cuestiones del «hombre occidental».

En uno de los enlaces que se sugieren, María Pilar Núñez menciona brevemente, en una ponencia en el Parlamento Europeo, la escisión entre pobres y ricos, además de la importancia del sufrimiento, de la confianza, del amor, etc., como pilares fundamentales, muy por encima de cualquier avance transhumanista. Se me ocurre que una brecha importante entre superhombres y hombres podría claramente venir de un agotamiento de los recursos, de un día en el que un microchip, por ejemplo, necesite un material que apenas se encuentre en la naturaleza y no haya microchips para todos —como sí hay ahora móviles para todos. En el artículo de Miquel-Àngel Serra se apunta la felicidad como clave de esos debates, con lo que estoy de acuerdo, aunque lamentablemente parece que muchas veces se ignora esa cuestión. Serra cita la película *Elysium*, que no he visto, pero se me ocurre otra, titulada *Oblivion*, que, aunque aparentemente es un *locus amoenus* postmoderno del señor Cruise, casi da mejor imagen de la vida cíborg que de la humana. Esa idea se relaciona con lo que hablábamos de Hollywood la última vez. Creo que siempre hay que ver las grandes tendencias y no casos aislados de películas u obras culturales.

Zygmunt Bauman, en su libro *El arte de la vida*, reflexiona sobre muchos de esos temas, por ejemplo, cuando dice que los valores se miden según los otros valores que han de sacrificarse para obtenerlos, cuando afirma que todos nos consideramos iguales, si bien en realidad somos incapaces de ser iguales al resto, o cuando nos define a todos los hombres como artistas, lo queramos o no, porque vivir es un arte complejo. Sobre lo complicado de vivir —y el debate sobre mejoras tecnológicas y transhumanismo lo es, y mucho—, me viene a la cabeza lo que dice Edgar Morin en *Para una política de la civilización*: no podemos dejarnos abrumar por la complejidad y, a la vez, no podemos reducir nuestro mundo a unos pocos principios rectores. Él pone el acento en estos principios: solidaridad, cohabitación, regeneración y moralidad.

4-10-2013

FRANCISCO MARTÍN RUIZ
Licenciado en Ciencias de la Información y máster en Medios de Comunicación Europeos. Estudiante de doctorado en sociología y antropología. Técnico de Proyectos de la Fundación de Cultura Islámica.

10

Hace falta divulgar más, debatir más. En definitiva, saber más

Encontrar la justa medida que nos permita discernir entre fines es aquello que debe preocuparnos cuando hablamos de posthumanismo. Ir tras Sloterdijk es una empresa que no tiene demasiado sentido si no defendemos el cinismo que parece haberse instalado. Ahora bien, enfrentarse a tal cinismo respecto a lo humano requiere de una capacidad crítica y de una honestidad intelectual —para aceptar los implícitos que se están manejando bajo la presunta neutralidad científica— que están a años luz de lo que pudiéramos esperar de ellas. Hace falta divulgar más, debatir más. En definitiva, saber más, porque ese tema, como tantos otros que no se tratan, será uno de los que definirán el modelo civilizatorio en los próximos cincuenta años.

5-10-2013

CRISTIAN PALAZZI NOGUÉS DE TRUJILLO
Profesor de Filosofía y editor de la revista *Diàlegs*.

11

La última palabra no la tendrá la híbrida vía transhumana que pretende crear un paraíso artificial, sino la naturaleza

Felicito a los autores de ambos artículos por haber planteado este debate. Se trata, en efecto, de uno de los retos globales más graves que tenemos planteados. De tan inmenso parece invisible. El mito del progreso tecnológico indefinido, que asegura que el paraíso está en un futuro terrenal y que superaremos la muerte uniéndonos con máquinas de última generación, se revela con toda su siniestra amplitud. Desarrollándose en secreto, traspasando las «líneas rojas» antes de que puedan ser debatidas, se impone a una sociedad anestesiada por el «pensamiento único» y atemorizada ante la pérdida de bienestar material. Por eso son tan de agradecer las reflexiones éticas profundas y serenas, al margen de consignas propagandísticas. La esperanza, en ese sentido, comportaría liberar el desarrollo tecnológico del tiránico control de una plutocracia cada vez más poderosa, desprovista de límites éticos. A pesar de todo el sufrimiento que pueda acarrear, la última palabra no la tendrá la híbrida vía transhumana que pretende crear un paraíso artificial, sino la naturaleza, contra cuyas leyes implacables se estrellará la pretensión de las elites de dominar a la humanidad.

5-10-2013

JOSEP M. MALLARACH CARRERA
Doctor en Ciencias y máster en Ciencias Medioambientales. Licenciado en Ciencias Geológicas. Miembro del comité directivo del Grupo de Especialistas en Valores Culturales y Espirituales de la Comisión Mundial de Áreas Protegidas de la Unión Internacional para la Conservación de la Naturaleza (UICN) y coordinador de la asociación Silene.

12

La simbiosis hombre-máquina parece inevitable

Kurzweil y Kaczynski suponen las dos versiones extremas de la cuestión. Lo más probable es que Kurzweil tenga razón: ¿quien tiene un hijo ciego no querría que tuviese ojos artificiales? ¿O un corazón artificial? ¿O piernas artificiales? De esa manera, paso a paso, la simbiosis hombre-máquina parece —nos guste o no— inevitable.

5-10-2013

ANDREU ULIED SEGUÍ
Doctor ingeniero de Caminos, Canales y Puertos. Socio-director de Mcrit, S. L. Experto en planificación estratégica y evaluación. Presidente de la Fundación Ersília dedicada a la innovación educativa.

13

El reto es mantener el equilibrio entre conciencia individual y conciencia colectiva

Evolución es hibridación y parece inevitable la incorporación de la tecnología —instrumento— a la biología humana —naturaleza— mediante la inteligencia del hombre. Como dice Albert Cortina, hay que apelar a la conciencia para que fije medidas de autocontrol que eviten que unos pocos redefinan, en nombre del resto, conceptos como *mejora del ser humano* o *felicidad*. El reto es mantener el equilibrio entre conciencia individual y conciencia colectiva. Comparto con Miquel-Àngel Serra su reflexión acerca de que el hombre es cooperativo y no evoluciona cuando es egoísta. La tecnología y un mundo de redes deberían contrarrestar el poder que unos pocos egoístas también pretendan obtener. Si el inquietante transhumanismo pretende la mejora biológica del ser humano, veo necesario el contrapunto que significa la aportación de la tecnología para reforzar la conciencia colectiva en el soporte físico en el que se relaciona el ser humano. Mejorar el hábitat urbano con la inteligencia artificial es una oportunidad para que tecnología, ser humano y entorno físico hagan evolucionar la conciencia colectiva con la implicación del individuo y la creación de redes sociales, hacia ese poder distribuido horizontalmente del que habla Albert Cortina.

5-10-2013

FIDEL VÁZQUEZ ALARCÓN
Arquitecto de Unite Arquitectes y director de Servicios de Urbanismo y Planificación Estratégica del Ayuntamiento de Gavà; tiene un Program for Management Development (PMD) de ESADE Business School.

14

Siempre habrá algo en el ser humano que no se podrá cambiar

Considero muy acertado e interesante que se someta a debate una cuestión tan importante para la humanidad como la que plantea Albert Cortina en su artículo. Para ser breve, diré que creo que, pese a los cambios que viviremos como humanidad, siempre habrá algo en el ser humano que no se podrá cambiar. Aprovecho para hacer una recomendación bibliográfica: *Contra la perfección. La ética en la era de la ingeniería genética*, libro del profesor Michael Sandel, de la Universidad de Harvard, editado por Marbot en el 2007.

6-10-2013

ESTER BUSQUETS ALIBÉS
Diplomada en Enfermería y licenciada en Filosofía, profesora de Bioética de la Facultad de Ciencias de la Salud y el Bienestar de la Universidad de Vic y directora de la revista *Bioètica & Debat*, que publica el Instituto Borja de Bioética de la Universidad Ramon Llull.

15

La naturaleza es y será siempre la que dicte el equilibrio

La ciencia sin espiritualidad nos lleva a la destrucción y a la infelicidad.
GHANDI

La ciencia debe percibirse de forma más humilde porque no es la verdad, tan solo es como una filosofía que busca la verdad. Las verdades científicas de hoy podrían considerarse falsas mañana, ya que avanzamos hacia la comprensión del universo, de la materia, de la vida, pero no lo hemos conseguido todavía, tan solo nos hemos aproximado. Nada más. Por eso sabemos que la mayor parte del universo y de su amplia realidad es aún desconocida para nosotros, precisamente por la limitada percepción de nuestra dimensión humana. Podríamos conseguir logros positivos que nos ayudasen a vivir mejor y a evolucionar o, contrariamente, a causa de un exceso de soberbia más allá del impulso natural por crecer y por evolucionar, podríamos confundirnos y llegar a extremos como jugar a ser dioses con aspiraciones omnipotentes. Nadie haría nada mejor por evolucionar o por revolucionar una especie de lo que el propio ritmo de la naturaleza sería capaz de hacer por sí solo, y menos aún queriendo acelerar la velocidad del proceso de manera artificial —aunque, en realidad, de una forma más imperfecta y más fallida, por muchos superordenadores que participen. La inteligencia del universo y de la naturaleza es y será siempre infinitamente incomparable al intelecto del ser humano, porque este tiene una capacidad de percepción de la realidad limitada, sobre todo si intenta acceder a la verdad más trascendente desde su intelecto o desde la lógica calculada por su racionalismo, o incluso por el del más sofisticado ordenador con inteligencia artificial que pudiera existir. Todo está compuesto a partir de la «inteligencia» del universo, que lo ha creado todo y, por lo tanto, nada dentro de ese universo puede ser más inteligente, ya que también sería una consecuencia derivada de la suprema inteligencia dictada por la naturaleza del cosmos.

Quizá habría que cuestionarse la forma de lograr esa evolución si importa más la velocidad a la hora de adelantar el proceso o la calidad, aunque el primero sea más lento —lento bajo nuestra percepción humana, mundana, no bajo la percepción de la escala de tiempo en su conjunto, ni de la vida ni del universo.

Por lo tanto, ¿no es preferible que sea la naturaleza la que, con mayor sutileza y belleza, lleve a cabo esa labor, y no unos cuerpos llenos de ego que tienen miedo de morir y de envejecer, pero que esconden un retrato de Dorian Gray en la recámara interior de un corazón inmaduro? El ser humano jamás se podrá acercar a la calidad constructiva y evolutiva de la naturaleza, por lo menos no desde su mente, y mucho menos a partir de ideas proevolutivas que nacen de una psique cargada de sombras y de un ego elevado a la máxima potencia, ese ego que tanto se promueve en nuestra reciente sociedad mercantil, que ha profanado y puesto en venta los valores éticos más sagrados o elementales.

Cada vez más personas, a lo largo y ancho del globo, admiten sentirse decepcionadas con respecto a nuestro sistema actual en sus diversas formas, un sistema que promueve un modelo socioeconómico basado en el consumo desmedido y en metas materiales, modelo que no da la felicidad ni señala el camino para aproximarse a ella, y menos aún si explota los recursos de la naturaleza de manera acelerada e insostenible hasta límites irreversibles y causa daños y destrucciones irreparables, a menudo a costa de vidas humanas e, incluso, de mentiras. Sin embargo, muy pocos son los que logran inmunizarse contra la hipnosis colectiva que se ha instalado en las mentes de los hombres de nuestra llamada «sociedad mercantil». El ser humano actual es un ser programado, desde su más tierna infancia, para acumular cosas. Frecuentemente, incluso antes de haber logrado adquirirlas ya se encuentra ante la amenaza de la oferta de los nuevos modelos que aparecen en el mercado, con más prestaciones y ventajas. Pero ¿a costa de qué? Muchas veces, a costa de vender un pedacito de nuestra alma, de nuestra libertad verdadera. Y ese hecho se produce por medio de la hipnosis que sufre la mente humana y que tan bien queda reflejada en la película *Matrix*, basada en el mito de la caverna de Platón. Una vez más se está vendiendo, pero ahora se trata de un gran *new model* de última generación que brilla en las letras tintineantes tan bien vendidas por esa mercadotecnia que tan a menudo pretende atraparnos a todos en sus redes, atrayéndonos como consumidores enfebrecidos que acudimos en masa a comprar ese «último modelo» tan codiciado. «Todo el mundo quiere vivir en la cima de la montaña, sin saber que la verdadera felicidad está en la forma de subir la escarpada» (García Márquez).

Todo eso, motivo por lo que aquí se plantea este gran debate, es algo bastante grave que se cocina progresivamente, trabajando sobre la identidad de la persona y sobre sus valores éticos hasta crear generaciones huérfanas de estos con el fin de que la sociedad se preadapte a la aceptación de un nihilismo activo de ese calibre. A través de una vanidad extrema y en continuo crecimiento, lo que se pretende es la creación del «superhombre», un hombre sin defectos, sin enfermedades, que no envejece, perfecto —término cuyo significado es muy subjetivo. Ni Adolf Hitler lo hubiera imaginado en sus mejores sueños. Se trata de una elite dominante, que no solo nos atrapa en sus redes comerciales como a bobos para llenar sus arcas de oro mientras crece la desigualdad y se destruye la humanidad entre las personas, sino que anhela fervientemente tomar la posición de Dios, quizá precisamente porque no cree en él ni en la dimensión trascendente de la vida, del ser humano y de su esencia profunda, y probablemente motivada por su ego ensimismado, debido a sus fracasos personales en el amor. Además lo hace, como ya se ha comentado, traspasando las líneas rojas antes de que puedan ser debatidas y sometidas a reflexión por la sociedad, utilizando como estrategia la famosa alegoría de la rana en la cazuela, que cabe recordar y tener presente:

> Si se echa una rana a una olla con agua hirviendo, esta escapa inmediatamente y salta hacia afuera. En cambio, si inicialmente en la olla ponemos agua a temperatura ambiente y echamos una rana, esta se queda tranquilamente dentro de la olla. Y cuando, a continuación, comenzamos a calentar el agua poco a poco, la rana no reacciona bruscamente, sino que se va acomodando a la nueva temperatura del agua hasta perder el sentido y, finalmente, morir literalmente hervida.

La naturaleza es y será siempre la que dicte el equilibrio, y nosotros nos vemos amenazados por nosotros mismos con una idea delirante de progreso, que sería como esa pluma al borde del precipicio que puede hacer que todo se desplome en un momento si se ve alterado el equilibrio por algo que está de más. En este momento nos encontramos ante una gran oportunidad de reflexión que puede cambiar para siempre de forma drástica el destino de la especie humana y de su existencia.

6-10-2013

JOSÉ MANUEL PÉREZ MARTÍN
Estudiante de Psicología Transpersonal.

16

El problema radica en el control y en los intereses de unos pocos

Felicidades por el artículo a Albert Cortina, que plantea una reflexión sobre el nuevo escenario biotecnológico pero a la vez ético. La tecnología puesta al servicio de la ciudad, del territorio, de la medicina, de la ciencia, de la cultura, de las personas, en definitiva, es y debe ser el gran objetivo común. El problema radica, siempre ha sido así, en los intereses por el control de la ciudad, del territorio, de la medicina, de la ciencia, de la cultura, de las personas…, por parte de unos pocos, utilizando cualquier avance tecnológico en su doble vertiente. Me parece muy interesante y muy emocionante, pero al mismo tiempo aterradora, la posible realidad que se presenta. Cuanta más tecnología, más posibilidades para la humanidad, a la vez que más perversión y más control para la posthumanidad. Los intereses de unos pocos, incluso en las democracias más evolucionadas y posiblemente también en la planteada en el artículo como la «noocracia democrática basada en la inteligencia colectiva», siempre condicionarán y debilitarán su salud. Casi podríamos decir: «Quien esté libre de intereses que tire la primera piedra.»

6-10-2013

ALBERTO FORMATGER GARCÍA
Arquitecto, socio fundador y gerente de IMAD.

17

La ética es tan importante como la tecnología

Felicito a los dos autores por sus planteamientos. Creo que es uno de los debates y retos más grandes que el hombre tiene, no solo en el futuro sino actualmente. Hoy la tecnología va por delante de la ciencia. Gracias a ella se han perfeccionado técnicas que han permitido, entre otros logros, ir descifrando el código genético. Enfermedades incurables parecen estar mucho más al alcance, la mejora y la manipulación genética pueden servir para sacarnos del problema energético y de los problemas de la hambruna, por no hablar del campo de la bioingeniería, donde se están logrando hitos importantes como, por ejemplo, la piel artificial o las modernas extremidades biónicas, etc., todas ellas, *a priori*, mejoras positivas para la humanidad. Ahora bien, tal como pasa con nuestros ecosistemas, es necesario un equilibrio. Sin duda, debemos plantearnos hasta dónde podemos llegar sin provocar una catástrofe planetaria. Debemos avanzar mucho más para mejorar muchos aspectos médicos, energéticos, alimentarios…, pero debemos plantearnos cuáles son los límites. Dejando de lado las diferentes creencias religiosas y existenciales, siempre estarán los condicionantes que son inherentes a nuestra propia existencia y a nuestro rol con nuestro entorno. Hay límites que no se pueden superar. «La naturaleza es sabia», frase hecha y cierta. Por eso debemos plantearnos esos límites: la ética es tan importante como la tecnología.

6-10-2013

ANTONIO ALARCÓN PUERTO
Biólogo. Gerente del Consorcio del Besós. Adjunto a Dirección de Barcelona Regional. Agencia de Desarrollo Urbano (BR) y presidente de la Asociación de Profesionales del Medio Ambiente (APROMA).

18

Si las bases de nuestro futuro son sostenibles, serán también capaces de dar iguales oportunidades para todos

Según mi entender, este es un debate que gira sobre dos cuestiones fundamentales: la sostenibilidad y la igualdad social. En relación con la primera cuestión —la sostenibilidad—, llama la atención que en plena crisis energética, con una perspectiva bastante magra de abastecimiento a corto plazo y de un aumento constante de la demanda ligado a la optimización de los equipos y al consecuente abaratamiento, podamos continuar creyendo en un futuro supertecnificado. Parecería mucho más sensato investigar formas para dejar de depender de tecnologías complejas —¿no?—, quizá basadas en formas de sociedades menos individualistas. La cuestión de la igualdad social, íntimamente ligada a la anterior, ya ha sido mencionada: en la medida en que las bases de nuestro futuro sean sostenibles, serán también capaces de dar iguales oportunidades a todo el mundo. En caso contrario, perpetuaremos una sociedad donde, aún más, una pequeña elite tendrá los medios para dominar a la gran mayoría.

7-10-2013

HERNÁN COLLADO URIETA
Abogado, emprendedor de Entre Iguals; ha sido responsable jurídico de Red de Custodia del Territorio y técnico jurista del Consejo Asesor para el Desarrollo Sostenible de la Generalitat de Cataluña.

19

Hay que encontrar un equilibrio entre progreso tecnológico y progreso social

El equilibrio entre el progreso tecnológico y el progreso social solo será posible si acompañamos las mejoras científicas con una democracia más plena y más participativa, que asegure que los nuevos escenarios no serán controlados por las famosas «elites extractivas». Una democracia que, como bien dice Albert Cortina, debe partir de un humanismo sólido y con conciencia universal. Todo ello, un reto de primer orden para el que la clase política y el conjunto de la sociedad no parece que estemos preparados.

7-10-2013

MOISÈS JORDI PINATELLA
Licenciado en Ciencias Ambientales, consultor especializado en desarrollo local, en ordenación del territorio y en medio ambiente, técnico de Planol.info y coordinador del Observatorio de Proyectos y Debates Territoriales de Cataluña (SCOT-Instituto de Estudios Catalanes).

20

¿Sabemos qué ciudad y qué sociedad queremos?

Hace un rato releía la descripción de las diferentes fases de construcción de la ciudad de Barcelona, que, según el arquitecto Vicente Guallart, van desde la Barcelona 1.0 —la *Barcino* romana— hasta la Barcelona 5.0 —la Barcelona autosuficiente. En cada una de esas fases tuvo lugar una revolución tecnológica: la construcción de las murallas, la Revolución Industrial, el nuevo urbanismo de Cerdà, el automóvil... Y Guallart hace una reflexión que me lleva a la planteada por Albert Cortina: «Parece insólito que llevemos más de cinco mil años construyendo ciudades sin que exista ninguna convención internacional que defina la estructura de la ciudad.» En ese sentido, la reflexión que me viene a la cabeza es la siguiente: ¿sabemos cuál es el modelo de la Barcelona 5.0, sabemos qué ciudad y qué sociedad queremos? ¿La tecnología nos resolverá esa duda, o será una herramienta más para lograr los retos que nos proponemos para el modelo de ciudad y de territorio del futuro?

8-10-2013

SÒNIA CALLAU BERENGUER
Ingeniera Técnica Agrícola e ingeniera de Montes. Miembro de la Comisión Tecnocientífica de la Fundacion Agroterritorio.

21

El posthumanismo, o mejora de la humanidad mediante la tecnología, es un espejismo de la felicidad

Asusta ver como se está proponiendo de forma silenciosa y penetrante un modelo de pensamiento que, bajo su apariencia amable, esconde una gran capacidad de destrucción de la esencia y de la felicidad humanas. El posthumanismo, o mejora de la humanidad mediante la tecnología, es un espejismo de la felicidad; parece proporcionarla, pero no es así. Se trata de un paradigma basado en el desarrollo tecnológico, en el predominio de la mente, en la experiencia virtual y en la hibridación de la biología y la tecnología para producir individuos más capaces, más longevos y más… más alejados de la esencia humana, que es el reconocimiento de la dimensión integral del ser —cuerpo, mente pero también emoción y espíritu. El posthumanismo es, además, un supuesto paraíso solo para quien pueda pagarlo. Consolidamos así la brecha social y humana entre ricos y pobres. ¿Recordáis el libro/película *1984*, de George Orwell, o *Un mundo feliz*, de Aldous Huxley, o la actual película *Elysium*?

8-10-2013

JOAN COS CODINA
Licenciado en Derecho y formado en Ciencias Económicas y Marketing. Cofundador y director de Pinea3 Living Organizations, empresa internacional de consultoría especializada en desarrollo organizacional, de equipos y del liderazgo consciente.

22

Las smart cities *necesitan* smart citizens

Habiendo leído los artículos que abren el debate y los diferentes comentarios aportados, lo primero que me viene a la cabeza es la necesidad de reflexionar frente a los retos que plantean tanto el transhumanismo como el posthumanismo. Además del debate, se me plantea como necesario un diálogo abierto y con una visión sistémica para valorar las implicaciones éticas, sociales y ambientales que pueden tener esos caminos en la humanidad. Una vez más, deviene urgente invertir en I+D+i y en el campo de la filosofía, de la sociología, de la psicología —y de un largo etcétera—, para que esos cambios que se vislumbran no demasiado lejanos encuentren una sociedad preparada para gestionarlos de manera equilibrada y en beneficio de todos. Las *smart cities* necesitan *smart citizens* para evitar desfases o disfunciones con consecuencias imprevisibles para nosotros y para el medio donde nos desarrollaremos.

8-10-2013

DANIEL PONS JULIÀ
Biólogo. Máster en Intervención Ambiental y Gestión Integral de Conflictos. Consultor en GENERA, Consenso para el Desarrollo Responsable, dedicada a la gestión ambiental, la resolución alternativa de conflictos y la responsabilidad social empresarial.

23

Necesitamos un nuevo paradigma profundamente humanista

Esa propuesta de transhumanismo o posthumanismo nos presenta un nuevo paradigma de desarrollo humano, de futuro reluciente al que dirigirnos basado en la mente y en la ciencia. Parece que suena bien, ¿no? Entrará con fuerza en nuestras mentes y en nuestros modos de vida, especialmente ahora que ya sabemos que el antiguo paradigma basado en lo material y en la atención a lo exterior se derrumba y muestra su incapacidad para hacernos felices. Pero el transhumanismo tiene graves carencias. Le faltan la parte humana, el corazón, las emociones, los valores elevados, la conciencia de humanidad, la conexión con algo superior que da sentido y dirección a la vida, el cuidado de las relaciones con los otros y del cuerpo. Hay esperanza. El viernes pasado se presentó a la consejera de Bienestar y Familia de la Generalitat de Cataluña el Plan Nacional de Valores. Es una propuesta de nuevo paradigma profundamente humanista —la persona se halla en el centro de todo— que apunta al reconocimiento de la esencia humana como camino de desarrollo y de felicidad. El plan aporta esperanza y optimismo para quien quiera tomarlos. Posiblemente, transhumanismo y humanismo van a convivir en nuestro mundo y será nuestra elección decidir dónde y cómo queremos vivir nuestra vida.

8-10-2013

JOAN COS CODINA
Licenciado en Derecho y formado en Ciencias Económicas y Marketing. Cofundador y director de Pinea3 Living Organizations, empresa internacional de consultoría especializada en desarrollo organizacional, de equipos y del liderazgo consciente.

24

Actualmente se está librando una dura pugna entre el control democrático del futuro y las ambiciones de una elite que quiere imponer sus intereses

A pesar del interés del debate, creo que es necesario dedicar los esfuerzos a la gobernabilidad democrática y a la lucha contra el cambio climático de nuestros días. El predominio del pensamiento neoliberal lleva al dominio del poder especulador-financiero, que está desmantelando la evolución social que había incorporado medidas parciales de redistribución de bienestar y/o de igualdad de oportunidades; aunque solo afecta a una parte de la humanidad porque el resto está sometida a una explotación y a un colonialismo sin precedentes. La suplantación de los mecanismos de control democrático por la coacción, por el miedo y por la dictadura de los mercados son las consecuencias. La sobreexplotación del planeta es muy grande y las evidencias de los riesgos muy claras, pero, pese a todo, el sistema económico depredador continúa creciendo y la Tierra está más expuesta a la insensatez de pasar el umbral de no retorno climático hacia un futuro desconocido. Hoy se está librando una dura pugna entre la voluntad de poder controlar democráticamente el futuro y las ambiciones de unos ricos y poderosos que quieren imponer su interés. Parece que estamos perdiendo la batalla en los dos frentes. Si perdemos el embate, ya no será necesario debatir gran cosa sobre el futuro de los humanos ni de los posthumanos.

10-10-2013

JOAN BARBA ENCARNACIÓN
Arquitecto, director de JBE Arquitectos Asociados, S. L. P.

25

La dignidad del ser humano debería ser el valor base

El debate abre a una reflexión muy profunda. Solo voy a intentar dar alguna breve idea. Si el ser humano no es capaz de percatarse de su profundidad y de ser consciente de su vida, nunca estará satisfecho. Si ya de por sí la estructura psíquica es una estructura de anhelo, de búsqueda, de exploración, debe darse una respuesta. Una respuesta dentro de sus posibilidades, que será siempre inferior a lo que vive. La palabra es siempre reductora, no reduccionista. Así pues, ya sea en el camino del *trans*, ya en el del *post*, como no exista una reflexión que no sea manipulada tanto en el ámbito de las tecnologías como en el de las ideologías, sino que nazca de uno mismo o acompañada de los sabios, de los que saborean la vida y no la materialidad de la vida, la *hybris* será siempre un gran peligro que llevará a ser lo que el ser humano no debiera ser: llevará a la destrucción del otro por autodestruirse a sí mismo. La dignidad del ser humano debería ser el valor base. Ciertamente, si la elite económica no tiene esa base, aspecto que podemos constatar, deberá emerger todo un colectivo que pueda hacer frente a ese poder totalitario destructivo que tiene como base la codicia.

14-10-2013

JAUME PATUEL PUIG
Pedapsicogogo, psicólogo y psicoanalista, profesor de la Fundación Vidal y Barraquer y miembro de la Fundación Europea para el Psicoanálisis (FEP).

26

Lo que nos define es la inteligencia emocional, combinada con los valores

Muy interesante, sin duda, e incluso realista. Nadie preveía ni siquiera nuestra actual situación. Ni tan solo los grandes maestros de la ciencia ficción llegaron a vislumbrar Internet. Ni había proyectos al respecto hace veinte años... Y seguro que la inteligencia es y será lo más importante en el universo. Pero no basta. No es lo que nos define. Lo que nos define es la inteligencia emocional, combinada con los valores. El amor, el odio, la sospecha, la envidia, el rencor, la gratitud, la suspicacia, la alegría, el deseo... No creo que se iguale nunca. Y es lo que realmente impulsa el desarrollo.

14-10-2013

IGNACIO JAVIER BOISÁN CAÑAMERO
Licenciado en Derecho, notario de Martínez & Boisán (Barcelona).

27

La dirección y el uso de las tecnociencias dependerán de la cualidad humana de sus creadores

Las ciencias y las tecnologías son disciplinas abstractas, lo que significa que, con respecto a lo axiológico, lo valoral, son estériles. Se abstrajo de ellas todo lo que suponía significación o estimulación axiológica para los individuos y para los colectivos humanos. Tenemos que sostener que las tecnociencias, para solventar los problemas humanos de estimulación, de valoración, de creación de proyectos axiológicos colectivos, son como los eunucos. No pueden dar aquello de lo que fueron privadas. El problema más grave que tenemos en las sociedades de continua innovación científico-tecnológica y de constante creación de productos y de servicios que modifican de forma continuada las condiciones de vida de los grupos humanos es el de la creación de proyectos axiológicos colectivos. Necesitamos crear sistemas de valores, proyectos de vida colectiva de calidad, para gestionar convenientemente todo el tremendo poder, aceleradamente creciente, de nuestras ciencias y de nuestras tecnologías, y las consecuencias prácticas que se derivan de ellas.

Las tecnociencias carecen de dirección axiológica porque se las privó de todo lo axiológico. Esa es su enorme ventaja y su limitación. Han de ser gestionadas y usadas desde individuos y colectivos que se preocupen por la cualidad humana, pues de lo contrario actuarán como aprendices de brujo, solamente estimuladas por el egoísmo de individuos y de corporaciones. Esa forma de funcionar ya ha mostrado las graves anomalías y riesgos que crea para la vida humana, para la vida en general y para la habitabilidad del planeta. ¿Cuál es la cualidad humana que precisamos como condición de supervivencia colectiva? Es la capacidad de interesarse realmente por las realidades, junto con la capacidad de distanciarse lo máximo posible de los propios deseos, temores y expectativas, silenciando, en el grado en que sea necesario, nuestros propios patrones de interpretar, de valorar y de actuar frente a la realidad. Cualidad humana es cobrar conciencia de que la ciencia olvida y tiene que olvidar nuestra condición de vivientes y, por tanto, la necesidad de ser motivados, estimulados. Las ciencias no tienen temáticamente en cuenta nuestra condición sensitiva con relación a lo que nos rodea, propia de nuestra condición de vivientes. Se olvida que las ciencias modelan la realidad, que no la describen más que en el seno de una modelación. Las modelaciones que se hagan, en qué dirección se trabajen, con qué finalidades, qué productos y servicios se creen a partir de ellas, dependen de la cualidad humana de sus creadores, y la cualidad de sus creadores depende, en gran parte, de la cualidad del colectivo del que surgen. Sin esa cualidad, las tecnociencias pueden volverse en nuestra contra y en contra de la habitabilidad del planeta. Ya lo están haciendo. Las ciencias no pueden crear proyectos axiológicos colectivos ni pueden proponerlos de forma que resulten motivadores.

Por otra parte, esas mismas tecnociencias, y sus consecuencias en la creación de nuevos productos y servicios, están alterando continua y aceleradamente las formas de vida de los grupos humanos. Transforman continuamente la interpretación de todas las realidades, sus valoraciones, las formas de trabajar y, consecuentemente, las maneras de organizarse y, con ellas, los sistemas de cohesión y de motivación colectiva. Ya no nos sirven, ni lo van a poder hacer en el futuro, los modos de vida, los proyectos axiológicos colectivos de nuestros antepasados, ni los que se consideraron revelados ni los que se creyeron que eran consecuencia de la naturaleza misma de las cosas. Todos esos proyectos axiológicos colectivos eran propios de sociedades estáticas que, o vivían durante milenios fundamentalmente de la misma forma, o se interpretaban a sí mismas como estáticas, no siéndolo, porque creían que sus saberes describían el ser de las realidades y de las organizaciones humanas.

Ahora hemos tomado conciencia de que nos tenemos que construir nosotros mismos los proyectos axiológicos colectivos sin otra ayuda que nuestra propia cualidad humana como individuos y como colectivos. Y hemos tomado conciencia de que esos proyectos de vida tendrán que modificarse continuamente al ritmo acelerado del crecimiento de las tecnociencias. Hasta hace muy poco se había creído que los proyectos de vida colectivos venían dictados por los dioses o por la naturaleza misma de las cosas. Ahora sabemos que nada heterónomo nos garantizará nuestros modos de vida, que corren a nuestro propio riesgo y, con nosotros, a riesgo de toda la vida. Nuestros antepasados no nos legaron ningún saber sobre cómo crear los proyectos axiológicos colectivos porque los creían recibidos. Nosotros necesitaremos crear un saber sobre cómo tratar y cómo construir esos proyectos. Paradójicamente, tendremos que crear una «epistemología axiológica» que nos diga cómo hay que tratar lo cualitativo como sensitivo, cómo construyeron nuestros antepasados los proyectos que creyeron recibidos y cómo tendremos que construirlos nosotros en un mundo de continuo cambio en todas las dimensiones de la vida humana.

Ese saber, también abstracto, nos dará las legalidades y las condiciones que hay que cumplir, pero no podrá proporcionarnos los proyectos que necesitamos. Estamos en una situación parecida a la de la arquitectura, que requiere de saberes científicos para poder hacer una construcción artística, cualitativa, que sea coherente y que se sostenga. La calidad de los proyectos que construyamos, con la ayuda de la epistemología axiológica, dependerá de la cualidad humana de los constructores. Con ello surge un nuevo problema: ¿cómo edificar una cualidad humana que esté a la altura de las necesidades? También eso es materia de la epistemología axiológica, aunque de nuevo esa disciplina solo nos dirá las legalidades que hay que cumplir para poder acceder a la cualidad humana. Pero las legalidades que debe cumplir la cualidad no son la cualidad. Las legalidades están en el orden conceptual y la cualidad está en el orden de lo sensitivo entendido en sentido amplio. La epistemología axiológica nos dirá cómo se pueden construir proyectos axiológicos colectivos y cómo se puede conseguir la cualidad, analizando cómo lo hicieron nuestros antepasados. Pero la construcción de proyectos colectivos que sean axiológicos y la adquisición de la cualidad humana tendremos que hacerlo nosotros mismos y no la epistemología axiológica. La cualidad es hija de la cualidad, no de la teoría, aunque la teoría pueda orientar sobre cómo hay que trabajar la cualidad.

15-10-2013

MARIÀ CORBÍ QUIÑONERO
Licenciado en Teología y doctor en Filosofía, director del Centro de Estudio de las Tradiciones de Sabiduría (CETR), de Barcelona; ha sido profesor de ESADE.

28

Ampliando la longevidad de los seres humanos, el transhumanismo podría romper la dimensión temporal

Las expectativas de progreso tecnológico siempre seguirán abriendo interrogantes frente a la incerteza de un futuro que aparece con una cara radicalmente diferente de la del paradigma actual. Para la gradualidad con que se acerca ese futuro, sin embargo, los cambios no parecen finalmente tan radicales como se había anticipado, por lo menos hasta que no miramos hacia atrás y vemos el salto cualitativo efectivamente realizado. La revolución de las telecomunicaciones de finales de los noventa ya está plenamente asimilada por nuestra sociedad, acostumbrada a vivir «siempre conectada», pero esencialmente no tan diferente de la de hace veinte años. Los debates políticos y sociales no han avanzado al mismo ritmo. Las posibilidades que abren las biotecnologías y las nanotecnologías son enormes y tendrán un impacto en la sociedad que hoy nos es difícil de prever: si el desarrollo de los sistemas de transporte modernos durante los siglos XIX y XX rompió la dimensión espacial, el transhumanismo, ampliando la longevidad de los seres humanos más allá de lo que hoy podemos imaginar, podría romper la dimensión temporal. Los retos son enormes, pero es necesario encontrar los mecanismos que nos permitan conducir el avance tecnológico hacia el progreso en el bienestar de las personas.

16-10-2013

ORIOL BIOSCA REIG
Ingeniero de Caminos, Canales y Puertos, coordinador de Proyectos para la Comisión Europea de Mcrit, S. L.

29

Una vez más buscamos ser Dios, sin caer en la consideración de que tal vez no hemos dejado nunca de serlo

Agradezco la información, las consideraciones y todos los comentarios de los autores al respecto. Estamos ante un cambio de etapa en la evolución de los seres humanos. Las estructuras se tambalean y la forma general de vivir está falta de sentido. El transhumanismo se viste con bata blanca y promete la inmortalidad a cambio de… ¿el alma? Más dosis de individualismo, de separación, de poder, de control, de ego. Las implicaciones demográficas, sociales, económicas, en la naturaleza humana, ambientales, pueden ser enormes. Me pregunto cuánto miedo a la vida hay detrás de esa propuesta. Una vez más se busca ser Dios, sin caer en la consideración de que quizá no hemos dejado nunca de serlo. Si la muerte física fuera una puerta a otra etapa de la existencia, ¿qué trampa sería la inmortalidad humana? Como dice J. M. Mallarach, «la última palabra la tendrá la naturaleza». Y la corriente transhumanista quizá compartirá el gran mérito de habernos ayudado a despertar.

16-10-2013

ENRIC PUIG PARONELLA
Economista.

30

Vivimos un nuevo esclavismo por parte de la economía

Es una materialización del poder de unos hombres frente al resto de la humanidad, que vive un nuevo esclavismo por parte de la economía. Mientras que unos hombres viven para sobrevivir, para atravesar barreras físicas, jurídicas y territoriales entre Estados y entre continentes, los hombres con acceso a la tecnología del posthumanismo concentran aún más poder y más dinero. El 1 % de las personas del mundo controla el 99 % de los recursos de la Tierra y de la economía. Bienvenidos a la república del 99 %.

25-10-2013

JOAN CARLES SALLAS PUIGDELLÍVOL
Arquitecto urbanista.

31

¿Cuál es nuestra aspiración como especie?

Espero y deseo que nunca lleguemos a lograr ese horizonte en el que la especie humana pueda modelar o fabricar nuevos humanos biónicos dotados de características superiores. Todo eso puede ser incontrolable y, lógicamente, usado con finalidades perversas. Y, si no, miremos la historia de la humanidad. Por otro lado, yo no entiendo esa obsesión por alargar la vida, la longevidad. Creo que la crisis ambiental del planeta nos dice muy claramente que no vamos bien. Somos demasiados y continuamos creciendo, expoliando el planeta, destruyendo los recursos naturales y, encima, bajo el paradigma de que debemos crecer económicamente porque, si no, con el modelo que hemos construido ya vemos cómo estamos, sin crecimiento económico. ¿Alguien ha planteado seriamente un cambio de modelo? Es un planteamiento perverso. Yo me pregunto qué representa nuestra especie en el planeta. ¿Tiene sentido? Una especie que puede dominar todas las otras porque está dotada de una inteligencia «superior», eso es trampa y también un desastre. ¿Cuál es nuestra aspiración como especie? Crecer demográficamente *ad infinitum*, depredar todo lo que tenemos al alcance, acabar con el resto de especies. La posición de la especie humana en el contexto de la biosfera me da vergüenza.

27-10-2013

MARIÀ MARTÍ VIUDES
Doctor en Biología, director gerente del Consorcio del Parque Natural de la Sierra de Collserola.

32

Cegados por el mismo mantra que nos hace creer invencibles y «sobrenaturales», ahora pretendemos alcanzar la plenitud por la vía de mecanizar las fronteras físicas de nuestra condición humana

Gracias, Albert y Miquel-Àngel, y gracias a todos los comentaristas precedentes. La verdadera frontera por conquistar es la construcción de una humanidad más humana. Es una frontera personal y colectiva, y el reto es caminar hacia la plenitud desde la propia condición, como individuos, en el reconocimiento de nuestra limitación biológica y del enorme potencial de nuestra conciencia, que se despliega cuando nos abrimos al amor y a la trascendencia. Desde cualquier referente, la espiritualidad nos abre la puerta a experimentar la vinculación con la naturaleza y la plenitud personal, buscando la propia realización con la de los otros. Una espiritualidad de «ojos abiertos» hace que nos demos cuenta de cómo nos hemos alejado de ese hito. Interpretemos las causas inmediatas de tanta injusticia, de tanto sufrimiento infligido y programado a la mayor parte de la humanidad y a los empobrecidos de nuestro alrededor. La soberbia y la fe en la superioridad y en la independencia de la especie humana han sido la coartada de la idolatría de la ambición de dinero y de poder, verdaderos objetivos finales de un sistema que fabrica las leyes del dinero —las llaman economía— como sustitutas de las leyes de la naturaleza y de los derechos humanos.

Así triunfa la miseria ética de la soberanía del hombre-individuo por encima de la aspiración a la plenitud colectiva de la humanidad de personas dignas. Justo cuando los conocimientos acumulados nos permiten vivir dignamente, los miles de millones de humanos que compartimos el barco planetario estamos logrando el récord de personas que padecen y la insensata posibilidad de transmutar las condiciones biológicas que nos han dado esa casi infinita potencialidad de ser. Quizá no será catastrófico para la vida, pero es estúpido como horizonte humano. Cegados por el mismo mantra que nos hace creer invencibles y «sobre-naturales», ahora pretendemos alcanzar la plenitud por la vía de mecanizar las fronteras físicas de nuestra condición humana. La exploración —la tecnología— no es intrínsecamente inmoral. Podría ser muy útil si no estuviera al servicio de los que nos han llevado tan lejos de la verdadera frontera, a la que aún podemos llegar, aunque sea cojeando, si retomamos, desde la humilde conciencia de seres biológicos trascendentes, las muletas del amor, expresado en la solidaridad y en la esperanza, convertida esta en fuerza colectiva del proceso para cambiarnos y cambiarlo todo.

27-10-2013

RUFÍ CERDÁN HEREDIA
Doctor en Geografía, profesor asociado del Departamento de Geografía de la Universidad Autónoma de Barcelona; ha sido subdirector general de Evaluación Ambiental de la Dirección General de Política Ambiental y Sostenibilidad de la Generalitat de Cataluña.

33

No dejamos de ser jugadores en un campo donde las reglas las marca la física

Como monos inteligentes ya hemos dado algunos saltos, muy especialmente por la combinación de longevidad, que permite acumular información, y formas cada vez más eficientes de transmitir esa información. Otro salto ha sido el poder que nos dieron los combustibles fósiles al liberarnos de la dependencia del esfuerzo muscular de hombres y de animales. Tenemos así un poder increíble y un sistema cada vez más eficiente de transmitir cultura. También esa cultura nos ha permitido independizarnos de los ciclos diarios y estacionales. Incluso nuestras tasas de mortalidad han dejado de mostrar los picos estacionales asociados a las enfermedades infecciosas. La población de centenarios se duplica cada año. No obstante, todo eso topa con unos límites físicos: no viviremos doscientos años, hay límites a la capacidad de asimilar información y, mal que nos pese, nuestra halitosis seguirá siendo especialmente apestosa a partir de los cincuenta, como ya pasaba con nuestros ancestros. No dejamos de ser jugadores en un campo donde las reglas las marca la física.

27-10-2013

JOSÉ LASCURAIN GOLFERICHS
Biólogo y consultor ambiental, director de Consultora de Servicios Globales Medioambientales - SGM, S. L.

34

Debemos preocuparnos por rehacer nuestros vínculos espirituales con la naturaleza

Desde mi punto de vista, todo avance tecnológico, menos el relacionado con el mundo militar, puede devenir un motivo de esperanza para la sociedad. El peligro es idolatrar la ciencia y la tecnología como si fueran una nueva religión. Es necesario rehacer los vínculos emocionales con nuestro entorno natural y, para conseguirlo, es necesario bajar del pedestal desde el que miramos el paisaje, un bosque o un pequeño riachuelo y comprender que somos una especie efímera más. Hay autores que hablan del peligro de sufrir un trastorno de déficit de naturaleza. En consecuencia, es necesario saber volver a vivir nuestro entorno con los bolsillos vacíos de tecnología, en soledad y en silencio, virtudes y comportamientos poco presentes en nuestra sociedad. Por lo tanto, cabe dejar trabajar a los científicos y preocuparnos de rehacer nuestros vínculos espirituales con la naturaleza.

27-10-2013

JOSEP GORDI SERRAT
Doctor en Geografía, profesor titular de Geografía Física y miembro del Laboratorio de Análisis y Gestión del Paisaje de la Universidad de Gerona.

35

Podemos quedarnos con la esperanza de que el ser humano se mantendrá como tal

La lectura de esos dos interesantes artículos me ha dejado un poso de preocupación. En la historia de la humanidad siempre ha habido hombres que han dominado a otros, los avances siempre han sido utilizados en positivo y en negativo, para hacer el bien y con fines perversos. Ahora nos encontramos ante un salto cualitativo de gran magnitud que hará aflorar nuevos peligros, pero también enormes oportunidades para el bienestar de la población mundial. Personalmente, prefiero quedarme con la esperanza: la esperanza de que el ser humano se mantendrá como tal, sin perder su dignidad, su libertad, su espiritualidad, su individualidad, sus sentimientos y sus emociones. En definitiva, todo aquello que lo hace humano. A nivel global, los humanos tenemos enormes retos que superar en muchas partes del planeta, como el respeto a la vida, la dignidad de la mujer, la libertad individual, la pobreza, el hambre y tantos otros. Me resulta difícil imaginar una evolución como la que plantea el artículo sin antes haber resuelto esas necesidades básicas de una parte importante de la humanidad.

27-10-2013

JOSEP M. FELIU VILASECA
Licenciado en Derecho, director de Personas y Calidad en RACC.

36

Mientras una mayoría lo tenga claro, no habrá tecnología mal utilizada

Conciencia, sentido común, prudencia, responsabilidad, ética de los valores y democracia real... He aquí algunas de las sencillas claves para dirigirnos hacia un mundo mejor. El enorme poder de seducción de la tecnología hacia unos pocos humanos acomodados —una minoría en el mundo, no lo olvidemos— nos puede llevar hacia futuros no deseados, es cierto, y artículos como estos nos permiten recordar cuáles son los valores esenciales que como seres humanos debemos anteponer a todo. Mientras una mayoría —que lo somos— lo tengamos claro, ¡no habrá tecnología mal utilizada que pueda competir con una sociedad fuerte, cohesionada, sensata y cien por cien humana!

28-10-2013

EULÀLIA MIRALLES SABADELL
Licenciada en Ciencias Ambientales y máster en Economía Ecológica y Gestión Ambiental, técnica de Sostenibilidad Urbana y Territorial de Lavola; ha sido responsable y jefa de Proyectos del Área de Territorio de Minuartia, consultoría ambiental especializada en biodiversidad, sostenibilidad, gestión y calidad ambiental.

37

La singularidad no parece que nos haga más libres

Coincidiríamos en la esperanza de una evolución que alumbre un horizonte de mayor concordia. No todos coincidiríamos en justificar los medios utilizados. El debate sobre el papel de la tecnología en el mejoramiento de nuestra evolución, pese a ser pertinente, no es equitativo por su difícil acceso. Ya se sugiere una «frontera» en el inicio de este diálogo.

No consigo apreciar si son válidas las referencias a nuestro pasado para justificar el uso de los conocimientos que estamos construyendo. Están plagadas de abusos. Tampoco soy capaz de convencerme de que una actitud espiritual consiga contener los métodos y los usos de una tecnología con tanto potencial. En función de ese juicio, solo soy capaz de distinguir entre singularidades. Entre aquellas que se elaboran en asépticos laboratorios y las que nos distinguen en el marco de una comunidad física/virtual. Las primeras son artificialmente manipuladas; las segundas, también manipuladas, utilizan su singularidad para distinguirse del resto. O sea, la singularidad no parece que nos haga más libres. Pensemos en colectividad. Me quedo con aquella colectividad de las ciudades que ha sido capaz de neutralizar muchas singularidades.

29-10-2013

JUAN MANUEL ZAGUIRRE FERNÁNDEZ
Arquitecto. Máster universitario en Urbanismo y máster profesional de Estudios Territoriales y Urbanísticos. Fundador del estudio ZFA Architecture & Urban Lab y presidente de ZFA Architectural Foundation.

38

La lucha por cambiar el presente es la única forma de evitar los aspectos no deseados del futuro

El artículo inquieta, creo que incluso asusta. Dadas las circunstancias actuales y la capacidad tecnológica que ya nos observa y nos vigila, añadir al hombre —a unos cuantos hombres— una inteligencia externa superior es darle un poder que aún alarma más. Solo la salida que nos lleve a ser más humanos, con capacidad de sentirnos parte de una conciencia universal, que nos acerque a la naturaleza como parte integrante de ella y que nos permita utilizar los conocimientos para mejorar las condiciones de vida de toda la humanidad, hará posible tomar el camino del cambio que tanto deseamos. La lucha por cambiar el presente es la única manera de evitar ese futuro.

29-10-2013

M. DOLORS PARONELLA BASQUENS
Miembro del grupo de programación del Aula de Extensión Universitaria de Arenys de Mar, adscrita a la Universidad Pompeu Fabra.

39

No todo lo posible es conveniente.

Debate interesante, frecuentado en el campo de la bioética. Personalmente, por lo que se refiere a esa cuestión, me inclino por una prudencia basada en la responsabilidad, consciente y alerta, que debemos al futuro, a las «generaciones futuras». Ellas tendrían el «derecho» de heredar la diversidad de lo que existe —de lo que hay en la «naturaleza de las cosas» y dentro de ella—, de aprovechar las máximas posibilidades de expansión personal que haya en nuestra naturaleza. Las dos cosas juntas, diversidad y oportunidad. Si todo humano nace igual a otro en derechos y en dignidad, sus elecciones y sus preferencias comportarán siempre mejores y peores resultados, que serán valorados de manera diferente según los unos o los otros. No tendría que ser considerada como evidente ninguna «mejora» que no sea la de la disminución o la de la ausencia de enfermedad. Está claro que, sin embargo, definir dónde empieza la enfermedad y dónde acaba una simple manera de ser será siempre discutido. Es una discusión importante, nunca dada por acabada, continuamente por reemprender. Pero parece que no sería mejor ser más alto o más fuerte, o tener más olfato o más «inteligencia» —que ni sabemos qué es. Combatir el sufrimiento, sí; «mejorar» la especie, no. Atender a las personas, sí; preferir la una a la otra según sus características, no. Es decir, disminuir las carencias de los humanos, sí, pero solo si resultan claras e indiscutibles unánimemente a lo largo del tiempo, no si simplemente son «útiles» o «atractivas» coyunturalmente. Además, hay que pensar que toda ventaja tiene casi siempre algún inconveniente, a veces poco visible por el momento. La sola idea de un ideal de mejora ya es peligrosa, porque nunca resulta bastante clara. Puede llegar a ser impuesta por algunos —por minorías, o simplemente por «extravagantes»—, con consecuencias negativas, y puede no ser después reversible. No se trata de jugar a ser dioses, sino de aprender a ser hombres conscientes de la responsabilidad que tenemos los unos para con los otros.

«L'homme est celui qui se fait sur ce qu'on a fait de lui» ('El hombre es aquel que se hace a sí mismo sobre lo que se ha hecho de él'), decía Sartre.

El cambio actual es que podemos hacer demasiado, y no todo lo posible es conveniente. Podemos también hacer daño, podemos equivocarnos. Tenemos que hablar más de lo que nos resulta conveniente y pensarlo mejor, entre todos y en toda su complejidad, rehuyendo cualquier simplificación. Es una falacia pensar que, si una cosa se puede hacer, se hará indefectiblemente. La acción depende de nuestra voluntad, de los valores que prioricemos y sepamos defender. La ética trata solo de las cosas que se pueden hacer, para elegir las que preferimos, y no de las imposibles. El verdadero humanismo sería profundizar en ese camino responsable: no es solamente adquirir más y más conocimiento sobre unas materias o más erudición, saberse una enciclopedia o ser el mejor experto en algún tema. Como dice George Steiner, «las humanidades no humanizan forzosamente». A uno le puede gustar Mozart y hacer barbaridades al mismo tiempo —piénsese en los nazis, si no. El humanismo que necesitamos de los hombres de mañana es el siguiente: más comprensión y más conocimiento sobre lo que somos y sobre lo que podemos llegar a ser, y también sobre cómo nos podemos ayudar mejor humanitariamente, con hospitalidad, es decir, con más curiosidad por lo que aportar o por lo que nos puede aportar el otro. En resumen y esquemáticamente, según mi punto de vista inicial, diría: más humanos y no tanto posthumanos.

31-10-2013

MARC ANTONI BROGGI TRIAS
Cirujano. Ha sido jefe del Servicio de Cirugía General del Hospital Universitario Germans Trias i Pujol (Badalona). Miembro numerario de la Real Academia de Medicina de Cataluña. Presidente del Comité de Bioética de Cataluña.

40

Invirtamos los esfuerzos y los recursos en lo que sí es conveniente hacer

Gracias, doctor Broggi, por sintetizar de manera tan clara lo que muchos pensamos. Trabajamos por el respeto a la dignidad humana en todos los sentidos: salud, hambruna, guerras, discriminación de la mujer, de los no nacidos, de los viejos…, y vamos asentando así las bases para evitar el mal uso de lo que la ciencia puede llegar a hacer, pero que no conviene que haga. Invirtamos esfuerzos y recursos en lo que sí debe hacerse.

2-11-2013

M. PAU WENNBERG RUTLLANT
Médico de familia del Instituto Catalán de la Salud.

41

¿Cómo discernir?

Estoy totalmente de acuerdo con el doctor Broggi: la dificultad sería saber cómo determinamos la diferencia entre una mejora genética para combatir la enfermedad y el sufrimiento y una mejora genética que afecta a la dignidad y a la igualdad de los seres humanos. Hay que determinar elementos para diferenciar. También comparto la reflexión de Josep Gordi: es necesario un retorno verdadero y sencillo a la vivencia de la naturaleza.

4-11-2013

ALBERT GOMÀ SALA
Responsable de Social Innova y colaborador del Instituto de Estudios Andorranos, centro de investigación social.

42

La tecnología como medio y como fin. «Seréis como dioses.»

Acabo de regresar de un curso de verano en el que hemos tratado de distintas cuestiones de ética ambiental. En una mesa redonda en la que se debatía sobre si los animales tienen o no derechos y en qué sentido se aplica esa atribución, uno de los ponentes trazaba la línea del objeto moral en todos aquellos seres vivos capaces de sentir, esto es, en los que tienen el sistema suficientemente desarrollado como para experimentar dolor o placer. Según ese ponente, los animales sentientes merecen consideración moral y, por tanto, en sentido amplio, tienen derecho a recibir un trato similar al que damos a los seres humanos. No voy ahora a comentar esa posición, sino una de las preguntas que se hicieron a continuación de las intervenciones: si los límites de la moral se marcan por la capacidad de sufrir, ¿en el futuro también las máquinas cibernéticas —llámense robots, androides o replicantes, como más nos guste— tendrán esa capacidad y, por tanto, serán objeto de consideración moral?

Sinceramente, me pareció un tanto grotesca esa posibilidad y, de entrada, también un buen ejemplo de lo que los clásicos denominaban «argumentos por reducción al absurdo»: si existe la posibilidad de que una máquina tenga consideración moral —esto es, que sea merecedora de deberes éticos por nuestra parte—, en caso de que consigamos construir una que sienta dolor o placer, entonces es que hemos puesto la frontera de la moral en una línea equivocada.

No voy a entrar ahora a comentar mi posición respecto a la consideración que merecen los animales, sin duda mucho más generosa de lo que hemos mostrado tras la Revolución Industrial, sino que voy más bien a centrarme en qué esperamos que produzca el vertiginoso desarrollo de la tecnología en las próximas décadas: máquinas que hagan todo tipo de labores mecánicas —eso parece muy probable—, con inmensa capacidad de análisis de información muy variada —también lo parece—, con el suficiente conocimiento estructural como para traducir fluidamente entre distintos idiomas —casi, casi ya se ha conseguido—, con posibilidades de predicción certera de acontecimientos futuros —caliente, caliente…—, etc. Pero ¿seremos capaces de hacer máquinas que realmente piensen, que reflexionen, que se autorreconozcan, que tengan memoria propia —de su actividad—, que sean capaces de experimentar alegría o tristeza?

No sé lo suficiente de tecnología como para predecir hasta dónde llegará el progreso cibernético, pero se me hace muy poco probable y, sobre todo, muy poco deseable que lleguemos a crear seres humanos sintéticos. Al igual que aplicamos el principio de precaución para tomar con mucha cautela los avances de la tecnología en la solución de los problemas energéticos —energía nuclear—, alimentarios —transgénicos—, médicos —clonación humana, investigación con embriones...—, me parece muy relevante que reflexionemos sobre el tipo de mundo que se crearía si esa dirección de desarrollo llegara a consolidarse. No me parece un buen camino para hacer más felices a las sociedades en que vivimos, pues siguen sin arreglar —quizá los enturbien mucho más— los más acuciantes problemas humanos. Esa búsqueda del superhombre tecnológico tiene cierto «tufillo» de ideología eugenésica de principios del siglo XX, de tan nefasta memoria. Los seres humanos, aunque tenemos capacidades inmensas, somos limitados, y es bueno que lo seamos porque eso nos ayuda a ser dependientes, relacionales: sin «los demás» no habríamos llegado muy lejos.

La tecnología, según mi modo de ver, sirve a las necesidades humanas, pero no es un fin. La revolución ambiental que tantos pensadores preconizan pasa por volver a nuestras raíces más profundas, que son naturales, y el equilibrio ecológico pasa, como la misma raíz del término indica, por cuidar nuestra propia casa, por respetar la ecología humana, por escuchar nuestra propia naturaleza. Me parece que estamos otra vez intentando jugar al «seréis como dioses», tan antiguo como la misma humanidad, alterando lo que naturalmente hemos recibido, asumiendo que somos capaces de hacer un mejor diseño que el del mismo Creador.

5-11-2013

EMILIO CHUVIECO SALINERO

Catedrático de Geografía de la Universidad de Alcalá, director del Postgrado en Tecnologías de la Información Geográfica. Miembro correspondiente de la Real Academia de Ciencias. Profesor visitante en las universidades de Berkeley, Santa Bárbara y Maryland. Director de la cátedra de Ética Ambiental «Fundación Tatiana Pérez de Guzmán el Bueno» en la Universidad de Alcalá.

43

Antes que nada es necesario sentir un buen motivo para existir

La cultura occidental tiene tendencia a mirar fuera del ser humano y no su interior. Buscamos potenciar nuestras capacidades para la acción en vez de las condiciones de introspección, que son más propias de la tradición oriental. Pienso que no puede existir una dimensión sin la otra y quiero creer que, de alguna manera, la globalización contemporánea tenderá a injertar esas dos dimensiones aparentemente contrapuestas. De hecho, la evolución de los seres humanos a través de la elaboración de su utillaje y de la tecnología —Edad de Piedra, del Bronce, del Hierro...— es probablemente la consecuencia antropológica de su duda existencial. El vértigo de su mirada interior comporta los primeros rituales funerarios, y la construcción de los espacios de ultratumba es el origen de una técnica y de una invención que no precisan sus sencillos habitáculos de cada día. Pienso que, por muy larga que sea la vida de los humanos del futuro y muchas las capacidades impostadas de su cuerpo, es necesario que sientan ante todo un buen motivo para existir. Ese motivo o aliento vital no es una prestación física, ni tan solo una habilidad, sino una fabricación de la mente, una especie de protorrespuesta a la incertidumbre de su existencia.

5-11-2013

FELIPE PICH-AGUILERA BAURIER
Doctor en Arquitectura, director del estudio Pich-Aguilera Arquitectos, S. L. P. (Barcelona), miembro fundador de la Asociación de Arquitectos sin Fronteras (ASFE) y de la Escuela Superior de Arquitectura de la Universidad Internacional de Cataluña; director de la cátedra de Edificación, Industrialización y Medio Ambiente (CEIM) y presidente del Green Building Council de España.

44

El control de la mente humana es un instrumento más del proceso de creación de un nuevo escenario mundial

El control de la mente humana es una herramienta fundamental al servicio de la estructura económica que hoy domina el mundo. Las nuevas tecnologías en el campo de la informática generan sutilmente nuevas necesidades que permiten, progresivamente, el control ideológico de la población. Dada la hipótesis según la cual hoy se puede agravar la falta de trabajo con la presencia de esas nuevas tecnologías en todo el mundo, este es un debate apasionante a nivel científico, pero que nos obliga a estar atentos y a evitar cualquier dosis de ingenuidad.

Una estructura económica genera, a su servicio: *a*) una superestructura política y *b*) una superestructura ideológica.

La estructura económica se refuerza mediante la creación de una comunidad global de intereses a nivel mundial, tal como explica Henry Kissinger. Eso es lo que está haciendo la estructura económica capitalista en todo el mundo.

Con las nuevas tecnologías se generan nuevos puestos de trabajo, pero, probablemente, se pierden más de los que se crean. Eso significa tener cada vez más jóvenes al margen del proceso productivo. Quizá ese escenario no tenga freno y se pueda agravar hoy con la globalización de la economía, con el alto crecimiento demográfico mundial y con el aumento de la esperanza de vida de las personas.

En un contexto así, el control de la mente —la parte más desconocida de la persona, según Albert Camus—, junto con la robotización de individuos y la esterilización controlada de la población, pueden crear un escenario muy favorable y de bajo precio para los intereses de la estructura económica.

Domesticar la mente humana permite un mayor control en beneficio del sistema ideológico y político, que pauta el comportamiento de las personas. Se trata de un proceso de investigación científica, de mucho interés y de largo alcance, que va acompañado de importantes avances en el mundo de la medicina y de otras disciplinas.

Son procesos de investigación científica que se producen con una extraordinaria sutileza. Siguiendo el hilo conductor de la comunidad global de intereses a nivel mundial a la que se refería Henry Kissinger, podemos observar hoy el móvil personal, objeto cada vez más necesario. En poco tiempo se ha creado la necesidad del objeto.

Los *smartphones* y las *smart cities* forman parte de un nuevo lenguaje, cotidiano, *fashion*, envuelto de iconos, de marcas y de *trending topics*, con propuestas suficientemente sugerentes que estimulan la futura comodidad de los usuarios: llamar por teléfono, pagar, abrir todas las puertas solo con el móvil… Pero detrás del invento se esconde un sutil control, cada vez más eficaz, del aparato político e ideológico del sistema. Una muestra de ese control es el ataque sin freno a nivel mundial contra las filtraciones de WikiLeaks, destapadas por Julian Assange y por Edward Snowden. El aparato del Estado defiende sin piedad, con dientes y uñas, sus objetivos.

El control ideológico es costoso y pesado; veamos, si no, los ejemplos de Corea del Norte, de Arabia Saudí o de Cuba. A veces, es el control del Ejército, de las reservas de petróleo o de la ayuda exterior, como es el caso de Cuba. Pero ahora el sistema busca escenarios menos pesados y más sutiles, escenarios donde, mediante los avances científicos de la medicina, la mente humana esté suficientemente domesticada.

El control de la mente humana es una herramienta más de ese proceso de creación de un nuevo escenario mundial. Posiblemente es una de las grandes apuestas de la estructura económica que hoy domina el mundo.

5-11-2013

AGÀPIT BORRÀS PLANA
Arquitecto.

45

La bioética avanzará, y nosotros con ella

Partiendo de la premisa según la cual el ser humano es aquel que debería equilibrar la condición biológica y la dimensión espiritual, aunque sabemos que esa voluntad hoy está en desequilibrio permanente, nos tenemos que basar en la prudencia y en la responsabilidad, tal como comenta el doctor Broggi. La manipulación, entendida como ideal de mejora, puede generar monstruos. Da miedo el pensamiento transhumano, que no tiene en cuenta la condición espiritual, moral y ética del ser humano. La idea de la ciencia como una cosa absoluta da miedo. Debemos estar atentos y posicionarnos frente a la aplicación de la técnica eugenésica prenatal a embriones, la eliminación de personas enfermas mediante técnicas oportunas, la introducción de microchips en diversas partes del cuerpo —sobre todo en las cerebrales—, la introducción de las píldoras de la personalidad, el alargamiento de la esperanza de vida —más de cien años—, la superación de la frontera de la muerte a través de la crioconservación, la reanimación de pacientes mantenidos en suspensión criogénica, etc. La bioética avanzará, y nosotros con ella. Su complejidad nos debe permitir una evolución positiva en la condición humana.

6-11-2013

MARIONA PRAT VANDELLÒS
Geógrafa y urbanista, directora de Trama, Urbanismo y Paisaje, S. L. P.

46

Nosotros mismos nos ponemos nuestros límites

Los humanos podemos pensar y actuar —mejor en ese orden. Una de las propiedades de los humanos, de entre las que nos diferencian de los animales, ha sido la capacidad de manipular la naturaleza. De hecho, dicen los expertos antropólogos, es la capacidad de manipular nuestro entorno para lograr un mejor confort, una mejor eficacia, la que determina nuestro éxito como especie.

Los animales deben confiar en la evolución y esperar los pequeños y lentos cambios genéticos en su cuerpo para adaptarse mejor al medio. Los humanos hemos aprendido a manipular la naturaleza —el entorno— para que sea ella la que se adapte a nuestras necesidades. Somos los únicos animales que vamos vestidos. Somos los únicos animales que ponemos la naturaleza a trabajar para alimentarnos mejor. Somos los únicos animales que construimos ciudades, que volamos de continente en continente, que observamos el espacio y que tenemos conciencia individual y colectiva de nosotros mismos. ¿Podemos manipular nuestro cuerpo —también es una parte de la naturaleza— para hacerlo más eficiente? ¿Para corregir defectos? ¿Nuestra inteligencia —nuestra tecnología— nos lo permite? Sin duda, lo haremos. Siempre lo hemos hecho. La pregunta no es si hacerlo o no, sino que tiene que ver con los límites. ¿Hasta dónde hacerlo?

Aquí aparecen la ética, el respeto por la libertad individual de los demás o la justicia y la igualdad de derechos entre humanos, conceptos que no existen en la naturaleza —no los contemplan los animales— porque son fruto de la civilización humana. Nosotros mismos nos ponemos nuestros límites. La conciencia individual puede chocar con la conciencia colectiva —pasa a menudo—, y en ese caso nos obliga a reflexionar y a dotarnos de instrumentos de regulación y de control. ¿Qué instrumentos? ¿Cómo hacerlo? Debemos continuar pensando...

6-11-2013

TONI CASAMOR MALDONADO
Arquitecto, director cofundador de BCQ Arquitectura Barcelona y profesor de la Escuela de Arquitectura de Zúrich (ETH) y de la Facultad de Arquitectura de Alguer (Cerdeña). Su obra ha sido ampliamente publicada y ha dado conferencias en Colombia, Suiza, México, Alemania y otros países.

47

Tendremos que escoger en qué dirección promover o frenar lo que podamos hacer

Debate vivo y de largo trayecto, para el que se precisan foros independientes, plurales, pluridisciplinares y transparentes que piensen en la oportunidad de lo que precisamente es posible —no de lo que no lo es. El tema central es qué evitar —y, por lo tanto, proponer lo que hay que hacer— y qué conservar como diferencia e incluso como chacra natural.

Por ejemplo: ¿qué envejecimiento aceptar o preferir? Deberemos escoger en qué dirección promover o frenar lo que podamos hacer.

6-11-2013

MARC ANTONI BROGGI TRIAS
Cirujano. Ha sido jefe del Servicio de Cirugía General del Hospital Universitario Germans Trias i Pujol (Badalona). Miembro numerario de la Real Academia de Medicina de Cataluña. Presidente del Comité de Bioética de Cataluña.

48

Sobre la perfección

Recomiendo, para orientar este interesante debate, la siguiente publicación: Michael J. Sandel, *The case against perfection. Ethics in the age of genetic engineering*, Harvard University Press, Cambridge (Massachusetts), 2007.

7-11-2013

TERESA FORCADES VILA
Doctora en Medicina, doctora en Teología y monja benedictina del monasterio de Sant Benet de Montserrat.

49

El aumento de la interacción es la gran revolución de nuestro tiempo

Nuestras sociedades constituyen los sistemas dinámicos e informacionales más complejos que existen; sistemas que intercambian constantemente información entre los elementos que los integran y entre estos y el entorno, por lo que mutan y fluctúan de manera evolutiva. A medida que se incrementa en ellos la libertad y la capacidad de movimiento, de procesamiento y de transferencia, también lo hace su propia complejidad, más irregular, heterogénea y dispar, al aumentar el grado de interacción, la gran revolución conceptual de nuestro tiempo. La ciudad-polis —urbana y política—

debe traducir de modo espacial, ambiental y cultural dicho tipo de organización, más poliédrica y dinámica: las antiguas estructuras cerradas deben dejar progresivamente paso a otras más abiertas y flexibles pero no necesariamente más eclécticas. Implicadas, orientadas y, sin embargo, elásticas en sus evoluciones. Los antiguos modelos unitarios —patrón, código, discurso o liderazgo— ceden, entonces, ante planteamientos éticos y estratégicos, en los que importan los horizontes compartidos, las aventuras comunes, los vectores relacionales, comunes y diferenciales a la vez.

9-11-2013

MANEL GAUSA NAVARRO
Doctor en Arquitectura. Profesor titular de proyectos arquitectónicos, director de la Escuela de Postgrado de Arquitectura y Diseño de la Facultad de Arquitectura de la Universidad de Génova, director académico del Instituto de Arquitectura Avanzada de Cataluña (IAAC), miembro del senado del Consejo Asesor para el Desarrollo Sostenible de Cataluña (CADS). Cofundador del grupo Actar y director del despacho Gausa + Raveau actarquitectura S. L. P. (estudio de arquitectura y de urbanismo).

50

Tengamos presente que el hombre como especie, y también el universo, tienen fecha física de caducidad

Creo que ni ética ni moralmente podemos oponernos a los avances científicos y tecnológicos, pese a que de ellos se puedan derivar consecuencias negativas. Las derivaciones negativas también se pueden convertir finalmente en resultados positivos. El ser humano siempre estará en primer lugar en todos los avances, y, como decía Giovanni Papini (*Gog*, 1934), «solamente después de haber librado al hombre del tormento de la reflexión y a la mujer del peso de la maternidad podremos cantar victoria». Tengamos presente que el hombre como especie, y también el universo, tienen fecha física de caducidad.

10-11-2013

JOSEP M. MERCADÉ SANTACANA
Médico y farmacéutico.

51

Inteligencia para decidir

Mientras los implantes cibernéticos en el cuerpo humano se utilicen para poner de pie a quien no lo puede hacer o para dar un nivel de inteligencia con capacidad de decidir su propia vida a quien tampoco puede hacerlo, me parecen perfectos.

10-11-2013

CONXITA SALAVERT MAS
Farmacéutica.

52

Nunca como hoy la humanidad ha tenido tanta información sobre los problemas y las soluciones que nos atañen como especie

Una de las cosas que más me sorprende de las redes sociales, Facebook en concreto, son las ganas que tienen las personas de alardear de experiencias muy humanas: amigos, aficiones, comidas, lugares... Nunca como hoy la humanidad ha tenido tanta información sobre los problemas y las soluciones que nos atañen como especie. Con el aumento exponencial de la tecnología parece inevitable el descenso de la necesidad de trabajo. ¿Será entonces cuando nos dediquemos más en serio a «mimar» a la especie humana y a la madre naturaleza? Y, hablando de madre naturaleza, pienso en el paralelismo entre las redes sociales y las hormigas, especie, por cierto, de difícil extinción.

10-11-2013

GIANNI RUGGIERO HOLMQUIST
Arquitecto fundador de Toolstudio.

53

La sociedad debe tomar conciencia y tener control democrático sobre las tecnologías de «mejoramiento humano»

En noviembre del 2012, cuatro eminentes cuerpos académicos del Reino Unido ya presentaron al mundo sus temores ante la próxima aparición de una raza de «superhumanos» y sus posibles consecuencias en nuestra sociedad y en nuestra economía: la British Academy, The Academy of Medical Sciences, la Royal Academy of Engineering y The Royal Society afirmaban que, aunque las tecnologías de mejoramiento humano —o *human enhancement* en inglés— perfeccionen nuestras habilidades y ayuden a la sociedad, su uso suscitará serios paradigmas éticos, filosóficos, económicos y legales. En un informe conjunto, advierten de que hay una «necesidad inmediata» de generar un debate sobre los daños potenciales que eso implica. Se puede consultar completo dicho informe en <bit.ly/royalhumanenh>.

El camino hacia nuestra transformación humana no puede concebirse sin el denominado «mejoramiento cognitivo» o mejora del desempeño de nuestro cerebro. Existen vías «naturales» para lograr un perfeccionamiento humano cognitivo, desde la educación y el ejercicio físico hasta técnicas de estimulación cerebral no invasivas como la estimulación transcraneal de corriente directa —su sigla en inglés es tDCS. Pero también existe una vía corta para lograrlo y avanzar en la línea «posthumana» a través de los llamados «fármacos inteligentes» —*smart drugs* en inglés—, que detonan en quienes los consumen un nivel de potencial antes desconocido y mejoran significativamente procesos cognitivos, como la atención, la memoria y, por ende, el desempeño intelectual.

Las tecnologías médicas emergentes tendrán el potencial de llevar a los individuos «más allá de la norma» en las próximas décadas. Fármacos inteligentes para potenciar la memoria, dispositivos cerebro-máquina que reemplazan nervios por cables y neuronas por chips. Son tan solo un puñado de tecnologías médicas que apresuran el futuro de la evolución humana. La sociedad, atendiendo a la alerta de los cuatro cuerpos académicos del Reino Unido antes citados, debe tomar conciencia y tener control democrático respecto a esos temas.

14-11-2013

CARLOS BATLLE SEGURA
Interiorista.

54

La humanidad tiene la responsabilidad de tener futuro

Solo garantizando el futuro de nuestro planeta garantizamos nuestro propio futuro. Así, no es casualidad que en este momento en el que nuestra propia supervivencia planetaria empieza a estar amenazada haya aparecido la genética y la podamos convocar como herramienta de salvación. Para ello, en nuestro triplete de investigación-docencia-profesión trabajamos desde la (gen)ética, sí, desde la responsabilidad también, pero sin olvidar que «la humanidad tiene la responsabilidad de tener futuro» —«It's not enough!», *Manifesto*, Nueva York, otoño del 2010—, para el que debemos ya urgir «una visión no conservacionista de la naturaleza»: ella misma, y el ser humano en primera instancia, necesitan superar tal visión para sobrevivir, pues es la plasticidad la característica más propia de la naturaleza, hasta el punto de que sería obrar *contra natura* querer «congelar» la vida en cada una de sus siempre cambiantes apariencias ya conocidas. No es lo más propio una exótica colección de especies diversas, sino la fluidez con que se presenta siempre bajo facetas distintas. Y el ser humano es su vector más potente. «¡Haz que fluya!» —*Manifiesto de la bioplasticidad*, Barcelona, primavera del 2010.

15-11-2013

ALBERTO T. ESTÉVEZ ESCALERA
Arquitecto, diseñador e historiador del arte, fundador, primer director y catedrático de la Escuela Técnica Superior de Arquitectura de la Universidad Internacional de Cataluña. Director del programa de doctorado en Arquitectura, del Máster Universitario en Arquitectura Biodigital y del Genetic Architectures Office & Research Group en la UIC.

55

Sin darnos cuenta, en nombre de un mundo mejor, podemos estar cometiendo tremendas injusticias y auténticas aberraciones

Gracias a los autores por advertirnos de los peligros de manipulación de la naturaleza mediante el uso de la tecnología. En el siglo XIX, Galton ya quería hacer un mundo más feliz mediante la eugenesia. La definía como «tarea fundamental que consiste en anticiparse al lento y firme proceso de selección natural, esforzándose por eliminar las constituciones débiles y los instintos innobles y despreciables, y por conservar aquellos que son fuertes, nobles y sociales». La misma tentación se repite a lo largo de la historia: una minoría de mayor inteligencia o, en el caso que nos ocupa, una minoría que usa la tecnología para dominar el mundo y hacerlo más feliz, sin tener en consideración la libertad de los demás. Sin darnos cuenta, en nombre de un mundo mejor, podemos estar cometiendo tremendas injusticias y auténticas aberraciones.

15-11-2013

AUGUST BROSSA TORRUELLA
Médico de familia, máster en Bioética por la Universidad de Navarra.

56

Es nuestra responsabilidad empezar a dar soluciones en la planificación urbana y territorial con modelos autosuficientes como las smart cities

Ante todo, quiero felicitar a los autores por abrir este debate, que pone sobre la mesa un tema muy interesante y, a la vez, inquietante. ¿La mejora tecnológica es siempre algo positivo? Hoy día nos enfrentamos a una situación en la que una minoría de la población mundial controla casi la totalidad de las tecnologías y en la que la desigualdad social y económica está en continuo crecimiento. Eso no solo está ocurriendo entre países más y menos desarrollados, sino incluso entre clases sociales de países como Estados Unidos, con una orientación más natural hacia el mercado, o de otros con una fuerte tradición igualitaria, como Suecia o Finlandia. Muchos creen que eso es debido a la globalización y a las tecnologías crecientes. Ante una situación presente ya precaria, ¿estamos dispuestos a que una minoría tenga acceso a todas esas mejoras, mientras que una gran mayoría quede al margen?

Por otro lado, vemos como, precisamente por el crecimiento económico de los países desarrollados o en desarrollo, basado en un modelo de consumo, se está destruyendo el planeta, y los más afectados no son ellos, sino los países más pobres. Sin embargo, hay que tener presente que, a largo plazo, el cambio climático nos afectará a todos. ¿Podríamos aquí confiar en la tecnología, hacer un cambio radical y establecer un nuevo paradigma basado en la sostenibilidad y en la inteligencia ambiental, que satisfaga las necesidades básicas de todas las personas? En el 2050, según datos de la ONU, el 70 % de la población mundial vivirá en ciudades. Creo que es nuestra responsabilidad empezar a dar soluciones en la planificación urbana y territorial con modelos autosuficientes como las *smart cities* y establecer un convenio internacional de estructura de la ciudad que siga permitiendo libertad, pero no a costa del planeta.

17-11-2013

ANTON LARSEN PAYÀ
Arquitecto, miembro del despacho Peter Rich Architects y Light Earth Designs en Ruanda.

57

La perfección de la naturaleza más allá de sí misma no puede venir más que como un don de algo superior

Creo que la respuesta de Albert Cortina tiene dos puntos fuertes —entre otros. El primero es más bien un argumento *ad hoc* centrado en la libertad social: es ingenuo pensar que una evolución tecnológica de ese calibre sea accesible, no solo para el llamado «tercer mundo», sino incluso para buena parte del primero, lo que nos llevaría al menos a una oligarquía. Y no a una centrada en las personas más virtuosas, sino en las capaces de permitirse semejante tecnología. Su afirmación acerca de un posible totalitarismo es certera y posible. Creo que tal «evolución» agrandaría las diferencias entre un «primer mundo tecnológico» y un tercer mundo basura —el ejemplo es claro en la película *Elysium*. El segundo argumento es más profundo, y se refiere a la libertad personal en relación con la naturaleza humana. El argumento de Kurzweil se sostiene sobre una premisa muy simple: la naturaleza humana ya no da para más y solo puede evolucionar a partir de una intervención externa sobre ella. Pero se trata de una intervención externa de la misma criatura sobre sí misma. Que nadie da lo que no tiene y que la naturaleza no puede engendrar más allá de sí misma una naturaleza distinta son unos principios básicos.

De lo que se trata es de la vieja ilusión de Frankenstein, es decir, de jugar a ser Dios creador. Su punto fuerte es el anhelo del hombre por ser más, por ser inmortal. En eso no puedo estar más de acuerdo. El problema es el modo de buscar ese «más». Ese plus que nos lleve al «superhombre» ha sido perseguido a lo largo de la historia, y no parece que vaya a detenerse precisamente ahora que los avances de la genética y de la tecnología son tan prometedores. El verdadero problema es si nos quedaremos con el «súper» y perderemos al «hombre». La perfección de la naturaleza más allá de sí misma no puede venir más que como un don de algo superior. Pero, además, queda el argumento de la libertad personal. Kurzweil parte de una premisa falaz: las limitaciones del hombre lo impiden ser libre. Es tanto como decir que las limitaciones que supone el aire impiden al músico hacer sonar su instrumento, o que las limitaciones que impone la piedra al escultor le impiden realizar su obra como quisiera. Realmente es al revés: son precisamente esas resistencias, esas limitaciones, las que permiten al escultor «sacar» de la piedra todo su potencial, plasmar en ella sus sentimientos más profundos. Y no digamos de la música: sin la resistencia del aire sería imposible que las notas viajasen por el espacio. Lo que ese autor ve como limitaciones son, en realidad, las condiciones de posibilidad de nuestra libertad. Lo otro es un platonismo un tanto trasnochado revestido del sueño comteano del eterno progreso —y tiene cierto regusto a Iglesia de la cienciología—, el desprecio por un cuerpo y el anhelo de otro más perfecto. Pero, en realidad, lo que ese gurú o profeta tecnológico avanza ha sido ya profetizado con la promesa de la resurrección de la carne. Sí, estamos llamados a ser más de lo que somos, a vivir más la solidaridad y la armonía entre todos, pero es algo que no podemos lograr con nuestras fuerzas, que solo podemos recibir como don. Ese don lo recibimos ya en el amor entre los hombres como una chispa divina que en cada uno de nosotros pugna por convertirse en hoguera. La trascendencia de la que habla Albert Cortina no se puede lograr con medios inmanentes como la tecnología, sino solo a través del amor, y en eso sí estoy de acuerdo con Platón y su doctrina del eros.

17-11-2013

JAIME DE CENDRA DE LARRAGÁN
Sacerdote, licenciado en Derecho y bachiller en Teología. Máster en Filosofía por la Universidad Gregoriana de Roma.

58

¿Quién o quiénes pueden juzgar cuáles son los aspectos no deseados y no necesarios de la condición humana?

Desde que el hombre es hombre ha tenido que convivir con otros congéneres de mayor o de menor capacidad intelectual. Cualquier tipo de sociedad ha estado constituido por miembros más capaces y por otros con menos capacidades. La historia ya nos muestra que desde siempre ha habido un intento por mejorar la raza humana y cierta discriminación hacia las personas más débiles. De todos es bien conocido que ya los espartanos de la antigua Grecia arrojaban desde el monte Taigeto a las personas con discapacidad, pues no querían que en su «bella y floreciente civilización» existieran personas diferentes. Pero, a su vez, en paralelo, se creó una actitud más activa, con un enfoque más naturalista, que dispensaba un trato mucho más humanitario. Uno de los personajes que encabezaba ese movimiento era Hipócrates. El dilema se repite a lo largo de los años, pero en la actualidad con una gran diferencia: el gran desarrollo de la tecnología científica y sus posibles aplicaciones.

Según la definición del filósofo Nick Bostrom, una de las características del transhumanismo es el «deber moral de mejorar las capacidades físicas y cognitivas de la especie humana, y de aplicar al hombre las nuevas tecnologías». Pero ¿cómo es entendido eso? ¿Cómo se aplican esas tecnologías? ¿Quién está realmente dotado para acertar en su aplicación? ¿En qué premisas se basarán? ¿Quién o quiénes pueden juzgar cuáles son los «aspectos no deseados y no necesarios de la condición humana»? Es verdaderamente inquietante. No todos podemos responder al modelo que se expone en el lema que representa el espíritu olímpico y que en su día pronunció Pierre de Coubertin, fundador de los Juegos Olímpicos modernos: *Citius, altius, fortius* ('Más rápido, más alto, más fuerte'). Pero podemos vivenciarnos a nosotros mismos y a los demás con una apertura de espíritu y de valores.

18-11-2013

ELOÍSA MARTÍNEZ TORREGROSA
Licenciada en Filosofía y Ciencias de la Educación, especialidad en Pedagogía Terapéutica, y diplomada en Fisioterapia. Profesora de la Escuela Universitaria de Fisioterapia Gimbernat adscrita a la Universidad Autónoma de Barcelona. Fisioterapeuta especializada en Pediatría, Psicomotricidad Terapéutica e Hipoterapia en la escuela Moragas de Barcelona. Ha sido profesora titular de la escuela Ariadna de Barcelona. Miembro del Patronato de SOM Fundació Catalana Tutelar *Aspanias*.

59

Saber que tenemos que morir condiciona la manera de vivir y la hace humana

Los conceptos *transhumanidad* y *posthumanidad* dan cierto miedo. ¿Qué pretendemos? ¿Acabar con la humanidad y crear otra especie? Se dice que el transhumanismo consiste en hacer «mejoras», en «eliminar los aspectos no deseados de la condición humana». Surgen muchos interrogantes: ¿qué es mejorar? ¿Qué aspectos han de ser considerados no deseados y por quién? Una de las características —puede ser la más fundamental— de la condición humana es la finitud de la persona. No somos inmortales. El envejecimiento implica deterioro, decadencia, sufrimiento. Pero saber que tenemos que morir condiciona la manera de vivir y la hace humana. Intentar modificar ese rasgo fundamental significaría acabar con la condición humana. No está nada claro que vivir más años aumente el bienestar.

Otra cosa es utilizar el conocimiento genético para finalidades terapéuticas: evitar enfermedades, curarlas, paliar el dolor y el sufrimiento... Eso es progreso, como lo fueron los antibióticos. Otros delirios, de momento y por fortuna, son ciencia ficción. Esperemos que continúen siéndolo y que el conocimiento científico se ponga a disposición de la condición humana.

18-11-2013

VICTÒRIA CAMPS CERVERA
Doctora en Filosofía, catedrática emérita de Filosofía Moral y Política de la Universidad Autónoma de Barcelona, presidenta de la Fundación Víctor Grifols y Lucas y miembro del Comité de Bioética de Cataluña; ha sido presidenta del Comité de Bioética de España.

60

La solución no radica en el posthumanismo, sino en la transmisión y en la defensa activa de los postulados humanistas

El debate sobre el transhumanismo o posthumanismo no es en vano. Está en juego la comprensión de la condición humana, de sus posibilidades y de sus necesidades. Quienes defendemos abiertamente la necesidad de articular un humanismo en la sociedad no podemos estar al margen de las propuestas posthumanistas, aunque sea para tenerlas en cuenta y elaborar una crítica racional. El humanismo es la esencia de nuestra civilización. Tiene raíces griegas, renacentistas e ilustradas, pero también se desarrolla intensamente en el siglo XX de la mano de autores tan diferentes como Jacques Maritain —en *El humanismo integral*—, Jean Paul Sartre —en *El existencialismo es un humanismo*— y Martin Heidegger —en *Carta sobre el humanismo*. No creo que el humanismo esté superado, no creo que haya realizado sus objetivos, pero el posthumanismo representa la superación de la condición humana modificándola tecnológicamente.

No soy contrario a la tecnología ni tampoco tecnofóbico. Creo que la tecnología está al servicio de la persona y que tiene por objetivo curar y paliar sus déficits, así como mejorar su calidad de vida, pero no alterar la esencia de la condición humana, lo que somos, lo que nos define más nuclearmente. La educación humanista choca contra grandes obstáculos. El espíritu humanista lucha contra el economicismo vigente dondequiera que esté, pero la solución no radica en el posthumanismo, sino en la transmisión y en la defensa activa de los postulados humanistas: la dignidad inherente a toda persona, la libertad del ser humano, la defensa de su integridad física y moral y la equidad entre todos los seres humanos.

19-11-2013

FRANCESC TORRALBA ROSELLÓ
Doctor en Filosofía y en Teología, catedrático de Filosofía de la Universidad Ramon Llull. Director de la cátedra Ethos de Ética Aplicada de dicha universidad. Académico de número de la Real Academia de Doctores. Consultor del Consejo Pontificio de la Cultura de la Santa Sede.

61

La ciencia no ha de parar nunca

Hablar hoy de la posibilidad de que en un futuro no muy lejano la tecnología se imponga a la biología y dé paso a la generación de una nueva especie de «posthumanos» regidos por una inteligencia no biológica parece más ciencia ficción que un pronóstico creíble. Por descontado, la ciencia debe seguir avanzando. Por ejemplo, en el ámbito de la medicina no solo se debe intentar minimizar el sufrimiento que comportan las enfermedades graves, sino también diagnosticarlas precozmente y encaminar los esfuerzos a poder prevenirlas antes de que se produzcan. No obstante, la línea que separa lo grave de lo no tan grave, la necesidad del capricho, lo justificable de lo que en términos de justicia equitativa sería inaceptable, es muy fina y difícil de delimitar. Pese a todo, la ciencia no ha de parar nunca. Lo que hace falta es ser sensato y establecer mecanismos de control para que los esfuerzos y los recursos que se destinan al progreso sean en beneficio de todos y no vayan encaminados a generar nuevas desigualdades sociales, tan frecuentes en nuestro planeta.

19-11-2013

PERE N. BARRI RAGUÉ
Ginecólogo. Director del Departamento de Obstetricia, Ginecología y Reproducción del Hospital Universitario Quirón Dexeus. Director de la Cátedra de Investigación en Obstetricia y Ginecología del Departamento de Obstetricia, Ginecología y Reproducción del Hospital Universitario Quirón Dexeus. Universidad Autónoma de Barcelona.

MONTSERRAT BOADA PALÀ
Bióloga, directora del Laboratorio de Reproducción Asistida del Departamento de Obstetricia, Ginecología y Reproducción del Hospital Universitario Quirón Dexeus.

62

El anhelo que todos tenemos dentro no es el de sobrevivir al tiempo, sino el de encontrar su significado

Quizá, y paradójicamente, una de las personas que de un modo indirecto pueden arrojarnos más luz sobre el transhumanismo es el gran escritor J. R. R. Tolkien, quien vivió mucho antes de que surgiera esa polémica. «Los temas de su escritura son las claves más profundas de las preocupaciones de Tolkien, incluyendo la muerte y la inmortalidad, la nostalgia del paraíso, la creación y la creatividad, la realidad de la virtud y del pecado, el correcto señorío sobre la naturaleza y los peligros mortales planteados por la posesión del poder tecnológico. Luchando con esas preocupaciones creó un cuerpo de trabajo imbuido de una profunda sabiduría —una sabiduría que nuestra civilización necesita desesperadamente» (Stratford Caldecott, *El poder del Anillo*, Encuentro, Madrid, 2013).

Tolkien aborda uno de los aspectos del transhumanismo, el mito de la inmortalidad, y nos lo muestra desde dos perspectivas: desde la perspectiva de los que no la tienen y la anhelan, es decir, los hombres; y desde la perspectiva de los que parecen tenerla y, curiosamente, no anhelarla, es decir, los elfos. En cuanto a los primeros, o sea, los hombres, Númenor —o Westernesse, o la «Tierra del Don»—, en su obra *El Silmarillion*, es corrompido por una fuerza maligna llamada Zigur —Sauron en *El Señor de los Anillos*. Al intentar arrebatar por la fuerza el secreto de la inmortalidad de los dioses, los malvados habitantes de Númenor provocan su propia destrucción. Por su parte, los elfos tienen el «anhelo del mar», el persistente deseo de regresar al Oeste. ¿Qué significa eso y qué relación tiene con el transhumanismo, con sus peligros y con sus falsedades?

Tolkien concibió a los seres humanos y a los élficos como seres anhelantes de la luz de la cual proceden, de una edad de oro perdida, y esa edad de la inocencia está íntimamente conectada con el deseo de inmortalidad. Todo ese sentido de entropía universal, de estar en un declive, de deslizarnos en el decaimiento, de perder nuestra grandeza, de volvernos grises y viejos es parte de ese «sabor» a muerte —afirma Caldecott. Pero, y eso es lo importante, en los humanos, el deseo de inmortalidad no es realmente el de conseguir retardar lo máximo posible ese lento declive. No es, a fin de cuentas, un deseo de *prolongarnos*, de ser —usando la analogía de Bilbo— «estirados, como mantequilla untada sobre demasiado pan». El anillo promete una inmortalidad de ese tipo, pero una vida de servidumbre hacia el anillo no es mejor que una muerte en vida. El deseo real de inmortalidad, por otra parte, es sano, es un deseo de superar el propio proceso de declive. No es un deseo de extender el tiempo, sino, realmente, de *trascenderlo*, de volver al Oeste.

Hoy en día, una gran cantidad de personas cree en la reencarnación. Probablemente, el transhumanismo es una versión más, pues la idea de «liberación de la materia», en ese caso, del cuerpo con sabor a muerte, es una reminiscencia del gnosticismo con un particular atractivo para los occidentales, quienes nos hemos acostumbrado a pensar desde Descartes en la mente como un pasajero fantasmal o un piloto de la máquina del cuerpo, y desde el siglo XIX, en la vida como un continuo proceso de evolución. Tolkien, para explorar de un modo pragmático la idea de inmortalidad, creó en el mundo de su imaginación el drama de los elfos. Los elfos eran inmortales, en el sentido de que no morían de viejos —si eran asesinados podían «regresar» de las Estancias de Mandos para continuar con su vida en la Tierra. De ese modo, su destino no era partir de este mundo, sino permanecer en él mientras existiera, si no en una forma plenamente corpórea, sí en un tipo de limbo o de estado de espera. Y aquí viene el drama de la inmortalidad, que igual afecta a los elfos que a un potencial ser transhumano: la tentación de los elfos es siempre la de una forma de melancolía, pues los elfos son los grandes amantes y custodios de la naturaleza, pero, al haber sido bendecidos con una memoria indefectible, también llevan la carga del sentido de la transitoriedad y de la pérdida. Su música refleja eso, porque la música es un arte de lo fugaz y de lo cambiante, y sus canciones expresan tanto un amor por el paso de los distintos tiempos como un intento por capturarlos, por celebrarlos y por invocarlos reiteradamente. Con el paso del tiempo, el peso de la memoria crece y, en consecuencia, la importancia del presente y del futuro parece disminuir. (Los elfos «permanecerán en el mundo hasta el fin de los días, y su amor por la Tierra y por todo es así más singular y profundo, y más desconsolado a medida que los años se alargan».) Los hombres, por su parte, miran principalmente al futuro, y su tentación no es parar el tiempo, sino extenderlo, conquistarlo, en última instancia, a través de dominarlo más y más: posponiendo la muerte de cualquier forma posible.

En la obra de Tolkien, los hombres pueden lograr la inmortalidad y, lo que es quizá aún más fuerte, los elfos, que ya la tienen, se dan cuenta de que no es lo que quieren. El transhumanismo confunde el deseo de infinito con el de inmortalidad. Ni los elfos, en su perfección, quieren vivir para siempre, y eso es así porque el anhelo que todos tenemos dentro no es el de sobrevivir al tiempo, sino el de encontrar su significado. En la obra de Tolkien, Ilúvatar ha decretado que el destino de los hombres se halla en otro lugar, por lo que es un misterio tanto para los hombres como para los elfos.

No creo que sea posible migrar a un cuerpo no humano. En los años ochenta se planteó un debate similar con respecto a la naturaleza, la posibilidad de sustituirla por artefactos. Veamos hoy las consecuencias ambientales de ese mecanicismo. Si Tolkien está en lo cierto, querer eliminar la muerte llevará al hundimiento de Númenor, de la civilización. La explicación es sencilla. La dio san Agustín: «Por tanto, quiso que los corazones de los hombres buscaran siempre más allá y no encontraran reposo en el mundo.» Los cristianos reconocerán aquí un eco de otra famosa frase del filósofo de Hipona: «Nos hiciste, Señor, para ti, y nuestro corazón está inquieto, hasta que descanse en ti.» No es inmortalidad lo que anhelamos, es tan solo sed de infinito.

19-11-2013

PABLO MARTÍNEZ DE ANGUITA D'HUART
Doctor ingeniero de Montes, profesor titular de Selvicultura y Organización de Proyectos de la Universidad Rey Juan Carlos I (Madrid), investigador de pagos por servicios ambientales y cooperación forestal internacional.

63

El hombre es un fin en sí mismo

El enfoque conceptual de muchos transhumanistas es, según mi modo de ver, falaz: desde el punto de vista individual, la felicidad del hombre no se deriva directamente de sus superpoderes, de su longevidad o de su invulnerabilidad. Lo que hace feliz al hombre es amar y sentirse amado. Desde el punto de vista social, parece que detrás de la investigación de orientación transhumanista está la idea de poder, de dominación del ser humano por parte del posthumano. Si los objetivos del transhumanismo se consiguieran significativamente, cabría temer el riesgo de entrar en una espiral acelerada de ciencia y de tecnología que, de modo exponencial, podría llevar a la actual civilización a la autodestrucción por un colapso evolutivo. ¿Acaso alguien cree que tras el nacimiento de un ser humano nuevo, dominante, el resto de los humanos van a esperar pacientemente a ser esclavizados? La historia da testimonio de cómo brillantísimas culturas que nos han precedido han quedado arrasadas por una transformación involutiva. Según mi modo de ver, ese debate debe estar siempre presidido por el principio kantiano de que «el hombre es un fin en sí mismo». A partir de ahí, vivan la ciencia y la tecnología al servicio del hombre.

20-11-2013

JOSEP ARGEMÍ RENOM
Catedrático de Pediatría de la Facultad de Medicina y Ciencias de la Salud en la Universidad Internacional de Cataluña. Ha sido rector de dicha universidad en el periodo 2001-2010.

64

Hay que utilizar la tecnología como medio y humanizar la medicina

Es cierto que nos espera un futuro tecnológico como solución a muchos problemas médicos, científicos, etc., y no nos deben dar miedo los cambios. Las sociedades evolucionan y, cada vez más, con el desarrollo de las nuevas tecnologías, vamos a vivir situaciones nuevas, hasta hace poco imposibles de imaginar. El problema es hasta dónde estamos dispuestos a llegar y quién tendrá el suficiente «sentido común» como para decidir dónde está el límite y si debe primar, olvidándonos de los valores y jugando a ser dioses, el avance tecnológico frente a cualquier decisión. El mundo de la medicina está compuesto cada vez más por ingenieros del mundo de la nanotecnología y de la biotecnología. Pero la coordinación entre «técnicos» y «personas» es necesaria para conseguir que los proyectos funcionen. No basta con poner una prótesis a un enfermo; esta tiene que conseguir curar, hay que asegurarse de que no tiene efectos secundarios y conseguir un aspecto adecuado para que el enfermo se sienta bien socialmente, todo ello con la finalidad de adquirir una mejor calidad de vida. Hay que utilizar la tecnología como medio y humanizar la medicina.

20-11-2013

MONTSERRAT VILA-PAGÉS CASANOVAS
Abogada.

65

En el planteamiento transhumanista o posthumanista, el hombre es un ingenio material, concebido más allá de la dignidad y de la libertad

Vivir más y con mejor salud es cuestión de ingeniería médica, según Ray Kurzweil. Llegados a ese punto, los seres humanos podrán vivir para siempre. La prolongación de la vida, la criónica o el *mind uploading* —la transferencia mental— son solo algunos de los temas del iceberg transhumanista. Es algo atractivo y seduce, es el anuncio, la promesa del paraíso perdido con el que todo hombre sueña desde que lo extravió y que emerge con pertinacia en las distintas épocas de la humanidad. El transhumanismo aboga por la mejora del hombre. En sí mismo no es un error, porque no hay nada objetable en considerar y en desarrollar técnicas, biotecnologías, fármacos, etc., que contribuyan a la calidad de vida del hombre, al *enhancement* —la mejora— de la especie humana. Pero ¿qué es lo engañoso en este tipo de planteamientos? El error es que la teoría y los postulados transhumanistas sobre la mejora de los seres humanos pasan por alterar su naturaleza humana por medio de la biotecnología para dotarlos de una existencia postbiológica en la que la cibernética y la nanotecnología habrán sustituido a la naturaleza humana. Con esas «herramientas» integradas en nuestros cerebros —en todos, en los de los hombres y en los de las mujeres, o quién sabe, ya que, como afirman algunos transhumanistas, ¿quién ha dicho que seguirán existiendo nada más que dos sexos?—, se podrá controlar el entorno material mucho más y mejor, existirán nuevos sistemas culturales, sociales y económicos que hoy ni siquiera podemos imaginar, y las vidas de los posthumanos se parecerán muy poco a nuestras vidas limitadas. En el planteamiento transhumanista o posthumanista, el hombre es un ingenio material, concebido más allá de la dignidad y de la libertad, como quería Skinner. Pero entonces resulta que esa evolución progresiva, la mejora del hombre sin el hombre, la transformación de lo humano, se convierte en infrahumanismo o en antihumanismo.

24-11-2013

MARÍA VICTORIA ROQUÉ SÁNCHEZ
Doctora en Filosofía y en Teología. Profesora en las facultades de Odontología, Medicina y Ciencias de la Salud en la Universidad Internacional de Cataluña.

66

Es necesaria una idea de lo humano y de ser humano capaz de encauzar y de dar sentido a todas esas capacidades tecnológicas

El artículo plantea las claves de un desafío que es necesario afrontar, ya sea desde la perspectiva del planteamiento de Ray Kurzweil, o desde la del de la transformación del ser humano, en cualquiera de sus variantes. En todo el abanico de posibilidades que ahí se abren, lo que verdaderamente nos debe preocupar es la capacidad real y creciente que el ser humano posee para transformarse a sí mismo, para ser el que con sus decisiones marque el sendero de su evolución. Estamos ante un proceso abierto, propio del proyecto humano abierto que comenta Albert Cortina. Por eso es necesaria una idea de lo humano y de «ser humano» capaz de encauzar y de dar sentido a todas esas capacidades tecnológicas. Salvo una verdadera catástrofe global, se van a producir transformaciones profundas, y muchas de ellas aparecerán agazapadas en los márgenes de los caminos ahora emprendidos. Como oportunidades y como riesgos de un proceso necesitado de orientación y de reflexión. La confluencia de biología y tecnología es un desafío por el que todos nos debemos sentir cuestionados, pues en él está en juego que el futuro continúe siendo humano. El debate aquí abierto es importante y necesario.

24-11-2013

FRANCISCO J. GÉNOVA OMEDES
Sacerdote, profesor de FP y Secundaria. Doctorando del Instituto de Teología Fundamental de Sant Cugat del Vallès. Investigador del pensamiento de la teóloga Anne Foerst y de la relación teología – inteligencia artificial.

67

¿Para qué queremos prótesis y capacidades extraordinarias si aún no hemos aprendido a desvelar las potencialidades que llevamos «de serie»?

La fusión de tecnología e inteligencia que pronostica el artículo, aunque despierta la inquietud y las dudas éticas que han aparecido en muchos comentarios anteriores, la tenemos que ver como una oportunidad, porque, si simplemente la vemos como una amenaza, seguramente fracasaremos en los intentos de reprimirla y de contrarrestarla. Sin embargo, me parece que parte de errores de planteamiento. Una vez más, la cantidad pasa por encima de la calidad. ¿Para qué queremos vivir más, para qué queremos vivir para siempre —¡qué abismo!— si aún no sabemos cómo vivir bien, felices, tranquilos a lo largo de nuestras modestas vidas con fecha de caducidad? Y, de nuevo, los aspectos exteriores pasan por encima de los interiores. ¿Para qué queremos prótesis y capacidades extraordinarias si aún no hemos aprendido a desvelar las potencialidades que llevamos «de serie»? Bienvenido sea todo progreso que ayude a mejorar la calidad de vida y el bienestar de las personas. Pero aún tenemos mucho camino por recorrer sin necesidad de ningún avance tecnológico. Y creo que confiar que eso lo harán las máquinas por nosotros es ser muy ingenuo o andar muy despistado.

26-11-2013

JÚLIA RUBERT TAYÀ
Ambientóloga y paisajista, miembro de la Comisión de Territorio del Colegio de Ambientólogos de Cataluña (COAMB) y técnica del Departamento de Territorio y Sostenibilidad de la Generalitat de Cataluña.

68

¡Poderosos del mundo, apostad por la nueva y vibrante industria de la inmortalidad cibernética!

CARTA DE DMITRY ITSKOV SOBRE INMORTALIDAD CIBERNÉTICA A LOS MIEMBROS DE LA LISTA FORBES MUNDIAL

Honorables miembros de la lista mundial de multimillonarios de Forbes,
Tan solo en el 2012, 16 nuevos miembros se añadieron a las 1 226 personas de la lista, y su fortuna total de 100 000 millones ha pasado a ser de 4,6 billones de dólares. Usted ha trabajado duro para lograr resultados sorprendentes y, a menudo, incluso ha puesto en peligro su salud y su longevidad. Por desgracia, la medicina moderna sigue centrada en el medicamento, teniendo como premisa la mortalidad —lo mejor que puede hacer es retrasar temporalmente el proceso de envejecimiento humano. Pero ya no tiene por qué ser así.

Muchos de ustedes, que han acumulado una gran fortuna derivada del éxito en sus negocios, apoyan la ciencia, las artes y las obras de caridad. Los insto a que tomen nota de la importancia vital de la financiación del desarrollo científico en el campo de la inmortalidad cibernética y del cuerpo artificial. Ese tipo de investigación tiene potencial para liberarse de la enfermedad, de la vejez y de la muerte, para usted y para la mayoría de las personas de nuestro planeta.

Contribuir a las innovaciones de vanguardia en los campos de la neurociencia, de la nanotecnología y de la robótica androide es más que la construcción de un futuro más brillante para la civilización humana; es también una estrategia de negocio inteligente y rentable que va a crear una nueva y vibrante industria de la inmortalidad —ilimitada en importancia y en escala. Ese tipo de inversión va a cambiar todos los aspectos de los negocios tal como los conocemos ahora: la industria farmacéutica, el transporte, la medicina, la generación de energía o las técnicas de construcción, por citar algunos de ellos.

Actualmente, puede invertir en proyectos empresariales que le reportarán otros 1 000 millones. Pero usted también tiene la capacidad de financiar la extensión de su propia vida hasta la inmortalidad. Nuestra civilización ha llegado muy cerca de la creación de ese tipo de tecnologías, no es una fantasía de ciencia ficción. Está a su alcance asegurar que ese objetivo se logre a lo largo de su vida.

Para todos los interesados pero escépticos, estoy dispuesto a probar la viabilidad del concepto de la inmortalidad cibernética mediante la organización de un debate de expertos con un equipo integrado por los científicos más importantes del mundo que estén trabajando en ese campo. También estoy dispuesto a coordinar el proyecto de la inmortalidad personal totalmente gratis en aras de acelerar el desarrollo de esas tecnologías.

Empresarios y empresarias, honorables miembros de la lista de ricos de Forbes: la vida humana es única y no tiene precio. Solo cuando tenemos que desprendernos de la vida, nos damos cuenta de lo mucho que no hemos hecho, de aquello que no hemos tenido tiempo suficiente de hacer, de lo que realmente queríamos hacer o de cómo nos gustaría rectificar algo que hemos hecho mal. Todo lo que hemos querido y amado se convierte de repente en inaccesible. Hoy usted tiene la oportunidad única de cambiar esa situación. Y, al mismo tiempo, de reportar beneficios inestimables a sus países y al mundo entero, así como de dejar una huella en la historia mediante el apoyo a la creación de la nueva industria de la inmortalidad. Usted tiene el poder de apoyar y de crear una nueva industria de la inmortalidad para contribuir al cambio revolucionario, que siempre resonará a través de las páginas de la historia.

Con mis mejores deseos de salud y de ilimitada vida útil,

Dmitry Itskov — 2045 *Initiative founder*

28-11-2013

CARLOS BATLLE SEGURA
Interiorista.

69

La clave es que en ese proceso de cambio radical de la organización social mantengamos la esencia del ser humano: su vinculación con el cuerpo social

Si admitimos que el ser humano es un ser sustancialmente social, entonces lo que nos debe preocupar no es tanto la sustitución de los mecanismos tecnológicos de potenciación del físico, el reemplazo de elementos vitales o la corrección de sus defectos —que, de hecho, es algo que se viene produciendo en el curso de la evolución humana—, sino si ello va a variar el papel social de ese nuevo ser humano trascendente. La pregunta que me parece más pertinente, de entre las que Albert Cortina realiza en su artículo, es si la evolución tenderá a una toma de decisiones de forma concertada y casi simultánea, o bien nos hallaremos bajo el yugo de una ciberdictadura —en realidad, de un ciberdespotismo.

La nueva configuración de las capacidades del ser humano y de su entorno tecnológico debería permitir un nuevo concepto de leyes —menos imperativas, quizá, más adaptativas—, de proceso legal —seguramente menos silogístico— y de formas de ejercicio del poder. La mayor y más fácil comunicación, así como la mayor capacidad de recopilar información y de razonamiento, harán redundantes muchísimas técnicas de convivencia social que damos hoy por supuestas y que pretenden, en definitiva, suplir o paliar los defectos de la comunicación social, del mercado o de la capacidad del ser humano para acceder a un volumen de comunicación permanentemente actualizable —por poner un ejemplo de un anacronismo cada vez más patente, los diarios oficiales.

La clave es que en ese proceso de cambio radical de la organización social mantengamos la esencia del ser humano: su vinculación con el cuerpo social. Para ello es fundamental garantizar el mantenimiento de las conquistas más relevantes que ha alcanzado el ser humano social —el ciudadano— desde la Revolución Francesa y desde la del estado de bienestar, particularmente la libertad, la igualdad, la justicia y, en especial, el principio de libre participación ciudadana en los procesos democráticos, porque ese principio es el que dota a los seres humanos de su carácter de ciudadanos y, por lo tanto, de su esencia social. Bajo esa garantía podemos plantearnos una nueva configuración de las normas morales o jurídicas que regule el comportamiento de una sociedad diferente. Podremos compartir políticas y objetivos sociales y, a partir de ellos, regular normas que permitan su consecución y que puedan irse adaptando a las modificaciones sociales y fácticas que sobrevengan.

29-11-2013

PABLO MOLINA ALEGRE
Abogado, socio del despacho Garrigues, secretario de la Asociación Española de Técnicos Urbanistas y vocal de la junta directiva de la Agrupación Catalana de Técnicos Urbanistas.

70

Es urgente que haya más justicia, más comprensión, más alegría y menos miedo a la muerte en el humano de ahora y de aquí

Creo que mientras intentamos buscar nuevas vías para la superación de lo humano, deberíamos esforzarnos en mejorar en espíritu y en generosidad al humano de ahora. Lo estamos intentando a partir de la filosofía desde hace dos mil quinientos años, a partir del cristianismo desde hace dos mil años y a partir de la educación más o menos generalizada desde hace un par de siglos, pero, por desgracia, no hemos conseguido gran cosa. Contemplo con una curiosidad relativamente hipotética la posibilidad de ingenierías genéticas que permitan eliminar versiones nocivas de genes del conjunto del genoma humano y aliviar así enfermedades hereditarias; de ingenierías regenerativas de tejidos y de órganos que ayuden a mitigar las degeneraciones producidas por el envejecimiento y las devastaciones ocasionadas por los accidentes; de ingenierías cerebrales que actúen sobre el desarrollo del cerebro —¿duplicar el número de neuronas?—, sobre la mielinización —¿aumentar la velocidad de las señales?—, sobre neurorreceptores con tiempo de decaimiento más largo —¿más capacidad de memoria y de asociación de ideas?—; y de ingenierías biorrobóticas que permitan acoplamientos del cerebro con complementos microelectrónicos sensoriales, motores y cognitivos para ayudar a pacientes tetrapléjicos. Pienso en todo ello a modo de entretenimiento intelectual de biofísico, que me ayuda a preguntarme más por el genoma, por el desarrollo, por la salud y por la enfermedad, por el cerebro y por la mente. Sin embargo, me resulta mucho más urgente que haya más justicia, más comprensión, más alegría y menos miedo a la muerte en el humano de ahora y de aquí. Temo que poner demasiado énfasis en una mejora futura nos haga dedicar menos atención a las necesidades actuales. Se acusó a la religión de ser un opio del pueblo, y se distrajo a este de las injusticias y de los sufrimientos a los que estaba sometido con la promesa vaga de un futuro eterno y feliz; y recelo que las promesas tecnológicas pueden ser un nuevo opio que nos adormezca con respecto a nuestras responsabilidades reales y urgentes. Salvado ese escollo, creo que atender el mejoramiento físico es un objetivo factible, siempre que se haga sin arrogancia, con respeto, con justicia, con piedad, al servicio de todos, en un entorno equilibrado entre humanismo y tecnología. Pero es más urgente terminar las guerras y sus causas —injusticias, afán desmesurado de poder—, disciplinar las debilidades del espíritu, saber qué hacer con la vida, cómo llenarla y darle sentido, qué significa ser plenamente humano mientras se piensa y se trabaja en lo hipotéticamente transhumano.

1-12-2013

DAVID JOU MIRABENT
Doctor en Ciencias Físicas, catedrático de Física de la Materia Condensada de la Universidad Autónoma de Barcelona especializado en la investigación de la termodinámica de procesos irreversibles y de la mecánica de sistemas fuera del equilibrio, responsable del Grupo de Física Estadística de dicha universidad y poeta.

71

La revolución silenciosa es la revolución química

Cuando hoy en día hablamos, con cierta fascinación, del poder transformador de la «tecnología», nos referimos habitualmente a las tecnologías de la información y de las comunicaciones. Es cierto que las TIC están transformando de forma drástica e irreversible el mundo en que vivimos, pero, de puertas adentro, aquello que va a cambiar el bicho que habita en nuestra piel no son dichas tecnologías, sino la revolución en la química. A fin de cuentas, no somos más que una gran y compleja reacción química que dura alrededor de treinta mil días. Esa revolución silenciosa ha sido tratada por numerosos autores. Interesante, Fukuyama.

1-12-2013

ANTONI BREY RODRÍGUEZ
Ingeniero de Telecomunicaciones, director general de Urbiótica.

72

¿Cómo debe conservar el ser humano su soberanía y el dominio de la tecnología para no convertirse en un robot rentable y eficiente?

La tecnología es una necesidad vital para la humanidad y un peligro para su salud. Si antes la máquina podía absorber un órgano de la persona, ahora puede absorber también su alma. El ser humano digital está en riesgo de ser dominado por la tecnología, para que forme parte de su reinado. La tecnología y su lógica son una ofensiva total sobre el cuerpo humano, sobre sus órganos, su cerebro, sus sentidos, sus sentimientos y sus tentaciones. Son una ofensiva sobre el núcleo del ser humano, que probablemente era considerado el mentor de la tecnología, el sujeto, y de repente es un objeto que hay que vender. El ser humano digital ha inventado la tecnología y enseguida esta se ha rebelado y ha hecho de él un «posthumano», una máquina que la asiste a la hora de fabricar. Para superar ese obstáculo de la relación del ser humano con la tecnología, me pregunto: ¿cómo puede el ser humano desarrollar la tecnología y sacar de ella el mayor provecho para mejorar su vida? ¿Cómo debe conservar el ser humano su soberanía y el dominio de la tecnología para no convertirse en un robot rentable y eficiente? ¿Cómo podemos adaptar esa tecnología para que respete la condición humana, la libertad, la justicia, y estar al mismo tiempo en armonía con el objetivo individual de la plenitud moral y espiritual? Creo que el debate sobre esa cuestión tan compleja nos ha permitido poner de relieve todo lo que está en juego y la consecuencia lógica que de ello se deriva: la necesidad imperiosa de defender la dignidad humana, su integridad y su libertad.

2-12-2013

RACHID AARAB AARAB
Profesor asociado de Relaciones Internacionales en la Universidad Autónoma de Barcelona. Su investigación se centra en la política global de la energía. Es director del Instituto de Ética Global y Futuro de la Humanidad (GEFHI). Patrono de la Fundación Pluralismo y Convivencia y cofundador de AFD International, organización no gubernamental de defensa y promoción de los derechos humanos.

73

La evolución del cerebro está marcada por el bricolaje evolutivo

Nos encontramos en un momento científicamente apasionante, en el que se replantean cuestiones fundamentales que en gran medida formaban parte del corpus de la filosofía y se integran en el dominio de la ciencia. Hasta qué punto podremos ver en un futuro máquinas inteligentes que puedan sustituirnos o reemplazar parte de nuestra forma de vida es una incógnita, pero lo que sucederá a medio camino ya nos permite conjeturar que el futuro próximo nos traerá una nueva forma de relacionarnos con las máquinas. Si el cine puede dar una pauta de esas posibilidades futuras, películas como *Her* o *Un amigo para Frank —Robot & Frank—* apuntan algunos escenarios plausibles. En ambos casos, la máquina —ya sea un sistema operativo o un autómata— se comunica con el usuario de una forma que permite desplegar entre ellos todo un repertorio de emociones y de complicidades que van mucho más allá de las mascotas animales. Cabe preguntarse si el resultado será una peculiar simbiosis en la que la máquina adquirirá cierto tipo de personalidad o más bien una extensión de la personalidad del usuario humano. Nadie nos ha preparado para responder a esas preguntas, y aún menos para conocer las respuestas.

En cuanto a las posibilidades de la biología sintética, de los circuitos neuronales artificiales y de nuevas formas de modificar órganos y tejidos, debemos admitir que están dejando de formar parte de la ciencia ficción.

Los órganos artificiales, aunque aún en fase experimental, son ya una realidad. La posibilidad de regenerar tejidos y de reducir su proceso de envejecimiento parece más que alcanzable, y el hecho de que las células madre puedan —en condiciones adecuadas— reconstruir espontáneamente ojos o partes de la corteza cerebral sugiere que la misma naturaleza puede ponerse de parte del ingeniero. Aunque es cierto que esas tecnologías, como toda tecnología emergente, son ahora enormemente costosas, no es improbable que su empleo futuro esté al alcance de muchos. Poder alcanzar la tercera edad con capacidades propias de la madurez nos permitiría reducir muchas de las gravosas consecuencias del envejecimiento, a la vez que los individuos «ancianos» podrían seguir contribuyendo activamente a la sociedad en plenas condiciones. En un mundo futuro que desearíamos que fuera sostenible, modificar a los humanos sería más que deseable.

Por otra parte, tengo serias dudas sobre el potencial real de parte de las tecnologías que prometen un cambio radical en la evolución humana, especialmente en relación con nuestra mente. No hay que olvidar dos cosas importantes. Una, que el cerebro es producto de la evolución y ha sido optimizado a fondo a ciertas escalas —como demuestran la alta densidad de neuronas y de conexiones—, y dos, que hay cosas que ya están en el límite, así que no puede hacerse —ni es necesario— una ingeniería adicional. Por otra parte, la misma evolución del cerebro también está marcada por el bricolaje evolutivo: se han ido construyendo nuevos «pisos» a partir de lo que había, con lo que, de alguna forma, nuestra mente compleja coexiste con la de los reptiles primitivos y con todo tipo de instintos. Ello ha dado lugar a muchas de las anomalías que también definen nuestra mente. ¿Podemos ignorarlas? Ni mucho menos. En ese sentido, aunque es posible que podamos modificar recuerdos simples o potenciar nuestra memoria, no cabe esperar —como apuntan tantas novelas y películas— que nos puedan implantar un chip que nos permita de inmediato expandir nuestra memoria. La forma en la que almacenamos recuerdos y accedemos a ellos tiene poco o nada que ver con los ordenadores.

Por último, no hay que perder de vista algunos hechos relevantes. Estoy de acuerdo con David Jou en la importancia de valorar el potencial que poseemos para mejorar el mundo, y ello no debe pasar necesariamente por sistemas altamente sofisticados —y previsiblemente muy costosos.

Un mundo en el que la educación tuviera el prestigio que se merece sería un mundo social e intelectualmente mucho mejor que el actual. Un mundo en el que la educación hubiera tenido las garantías y el desarrollo adecuados sería probablemente ya posthumano. Cada día se pierde el potencial extraordinario de miles de niños que carecen de una escuela o de la nutrición adecuada, cuando no mueren en alguna de las guerras actuales, que nos recuerdan que nuestro mundo es tristemente prehumano.

2-12-2013

RICARD SOLÉ VICENTE
Físico y biólogo. Doctor en Ciencias Físicas, profesor de investigación del Instituto Catalán de Investigación y Estudios Avanzados (ICREA), director del Laboratorio de Sistemas Complejos de la Universidad Pompeu Fabra y catedrático externo del Instituto Santa Fe de Nuevo México (EUA).

74

¿Puede ser que la primera forma de vida posthumana ya exista?

No comparto la visión de Kurzweil porque creo que es demasiado antropocéntrica, aunque estoy de acuerdo con él en el hecho de que hemos abierto una nueva línea evolutiva de base tecnológica. De hecho, puede ser que la primera forma de vida posthumana ya exista —recomiendo seguir el debate sobre si los virus informáticos son ya una nueva forma de vida—, y, cuando esas formas primigenias evolucionen gracias a nuestros experimentos en inteligencia artificial, en robótica y en nuevos materiales, sencillamente ya no necesitarán ser humanas. Hablo de seres con base de silicio y termodinámicamente más estables, es decir, de seres capaces de replicar las propiedades de resiliencia de la vida, pero sin estar limitados por una química que requiere la captura constante de energía. Respecto a si tendrán alma, aún no sé si nosotros la tenemos, y, en vista de cómo hemos tratado el planeta, tampoco sería tan de extrañar que la naturaleza nos considere un experimento fallido o meramente un estadio de transición a lo posthumano.

2-12-2013

JORDI SERRA DEL PINO
Prospectivista. Miembro sénior del Centro de Política Postnormal y Estudios Futuros de la Universidad East/West de Chicago, miembro y vicepresidente del capítulo Iberoamericano de la Federación Mundial de Estudios Futuros. Miembro fundador del Grupo de Investigación en Inteligencia de la Universidad de Barcelona, y miembro asociado de la Academia Mundial de Artes y Ciencias.

75

Es necesario integrar un «mejoramiento humano» que no pretenda superar lo humano, sino potenciarlo

Este debate suscitado tanto por los artículos como por los comentarios subsiguientes me parece del todo necesario por dos razones: por su interés intrínseco y por su actualidad. Como se ha dicho a lo largo y ancho del debate, la cuestión, lejos de ser para un futuro indefinido, se encuentra presente en nuestras vidas incluso antes de que se haya producido un debate en clave ética sobre ella. Los investigadores hace años que trabajan en ello y ya hay programas europeos que financian y potencian la investigación sobre el llamado «mejoramiento humano» en clave más bien transhumanista, cosa que pone una cuestión sobre la mesa, cuestión que apunta más bien a la primera de las razones que refería más arriba. Si la Unión Europea tiene programas de ese tipo, es que esa investigación ya debe de ser legal. Pero ¿es ética? ¿La legalidad y la ética van desligadas? La razón más importante por la que este debate es necesario es el interés intrínseco que tiene.

El problema de fondo, que subyace a la pregunta sobre la legalidad y la ética, es que no afrontamos la pregunta de base que hay detrás de este debate y de tantos otros que hemos suscitado en nuestros tiempos: ¿qué es el hombre? Muchas de las intervenciones que se han hecho en esta conversación digital claman a favor de este debate, especialmente cuando se evocan el humanismo, la dignidad de la persona, el personalismo… Según mi entender, si queremos evitar la deriva transhumanista y posthumanista a la que se nos quiere llevar, tenemos que hacer de nuevo el esfuerzo de pensar qué es el hombre, cuál es su naturaleza, y, desde ahí, tratar de descubrir de nuevo si a esa naturaleza, por el hecho de ser tal, le es inherente cierta ley natural, que pueda estar en la base de una legislación positiva que tenga esa ley por línea roja. Una ley así hablaría claramente de la dignidad de la persona y de todos los derechos y deberes inherentes a esa dignidad. Si hiciéramos esa reflexión, quizá nos daríamos cuenta todos de que el hombre es un ser multidimensional: disfruta, en efecto, de una dimensión corporal, de una psicológica, de una espiritual y de una netamente relacional-social. Todas esas dimensiones hacen al hombre y lo integran. Además, a causa de la riqueza de todas esas dimensiones, el hombre es un ser abierto, con una capacidad infinita para crecer como tal. Es esa capacidad la que, según mi entender, está detrás de todo deseo humano de progresar, de ir hacia delante, de mejorar, y me parece que es desde esa óptica desde la que debe integrarse un «mejoramiento humano» que no busque superar lo humano, sino potenciarlo. En otras palabras, me parece que lo que hará que el hombre mejore, será todo lo que sea capaz de integrarse en su humanidad y la haga crecer. Hablar de integración significa hacer resonar a la vez, en armonía, todas esas dimensiones que configuran lo que es el hombre. Concretamente, eso quiere decir que un desarrollo tecnológico que solo busque potenciar un aspecto del hombre, como el que hay detrás de las opciones transhumanistas y posthumanistas, no podrá ser integrador, igual que un desarrollo tecnológico que deje al 80 % de la población mundial en plena miseria o un desarrollo que dañe la relación con el entorno natural.

Todos esos desarrollos, lejos de ser mejoras, son deshumanizadores. La capacidad de integración también supone la capacidad de autogestión, de autonomía, de autocontrol. Todo progreso que quiera controlar a los propios semejantes, a través de nanotecnología, de bioingeniería o de tecnología *smart*, tampoco será en absoluto humanizador. Si debe haber progreso, este solo puede darse en humanidad, en capacidad global de integrar. Desde esa perspectiva, el debate sobre qué es el hombre y qué ley puede desprenderse de su manera de ser me parece del todo necesario para hacer frente a los retos que las nuevas perspectivas transhumanas y posthumanas nos plantean. Creo que está suficientemente claro que nos va el futuro de la humanidad en ello.

2-12-2013

LLUC TORCAL SIRERA
Prior del monasterio cisterciense de Santa María de Poblet, licenciado en Ciencias Físicas y doctor en Filosofía. Experto en interpretación filosófica de la mecánica cuántica.

76

El debate ético siempre va un paso por detrás de la innovación tecnológica

Al padre Lluc Torcal. Creo que debemos entender que el debate ético siempre va un paso por detrás de la innovación tecnológica. Hasta que la inseminación artificial no fue posible no tenía sentido debatir sobre su moralidad. Por lo tanto, es precisamente ahora, cuando de verdad tenemos la posibilidad de convivir con el posthumano, cuando tiene más sentido que nunca debatir sobre lo que es la humanidad. Dicho de otra manera: una vez se genera una nueva situación o contexto, se debe renovar también el debate ético. Con todo, pienso que sus aportaciones se centran más en lo que debería ser que en lo que es, y a menudo su punto de vista parece estar más fundamentado en prejuicios que en argumentos. Por ejemplo, ¿por qué considera que esos desarrollos son deshumanizadores? ¿Por qué da por hecho que servirán para oprimir a los unos contra los otros? La humanidad lleva siglos oprimiendo a los unos contra los otros con medios tecnológicos más simples y no creo que eso los hiciera más inhumanos. Es más —y sin querer ofender—, según cómo se mire, la Iglesia también ha sido una herramienta de control y de opresión. En cualquier caso, estaríamos de acuerdo en que el debate sobre el desarrollo técnico es absolutamente necesario, pero ensanchándolo y extendiéndolo.

2-12-2013

JORDI SERRA DEL PINO
Prospectivista. Miembro sénior del Centro de Política Postnormal y Estudios Futuros de la Universidad East/West de Chicago, miembro y vicepresidente del capítulo Iberoamericano de la Federación Mundial de Estudios Futuros. Miembro fundador del Grupo de Investigación en Inteligencia de la Universidad de Barcelona, y miembro asociado de la Academia Mundial de Artes y Ciencias.

77

Prefiero creer en la ingenuidad de la especie como seres que, nacidos libres, aprenden a vivir con la eterna incertidumbre, que en los criterios absolutos, producto de la inseguridad y del miedo

Una civilización como la que actualmente pretende consolidarse, que legitima el predominio de unos individuos respecto a otros, de la humanidad sobre todas las otras especies, que demuestra una prácticamente nula adaptación al medio, y que sigue actuando con las mismas inercias y herencias adquiridas de los últimos tiempos sin ningún tipo de conciencia crítica, ejemplifica perfectamente el modelo en el que se basa económica e ideológicamente el sistema dominante, que obra desde «nuestro» primer mundo. En medio de esa idea de progreso, la transhumanización se define como un movimiento que considera que tiene el «deber moral de mejorar las capacidades de la especie, y de aplicar las nuevas tecnologías al propio cuerpo para eliminar aspectos no deseados de la condición humana, inclusive la mortalidad» (Nick Bostrom). ¿No será la transhumanización un movimiento que, amparado en el supuesto «tratamiento», plantea una huida hacia delante ante un posible colapso de la especie (diez mil millones de habitantes)? ¿No será que lo que se plantea como un bien para toda la humanidad es solo un proceso de selección (anti)natural programado?

Prefiero pensar en el flujo de la vida como una suma de procesos de simbiosis y de intercambios entre los diferentes seres vivos, y en nosotros, los humanos, como una especie que coevoluciona con las otras en ese fantástico oasis que es el planeta Tierra. Prefiero creer en la ingenuidad de la especie como seres que, nacidos libres, aprenden a vivir con la eterna incertidumbre, que en los criterios absolutos, producto de la inseguridad y del miedo. Prefiero mantener la ingenuidad hasta el último momento y también morir libre, formando parte de una cadena en el tiempo como suma de memorias colectivas, que parece que también se quieren eliminar y que definen una especie concreta: la humana. La progresiva desaparición del espacio natural, y sobre todo del tiempo natural, va en contra de lo que paradójicamente se defiende como la conexión en red de una especie supuestamente inteligente, quedando esta —la propia especie— únicamente como un instrumento más de una red de poder encubierta.

Pérdida de los derechos humanos, pérdida de los valores humanos… Cada vez parece más probable que, si el concepto de evolución y de progreso se define con los parámetros actuales, se abra la puerta a una posible autodestrucción como especie. Esta puede ser física y más o menos violenta en un tiempo relativamente corto, o bien psicológica y lenta con la progresiva desaparición de la memoria y con la consiguiente pérdida de los derechos y de los valores humanos. Si los valores que caracterizan una especie acaban desapareciendo procesados por una memoria de orden superior y absoluto, no sé dónde queda el concepto de evolución como especie, que hasta ahora y, como suma de identidades, se caracteriza por su riqueza en diversidad.

3-12-2013

TONI GIRONÈS SADERRA
Arquitecto, director del Estudio de Arquitectura Toni Gironès. Profesor en la Escuela Técnica Superior de Arquitectura de Reus (Universidad Rovira i Virgili).

78

¿Qué significa trabajar en el siglo XXI?

En un reciente artículo de septiembre del 2013 titulado «How susceptible are jobs to computerisation», dos profesores de Oxford, Frey y Osborne, publican sus conclusiones sobre 702 ocupaciones humanas actuales y su grado de sustituibilidad por máquinas, dividiendo la muestra en tres rangos de bajo, medio o alto riesgo de sustitución a «corto» plazo —entre 10 y 20 años: «De acuerdo con nuestras estimaciones, cerca del 47 % del total de empleo en Estados Unidos está en riesgo.» El problema entre humanos y posthumanos tiene múltiples facetas, como puede observarse al leer los comentarios en este debate digital. ¿Qué significa trabajar en el siglo XXI? ¿Cuál es el rol del dinero? ¿A qué aplicamos nuestra creatividad? Y, por tanto, en último término, otra vez, ¿cuál es el sentido de nuestra existencia?

5-12-2013

JAVIER NIETO SANTA
Doctor en Administración y Dirección de Empresas, profesor de ESADE y de la escuela Eina, y presidente de Santa & Cole; ha sido presidente del Instituto de Arquitectura Avanzada de Cataluña (IAAC).

79

¿Somos naturaleza o somos cultura? ¿Somos el encuentro amistoso entre ambas o somos su conflicto no evitado?

Vivimos en tiempos en que los contornos de lo real parecen difuminados, borrosos. Hasta lo material es visto más en su fascinante dimensión de conjunto, de comunidad ecológica, que en su composición de distintos elementos que cooperan y lo alimentan. Huimos de los trazos firmes. Nos aventuramos más allá de nuevas fronteras, extendiendo, a veces, a la humanidad. Otras, desdibujando sus límites y sus manifestaciones. ¿Somos naturaleza o somos cultura? ¿Somos el encuentro amistoso entre ambas o somos su conflicto no evitado?

La identidad o el significado de unidades e individuos se difuminan análogamente, también en la sociedad global. La mera existencia individual ya no señala claramente un valor intrínseco, sino que más bien despierta un respeto acordado que no siempre alcanza a todo (las cuchillas de Ceuta y de Melilla, perdón, quería escribir «concertinas»). Con frecuencia vivimos lo demás —y a los demás— como un simple acontecimiento en el todo social o natural que nos rodea y olvidamos su ineludible carácter de individualidad. Pero, aunque no atendamos a ella, ¿puede darse algo más exigente que la simple existencia, hasta la del más común de los seres?

Olvidamos la contundencia de lo que existe, de lo que es. La silenciamos con conocimiento. Olvidamos que el existir nos exige, nos demanda. En nuestro deseo de desactivar de raíz cualquier tipo de imposición basada en visiones del ser humano que no compartimos o en existencias que queremos ignorar, hemos acabado por quedarnos sin mucho suelo donde enraizar. O por evitar la convivencia. Como árboles que anduviesen, conquistamos el movimiento a costa de perder sujeción, seguridad. Y de no saber muy bien de qué cambiante sustancia es el nuevo soporte fluido que ahora nos nutre, ni la raíz, el tronco y la copa que, así alimentados, se van construyendo en mí. ¿Me estoy integrando como un yo o me estoy disolviendo en un todo socioambiental?

¿Cuál es la tierra de arraigo del ser humano, si es que tales cosas —la tierra, el ser humano— existen? Quizá lo humano nunca había sido tanto como ahora un no tener patria o entidad reconocibles, sino solo buscadas. Sea cual fuere la respuesta a la anterior pregunta, parece que hoy en día vemos una contradicción entre el arraigo y el proyecto. Y hoy por hoy nos inclinamos sin duda por el segundo. Mi tierra firme no importa tanto, pues es el futuro el que define, es el proyecto, el crecimiento. No somos árboles y pensamos que el dinamismo nos define.

Pero ¿encontraré en el devenir algún cumplimiento de mi existencia individual, o toparé con un simple señuelo, tal vez de caza? La construcción del futuro del hombre corre el riesgo de acabar en disparo si no recuperamos el sentido del equilibrio entre proyecto y arraigo. Tendríamos que reaprender que cada uno de nuestros vecinos es un valor contundente que compartimos. Y aceptar esos duros contornos que dibuja el existir ajeno junto al nuestro y que protegen nuestro valor. La crisis ambiental, ecológica si se quiere, es un indicador temiblemente perspicaz, porque no solo advierte de lo que pasaría si se olvidaran los severos y exigentes trazos de la existencia, sino también de que hace tiempo que está pasando y que se proyecta esa misma ruta para el ser humano.

5-12-2013

JORDI PUIG BAGUER
Doctor en Biología. Profesor adjunto de Evaluación de Impacto Ambiental de la Universidad de Navarra.

80

El desarrollo de las prometedoras smart cities, *según cómo se produzca, puede suponer una profundización o un debilitamiento grave de los mecanismos de control democrático*

Este es un debate interesante, necesario y, a la vez, inquietante. La humanidad ha buscado siempre evolucionar hacia nuevas posibilidades vitales y, de hecho, ya ha alcanzado hitos que habrían sido impensables para nuestros antepasados, como la duplicación de la esperanza de vida en poco más de un siglo. Hoy, sin embargo, el contraste entre las enormes potencialidades que nos ofrecen la ciencia y la tecnología y nuestra realidad —destrucción continuada de ecosistemas, pobreza de una parte importante de la población mundial, desigualdad económica y social en aumento, etc.— es escandaloso. La tecnología y el transhumanismo nos prometen ahora un nuevo salto hacia delante, cuantitativo y cualitativo, pero debemos preguntarnos: ¿para quién? ¿Quién controlará determinados procesos y con qué criterios éticos?

Recientemente se ha puesto de manifiesto cómo las redes sociales, con todo su extraordinario potencial para aumentar la comunicación interpersonal, pueden convertirse también en un instrumento de control que comporte una grave pérdida de libertad individual. El mismo desarrollo de las prometedoras *smart cities* que cita Albert Cortina, según cómo se produzca, puede suponer una profundización o un debilitamiento grave de los mecanismos de control democrático... Bienvenido sea el avance tecnológico en todo lo que pueda contribuir a potenciar la salud, a mejorar la calidad de vida y a paliar el sufrimiento de las personas. Pero sin un cambio profundo de valores sociales no solo será insuficiente, sino que podrá agravar las desigualdades y las patologías de nuestra sociedad. Al fin y al cabo, es una vida en armonía con nuestro ser profundo, con la naturaleza y con los demás lo que nos puede hacer ser más humanos, lo que también comporta —como ilustra la magnífica película *Gattaca*, que cita Miquel-Àngel Serra— ser imperfectos.

6-12-2013

ÀNGELS SANTIGOSA COPETE
Economista, directora de Estudios del Área de Economía, Empresa y Empleo del Ayuntamiento de Barcelona.

81

Gracias a la apertura infinita del hombre, este puede crecer —evolucionar— infinitamente. Y lo hará de manera positiva siempre y cuando sea capaz de ir integrando ese crecimiento en su manera de ser, con sus múltiples dimensiones constituyentes

Al señor Jordi Serra. No querría polemizar con usted ni polarizar este debate, por eso he esperado cierto tiempo antes de responder a su comentario. Acepte, pues, en estas líneas mis reflexiones. Se me hace difícil ver cuál es el lazo argumentador que hace que la reflexión ética haya de seguir a la praxis tecnológica. Me parece que está suficientemente claro que el hecho de que algunas veces haya sido así, como usted expone, no puede considerarse un argumento de que necesariamente deba ser así. Según mi entender, creo que los argumentos apuntan más bien hacia otra dirección. La singularidad del hombre, en relación con las otras especies que conocemos, radica en su capacidad de reflexionar, de razonar, de pensar antes de actuar. Cuando reducimos nuestra razón a una razón meramente instrumental, es cuando podemos pensar que la reflexión sobre lo que somos y sobre lo que tenemos que hacer debe seguir a la acción propia de la razón instrumental o tecnológica. Cuando se actúa de esa manera, sin reflexión previa, uno se coloca más bien en el plano instintivo. Cuando hacemos de nuestra guía la pura razón instrumental, nos alejamos de esa singularidad que nos diferencia.

Autores tan libres de la sospecha de razonar con prejuicios como Adorno y Horkheimer han defendido también esa tesis. La reflexión sobre qué es el hombre y, a partir de ahí, cómo tiene que actuar se me continúa presentando como necesaria y previa a esa incorporación nanotecnológica a nuestro organismo a la que nos invitan los defensores del transhumanismo y del posthumanismo. Podemos entender la evolución cosmológica, biológica y humana como un progresivo proceso de diferenciación de nuevas estructuras cada vez más complejas, tanto internamente como con respecto a las leyes que las rigen. Así, podemos entender la aparición del mundo físico como la emergencia de un mundo que rompe la simetría de un estado cuántico inicial para convertirse en un mundo basado en procesos en los que fundamentalmente se adquiere y se intercambia información. Con la aparición de la vida, esos procesos se hacen más complejos, hasta llegar a poder controlar la información, condición necesaria para poder interactuar con el ambiente circundante y mantener la vida.

El control de la información es lo que garantiza las capacidades básicas de la vida, como la nutrición y la reproducción. El hombre aparece dentro de esa cadena evolutiva cuando, además de adquirir información y de controlarla, obtiene la capacidad de interpretarla. Es en ese estadio cuando la vida se transforma en conciencia y en autoconciencia. Desde esa perspectiva, que se deriva de la formulación cosmológica del principio antrópico débil, podemos ver como se despliegan esas multidimensionalidades del hombre a las que hacía referencia en mi comentario. En efecto, el hombre integra las dimensiones meramente físicas, biológicas e interpretativas, dimensiones que hacen referencia a su corporeidad, a su interioridad y a su espiritualidad. Es decir, son la manera humana de presentarse esas dimensiones. La dimensión relacional, y su forma concreta de vivir humanamente, surgen de la misma manera que emergen en el universo las nuevas estructuras cada vez más complejas: sin las relaciones no hay emergencia. La relación social es esa otra dimensión.

Que el hombre es un ser abierto se puede comprender, entre otras cosas, por las consecuencias que se derivan de los teoremas fundadores de la lógica contemporánea, como el de Gödel. La imposibilidad de la razón humana de autorreferirse a sí misma obliga a entender al hombre como un ser abierto, y el rango de apertura del hombre solo puede ser el infinito. Hay, pues, argumentos suficientes para comprender al hombre como un ser multidimensional y abierto al infinito. Hay que observar que, desde la aparición de la vida humana, la evolución adquiere fundamentalmente una dimensión cultural. Gracias a la apertura infinita del hombre, este puede crecer —evolucionar— infinitamente. Y lo hará de manera positiva siempre y cuando sea capaz de ir integrando ese crecimiento en su manera de ser, con sus múltiples dimensiones constituyentes, como ha pasado en los estadios previos a la aparición del hombre. Es cuando esa integración no se produce cuando, según mi entender, el progreso puede volverse en contra del hombre, deshumanizarlo. Como no veo cómo se puede ir más allá de un ser que ya ha integrado en sí la capacidad de adquirir, de controlar y de interpretar la información, tampoco veo cómo se puede ir más allá de la humanidad: no veo qué puede ser una especie posthumana o transhumana si no es un hombre desintegrado —deshumanizado— y, por lo tanto, sujeto a ser controlado por los que habrán dirigido esa «evolución». Frente a eso, la única vía que se me presenta clara es la de continuar creciendo como hombres y utilizar nuestra razón para pensar bien las cosas y para desarrollar una tecnología que seamos capaces de integrar en todas nuestras dimensiones vitales. En definitiva, crecer en humanidad manteniéndonos en la especie humana.

7-12-2013

LLUC TORCAL SIRERA
Prior del monasterio cisterciense de Santa María de Poblet, licenciado en Ciencias Físicas y doctor en Filosofía. Experto en interpretación filosófica de la mecánica cuántica.

82

La ciudad del futuro, ¿inteligente o sabia?

En junio del 2012 asistí con mi amiga Maruja Moragas —que en paz descanse— a una sesión sobre Barcelona y otras *smart cities*. De ahí salimos con la idea de escribir un artículo sobre la necesidad de superar ese concepto y de empezar a hablar de *wise cities*. Aquí tenéis nuestro artículo, publicado entonces en *La Vanguardia* y que, *mutatis mutandis*, podemos aplicar a este interesantísimo debate sobre los transhumanos y los «más humanos».

Barcelona, ¿inteligente o sabia?

En el tercer desayuno del Plan Estratégico Metropolitano de Barcelona, representantes de las empresas Schneider Electric, Indra, Cisco y Abertis Telecom debatieron sobre las *smart cities* —ciudades inteligentes—, sobre sus infraestructuras y su tecnología, la reducción del consumo de energía y la mejora de los servicios a través de soluciones integradas. Salió a relucir el para qué de la ciudad inteligente, ya que la tecnología solo es un medio para conseguir algo mejor, y se destacó la grave omisión que supondría no tener en cuenta al ciudadano.

Una ciudad no es una entelequia, está conformada por un conjunto de personas únicas e irrepetibles, cada cual con su capital humano y social. Una ciudad *smart* requiere una participación muy activa de empresas, de administraciones y de ciudadanos, y también de modelos de gestión hechos a la medida del hombre y de la mujer. Desarrollar el lado humano de la ciudad más allá de la tecnología reclama profundizar en el concepto de *smart city* y transitar hacia la *wise city* —ciudad sabia. Ciudades sabias serán las integradas por personas sabias, es decir, juiciosas, prudentes y sensatas.

Los gobernantes sabios —políticos, empresarios o líderes sociales— toman decisiones anticipando sus consecuencias en la vida de la gente, introduciendo horarios racionales y mayor flexibilidad con respecto al trabajo para facilitar la conciliación de la vida laboral y familiar, de modo que la gente llegue a casa con tiempo y con energía suficiente para educar a sus hijos —futuro capital de la ciudad. Además, los gobernantes, con su ejemplo, facilitan que los ciudadanos sean también sabios, comprometidos y responsables frente al medio ambiente, frente a la propia ciudad y frente a sus conciudadanos. Las ciudades y las empresas serán *wise* —sólidas, habitables y sostenibles— si se trabajan las tres *«íes»*: innovación —en productos, en servicios y en sistemas—, inversión —en formación humana y técnica— e ilusión —esperanza en el futuro y búsqueda de la excelencia. Una ciudad es vigorosa cuando sus habitantes se convierten en sus protagonistas y empujan en la misma dirección, cohesionados por valores compartidos. El protocolo de la ciudad debería incluir la educación del ciudadano en valores que unan y fortalezcan a las familias, a las empresas y a la sociedad, e integrar la diversidad como riqueza. Así Barcelona será una *wise city*, unida, puntera y de referencia mundial.

7-12-2013

NURIA CHINCHILLA ALBIOL

Licenciada en Derecho, máster en Administración de Empresas por el IESE Business School, y doctora en Ciencias Económicas y Empresariales por la Universidad de Navarra. Directora del centro de investigación ICWF-Centro Internacional Trabajo y Familia, y profesora del Departamento de Dirección de Personas en las Organizaciones del IESE Business School.

83

«Desde el punto de vista ético, la vigilancia de los implantes en nuestro cuerpo puede ser tanto positiva como negativa»

Según una noticia aparecida en las *News Technology* de la BBC —«First human "infected with computer virus"», por Rory Cellan-Jones—, el doctor Mark Gasson, de la Escuela de Ingeniería de Sistemas de la Universidad de Reading —Berkshire, Inglaterra—, se insertó un chip en la mano y pasó a ser el primer humano infectado con un virus informático. «Con los beneficios de ese tipo de tecnología vienen los riesgos. Podemos mejorar de alguna manera, pero, al igual que las mejoras con otras tecnologías como los teléfonos móviles, por ejemplo, se vuelven vulnerables a riesgos tales como problemas de seguridad y virus informáticos.»

Por otro lado, y según la citada noticia, el profesor Rafael Capurro, del Instituto Steinbeis-Transfer de Ética de la Información de Alemania, dijo en la BBC: «Si alguien obtiene acceso a su implante, eso podría ser grave.» En el 2005, el profesor Capurro contribuyó a un estudio ético para la Comisión Europea que analizó el desarrollo de implantes digitales y su posible abuso. «Desde el punto de vista ético, la vigilancia de los implantes puede ser tanto positiva como negativa.» Y añadió: «La vigilancia puede ser parte de la atención médica, pero si alguien quiere hacerle daño a usted, podría ser un problema.» Además, dijo que debe haber precaución para el caso de que los implantes con capacidad de vigilancia comiencen a utilizarse fuera del ámbito médico. «Si podemos encontrar una manera de aumentar la memoria de alguien o su coeficiente intelectual, entonces hay una posibilidad real de que las personas opten por ese tipo de procedimiento invasivo.» No obstante, hay que estar alerta.

8-12-2013

JOSEP PUJOL GRAU
Periodista experto en comunicación sanitaria. Máster en Protocolo y Relaciones Institucionales por la Univerdad Ramon Llull.

84

Todas las fuentes de sabiduría nos dicen que el hombre vive dormido, sin utilizar más que una ínfima parte de sus capacidades naturales

Algunos de los proyectos científicos de los que se habla tienen un aroma faustiano, en el sentido más literal del término. No creo que nos sea posible ir más allá de la especie humana, que ocupa un sitio central en nuestro cosmos, aunque discutirlo con un científico entusiasta es una pérdida de tiempo. Como economista, acostumbrado a pensar en términos de asignación de recursos escasos, lamento que gastemos tanta materia gris y tantos recursos en mejoras marginales de la condición humana en vez de dedicarlos a mejorar la suerte de centenares de millones de hombres como nosotros. Finalmente, todas las fuentes de sabiduría nos dicen que el hombre vive dormido, usando una ínfima parte de sus capacidades naturales. ¿No es más importante cultivar ese despertar interior que ponerle muletas a nuestro estado normal? Las mejoras pretendidas son puramente cuantitativas, serán medidas en términos de esperanza de vida y estoy seguro de que solo estarán al alcance de los más ricos. ¿De verdad esos proyectos —excluyo, naturalmente, los que tienen finalidades terapéuticas bien definidas— valen la pena?

19-12-2013

ALFREDO PASTOR BODMER
Doctor en Ciencias Económicas por la Universidad Autónoma de Barcelona y en Economía por el Instituto de Tecnología de Massachusetts, catedrático de Teoría Económica, profesor del Departamento de Economía del IESE Business School y titular de la cátedra Banco Sabadell de Mercados Emergentes de dicha escuela de negocios; ha sido secretario de Estado de Economía del Gobierno español, consejero del Banco de España, economista principal del Banco Mundial y decano de la Escuela Internacional de Negocios China-Europa (CEIBS).

85

La próxima revolución será la revolución espiritual

Superfascinante este Debate 3.0, aunque no deja de ser información... Apunta bien hacia el acontecimiento de la próxima revolución, la revolución espiritual, fruto también de los acontecimientos tecnológicos y, cómo no, de esa llamada «singularidad» que puede servir para dar forma al nuevo modelo de igualdad y de esquema de convivencia que surgirá de todo eso... El misterio continuará presente, y eso dará aún más alas a la creatividad, pero la ética no será suficiente... De hecho, solo una conciencia de relación cuántica será la plataforma de desarrollo humano más efectiva, y la generosidad y la entrega a favor de los más necesitados serán el índice de crecimiento más real... La realidad pasará a ser una percepción subjetiva de un conocimiento en estado de información y de formación continuas basado en datos objetivos... Pero la objetividad se educa, y la educación es la mejor arma de construcción masiva... Comunicación de datos... Capacidad de relación y no de mercadotecnia y de manipulación... Servicio de desarrollo humano personalizado, a la carta, pero en relación con su entorno más próximo y con una percepción bioética del territorio donde se desarrolló... Un mundo apasionante de nuevas palabras para identificar nuevas realidades escondidas en las profundidades de lo que llamamos *vida*, cada vez más arraigada en el factor cuántico, con simbologías que harán desaparecer buena parte de las palabras, de las letras, de los números y de los idiomas...

Los puntos suspensivos de estos párrafos son más importantes de lo que pensamos, porque invitan a la pausa, a la reflexión, a la medida... Porque nunca está todo dicho... Porque la esperanza es una fuerza que empuja el potencial escondido del ser humano... Porque no solo las notas musicales dan armonía a la música, sino también los silencios entre ellas... Algún día la información vendrá codificada sin palabras... De hecho, ya lo hace en el ámbito espiritual, dimensión humana que hay que desarrollar en todas las áreas... El universo... El cosmos no puede ser comprendido ni comunicado con palabras...

24-12-2013

ANDRESH COCA FERNÁNDEZ
BioPoetah.

86

Parece más lógico avanzar en cuestiones pendientes como la educación de los individuos y conseguir sistemas transparentes basados en sociedades abiertas

Considerando nuestro conocimiento actual, es difícil que cambios como los propuestos por el transhumanismo se produzcan en escalas de tiempo inferiores a las de la propia evolución humana actual. Parece obvio que la evolución tecnológica seguirá cambiando la forma de utilizar la inteligencia. También es cierto que los avances tecnológicos permitirán mejorar muchísimas enfermedades y dolencias. Parte de la mejora será a través de la integración de tecnología en nuestro cuerpo de una forma exponencial. Es probable que dentro de varias décadas llevemos chips integrados en nuestro cuerpo con información constante y con capacidad de detectar desviaciones mínimas. Eso, junto con los avances terapéuticos, permitirá detectar y tratar precozmente muchas enfermedades graves y evitar el gran dolor inútil y destructivo que las acompaña.

Sin embargo, mezclar ese concepto con el de individuos superiores en términos cognitivos parece poco realista. Ya se ha mencionado la naturaleza evolutiva del cerebro humano, producto de decenas de miles de años y de millones de mutaciones y de cambios superpuestos a funciones básicas que compartimos con animales. Interferir en tal complejidad tendría más probabilidades de acabar produciendo efectos caóticos e impredecibles que lo contrario. Parece más lógico avanzar en cuestiones pendientes como la educación de los individuos y conseguir sistemas transparentes basados en sociedades abiertas. Finalmente, por las razones expuestas, el procesador último, la inteligencia del individuo, cambiará poco al cabo de miles de años, y eso es lo que determinará cómo «sentir» la mejora que produzcan las nuevas tecnologías. En ese sentido, si bien evitar los grandes sufrimientos de la enfermedad sería un logro incuestionable, es poco creíble, si consideramos cómo está construida nuestra psicología, que la eliminación permanente de la incertidumbre haga humanos más felices. Mi impresión es que más bien llevaría a lo contrario.

29-12-2013

EDUARD GRATACÓS SOLSONA
Doctor en Medicina. Director del BCNatal, centro de Medicina Maternofetal y Neonatología del Hospital Clínico y del Hospital Sant Joan de Déu de Barcelona, profesor titular de Obstetricia y Ginecología de la Universidad de Barcelona y miembro de Eurofetus.

87

El crecimiento y la evolución se basan en la integración, en la cohesión y en la colaboración de todos en el todo complejo; en la superación definitiva de la selección y de la exclusión de unos por otros

Por razones profesionales, el otro día leía un artículo del doctor en Derecho y profesor Juan Francisco Pérez Gálvez, «Responsabilidad patrimonial de la administración municipal por el traslado de los restos humanos de un nicho a otro». Ese artículo, solo apto para los administrativistas, comienza con unas citas filosóficas que tratan de la muerte, de los cadáveres y de los restos. Después aborda «la naturaleza jurídica del cadáver y otros daños morales», y se sumerge en el vasto derecho administrativo al tratar sobre la «naturaleza jurídica de los cementerios y de las sepulturas». Es un artículo técnico y administrativo, como he dicho, a la vez que muy humano, humanísimo diría yo, pese a manejar aspectos finalistas. Que morimos es un hecho cierto, uno de los pocos actos humanos ciertamente previsibles, no en el cómo y en el cuándo del momento pero sí en el qué, teniendo en cuenta que viviendo estamos inmersos en el proceso de morir. Esa paradójica realidad biológica y cómo llegamos al *dies ad quem*, al punto final, al traspaso, a la muerte, al umbral, al límite vital o como queramos llamarlo, son una opción humana, personalísima. Con más o con menos conciencia y conocimiento vivimos lo que llamamos *vida* de la manera y en las condiciones y circunstancias en las que nos hemos desarrollado y que hemos podido o sabido escoger. Unas personas de una manera y otras de otra, todas legítimas. A eso lo llamamos *libertad.*

La persona se humaniza a medida que es objeto y sujeto de la dignidad intrínseca que tiene la naturaleza humana. Cuanto más nos dignificamos, más nos humanizamos. También sabemos que esa afirmación, desgraciadamente —a la especie humana le ha costado mucho aprenderla—, ha funcionado al revés y tanto las acciones dignificantes como las denigrantes están integradas por un sumatorio ingente de avances y de retrocesos. En el largo viaje evolutivo de la persona, del hombre y de la mujer, hemos convenido —solo hace sesenta y cinco años de la Declaración Universal de los Derechos Humanos— en que todo el progreso debe ser guiado por el principio de la dignidad, que es el fundamento de la justicia y de la paz. Todo pensamiento, ciencia o creencia que no aporten dignidad a la persona nos alejan de la razón de ser de los humanos y de lo que les es natural y beneficioso.

Es cierto que, como diría Lynn Margulis, titulada en Zoología y Genética por la Universidad de Wisconsin, doctora en Genética por la Universidad de California (Berkeley) y catedrática de Biología de la Universidad de Massachusetts, «somos unos mamíferos formados por un conjunto más o menos ordenado de bacterias»; o, como diría Sonia Fernández Vidal, doctora en Óptica e Información Cuántica por la Universidad Autónoma de Barcelona, «somos polvo de estrellas». Todo eso es cierto, pero también lo es que si combinamos la complejidad de los conocimientos científicos y del pensamiento, somos más que eso. La prudencia no me permite priorizar entre razón/ciencia o filosofía, pensamiento, creencia y espiritualidad. Probablemente, todo es más complejo de lo que podría parecer a medida que los humanos hemos ido haciendo avances y descubrimientos, a medida que evolucionamos, porque también es muy cierto que estamos en una encrucijada evolutiva. Incluso tratándose del derecho administrativo, para no errar, debemos huir de la «cosificación». No está permitido, en una vida o en el proceso del ir muriendo, tratar a los seres muertos como simples cosas. Los que fueron seres vivos, personas, son tan depositarios de la plena dignidad de los humanos como los que nos morimos o estamos muriendo —digámoslo como queramos, si estamos de acuerdo en que cuando nacemos también iniciamos el proceso de morir. Y si todo eso debe ser por razones éticas, aún más nos ha de vincular a los que estamos vivos o en el proceso vital.

En ese contexto se están configurando posiciones transhumanistas o posthumanistas. Mejorar al ser humano, perfeccionarlo, erradicar el sufrimiento, minimizar o ahuyentar lo que resta dignidad a la persona sea cual fuere su expresión, todo eso es un deber, una obligación y un derecho, así de complejo, de nuevo tan complejo. En esa acción positiva y multidisciplinaria, la persona ha de huir de la «cosificación». Cosificar a la persona deshumaniza, nos aleja de la acción evolutiva que nos hace falta para mejorar, para perfeccionarnos como seres individuales y colectivos. Por lo tanto, ensamblar, integrar en la persona lo que nos dignifica, debe impulsarse y fomentarse; no así lo que nos cosifica. La elección, el criterio, el discernimiento entre una opción o la otra son, nuevamente, complejos. Pienso que en ningún caso el precio ha de ser el rechazo, el desprecio o la marginación de ninguna persona, de ninguna, ya tenga más o menos capacidades, ya sea más igual a los iguales o más diferente entre los diferentes. Si ese posthumanismo o transhumanismo deviene estigmatizador, seleccionador o clasificador no nos interesa para nada. Ya sabemos adónde nos lleva ese camino. No será camino u opción para la mejora, para el progreso y la perfección de la persona, de los humanos. El crecimiento y la evolución se basan en la integración, en la cohesión y en la colaboración de todos en el todo complejo; en la superación definitiva de la selección y de la exclusión de unos por otros. Una comunidad que vela por la igualdad de todos sus miembros es más justa y más próspera. Mejorar dignamente es el camino. *Meliorem cum dignitatis.*

30-12-2013

CARLES DALMAU AUSÀS
Abogado y mediador, patrón de SOM Fundación Catalana Tutelar *Aspanias*.

88

El hombre y la naturaleza son teofanías, y el «perfeccionamiento humano» debería mejorar las cualidades espirituales, que son, justamente, las que nos hacen más humanos, empezando por el amor, por la compasión y por la generosidad

Estoy plenamente de acuerdo con el padre Lluc Torcal: en el fondo de este debate está el concepto que se tiene del hombre. Me gustaría añadir, sin embargo, que, como no vivimos en el vacío, sino en el mundo, también se debe afrontar el concepto de naturaleza. Porque los conceptos de naturaleza y de hombre dependen de la cosmología y, a la vez, la configuran, es decir, dependen del paradigma que prevalece y condicionan, por lo tanto, los vínculos que la sociedad establece con su entorno. Si se reconoce que en el hombre y en la naturaleza hay una dimensión espiritual —como patrimonio común de la humanidad—, o, en otras palabras, si la divinidad —sea cual fuere el concepto que de ella se tenga, personal, impersonal o ambos a la vez— es omnipresente, el hombre y la naturaleza son teofanías, y el «perfeccionamiento humano» debería mejorar las cualidades espirituales, que son, justamente, las que nos harán más humanos, empezando por el amor, por la compasión y por la generosidad. Además, deberían aumentar la admiración y el agradecimiento por el don de la vida recibida y por la inagotable generosidad y belleza de la naturaleza que nos sostiene. La eminencia de la virtud humana radica en la humildad y en el don de sí, y la eminencia de la relación virtuosa con la naturaleza en un estilo de vida sencillo y sobrio, con una actitud de respeto o de reverencia. Por lo tanto, buscar o promover un «perfeccionamiento humano» al margen de las cualidades más propiamente humanas —la virtud—, ignorando las leyes naturales y centrando toda la atención y toda la energía en los beneficios que se pueden lograr en el ámbito material —ya sea físico o mental—, tal como postulan el transhumanismo y el posthumanismo, es visto por la mayoría de las sabidurías y de las tradiciones espirituales más resilientes de la humanidad como una inversión o, mejor dicho, como una perversión. Y cabe recordar que la resiliencia evidencia adecuación a la realidad. Además, el hecho de que esas tecnologías tan extremadamente costosas, sofisticadas y peligrosas se hayan desarrollado secretamente y, en consecuencia, hayan eludido todo debate ético, además de estar controladas por unos pocos poderosos que tienen la ambición de serlo aún más, es algo que acaba por delatar los propósitos que tienen —propaganda aparte—, por si pudiera quedar alguna duda.

4-1-2014

JOSEP M. MALLARACH CARRERA
Doctor en Ciencias y máster en Ciencias Medioambientales, licenciado en Ciencias Geológicas, miembro del comité directivo del Grupo de Especialistas en Valores Culturales y Espirituales de la Comisión Mundial de Áreas Protegidas de la Unión Internacional para la Conservación de la Naturaleza (UICN) y coordinador de la asociación Silene.

89

Estamos demasiado atrapados por el concepto de crisis *y no somos conscientes de que vivimos un cambio de época de dimensiones estructurales*

Me parece muy interesante el debate. Puede parecer algo lejano, pero vamos oyendo noticias que nos hablan de alguien que se ha hecho pequeños implantes para mejorar algún sentido. Más cerca tenemos el tema de las impresoras 3D y de los cambios que estas implican en la mezcla de artesanía y producción de masas. En todas partes se erosionan los espacios de intermediación que no añaden valor. Estamos demasiado atrapados por el concepto de *crisis* y no somos conscientes de que vivimos un cambio de época de dimensiones estructurales. El artículo de Albert Cortina me parece sugerente, y plantea dilemas éticos y políticos que requieren más espacio y más tiempo. Pero no podemos rehuirlos.

4-1-2014

JOAN SUBIRATS HUMET
Doctor en Ciencias Económicas, catedrático de Ciencia Política; especialista en gobernanza, en gestión pública y en análisis de políticas públicas y del factor de exclusión social, así como en problemas de innovación democrática y en sociedad civil; fue director del Instituto Universitario de Gobierno y Políticas Públicas de la Universidad Autónoma de Barcelona.

90

Ahora, en los albores de siglo y de milenio, por primera vez en la historia, todos los seres humanos podrán expresarse progresivamente sin cortapisas gracias a la tecnología digital

Hasta ahora, con algunas excepciones, hemos sido prehumanos, porque las facultades distintivas de la especie humana no han podido ponerse de manifiesto en la inmensa mayoría de la humanidad, invisible, anónima, silenciosa, sumisa...

Desde el origen de los tiempos, la gran mayoría de los seres humanos, confinados territorial e intelectualmente, nacían, vivían y morían en unos espacios muy reducidos, obedientes al poder absoluto masculino, atemorizados. Sin poder expresarse ni participar. Sin poder desarrollar plenamente las capacidades, exclusivas y desmesuradas, para pensar, para imaginar, para anticiparse..., ¡para crear!

La Declaración Universal de los Derechos Humanos establece, en el primer párrafo del Preámbulo, que su ejercicio permitirá «liberar a la humanidad del miedo». La Carta de las Naciones Unidas comienza con una frase que sigue siendo un referente ejemplar para la adquisición, sin cortapisas, de la condición de «humanos». «Nosotros, los pueblos... hemos resuelto evitar a las generaciones venideras el horror de la guerra.» «Nosotros, los pueblos», expresión de la democracia, único contexto en que la vida humana puede ser digna y libre, construir la paz en lugar de hacer la guerra, que ha mantenido y sigue manteniendo a la mayoría de los seres humanos sometidos, sumisos, obedientes. El cambio esencial de *si vis pacem, para bellum* a «evitar el horror de la guerra» se hará únicamente si se toma en consideración el compromiso supremo de toda generación: la siguiente. Desgraciadamente, cuando podrían pasar a ser «humanos», la democracia que representaban las Naciones Unidas se transformó en oligocracia —G7, G8... G20—, los valores éticos en bursátiles y la cooperación en explotación. De nuevo, la seguridad prevalece sobre la paz; de nuevo, la imposición, la violencia. De nuevo, la humanidad «prehumana». Ahora, en los albores de siglo y de milenio, por primera vez en la historia, todos los seres humanos podrán expresarse progresivamente sin cortapisas gracias a la tecnología digital. Y todos sabrán lo que acontece a escala planetaria y tendrán conciencia global. Y se sentirán ciudadanos del mundo. Y la mujer, dentro de muy pocos años, ocupará el lugar que le corresponde en la toma de decisiones con un componente no mimético. Por fin, ahora, dentro de poco tiempo, la humanidad «humana». Por fin, pronto pasaremos de súbditos a ciudadanos. Por fin, se avecina la gran inflexión histórica de la fuerza a la palabra. De «pre» a «humanos».

Un nuevo comienzo se acerca. Y será tan esencialmente humano —ese prodigio extraordinario— que sabrá evitar la patología de lo posthumano. Sí, estamos viviendo momentos muy sombríos, pero podemos inventar el mañana. Estamos viviendo tiempos fascinantes.

10-1-2014

FEDERICO MAYOR ZARAGOZA
Doctor en Farmacia, catedrático de Bioquímica, presidente de la Fundación para una Cultura de Paz y miembro honorario del Club de Roma; ha sido subsecretario de Educación y Ciencia y ministro de Educación del Gobierno español, eurodiputado del Parlamento Europeo y director general de la UNESCO.

91

No se puede optar por una «mejora» del ser humano si no es en el marco de un mundo «mejor», justo, generoso, pacificado y equitativo

La historia de la humanidad es un esfuerzo titánico de mejora de la especie humana y de sus condiciones de vida en el planeta Tierra. Estamos en plena revolución biotecnológica y todo parece indicar que las posibilidades de mejora de los humanos van a crecer de forma exponencial en los próximos años. En este momento hay previsiones —más o menos fiables— de grandes avances y promesas de estadios distintos en los que el ser humano tendrá más capacidad de sanar o de aliviar sus enfermedades, y hay quien afirma que el hombre y la máquina se fusionarán y quedarán prácticamente equiparados. Es tremendamente positivo que un brazo cercenado por un accidente pueda «crecer» por sí mismo o que una persona enferma de párkinson encuentre soluciones a sus graves problemas.

Pero me pregunto si es igualmente positivo lanzarnos a una equiparación de hombre y máquina de forma indiscriminada y sin ningún discurso moral. Una cosa es interactuar con una máquina externa a mí y otra muy distinta permitir que esa máquina pase a convertirse en una parte de mí y llegue a suplantarme con su inteligencia artificial —que, naturalmente, será más poderosa que la mía. En mi opinión, el ser transhumano tiene el riesgo de convertirse en un ser inhumano o, en el mejor de los casos, ahumano.

En este momento de la historia ya estamos asistiendo a ese proceso debido a unas fuerzas de individualismo social que aíslan a la persona y la convierten en alguien ajeno a los problemas de los demás. No hemos empezado las aplicaciones e implantaciones preconizadas por el señor Kurzweil y el mundo está endurecido hasta el punto de que los más pobres de la Tierra —¡y son millones!— están sin defensas. No conseguimos erradicar la pobreza porque se nos come la avaricia. ¿Conseguiremos «mejorar» todos juntos, o estamos ante una nueva versión de un mundo dividido entre los que derrochan y los que desfallecen? ¡Bienvenida la «mejora» siempre que no suponga un empeoramiento, siempre que no surjan problemas irreversibles para la humanidad! La máquina es un ente sin alma y sin corazón, es solo inteligencia, y ahí está su talón de Aquiles. Por su parte, el ser humano fue creado por Dios a su imagen y semejanza, y es capaz de amar y de ser amado. Ahora, el ser humano se encuentra con la tentación de siempre: poseer la clarividencia, la inmortalidad, y convertirse en Dios (véase Génesis 3). ¿Es ese el camino? No se puede optar por una «mejora» del ser humano si no es en el marco de un mundo «mejor», justo, generoso, pacificado y equitativo. La biología está al servicio del hombre total, del ser humano dotado de espíritu y de libertad —que nadie puede manipular, ni siquiera en nombre de la ciencia. Ahí está su grandeza y nadie ni nada puede robársela.

14-1-2014

ARMAND PUIG TÀRRECH
Sacerdote, teólogo, decano y presidente de la Facultad de Teología de Cataluña.

92

«Si no existiera la muerte, viviríamos eternamente y podríamos dejarlo todo para más adelante»

¿Cómo compaginar un alargamiento de la vida a escala global y la presión extrema sobre la biosfera? ¿O será una discriminación entre humanos desahuciados y transhumanos privilegiados? ¿Hay una reflexión seria sobre la muerte, o se trata simplemente de la *hybris* de una sociedad que ha confundido hedonismo y sentido de la vida? Viktor Frankl reflexiona acerca del papel de la muerte para la vida humana: «Si usted quiere sacarle el mejor partido a su vida, deberá contar constantemente con el hecho de la muerte, con el hecho de la mortalidad, con el hecho de la transitoriedad de la existencia humana. Porque, si no existiera la muerte, viviríamos eternamente y podríamos dejarlo todo para más adelante [...]. El mero límite temporal de nuestra existencia es un aliciente para aprovechar el tiempo, cada hora y cada día.» Decía Frankl que una píldora que nos hiciera olvidar la muerte «nos desactivaría. Nos haría inútiles. Nos paralizaría, no tendríamos ningún estímulo para actuar. Perderíamos la capacidad de ser responsables, la conciencia de responsabilidad para aprovechar cada día y cada hora, es decir, para realizar un sentido cuando se nos presenta, cuando se nos ofrece momentáneamente.»

14-1-2014

RAFAEL GARCÍA DEL VALLE
Licenciado en Filología Hispánica, autor del blog <www.erraticario.com>.

93

El futuro de nuestra civilización dependerá de cómo decidamos, en tanto comunidad humana, qué pasos damos y qué límites nos ponemos

Después de muchos siglos de evolución nos encontramos con que, por primera vez, estamos en condiciones no solamente de intervenir en nuestro entorno, sino también en nuestra propia condición humana. Ya hace años que los avances en la medicina nos han ayudado a mejorar nuestra calidad de vida, pero ahora comenzamos a estar en condiciones de ir un paso más allá y de introducir en nuestros cuerpos unas mejoras tecnológicas que, en cierta manera, nos alejan de nuestra condición humana tal como la hemos entendido hasta ahora. Nos encontramos frente a un futuro lleno de esperanzas pero también de incertidumbres y, sin duda, de peligros para nuestra especie. El futuro de nuestra civilización dependerá de cómo decidamos, en tanto comunidad humana, qué pasos damos y qué límites nos ponemos. En un mundo en el que aumentan las desigualdades de todo tipo, el riesgo de la desigualdad en el acceso a los avances tecnológicos propuestos aún puede incrementar más esas diferencias y generar el dominio de una parte de la población sobre el resto. Reflexionamos sobre los principios éticos, que son la base de nuestra condición humana, y eso nos hace diferentes de las máquinas.

14-1-2014

RAMON SERRAT MULÀ
Licenciado en Derecho y diplomado en Turismo. Máster en Innovación de la Gestión Turística. Profesor del Grado en Turismo de la Escuela Universitaria de Hostelería y Turismo (CETT-UB) y consultor del grupo CETT.

94

El cerebro se revela como un múltiple e incesante diálogo entre los dos hemisferios cerebrales y con el resto del organismo y del mundo

La conciencia, la ética y la democracia no pueden tener ningún papel controlador en el proceso de la evolución humana, sino que deben ser parte esencial de ese proceso. No se pueden comprender los fenómenos que suceden en un organismo vivo aplicando simplemente las ideas de causalidad extraídas de la mecánica. Tal como señala Francesc Fígols —*Cosmos y Gea. Fundamentos de una nueva teoría de la evolución*—, «además de las fuerzas físicas y químicas que actúan entre las sustancias de un tejido vivo, hay que considerar la existencia de un campo de fuerzas que actúa globalmente, manifestando un plan y una finalidad para el conjunto del organismo. [...] El ser vivo, durante su desarrollo individual, es capaz de imponer la estructura y la acción coordinada de las fuerzas vivas constructoras, superando a las de la gravedad y a las influencias externas que llevarían al caos.» Se debe ir más allá de la visión del cerebro como un mecanismo, como el *hardware* de un ordenador. Desde una visión más amplia, el cerebro se revela como un múltiple e incesante diálogo entre los dos hemisferios cerebrales y con el resto del organismo y del mundo. Pero, como señalaba Henri Bergson, «la inteligencia, que es tan hábil manipulando lo inerte, despliega su torpeza en cuanto toca lo viviente».

14-1-2014

RAMON ARRIBAS QUINTANA
Geógrafo, asesor en políticas ambientales y en desarrollo de la sostenibilidad, y miembro del Consejo Consultivo del Hábitat Urbano del Ayuntamiento de Barcelona; ha sido director del Consejo Asesor para el Desarrollo Sostenible de Cataluña (CADS).

95

La historia de la sociedad humana es la de una sucesión de colapsos

El transhumanismo liberará a la humanidad de sus cadenas biológicas. Las ciudades se abstraerán de su soporte físico material con el objetivo de una mejora de la especie humana, controlada por una elite que fijará medidas de autocontrol de acuerdo con la ley natural. Es bastante normal que algunos arquitectos y planificadores quieran opinar. Dos posturas se confrontan: una moderna —Toni Casamor— y la otra postmoderna —Toni Gironès. ¿Opinión? Me alineo con la visión postmoderna. La Tierra es una nave espacial en un mar de nada. La sociedad humana es una comunidad biológica que depende de la materia y de la energía. Su límite es la segunda ley de la termodinámica, la ley de la entropía —que es imprescindible para hacer estallar una bomba de fisión y hacer funcionar el ordenador y el móvil. La historia de la sociedad humana es la de una sucesión de colapsos. Las ciudades no se abstraerán de su soporte físico material porque nada en el universo escapa a la segunda ley de la termodinámica y la historia está contra ellas. El futuro es un futuro de ciudades en decadencia y en desintegración, una mezcla caótica de estilos presidida por gigantescos anuncios de neón de Coca-Cola y de Pan Am. Aunque me guste *Blade Runner*, tampoco me creo que transhumanos/replicantes sobrevivan 3 700 años en un cohete movido por radiación solar para obedecer al deber moral de construir una sociedad transhumana en Orión: «Yo he visto cosas que vosotros no creeríais: naves de ataque en llamas más allá de Orión. He visto Rayos-C brillar en la oscuridad, cerca de la puerta de Tannhäuser. Todos esos momentos se perderán en el tiempo, como lágrimas en la lluvia... Es hora de morir.»

14-1-2014

DANI CALATAYUD SOUWEINE
Arquitecto, profesor asociado del Taller de Proyectos del Departamento de Urbanismo y Ordenación Territorial de la Escuela Técnica Superior de Arquitectura del Vallés (ETSAV-UPC), experto en sostenibilidad en las escalas edificio y urbana. Miembro de la agrupación Arquitectura y Sostenibilidad (AuS) del Colegio de Arquitectos de Cataluña (COAC).

96

Valores como el individualismo se han visto reforzados por la creciente dependencia de la tecnología en el día a día

Este es un interesante debate que genera más dudas que respuestas. A pesar de su estrecha vinculación con los campos de la biología y de la tecnología, en el fondo suscita un debate de tipo ético y moral sobre el papel de la tecnología en la sociedad. Sin lugar a dudas, los cambios tecnológicos experimentados en las últimas décadas han comportado una crisis y un replanteamiento de la organización humana, tanto a nivel individual como colectivo. Valores como el individualismo se han visto reforzados por la creciente dependencia de la tecnología en el día a día. Sin embargo, el actual contexto de crisis —económica, social e institucional— ha puesto en cuestión los valores, las instituciones y, en definitiva, las estructuras de poder predominantes, y ha provocado así un necesario replanteamiento del funcionamiento de la sociedad. En ese sentido, resultará también necesario introducir el debate sobre el papel que ha de jugar la tecnología en la consecución de una sociedad más justa, más equitativa y más solidaria. Como destacan Albert Cortina y Miquel-Àngel Serra, ese debate se tendrá que abordar con una gran dosis de reflexión, de prudencia y de responsabilidad.

15-1-2014

NEMO REMESAR AGUILAR
Licenciado en Sociología y máster profesional en Estudios Territoriales y Urbanísticos; técnico del Área de Desarrollo Local del Servicio de Ocupación de la Generalitat de Cataluña (SOC).

97

Nuestra singularidad tecnológica es nuestra singularidad cultural

El debate planteado parte de un problema que puede tener solución, dado que singularidad tecnológica y naturaleza humana no se oponen. De hecho, nuestra «naturaleza» como *sapiens* se basa en que podemos generar tecnología.

A la pregunta «¿Estamos dispuestos a aceptar una especie humana mejorada tecnológicamente a partir de la transformación radical de sus condiciones naturales?», la respuesta desde la antropología cultural es clara: Lo estamos haciendo desde el *Homo habilis*, hace dos millones de años.

«¿Se está produciendo ya la singularidad tecnológica que dará lugar a un salto evolutivo irreversible del género humano hacia el posthumano?» Cada cultura, a lo largo de la historia del *Homo sapiens*, se ha definido a sí misma como «los humanos» y ha considerado a los otros como «bárbaros» o «no humanos». Cuando los taínos de Guanahaní, en el Caribe, vieron hace quinientos años a unos humanos con barba bajando de unos artefactos enormes con velas, subidos en extraños animales y que disparaban fuego, debieron de pensar que eran unos «transhumanos». Poco después seguramente se convencieron de que más bien eran unos «prehumanos» o simplemente unos bárbaros.

Seguir oponiendo tecnología y humanidad nos desorienta. Nuestra singularidad tecnológica es nuestra singularidad cultural. Dejemos de ver la tecnología como un nuevo «fantasma» que recorre el mundo. Darwin demostró que somos hijos de la naturaleza, pero la tecnología es hija nuestra, nos guste o no. Es cierto que el hecho de que tan solo una pequeña minoría de nosotros sepa cómo generarla nos pone ante la opción de, o bien adorarla casi como si fuera magia, o bien simplemente acostumbrarnos a utilizarla sin siquiera saber de dónde viene o quién la genera y cómo.

Pero los visionarios proyectos de ordenadores cuánticos o de tecnologías de biología sintética son tan humanos como la rueda o el mismo lenguaje natural. La oposición entre singularidad tecnológica y esencia humana es propia de una civilización como la nuestra, que todavía está dominada por un paradigma de conocimiento logocéntrico y utilitarista que ve la tecnología, por un lado, como un hecho objetivo —*fact*— en lugar de como un acto humano —*deed*— y, por otro, como una simple «herramienta» en lugar de como en realidad es —y más evidentemente en el caso de las TIC—, un nuevo tipo de conocimiento, de lenguaje.

Después de más de cincuenta años de TIC, parece que el que se impone es el paradigma de la simbiosis y no el de la sustitución. El éxito de Internet reduce esa oposición entre tecnología y humanidad. La innovación humana parece que queda claro que ya no es un monopolio de informáticos o de biotecnólogos. Internet abre el camino a una oleada de innovaciones tecnosociales. La misma Unión Europea empieza a hablar de *social innovation* en sus últimos programas. Y, por otra parte, la preocupación por la humanidad ya no es un monopolio de los humanistas. Una joven generación de ingenieros, educados en el mundo de Internet, está socializándose, politizándose, a la velocidad del rayo. La profecía de la «singularidad tecnológica» aparece más como el último coletazo del viejo sueño robótico de la era de las máquinas automáticas que como un proyecto avanzado de la sociedad del conocimiento. Si quieren conocer profetas de la era actual, lean a J. C. R. Licklider o a Douglas Engelbart, padres espirituales de la actual Internet, y su propuesta de simbiosis hombre-máquina en vez de la sustitución del hombre por la máquina.

El estudio Global Europe 2050 plantea entre sus escenarios la posibilidad de un nuevo Renacimiento que reconcilie tecnología y humanidad, de una nueva era que acabe con esa división, generada en Europa hace quinientos años, entre ciencia y tecnología en el norte, y humanismo y arte en el sur. Una era que permita el surgimiento de nuevas ciencias como la tecnoantropología, una nueva ciencia social sintética basada en la innovación social, que complemente las otras ciencias sintéticas ya emergidas, como la *computer science* o la biología sintética, y dedicada al diseño y a la construcción de nuevas formas de existencia humana, de nuevos tipos de sociedades, de códigos de conducta y de conocimiento. Y ello no para acabar con el ser humano, sino para avanzar en su desarrollo o, si se prefiere, para preservar y consolidar su naturaleza propiamente humana de creador, de descubridor, de inventor de otras realidades, de otros mundos, de otros artefactos y hasta de otros humanos.

15-1-2014

ARTUR SERRA HURTADO
Doctor en Antropología Cultural por la Universidad de Barcelona, director adjunto de la Fundación i2cat, Internet2 en Cataluña. Investigador de la Universidad Politécnica de Cataluña. Cofundador de Citilab, primer laboratorio ciudadano europeo y del grupo de investigación sobre Tecnoantropología. Miembro de la Red Europea de Living Labs.

98

En el camino de la materia hacia el espíritu, la tecnología puede ser un instrumento para esa transformación, pero debemos caer en la cuenta de que perdurabilidad *no es lo mismo que* inmortalidad

La posibilidad de que el ser humano se trascienda a sí mismo a partir de los avances tecnológicos y cambie las características de la propia especie marca un hito en la evolución de la vida sobre la Tierra. Es una cuestión que requiere ser pensada multidisciplinarmente. La biología, la neurología y la ingeniería, la antropología, la ética y la filosofía, la teología y la mística de las diferentes religiones han de sentarse en una mesa común para compartir sus enfoques, ya que está en juego cómo concebimos al ser humano y cómo nos dirigimos hacia su destino último. Desde una perspectiva teológica inspirada en Teilhard de Chardin, el hecho de que podamos modificar nuestra propia naturaleza no está separado del acto creador de Dios ni está en competencia con él, sino que es la prolongación que él mismo nos ha confiado. La acción humana co-crea con el impulso divino. Desde una perspectiva no creyente, es la evolución la que ha depositado en nosotros la posibilidad de intervenir en nuestra propia evolución. Ya lo consideremos desde una perspectiva trascendente, ya desde una inmanente, estamos en un momento crucial. Asombra y estremece la responsabilidad que ha sido puesta en nuestras manos.

Según mi modo de ver, tres son, por lo menos, las cuestiones que hay que tener en cuenta. En primer lugar, que el avance técnico vaya acorde con el avance ético y espiritual. El punto de encuentro de los tres ámbitos es el desarrollo de la conciencia, que es diferente de la inteligencia. Ciertas películas de ciencia ficción —que forman parte de los oráculos de nuestra cultura— muestran que el desarrollo tecnológico crece junto con la conciencia y la espiritualidad colectivas, mientras que otras alertan de lo perverso de una inteligencia artificial puesta al servicio del poder o de las ambiciones más burdas, que puede llegar a provocar un aumento de la desigualdad social y la destrucción ecológica del planeta. No es lo mismo humanizar a los robots que acabar robotizando a los seres humanos.

La segunda cuestión es si la inteligencia artificial es capaz de producir conciencia, y esta es la misma cuestión que se plantea a propósito del cerebro humano en el ámbito de la neurociencia. ¿Son las neuronas —naturales o artificiales— las que crean la conciencia, o solo la captan? ¿Podrían los cerebros artificiales ser receptáculos de conciencia, lo cual es mucho más que mera inteligencia?

Ello nos lleva a la tercera cuestión: ¿en qué consistiría ser posthumanos? Teilhard de Chardin distinguía entre el *crecimiento tangencial* y el *crecimiento radial*. El primero es cuantitativo y no supone un cambio de nivel, mientras que el segundo es cualitativo y sí que implica la irrupción en un nuevo plano. El primer salto se dio cuando las combinaciones químicas —de la *atmósfera*— dieron paso a la aparición de la vida —*biosfera*—; el siguiente fue la aparición del pensamiento —*noosfera*—; el paso que ahora tiene que darse es el de entrar en el ámbito del espíritu —*pneumatosfera*— hasta alcanzar Omega y ser alcanzados por ella. En ese camino de la materia hacia el espíritu, la tecnología puede ser un instrumento para esa transformación, pero tenemos que caer en la cuenta de que *perdurabilidad* no es lo mismo que *inmortalidad*. Poner nuestros cerebros biológicos en cuerpos robóticos puede prolongar nuestra vida, pero no la hace necesariamente más elevada. La técnica forma parte del mismo plano de la realidad que la biología. Lo posthumano no implica que se esté dando realmente un trascendimiento de nuestra especie, sino solo una mutación. Ahora bien, en la evolución, la suma de mutaciones tangenciales ha provocado en un momento determinado un salto cualitativo, un crecimiento radial hacia el centro. Tenemos que estar muy atentos a los pasos que vamos dando para tener en cuenta todos los elementos que están implicados y para que avancemos hacia arriba —y hacia lo profundo—, no solo hacia delante, en meros desplazamientos horizontales, por brillantes que estos sean. Nuestra existencia no solo se prolonga en el plano material —que es lo que la ciencia y la tecnología posibilitan—, sino que se trasciende en el plano espiritual, cuando sabemos desprendernos del plano material. En esa discontinuidad —que nos recuerda que el *post* no es el *trans*—, ¿puede haber un punto de contacto, un puente, un pasaje? ¿Puede ese puente hacerse desde *abajo*, ayudados por una robótica capaz de integrar lo humano y trascenderlo, o simplemente consigue posponerlo? Todas estas son cuestiones abiertas que requieren debate, reflexión y actuación en comunión con la fuerza creadora que nos ha confiado la vida.

16-1-2014

JAVIER MELLONI RIBAS

Jesuita, doctor en Teología y licenciado en Antropología Cultural; miembro de Cristianismo y Justicia y profesor de la Facultad de Teología de Cataluña y del Instituto de Teología Fundamental de Sant Cugat del Vallès; está especializado en mística comparada, en diálogo interreligioso y en las diferentes manifestaciones de la experiencia de Dios; es miembro del Consejo Asesor para la Diversidad Religiosa de la Generalitat de Cataluña y colaborador del centro de espiritualidad de la Cueva de San Ignacio (Manresa), donde también vive.

99

Las posibilidades de los avances tecnológicos anunciados merecen una actitud altamente preventiva en relación con todo lo que lleve a la creación de individuos humanos con facultades superiores.

Pienso que el alucinante avance tecnológico que se anuncia cada vez con más insistencia y credibilidad incide en varios órdenes de cosas de los que ya hay cierta experiencia, como, por ejemplo, en la superación de limitaciones del cuerpo, en el aumento de la capacidad intelectual, en el alargamiento de la vida y en la manipulación genética.

Considero que es correcta una reflexión previa sobre si esas supuestas mejoras son un asunto prioritario en el estadio actual de la humanidad, que ha alcanzado ya unos medios que le permiten disfrutar de unos elevados niveles de bienestar, aunque no ha sido capaz de distribuirlos con suficiente equidad entre los diferentes pueblos y personas del mundo. Seguramente, un criterio mayoritario entre los opinantes sobre esos asuntos es que preferiríamos que los progresos se tradujeran en mejoras en la igualdad y en la justicia entre los humanos más que en la posibilidad de que los humanos puedan disfrutar en el futuro de posibilidades como las que se anuncian. A muchos también nos gustaría más el anuncio de grandes progresos tecnológicos que permitieran resolver los graves problemas ambientales a los que nos enfrentamos, en concreto, al de la continuidad del mundo que hemos conocido.

Sin embargo, la incapacidad humana para alcanzar un orden social más justo, o para truncar una preocupante dinámica hacia la destrucción de la vida del planeta, no quita legitimidad a la investigación en otro orden de cosas, en la que se comprueba que la humanidad tiene, curiosamente, una muy superior capacidad de inventiva. En todo caso, frente a los anuncios que nos hace el señor Ray Kurzweil, pienso que la opción correcta es, de entrada, alucinar y aplaudir. Eso no evita que puedan preocupar algunos de los efectos derivados de las nuevas capacidades según el uso que se haga de ellas. Pero sobre eso se pueden hacer algunas consideraciones a la vista de la experiencia histórica, que hoy día nos ha proporcionado ya algunos avances que no podían soñar las generaciones anteriores.

Sin duda, el aumento de las capacidades en el ámbito de la superación del dolor, de las enfermedades y de las deficiencias corporales es siempre una buena noticia. También lo es, obviamente, la posibilidad de aumentar la potencia de acción intelectual de las personas, cosa que, de hecho, ya han venido haciendo las tecnologías de la información y de la comunicación hasta hoy. Los problemas radican, en cualquier caso, en el posiblemente muy desigual acceso a esas ventajas entre las personas, y en que ese hecho acentúe las posibilidades de dominación de unos grupos sociales sobre otros. Sin embargo, esos son problemas de otro orden, suficientemente conocidos y presentes a lo largo de toda la historia de la humanidad. La acción política es, como siempre lo ha sido, la vía para la resistencia y para la emancipación de los grupos sociales frente a las continuamente renovadas formas de dominación. En todo caso, no hay que olvidar que los avances tecnológicos también pueden facilitar las acciones políticas de liberación, como se ha podido comprobar desde la invención de la imprenta.

Dado que la esperanza de vida se considera un dato positivo del bienestar y de la felicidad de los países, pensaría que disfrutar en buen estado físico y mental de cierto aumento del tiempo de vida como resultado de las mejoras tecnológicas en medicina debe considerarse un hecho positivo, aunque será necesario reajustar los sistemas de previsión social en un grado superior al que ya es previsible. En cualquier caso, no creo que nadie piense que una vida indefinida llegue a ser posible, aunque siempre habrá cierta proporción de millonarios locos —los aficionados a «soluciones» personales, como la hibernación o el búnker nuclear unifamiliar— que lo quieran intentar.

Pienso que las posibilidades de los avances tecnológicos anunciados merecen una actitud altamente preventiva en relación con todo lo que lleve a la creación de individuos humanos con facultades superiores. Considero que para la vía de la manipulación genética eso es claramente inaceptable desde un posicionamiento ético, que es común a los diversos sistemas de pensamiento que reconocen la dignidad del ser humano. Sin embargo, ¿qué pasa si esas facultades superiores no se obtienen genéticamente, sino a través de la implantación voluntaria de determinados aparatos? ¿Por qué marcapasos sí y chips en el cerebro no? A falta de una necesaria mayor reflexión sobre el asunto, intuyo que tampoco sería aceptable. Creo que aquí no valdría el argumento según el cual unas minorías privilegiadas se benefician primero de los avances y, posteriormente, es la misma lógica de la economía de mercado la que los extiende ampliamente y facilita su uso. Diría que tan solo podría defenderse esa opción en el supuesto, prácticamente imposible, de que todos los humanos tuviesen acceso real a esa mejora. La cuestión será cómo evitar que unos cuantos espabilados hagan trampas en la inevitable competencia entre individuos y grupos, presente en todos los procesos sociales. Pienso que, sin olvidarnos de insistir en el saludable discurso de las ventajas y de la superioridad moral de la cooperación frente al individualismo, nos harán falta medidas antidopaje de extensión y de eficacia universales. No será fácil. En cualquier caso, convendría ir pensándolo.

19-1-2014

JULI ESTEBAN NOGUERA
Doctor arquitecto y urbanista; ha sido director del Programa de Planeamiento Territorial de la Generalitat de Cataluña

100

La comprensión del cerebro humano es uno de los mayores retos de la ciencia del siglo XXI

En primer lugar, deseo felicitar a los dos autores por impulsar y por promover un debate de gran actualidad y de interés a muchos niveles —científico, ético, social, espiritual... Quiero poner especial énfasis en el carácter actual que tiene esa reflexión, ya que recientemente han arrancado dos iniciativas muy relevantes a nivel global sobre el estudio en profundidad del cerebro humano.

El Human Brain Project de la Comisión Europea es un proyecto de investigación a diez años vista que será financiado dentro de Horizonte 2020. El proyecto, que contará con un presupuesto total de más de mil millones de euros, tiene como objetivo la construcción de una nueva plataforma TIC destinada a la neurociencia para comprender el cerebro humano y sus enfermedades y, en última instancia, para emular sus capacidades computacionales. De las seis plataformas de investigación que se desarrollarán, hay una dedicada a reproducir mediante simulación las capacidades de computación del cerebro y otra de neurorrobótica para experimentar con robots virtuales controlados por los modelos de cerebro desarrollados en el proyecto.

La Brain Initiative del gobierno de Obama invierte también una suma importante en el conocimiento del comportamiento dinámico del cerebro y de cómo este piensa, aprende y recuerda. La comprensión del cerebro humano es uno de los mayores retos de la ciencia del siglo XXI.

Si somos capaces de aceptar el reto, podemos obtener profundos conocimientos sobre lo que nos hará humanos y sobre el desarrollo de nuevos tratamientos para las enfermedades cerebrales, y crear nuevas tecnologías informáticas.

Sin embargo, ambos proyectos tienen numerosas implicaciones sociales, éticas y filosóficas. Tanto es así que han creado un conjunto de tareas de diseminación, de discusión y de seguimiento con el resto de la sociedad. En particular, la temprana participación de la sociedad en los resultados puede proporcionar a los científicos la oportunidad de valorar la reacción del público frente a su trabajo, y de evaluar y/o modificar sus objetivos y sus procesos de investigación a la luz de esas reacciones.

Por lo tanto, la investigación y el conocimiento —y más en el caso de los dos proyectos multimillonarios financiados con dinero público— han de perseguir objetivos asumidos por la sociedad. Ambos proyectos parten de un hecho interesante, es decir, de un mayor conocimiento de nosotros mismos. Y también, entre líneas, veo más la idea de humanizar robots que la de robotizar humanos... Evidentemente, el conocimiento más profundo de los mecanismos cerebrales nos permite abordar nuevos tratamientos para enfermedades neurológicas, pero también abrirá la puerta a nuevas aplicaciones hasta ahora impensables.

La utilización de ese conocimiento, como ya se ha dicho, puede comportar riesgos. Frente a tal posibilidad, solo con una profundización en la conciencia individual y colectiva, conectando con lo que es humano y trascendente, podremos encontrar el mejor camino para tecnificar nuestras vidas.

20-1-2014

ALBERT COT SANZ
Científico, doctor en Bioingeniería, profesor asociado de la Facultad de Medicina de la Universidad de Barcelona. Consultor en investigación y en desarrollo de proyectos de robótica, de *smart cities* y de *cleantech*. Ha sido presidente del Clúster de Eficiencia Energética de Cataluña (CEEC).

101

Si pensamos en robots completamente autónomos, estos deberán incluir un código ético para regular su conducta cuando trabajen o ayuden a personas

El avance de nuestra sociedad depende de los descubrimientos en ciencia y en tecnología. Las decisiones que tomamos en cuanto a cómo queremos que sea nuestra sociedad dependen no solo de cómo es el mundo en la actualidad, sino de cómo queremos que sea en el futuro. Los avances en robótica y en inteligencia artificial son un buen ejemplo y, aunque solo llevan cincuenta años de existencia, a menudo han superado algunas de las predicciones más futuristas consideradas «ciencia ficción». Los robots —cuya definición básica es la de «máquinas que adquieren su información a partir de sensores, que piensan y que actúan»— y los dispositivos robóticos que se implantarán en el ser humano —por ejemplo, los exoesqueletos— tendrán un gran impacto real en nuestra sociedad; serán beneficiosos no solo en la industria, en los servicios, en la salud, en el entretenimiento o en el aprendizaje, sino sobre todo en la mejora de la calidad de vida de los humanos.

Ahora bien, la robótica entraña una serie de consideraciones éticas y sociales que debemos abordar para que, a medida que implantemos los robots en la sociedad, se resuelvan las situaciones «inesperadas» que puedan surgir, debidas a los riesgos inherentes a las nuevas tecnologías, al choque traumático que conllevan las «revoluciones tecnológicas» o a la posible crisis ética, dejando de lado los escenarios tipo *Terminator*, difíciles de imaginar. Los robots deben ser seguros y estar libres de errores, y eso depende de la programación y de su diseño. No puede ponerse un robot en funcionamiento si no se ha probado su seguridad. Aun así, nos encontraremos con situaciones ambiguas difíciles de resolver: por ejemplo, una frase fuera de contexto puede expresar algo diferente de lo que queremos decir y, si el robot lo interpreta incorrectamente, puede causar un comportamiento inesperado.

Un típico problema legal lo tenemos en la responsabilidad de una acción producida por un robot en el desempeño de una tarea. ¿De quién es la responsabilidad, del fabricante del robot, del programador del robot, del propietario del local/edificio/área urbana donde el robot hace un servicio, de la persona a cargo del robot o del propio robot? Existen otros ejemplos, como el problema de la privacidad, debido a que los robots usan cámaras de vídeo que pueden capturar imágenes no deseadas. Parece lógico afirmar que, si pensamos en robots completamente autónomos, estos deberán incluir un código ético para regular su conducta cuando trabajen o ayuden a personas. ¿Qué normas éticas debemos utilizar, ya que estas varían según los países? Por supuesto, debemos incorporar un código ético a su comportamiento, con los principios fundamentales de los derechos humanos.

Aunque en este comentario me he ceñido a los robots, muchos de los aspectos tratados serán trasladables a los transhumanos o posthumanos, según el grado de independencia o de complementariedad que se quiera dar entre la parte humana y la artificial. Si la parte artificial llega a tomar mucha importancia sobre el conjunto, entonces deberemos considerar además otros aspectos; por ejemplo, el hecho de que una máquina pueda tomar conciencia de sí misma. Esos son temas de investigación que empiezan a estudiarse, no son ciencia ficción, y, por citar uno, se está trabajando en cómo utilizar la información de nuestro subconsciente para que una máquina nos ayude a tomar las decisiones correctas.

20-1-2014

ALBERTO SANFELIU CORTÉS
Doctor ingeniero industrial. Catedrático de Ciencias de la Computación e Inteligencia Artificial de la Universidad Politécnica de Cataluña (UPC). Investigador de la Universidad Purdue (Indiana, EUA). Ha sido director del Instituto de Robótica e Informática Industrial (centro mixto CSIC-UPC) y director del Departamento de Ingeniería de Sistemas, Automática e Informática Industrial (ESAII) de la UPC. También ha sido presidente de la Asociación Española de Reconocimiento de Formas y Análisis de Imágenes. Coor-

dinador del grupo de investigación Visión Artificial y Sistemas Inteligentes (VIS) de la Universidad Politécnica de Cataluña. Actualmente dirige la línea de Robótica Móvil y Sistemas Inteligentes del Instituto de Robótica e Informática Industrial.

102

Sugiero desarrollar las organizaciones adecuadas para engendrar una «mente común» que ayude a recuperar nuestra capacidad de anticipación ante problemas complejos y que volvamos a integrar nuestra acción en las leyes de la naturaleza por la vía del conocimiento

En la naturaleza se aprecian dos grandes paquetes de información. Por una parte, el paquete genético, el ADN de las especies, y, por otra, el paquete «cultural», que viaja fuera del paquete genético. La especie humana se caracteriza por desarrollar un paquete cultural significativamente mayor que el de cualquier otra especie. Nuestra especie no es la más fuerte ni la más rápida, pero sí es la especie con mayor capacidad de anticipación. Una capacidad que, en principio, había de asegurar el futuro —entendiendo que el principal propósito de cualquier especie es persistir en el tiempo.

De un tiempo a esta parte, y por diversos motivos, la información «cultural» de la especie humana ha creado escenarios de incertidumbre que ponen en peligro el futuro de la misma especie. Por ejemplo, el haber sobrepasado los límites de determinadas variables del medio global o la capacidad destructiva de las cabezas nucleares fabricadas dejan bien claro que, en lugar de aumentar nuestra capacidad de anticipación, hemos incrementado el nivel de incertidumbre acerca de nuestro futuro. Sin entrar en disquisiciones éticas, la especie humana ha utilizado la información «cultural» y el conocimiento —la información útil— para los propósitos más diversos, y todo parece indicar que lo continuará haciendo. La mezcla de información de los dos paquetes, el cultural y el genético, unida a la «manipulación» del paquete genético según convenga, producirá, sin duda, nuevos seres y también nuevos seres humanos. Ahora bien, si, como decíamos, el primer propósito de cualquier especie, también la humana, es su supervivencia en el tiempo, sería interesante apuntar el camino para garantizarla. Esa observación será mi única licencia ética en este comentario.

La especie humana es una especie reciente en el proceso evolutivo —aproximadamente ciento cincuenta mil años. Hasta hace nueve mil años, el hombre dependió de lo que cazaba y recolectaba, es decir, de lo que le daban la naturaleza y la energía solar —primer régimen metabólico. En ese tiempo, la lógica vinculada a la supervivencia era lineal. Lo importante era cazar la pieza prescindiendo de otras variables de contexto. Desde el Neolítico —hace aproximadamente nueve mil años—, el grado de transformación del medio ha estado relacionado, principalmente, con las actividades agrícolas y ganaderas, vinculadas, a su vez, con la energía del sol —segundo régimen metabólico. Los excedentes permitían un nivel de complejidad organizativa limitada. La dependencia de la acción del hombre respecto de las leyes de la naturaleza —tanto en el Paleolítico como en el Neolítico— era total. Las organizaciones humanas no sobrepasaban —porque no podían y/o porque no sabían— la capacidad de carga de los territorios que habitaban. Como decía, la lógica que sustentó la acción del hombre era la lógica lineal o teleológica. A un problema se le daba una solución prescindiendo, en buena medida, del contexto. Mientras la acción del hombre ha dependido de las leyes naturales y no ha sobrepasado la capacidad de carga de los territorios, la lógica lineal ha sido suficiente para el mantenimiento de la especie.

Con el advenimiento de la Revolución Industrial —hace doscientos cincuenta años—, del uso masivo de combustibles fósiles —tercer régimen metabólico— y de una tecnología con amplio poder de transformación, los sistemas de la Tierra sufrieron impactos de gran envergadura. La tecnología, el uso de la energía sin límites y el empleo de la lógica lineal han supuesto y suponen tal presión sobre los sistemas terrestres que la supervivencia de la especie en el planeta ha entrado en riesgo.

El grado de impacto global, sobrepasar la capacidad de carga de tantos territorios y romper la dependencia —momentáneamente— a las leyes de la naturaleza —y digo «momentáneamente» porque la naturaleza ya ha empezado a pasar factura—, ha puesto de manifiesto las limitaciones del cerebro humano para abordar la complejidad de los escenarios creados. Acostumbrado a dar soluciones parciales —sectoriales, especializadas—

usando la lógica lineal, el cerebro se ha revelado insuficiente ante la necesidad de abordar los problemas complejos de manera integrada, mediante el uso de lógicas circulares.

Parece que el cerebro humano no está diseñado para abordar la complejidad de manera holística —el proceso evolutivo es más lento que los cambios provocados en el planeta por la especie humana— y, sin embargo, todo lleva a pensar que solo podemos abordar el futuro con una nueva lógica que permita dar respuestas integradas, que incluyan el contexto global. Si eso es así, quizá sería interesante dirigir los esfuerzos de la ciencia y de la tecnología —de la información y del conocimiento cultural— hacia «soluciones» que permitan, a nivel individual, un cambio de lógica, el paso de la lógica lineal a la circular. En segundo lugar, dado que el futuro depende de respuestas colectivas, sugiero desarrollar las organizaciones adecuadas para engendrar una «mente común» que ayude a recuperar nuestra capacidad de anticipación ante problemas complejos y volvamos a integrar nuestra acción en las leyes de la naturaleza por la vía del conocimiento.

21-1-2014

SALVADOR RUEDA PALENZUELA
Licenciado en Ciencias Biológicas y en Psicología, ecólogo urbano, director de la Agencia de Ecología Urbana de Barcelona desde su fundación en el año 2000. Se ha especializado en el análisis y planificación de sistemas complejos. Ha desarrollado modelos de ocupación y metabolismo urbanos con criterios de sostenibilidad. Ha concebido un nuevo urbanismo: el urbanismo ecológico y una nueva célula urbana (la supermanzana) para la planificación del espacio público y la movilidad urbana. Ha creado un nuevo diccionario para leer la ciudad y un instrumento de medida para calcular la complejidad urbana (diversidad de personas jurídicas).

103

La compasión es el mayor avance, la mayor mejora, el más alto grado de perfección que el hombre puede alcanzar si se lo propone

Existe un cuenco en Japón, usado en la ceremonia del té, que es venerado como una reliquia y celosamente custodiado entre suntuosos paños en el templo Daitoku-ji de Kioto. Es el Kizaemon Ido, un ordinario recipiente para la comida, producido en Corea en el siglo XVI. Irregular y basto, hermoso en su humildad, es conmovedor por haber «sobrevivido» hasta el presente siendo algo tan insignificante. Por eso, precisamente, es venerado, en un gesto que dice mucho del país en el que los únicos que tienen derecho a permanecer en pie ante el emperador son los maestros.

Ese amor por lo humilde y por lo imperfecto, característico de la cultura japonesa y que encuentra su más refinada expresión en el concepto de *wabi sabi*, siempre me ha cautivado. Jamás, en cambio —por una cuestión de sensibilidad, no por razones de índole ideológica—, he podido identificarme con el espíritu competitivo o con conceptos como los de superación o perfección. Decir eso en el seno de nuestra sociedad actual es, sin duda alguna —aunque nada más lejos de mi intención—, una provocación. Y es obvio que, con esa manera de pensar o de sentir, el aprendizaje y el crecimiento profesional se convierten en toda una aventura, en un gran reto, en algo, en definitiva, sumamente creativo y arriesgado.

Soy artista plástico. A lo largo de mi vida he cambiado de forma y de medio de expresión siempre que he sentido esa necesidad. Sin preguntarme demasiadas cosas, de forma intuitiva, he sentido que debía abandonar un camino ya suficientemente hollado para abrir otro. Y así hasta la actualidad. Pero nunca me ha guiado ningún ideal de perfección, de superación o de mejora. Solo el cambio, el necesario cambio que habría de permitirme, haciendo algo en apariencia diferente, seguir haciendo lo mismo, seguir siendo el mismo. Hace veinte años que trabajo dentro de una línea, en un terreno previamente acotado cuyos límites, por suerte o por desgracia, no alcanzo nunca a vislumbrar. Hacia la mitad de ese tiempo me acerqué peligrosamente a una forma de perfección, pero en vez de seguir por esa senda, me dediqué a «sabotearla» mediante recursos como el uso de pinceles ya agotados, viejos y prácticamente inútiles. De forma no del todo consciente, me iba así poco a poco alejando de la tentación de la perfección, del virtuosismo técnico que a tantos artistas seduce, y desde entonces doy por acabados los cuadros cuando todavía se podría trabajar bastante en ellos. Creo que están más vivos así, son más cálidos y más cercanos al espectador. La perfección formal produce en este un sentimiento de admiración, sí, pero una admiración distante, que yo respeto muchísimo en quienes la alcanzan, pero que no anhelo para mis obras.

Me extiendo en esa explicación porque me gustaría que quedase claro que, si en mi trabajo desconfío y, por tanto, prescindo de la idea de perfección, en cuanto oigo esa palabra aplicada a algo relacionado con la vida humana —ya sea con la inteligencia, con la salud, con la genética o con cualquier otro concepto—, me entra pánico directamente. Y «perfección» es precisamente un término muy utilizado en todo lo referente a la filosofía transhumana o posthumana, centrada en el deslumbrante e inquietante futuro que, por lo visto, estamos destinados a compartir, fundidos en un fraternal y definitivo abrazo con la máquina.

No soy un experto en la materia, pues como artista siempre me he valido de materiales naturales —de piedra y de madera para mis esculturas, de tela de lino, de pintura al óleo, de papel de arroz y de tinta china para mis pinturas. He explorado unas cuantas de las vías creativas que el inquieto siglo XX abrió —abstracción en sus variantes geométrica y orgánica, primitivismo, minimalismo, arte del paisaje, pintura realista...—, menos una importantísima, que es precisamente en la actualidad una de las vías de creación con más futuro: el arte tecnológico. Consecuencia o no de la estrecha interrelación que se da actualmente entre ciencia y arte, el aura de una gran parte de las obras de arte contemporáneas es un aura fría. A través de la valoración de los aspectos artesanales del oficio —preparo mis telas, colores, medios y barnices de manera artesanal—, pero sin que ello implique una forma de anacronismo o de voluntario escapismo hacia alguna remota «era de la perfecta virtud» y sin hacer de ello una bandera, yo caliento, elevo la temperatura de mis obras. Así pues, a estas alturas de lo escrito es posible que haya quedado claro que no me valgo de la tecnología para mi obra ni tengo la formación filosófica o científica adecuada para aportar algo novedoso respecto a la relación del hombre con la tecnología en la actualidad o en el futuro.

Solo diré que me parece completamente fuera de lugar —salvo en un contexto humorístico o artístico, en el que todas las licencias son válidas— hablar de transhumanismo o de posthumanismo cuando no se ha alcanzado todavía el estado de humanidad. Y digo «humanidad» y no «humanismo» con toda la intención, porque no me refiero al humanismo renacentista, que, enfrentándose a la visión teocrática medieval, situó al hombre en el centro del universo y dio así comienzo a la era moderna, caracterizada por un cientifismo —otra forma de fe— que iba a solucionar todos los males del hombre en un *crescendo* imparable y sin fin, una de cuyas últimas manifestaciones es precisamente la filosofía transhumanista. Me refiero a que, mientras seamos capaces de comer sabiendo que otros no pueden hacerlo, de ser felices sabiendo que otros no lo son o de pensar en nuestra propia mejora —económica, profesional, genética o del tipo que sea— sabiendo que otros no pueden permitírselo, no podremos considerarnos humanos. En ese sentido, no solo queda mucho por hacer para alcanzar la condición de humanidad, sino que todo parece indicar que las sociedades avanzadas y ricas están yendo en los últimos años peligrosamente hacia atrás, al sacrificar conquistas sociales que parecían ya firmemente asentadas.

Cuando comprendamos que somos parte de un tejido —que no solo engloba al hombre, sino las demás especies, animales y vegetales, así como la Tierra misma—, que somos todos uno, que la individualidad es una ficción, una ilusión, que la compasión es el mayor avance, la mayor mejora, el más alto grado de perfección que el hombre puede alcanzar si se lo propone, perderemos el miedo a la muerte individual que está detrás de las religiones, de las sectas y de las seudofilosofías que el hombre, en un deslumbrante alarde de creatividad, viene inventando sin cesar desde sus mismos orígenes.

21-1-2014

ALEJANDRO HÄSLER SOLER
Artista.

104

Tenemos que aprender a escuchar más y a observar mejor lo que las leyes de la naturaleza nos dicen

Según mi entender, la cuestión de si estamos «preparados» para afrontar la llamada «singularidad tecnológica» no es en absoluto relevante, ya que el cambio —todo cambio— es continuo e inherente al proceso evolutivo y a la vida misma. Las que sí son cuestiones relevantes, pienso, son la naturaleza de esos cambios, quién los controla y qué uso hacen quienes controlan o tienen el poder sobre esos cambios, así como las consecuencias de las actitudes —decisiones— de gestión de los mismos.

¿Qué mejorará la tecnología, cómo y con qué consecuencias para cada ser humano, «independientemente» de su raza, de su condición social, etc.? ¿Avances tecnológicos a disposición de quién y en beneficio de quién? ¿Controlados por quién y con qué finalidad? Esas son las cuestiones —por otro lado, preguntas clásicas, no descubro nada nuevo— que, en mi opinión, determinarán el grado de bondad —o de maldad— de los cambios en sí. Me viene a la cabeza lo que ocurrió con Nikola Tesla, un gran genio que aportó varios inventos y descubrimientos fundamentales para la evolución de la humanidad, a quien cortaron el crédito y las alas cuando se conocieron sus «malas» intenciones de democratizar el acceso a la energía eléctrica y de hacerla universal y accesible para todas las personas.

La cuestión sobre el control de los abusos hace que no pueda evitar insistir en la gran subjetividad del concepto. Para mí es evidente que los avances —tecnológicos, sociales, culturales, etc.— de las sociedades humanas, desde las civilizaciones antiguas hasta las sociedades modernas, legado de la Revolución Industrial, han ido acompañados de abusos de todo tipo, ejercidos implacablemente por los estamentos dominantes en cada momento. Claro que, seguramente, ni los reyes de las civilizaciones antiguas ni los políticos corruptos —disculpad la redundancia— u otros «personajes de poder» de hoy en día, en nuestra casa y en todas partes, no debían ni deben de pensar que cometían o que cometen ningún abuso. Está claro, pues, que el concepto *abuso* tiene un significado muy diferente en función de a quién preguntemos, al igual que el ejercicio de la conciencia, de la ética y de la denostada democracia.

Aunque estoy de acuerdo con algunos de los planteamientos del señor Kurzweil —y he leído unos cuantos, más allá de los que se exponen en el artículo—, el «jugar a ser Dios» simplemente pensando o aventurando la liberación del ser humano o de la humanidad de las leyes naturales me parece una animalada imprudente y cargada de soberbia. La historia antigua y la actual están cargadas de ejemplos de las nefastas consecuencias para el mismo ser humano y para la humanidad que se derivan de esas pretensiones y de aplicar leyes *contra natura*. Y es que hay ámbitos y aspectos mucho más allá del control reduccionista que puede practicar un movimiento como el transhumanista. La vida, por suerte, es mucho más rica, compleja y variada... Para poner solo unos pocos ejemplos, ¿realmente piensan que se podrán reproducir fielmente las emociones de un ser humano en su complejidad? ¿O reproducir fielmente la energía de los sistemas naturales o cosmológicos? El sufrimiento, la enfermedad, el envejecimiento y la condición mortal son aspectos inherentes a la vida misma que, consecuentemente, hay que aceptar.

En la naturaleza ya encontramos buena parte de las respuestas que buscamos o que necesitamos. Desgraciadamente, no prestamos suficiente atención. Tenemos que aprender a escuchar más y a observar mejor lo que las leyes de la naturaleza nos dicen... La proporción áurea, el número de oro, las frecuencias numéricas sonoras y vibratorias, los vórtices y los modelos toroidales de los movimientos de la energía de la naturaleza son algunos de los faros de referencia en el viaje de la humanidad en armonía y en serenidad con ella misma.

Los individuos y las sociedades modernas aún tienen que hacer y sufrir cambios muy profundos en sus actitudes para asumir con responsabilidad colectiva, compasiva y altruista la gestión y las consecuencias de la singularidad tecnológica. Y es evidente que esa gestión no se puede dejar en manos de los estamentos oligárquicos dominantes. Hay que avanzar, paralelamente al deseable progreso tecnológico, en el desarrollo de actitudes más firmes y más potentes de solidaridad individual y colectiva.

Según mi juicio, es necesaria una mayor convergencia en lo que me gusta llamar «altas frecuencias» del espíritu humano: la comprensión —bien entendida—, la solidaridad, la compasión, el altruismo desde una visión holística y más unitaria como especie.

¿Singularidad tecnológica? Bienvenida sea, pero integrada en esas actitudes de mayor convergencia holística y unitaria que anteriormente comentaba y en las leyes y tecnologías naturales, no en contra de ellas.

22-1-2014

SERGI NOGUÉS MONT
Emprendedor, comercializador en red global y embajador de salud mundial.

105

Seguiremos siendo humanos —con todas las virtudes y con todos los defectos que eso implica—, y nos encontramos a milenios —o a años luz— de distancia de convertirnos en posthumanos

Es muy difícil hacer predicciones, mucho más aún si son predicciones sobre el futuro, y el súmmum es cuando se pretende hacer predicciones sobre el devenir —tanto individual como colectivamente— de nuestra especie. Hay algunos indicadores, no obstante, que pueden ayudar a identificar algunas tendencias.

El primero tiene que ver con el uso cada vez más generalizado de artilugios ortopédicos y protéticos que nos permiten mejorar nuestras potencialidades humanas o suplir las deficiencias. Estos van desde las lentes correctoras hasta los marcapasos cardíacos, desde la calefacción o el aire acondicionado hasta los automóviles o los aviones. En ese sentido, se puede esperar que, cada vez más, seremos capaces de trascender las limitaciones físicas y fisiológicas naturales de la condición humana. Es en ese ámbito, sobre todo, donde cabe esperar unos desarrollos más grandes, desde las interfaces humano-máquina —ordenador o vehículo, por ejemplo— hasta el alargamiento de la vida, en teoría, de manera indefinida —como pretenden el Proyecto Gilgamesh u otros programas.

Tal como yo lo veo, esos avances tecnológicos afectan sobre todo la capacidad de actuar sobre el entorno y de dominarlo hasta extremos notabilísimos, pero no mejoran, o lo hacen muy poco, la capacidad entre humanos de sumar actividades cognitivas, reflexivas o de otra índole. No hemos llegado al equivalente de las conferencias virtuales, en las que varias personas situadas a muchos kilómetros de distancia las unas de las otras se pueden conectar vía Internet y mantener reuniones como si se encontraran en la misma habitación. De momento no es posible concertar en una sola las mentes de diferentes personas, aunque se encuentren en contacto físico entre sí, aunque sean genéticamente cercanas —hermanos mellizos, por ejemplo. La misma estructura de la mente —interacciones eléctricas entre las neuronas de un cerebro— no solo hace que eso último sea muy difícil, sino que lo hace imposible.

Por otro lado, las proyecciones hacia el futuro de todas esas posibilidades fisiológicas o de otro tipo no tienen nunca en cuenta dos aspectos ambientales fundamentales: que nuestra especie es social y que depende del entorno —o al revés, si queremos considerar la secuencia evolutiva temporal. En primer lugar, no es posible pasar de la fase experimental en el laboratorio a la fase de aplicación si no se incorpora la vertiente social. La sociedad humana, que a lo largo de los siglos ha experimentado —*velis nolis*— con variantes muy diversas, ahora es capitalista y globalizada y lo será más en un futuro inmediato. Eso define y limita muchísimo los grados de libertad de la especie. En segundo lugar, no es posible proyectar nuestro futuro en el vacío cuando estamos agotando los recursos —alimentarios, energéticos o de otra clase— a pasos acelerados y no tenemos garantizado el futuro inmediato como especie. Ya es evidente que la situación actual no es sostenible, pero la humanidad sigue creciendo hacia tal máximo demográfico que nadie se atreve a pronosticar qué impacto tendrá eso en el bienestar y en la salud de nuestra especie y de nuestro entorno ambiental. Y, pese a que no puede descartarse, el hallazgo de recursos —básicamente energéticos— hasta ahora insospechados es algo muy improbable. Como lo es que podamos encontrar, como especie, recursos en otro rincón del universo. Los viajes interplanetarios no serán tan fáciles como creemos: la radiación, la ingravidez o la falta de ejercicio provocarán que los astronautas sean incapaces de funcionar adecuadamente al cabo de pocos meses. Pero siempre nos quedará la ciencia ficción…

Aún otra reflexión, que aunque no la queremos manifestar explícitamente, está implícita en todo lo que nos dicen la biología, la antropología, la arqueología y el estudio de la prehistoria y de la historia antigua. Nuestra especie ha cambiado muy poco, física y mentalmente, en las decenas —quizá centenas— de miles de años desde que se extendió por el planeta. A estas escalas de tiempo, la evolución biológica es milimétrica. Los cambios que hemos experimentado han sido básicamente sociales —las revoluciones cognitiva, agrícola, industrial y científica, así como las que ahora se puedan identificar, son variantes, en el fondo, de esa adquisición de prótesis que antes se mencionaba. No es razonable —ni científico— esperar cambios fundamentales, de tipo físico, fisiológico o mental, en el poco tiempo que hace que abandonamos la caverna, la tribu o la aldea medieval.

Por lo tanto, y resumiendo, seguiremos siendo humanos —con todas las virtudes y con todos los defectos que eso implica—, y nos encontramos a milenios —o a años luz— de distancia de convertirnos en posthumanos. De nuevo, es el orgullo lo que nos hace creer que hemos trascendido nuestra condición —que, para más inri, no es más que la de un animal, extremadamente inteligente, sí, pero animal al fin y al cabo. Nos encontramos donde estábamos, entre mitos fantásticos que maquillan nuestro pasado, y supuestos aún más fantásticos que endulzan y hacen estimulante nuestro futuro. Pero el presente es el que es y no lo podemos ignorar, como tampoco podemos ignorar la biología, que nos dice que somos lo que somos y no algo más.

22-1-2014

JOANDOMÈNEC ROS ARAGONÉS
Doctor en Biología, catedrático de Ecología de la Universidad de Barcelona. Presidente del Instituto de Estudios Catalanes (IEC) y del Consejo de Protección de la Naturaleza de la Generalitat de Cataluña; ha dirigido la cátedra UNESCO de Medio Ambiente y Desarrollo Sostenible de la Universidad de Barcelona, y ha sido rector de la Universidad Catalana de Verano (UCE) de Prada.

106

Lo que hay que hacer es tratar de diseñar y de construir las ciudades, los pueblos y los barrios como lugares de encuentro y de integración de los ciudadanos, donde la tecnología y las condiciones smart *estén verdaderamente al servicio de las personas*

Se trata de un debate completamente trascendente: la transición de la condición humana hacia la condición humana «transgénica».

Recientemente ha aparecido esa temática en el cine con la mediocre película *Elysium*, protagonizada por Jodie Foster y por Matt Damon. La sinopsis del filme es la siguiente: en el año 2159, los seres humanos se dividen en dos grupos, los ricos, que viven en la estación espacial Elysium —una especie de megabalneario/micromundo idílico—, y todo el resto, que sobrevive en una Tierra devastada y superpoblada. Rhodes

—Jodie Foster—, una dura gobernante, promueve una rígida ley antiinmigración, cuyo objetivo es preservar el lujoso y paradisíaco estilo de vida de los ciudadanos ricos de la estación espacial. No obstante, los habitantes de la Tierra harán todo lo posible para emigrar a Elysium. Max —Matt Damon— acepta una misión casi utópica, que, si tiene éxito, significará la conquista de la igualdad entre las personas de esos dos mundos. La película en sí no nos aporta demasiado, pero sí hace reflexionar sobre esa aventura científica en la que nos encontramos inmersos como especie.

Corremos el riesgo —mejor dicho, está asegurado— de caer en una división/fractura de la humanidad: los humanos transgénicos y los humanos no transgénicos... Unos con las ventajas de la no vulnerabilidad a las enfermedades, al envejecimiento, etc., y otros con las «prendas» de la plena condición humana. Particularmente, yo únicamente llamo la atención sobre ese extremo. No creo que se deban censurar o evitar los avances científicos y tecnológicos que favorecen a los seres humanos. Lo que hay que hacer es incidir en aquellos avances que puedan ser claramente socializables, no fuera a ser que estuviésemos construyendo un Elysium para unos pocos a costa de todos. La trascendencia humana no debe ser un objetivo perseguido en sí mismo.

El debate se puede enfocar desde muchas perspectivas: bioética, científica, sociológica, de creencias, filosófica, etc. Lo cierto es que hoy ya tenemos un mundo social y geopolíticamente fracturado: medio mundo hace régimen para no engordar y el otro medio malvive y muere de hambre intentando subsistir. A escala reducida, lo que hay que hacer es tratar de diseñar y de construir las ciudades, los pueblos y los barrios como lugares de encuentro y de integración de los ciudadanos, donde la tecnología y las condiciones *smart* estén verdaderamente al servicio de las personas.

22-1-2014

RAMON MASSAGUER MELÉNDEZ
Licenciado en Derecho, asesor fiscal y urbanista, gerente adjunto de Coordinación de Empresas y Entidades Municipales del Ayuntamiento de Barcelona.

107

La trascendencia del ser humano hacia un ser superior está ya incluida como algo esencial en el impulso creador de Dios, pero también lo estaría la posibilidad de autodestrucción, en ese caso, por parte del mismo ser humano

Como se viene revelando, nos adentramos en lo que sería un hito existencial y evolutivo sin precedentes en la historia oficialmente conocida de la vida en la Tierra. La vida, que siempre tiende a crecer, no solo ha dado lugar a un ser humano capaz de inspirar su imaginación hasta llegar al nivel de escritores de ciencia ficción como Julio Verne, sino que le ha procurado la capacidad de crear lo que imagina y, en ese caso, el conocimiento y el desarrollo tecnológico necesarios para manipular su propia naturaleza, hasta el punto de hacer mutar a la propia especie.

Como ya se sabe, todo poder exige una gran responsabilidad si no se quiere que ese poder se convierta en un ente que, como una sombra, sea quien nos domine y no al revés, hasta hacernos esclavos suyos y anular nuestra libertad, que nunca existe sin amor y sin desapego.

Por eso lo más importante es hacerse una serie de preguntas: ¿desde dónde se está moviendo todo eso? ¿Desde qué esferas? ¿Para satisfacer qué deseos, qué necesidades? ¿Para qué o para quién? ¿Puede algo funcionar si no se construye desde un consenso colectivo y libre de ser impuesto bajo presiones y manipulaciones sociales planeadas con años de antelación? ¿Nace impulsado desde el amor a la vida y a nuestra especie, para trascendernos? ¿O nace desde el desprecio a la vida, a nuestra biología —a la naturaleza— y desde el impulso oculto de querer destruirnos? ¿De dónde nace? ¿De una emoción que sobrevalora lo artificial e infravalora lo natural y lo trata como mero recurso? ¿O desde la emoción que reconoce el valor y el respeto a la naturaleza y trata lo artificial como un simple recurso? ¿Se trata de una postura hacia el progreso y el desarrollo? ¿De qué tipo? ¿Con responsabilidad, o más bien enajenados con nuestro poder y con nuestras capacidades tecnológicas o de la índole que sean?

Son miles las preguntas, pero no deben faltar para que pueda —y deba— exigirse una reflexión de gran magnitud ante planteamientos de grandes dimensiones. La reflexión y el debate son preferibles a la imposición, con la que solo deciden unos pocos y el resto solo participa, ya sea adaptándose con agrado o con resignación, ya sea resistiéndose de una forma más o menos consciente para alentar los deseos de esos pocos, sobre todo en lo que se refiere a cambios radicales.

Pienso que, teniendo en cuenta la perspectiva teológica inspirada por Teilhard de Chardin, nada se escaparía en realidad de los designios de Dios, y entiendo que así es en una rueda evolutiva sin fin entre la conciencia y la inconsciencia, en la que una no puede existir sin la otra. Por tanto, es obvio pensar que la trascendencia del ser humano hacia un ser superior está ya incluida como algo esencial en el impulso creador de Dios, pero también lo estaría la posibilidad de autodestrucción, en ese caso, por parte del mismo ser humano. De hecho, y sin olvidar que mutamos cada segundo —pues nunca somos iguales ni nuestras células son las mismas—, no seríamos ni la primera ni la última especie que se extingue por el motivo que sea, que muere para que nazca «otra cosa» o que directamente desaparece, porque la vida tiene un sinfín de alternativas. Por consiguiente, quizá no estaría excluido del acto divino el hecho de que la trascendencia y la evolución biológica del ser humano fuesen producidas sin la alteración de su naturaleza a escala *transhumanista* —postura que no rebaja la dimensión espiritual como base fundamental y que opta más por el amor a lo que ya somos hasta comprender lo que no somos, por el amor al Creador y a lo creado, y que respeta la vía natural de la vida como ha venido siendo, que es la fuente de donde nace la sabiduría de todo conocimiento.

Asimismo, podría ser al contrario, es decir, que tampoco estuviera separada del acto del Creador, ni en competencia con él, la posible misma extinción del ser humano por la intervención artificial —por la postura que opta más por la vía del desprecio a nuestra biología, que sueña incluso con que llegue a ser considerada innecesaria, frágil e inútil, que antepone la dimensión mental y material, su prolongación, y que cree que estaríamos vivos siendo un cuerpo inerte solo porque se mueve e interactúa eternamente, tal como haría un reloj mecánico diseñado para darse cuerda a sí mismo por mucha inteligencia que simule y muchos extras que tenga. Entonces, ¿no podría ser que nada escape a los designios de Dios o de la evolución? Es decir, podría ser que la vida, a través de unos u otros seres en el universo, a veces evolucionara antes hacia esa llamada «pneumatosfera» o iluminación, hacia dimensiones más cercanas al amor de Dios, a la experiencia divina, a la unión con todo, y otras veces evolucionara después o simplemente desapareciera para transformarse en otra cosa que jugase otro papel.

¿No estaría incluida en el designio la eterna dualidad? El día y la noche, la luz y la oscuridad, el cielo y el infierno, y todo ello formaría parte del ciclo vital transformador, pues ya se dice que Dios escribe recto con renglones torcidos, pero no por ello hay que elegir la opción de desviarse del camino ético, más espiritual y que respeta y honra a la naturaleza, en el que intervendría más la sabiduría contenida en nuestras células que las disparatadas ideas de nuestro ego mental, un ego que está impulsado por el cuerpo, un cuerpo que no quiere morir, y por una mente que pretende buscar la vida eterna en lo inerte y en lo artificial. Esa es nuestra mayor responsabilidad y nuestro desarrollo o aprendizaje pendiente: aprender a trascendernos desprendiéndonos del plano material, desidentificándonos de nuestro cuerpo y de nuestra mente, que tanto dominan y que tanto temen desaparecer. Quizá existe una esencia humana o alma, más sutil que un cuerpo y que una mente, y se nos ha concedido el don de la libertad de ayudarnos a liberarla y a elevarla, o a enterrarla, encadenarla o venderla a costa de conservar un cuerpo y una mente el máximo tiempo posible, y no sé qué más. Habría que preguntarse lo más importante: ¿nos haría eso último más felices? ¿Realmente?

23-1-2014

JOSÉ MANUEL PÉREZ MARTÍN
Estudiante de Psicología Transpersonal.

108

«¿De qué le sirve al hombre ganar el mundo si pierde su alma?»

Este es un interesante y vivo debate que debe agradecerse a los autores de los artículos que lo motivan. Leídos los comentarios precedentes, querría añadir lo que ya se preguntaba Pascal en el siglo XVII, a la vez que nos indicaba que «el corazón tiene razones que la razón ignora»: «¿De qué le sirve al hombre ganar el mundo si pierde su alma?»

23-1-2014

MARCEL JOVÉ BATET
Abogado.

109

La esperanza cristiana, basada en la fidelidad divina, nos promete una humanidad nueva, que describe como un cuerpo místico de miembros diversos cuya cabeza es Cristo resucitado. Hacia ese último término deberían dirigirse todos nuestros esfuerzos tecnológicos, que habrían de colaborar con la acción transformadora del Espíritu hacia la «creación evolutiva» de «un cielo nuevo y una tierra nueva»

¿Cómo podemos entender el término *posthumano* desde una teología cristiana? Según el Génesis, el hombre fue creado «a imagen y a semejanza de Dios» y, según una tradición cristiana muy antigua —Ireneo, Tertuliano—, fue proyectado «a imagen y a semejanza de Cristo». Yo creo que eso nos hace pensar no en una nueva especie posthumana con doble capacidad cerebral o con una fisiología más potente, sino en una vida gloriosa vencedora de la muerte en un «cuerpo místico de Cristo». Y eso supone, «ambientalmente», un cambio drástico de nuestras leyes de la naturaleza, un cambio que no está en nuestras manos, como tampoco lo estuvieron los climas glaciares e interglaciares. Y requiere, «evolutivamente», un cambio radical de la comunión humana, análogo al que permitió hace setecientos millones de años la formación de organismos pluricelulares, pero ahora a nivel interpersonal, y eso sí que lo podemos y lo deberíamos fomentar desde ahora con nuestras técnicas sociológicas, políticas e interreligiosas. Según la fe cristiana, el Espíritu Santo trabaja internamente en ese cambio, pero necesita de nuestra colaboración cocreadora.

Los seres humanos, como «cocreadores» creados según la *imago Dei*, recibimos la misión de proseguir con toda nuestra tecnoactividad el proceso de la «creación evolutiva», bajo la llamada trinitaria y la fuerza potenciadora del Espíritu Santo. Es la misión de colaborar con la divina Providencia que recibimos especialmente los cristianos como seres personales elevados por la gracia —la especial presencia amorosa de ese mismo Espíritu—, la misión de perfeccionar la naturaleza según los valores humanos y religiosos propios de esa elevación. En nuestras intervenciones de colaboración con la Providencia hemos de imitar ese amor kenótico que constituye la esencia del Creador (1Jn 4,8.16) y esa universalidad de nuestro «Padre celestial, que hace salir su sol sobre malos y buenos...», según nos enseñaba Jesús (Mt 5,45). Y, si alguna vez hemos malentendido nuestra actuación providencial como un dominio absoluto (Gn 1,28), ignorando el «dominio kenótico» divino, recordemos en nuestra era ecológica que nuestra misión es la de «trabajar y cuidar» nuestro planeta (Gn 2,15). Desde esa perspectiva de cocreadores, comentemos brevemente los ideales y las promesas que han de mover nuestra actividad tecnológica en esos mismos cuatro órdenes.

1 En el *orden natural.* Para poder codirigir la evolución de la Tierra, necesitamos, primeramente, intentar comprender los misterios de la naturaleza en toda su amplitud. Eso significa investigar científicamente las leyes de la naturaleza aún desconocidas —incluso en nuestra pobre formulación matemática. Hemos de partir de esos conocimientos de la cosmología, de la genética molecular, de las neurociencias y de otras muchas ciencias humanas para poder codirigir la evolución de nuestro planeta de manera que resulte acogedor para toda su población actual y para las crecientes generaciones futuras. Y, si eso resultara imposible, cabría incluso pensar en el traslado de la humanidad a otro planeta más acogedor.
2 En el *orden personal.* Desde nuestra perspectiva de amor y de universalidad, tenemos que codirigir especialmente nuestra evolución cultural. Genéticamente somos una especie, pero culturalmente constituimos un mosaico de culturas diversas y en tensión mutua. Junto con el desarrollo económico de todas ellas, debemos conocer y fomentar sus peculiares valores humanos. Y nuestras instituciones habrían de reconocer los derechos de la cultura, junto con los de la persona. Solo así, respetando una biodiversidad cultural solidaria, podremos defender la humanidad de una globalización empobrecedora, económicamente interesada.

3 En el *orden escatológico.* La esperanza cristiana, basada en la fidelidad divina, nos promete una humanidad nueva, que describe como un cuerpo místico de miembros diversos cuya cabeza es Cristo resucitado. Hacia ese último término deberían dirigirse todos nuestros esfuerzos tecnológicos, que habrían de colaborar con la acción transformadora del Espíritu hacia la «creación evolutiva» de «un cielo nuevo y una tierra nueva» (Ap 21,1). Porque, según el Vaticano II, «la espera de una tierra nueva no debe debilitar, sino más bien avivar, la preocupación de perfeccionar esta tierra donde crece aquel cuerpo de la nueva familia humana, que puede ofrecer ya cierto esbozo del siglo nuevo» (*Gaudium et spes,* núm. 39).

4 En un *orden global.* La finalidad última de nuestras artes tiene que ser la de colaborar con la obra del Espíritu en restaurar nuestro mundo fragmentado, inspirando el amor y la vida interpersonal, para poder introducirlo finalmente, transformado en creación nueva, dentro de la misma vida interpersonal del Dios trinitario. Denis Edwards nos propone una imagen de esa definitiva vida interpersonal humano-divina de la «pericoresis ampliada»: «Mi imagen es la de una danza del universo, una danza dirigida por las personas trinitarias con improvisaciones siempre nuevas, que acarician a cada criatura y abrazan a su conjunto, respetan la libertad y la estructura de cuanto existe, y lo abren a lo que es radicalmente nuevo.»

Para profundizar más en esa reflexión, véase Manuel García Doncel, «La técnica como factor humano de una "creación evolutiva"», en Carlos Alonso Bedate (ed.), *Lo natural, lo artificial y la cultura*, Universidad Pontificia de Comillas, Madrid, 2011 (actas de la reunión de ASINJA 2010, vol. XXXVII, novena ponencia), p. 167-184.

23-1-2014

MANUEL GARCÍA DONCEL

Jesuita, catedrático emérito de Física Teórica de la Universidad Autónoma de Barcelona, fundador en 1983 del Centro de Estudios de Historia de la Ciencia de dicha universidad, profesor del Instituto de Teología Fundamental de Barcelona, fundador en 1993 del Seminario de Teología y Ciencia de dicho instituto, profesor invitado del Centro de Teología y Ciencias Naturales de Berkeley (CTNS), y miembro de la Real Academia de Ciencias y Artes de Barcelona.

110

«Inteligencia artificial» es un oxímoron. Las máquinas no piensan, solo calculan

1 *Inteligencia artificial* es un oxímoron. Las máquinas no piensan, solo calculan. Pueden calcular prodigiosamente, pero ahí no hay verdadera inteligencia. La verdadera inteligencia es natural —y cordial.

2 Vivimos en un mundo dominado por la inteligencia calculadora —la que predomina en los tecnócratas—, que, por su propia naturaleza, no comprende lo vivo y solo entiende lo inerte. Como decía Henri Bergson en *La evolución creadora*, «la inteligencia, que es tan hábil manipulando lo inerte, despliega su torpeza tan pronto como toca lo viviente». Y reduce cada vez más lo vivo a lo inerte.

3 La cultura moderna toma como modelo lo inerte y lo mecánico, en parte porque cree que habita en un universo inerte y sin sentido. Una cuestión de fondo es si el universo está básicamente muerto o básicamente vivo. En el primer caso, la vida es una pequeña anomalía periférica en un vasto universo vacío e inerte, y la conciencia y la autoconciencia son todavía más anómalas e irrelevantes. En el segundo —el universo básicamente está vivo—, nada es inerte y lo que llamamos *muerte* es solo un umbral a través del cual la vida y la conciencia se renuevan incesantemente. Si el universo básicamente está muerto, es fácil caer en el nihilismo y en una insaciable y patológica sed de poder. En cambio, si el universo básicamente está vivo, resulta un lugar fascinante en el que podemos vivir en paz en el aquí y ahora. Schrödinger y Wigner, ambos galardonados con el Premio Nobel de Física, llegaron, cada uno por su lado, a la conclusión de que la base de la realidad no es la materia, sino la conciencia. La verdadera inteligencia puede entenderlo, el mero cálculo no.

4 La humanidad tendrá futuro —si no se autodestruye a través del colapso ecológico, de los arsenales atómicos y de otros productos de la inteligencia calculadora— en la medida en que ponga las políticas y las tecnologías al servicio de la vida y de la autorrealización de todas las personas y de todos los seres. Si conseguimos sobreponernos a la tiranía

de lo inerte, de lo mecánico y de lo calculador, viviremos en una sociedad más madura y más evolucionada, que no se dedicará a transformar la realidad a través de lo mecánico, sino a través de la conciencia, y que verá las actuales fantasías tecnológicas como las diablura de una criatura inconsciente y sonreirá compasivamente.

24-1-2014

JORDI PIGEM PÉREZ
Doctor en Filosofía y escritor.

III

La eterna tensión de la esperanza

El ser humano, por vocación, es proyecto, es decir, no puede renunciar ni eludir querer ser más de lo que es y, sobre todo, de quien es. La trascendencia forma parte de él, no es una cuestión añadida o superficial, sino lo más específico y constitutivo. Hasta tal punto la tiene metida en su entraña que no la entiende como una suma de elementos externos que va añadiendo a su propia realidad, sino como un desarrollo de lo que ya es y de lo que ya tiene.

El niño lo refleja muy bien en su expresión de futuro cuando afirma simple y tajantemente que quiere «ser mayor», como su hermano o como su papá, ejemplos vivos y claros de su ansiedad anhelante, pero solo modelos externos de algo que él vive en su propio interior como expansión de lo que ya intuye que es pero tan solo en pequeño.

La trascendencia humana es una autotrascendencia, efectivamente, porque no se siente como extraña ni como externa. La expresión poética de Pedro Salinas es, en su sencillez tan directa, una forma genial de traducirla a palabras cuando hace decir al enamorado lo siguiente: «Es que quiero de ti tu mejor tú.»

Pero ¿en qué consiste ese proyecto o futuro que anhelamos por no poseerlo? Todas las culturas lo han recogido, de ahí la importancia del diálogo intercultural. Todas las ramas del saber tratan de «decirlo», de ahí la importancia de la interdisciplinariedad. Todas las ciencias abren posibilidades, de ahí la ilusión que generan. Las tecnologías aportan instrumental nuevo y sofisticado, ahora no solo externo ni únicamente agregado a través de la educación generacional. Ya podemos intervenir en dimensiones tan íntimas como el código genético o el cerebro. Pero ¿son tan íntimas que forman parte de eso que denominamos «conciencia como autoconocimiento, autocontrol y autodecisión de futuro»? No sabemos bien cómo ni por qué seguimos entendiéndonos como misterio y no solo como enigma. Sabemos que hay muchas incógnitas con respecto a nosotros mismos, pero «sabemos» también que hay espacios invisibles, intuimos la existencia de estancias no visitadas y recovecos insospechados, pero, especialmente, sospechamos que algo de nosotros no parece pertenecernos o, por lo menos, que nos desborda. ¿Podremos, algún día, saber, conocer y visitar todo nuestro mundo? ¿Podremos facilitar al niño su pretensión de «ser mayor» sin esfuerzo y con seguridad? ¿Estaremos en condiciones de guiarlo hacia su plenitud y su felicidad sin que se equivoque?

Parece que todos los medios serán pocos para un objetivo tan «serio», y hay que implicar todas las ramas de la ciencia y de la sabiduría en semejante tarea, la tarea de «ser humanos». Pero hay que ser realistas y asumir nuestra realidad, plagada de tensiones frustrantes y de anhelos esperanzados, asumir que somos, en palabras de Blas de Otero, «ángeles con grandes alas de cadenas». La cuestión es si descubriremos algún instrumento que las rompa, o bien tendremos que «esperar» a alguien que nos libere de ellas.

25-1-2014

JOSÉ ALEGRE ARAGÜÉS
Profesor de Teología Moral Fundamental y Social del Centro Regional de Estudios Teológicos de Aragón (CRETA), director de la *Revista Aragonesa de Teología* y coordinador de los ciclos de conferencias sobre ciencia y religión que se imparten en el Centro Cultural Joaquín Roncal - Fundación CAI-ASC (Zaragoza).

112

¿No es una vergüenza y un escándalo destinar tantos recursos a situaciones «casi» imaginarias y no dedicarlos a resolver los verdaderos problemas de la comunidad humana global, aun a riesgo de que aumenten las desigualdades entre unos y otros?

Me incorporo a este diálogo cuando ya está enriquecido con los comentarios de todos vosotros. Gracias.

El deseo de perfeccionamiento y de mejora está presente en cada ser humano y ha suscitado en la humanidad de todo tiempo una búsqueda que ha dado frutos innegables, como el acceso a la educación y a la salud o la prolongación de la esperanza de vida en muchos países. Hoy, con el rápido desarrollo de las tecnologías, especialmente de las conocidas como NBIC —nanotecnología, biotecnología (genética), tecnologías de la información y de la comunicación (TIC) y ciencias cognitivas (neurociencias)—, parece que se trata de ir hacia el futuro mejorando la arquitectura mental y física.

Habría que diferenciar entre tratamiento, mejora y cambio del humano. La ciencia, como forma de conocimiento, es en sí misma neutra; son las aplicaciones de esta las que pueden ser éticas o no éticas. Tenemos que alegrarnos de que se puedan curar, aliviar o mejorar las capacidades humanas existentes gracias a las nuevas tecnologías. No todo tratamiento, sin embargo, es inocuo. Todo tratamiento es, en sentido amplio, un «ensayo», ya que se ensaya si ese tratamiento hará bien a un determinado enfermo. Por eso, ante tratamientos muy sofisticados como los de la «mejora humana», hay que valorar si se respeta la dignidad de la persona —no se la utiliza—, si los beneficios son superiores a los riesgos y si no se discrimina a nadie. «No a tratamientos solo para los ricos.» En medicina, procesos iguales requieren tratamientos equiparables. De ahí la responsabilidad del médico, del científico, una responsabilidad ejercida con prudencia frónetica —sabiduría práctica— y no solo con prudencia cautelar.

Hoy esas tecnologías nos ofrecen cuatro tipos de mejora: del conocimiento, del estado de ánimo, del cuerpo y de la esperanza de vida. Y de la reflexión de la aplicación de las altas tecnologías nació el principio de precaución o principio de bienestar, según el cual se «exige», para decidir una acción, teniendo en cuenta los conocimientos científicos del momento y dada la ausencia de certeza —la medicina es ciencia de probabilidad y no de certeza—, «no solo la ausencia de una prueba de riesgo, sino la prueba de la ausencia de riesgo», que consiste en calcular el balance beneficio/riesgo de esas acciones por acción o por abstención, valorando la previsibilidad del riesgo en el momento actual y las consecuencias posibles en el futuro, la irreversibilidad y la gravedad del daño, medidas efectivas y proporcionadas y a un coste aceptable. El principio así establecido tiene como objetivo la búsqueda del «riesgo cero», finalidad un tanto utópica que ha quedado matizada en la aceptación de «riesgo aceptable» o de «riesgo proporcionado».

Algunos que se autodesignan como «transhumanistas» quisieran llegar, incluso, a cambiar al hombre, no solo física, sino también mentalmente, cambiar su cosmovisión, sus valores e, inclusive, llegar a crear una nueva especie humana. En ese contexto es importante interrogarse sobre la noción de *humano*, de *transhumano* y de *posthumano*. No en vano afirmaba Jean Bernard, primer presidente del Comité Consultivo Nacional de Ética —CCNE— de Francia, que «el hombre ha llegado a ser Dios antes de llegar a ser hombre».

¿Qué es el hombre? «Dejadme introducirlo como persona, sujeto de derecho pero también sujeto de razón y de libertad, apto para su autonomía y para una relación de trascendencia», dijo Lucien Sève, filósofo comunista y miembro del CCNE de Francia, durante las Jornadas sobre la Dignidad Humana celebradas en París en 1992. Me pregunto si se puede cambiar, de verdad, al hombre. Y si sería posible cambiar a todos los hombres del planeta, porque, si no se pudiera aplicar a todos, ese cambio quedaría excluido según el imperativo universal kantiano. Escindiríamos el mundo, crearíamos dos o más tipos de hombres, situación que ya existe hoy, pues vemos cómo «viven» algunos de nuestros hermanos, que no podrán beneficiarse de los avances de la ciencia y de las tecnologías. ¿No es una vergüenza y un escándalo destinar tantos recursos a situaciones «casi» imaginarias y no dedicarlos a resolver los verdaderos problemas de la comunidad humana global, aun a riesgo de que aumenten las desigualdades entre unos y otros?

Termino poniendo énfasis en esa capacidad de trascendencia que tiene el hombre y que aparece tímidamente en los comentarios precedentes, y que no es sino esa sed de salir más allá de uno mismo, pero no al aire, sino al encuentro con algo, con alguien, con un ser infinito, inmutable, que nos acoge con bondad y con amor. ¿Dejamos fuera de juego a ese ser que muchos de los ciudadanos del planeta Tierra —no solo los cristianos, también los de muchas otras religiones— llamamos Dios y del que el ser humano es «imagen y semejanza»?

25-1-2014

MARÍA PILAR NÚÑEZ-CUBERO
Ginecóloga. Profesora de Bioética de las universidades Ramon Llull, Pontificia de Comillas (Madrid) y otras. Miembro del Grupo de Reflexión Bioética de la Comisión de los Episcopados de la Comunidad Europea (COMECE) en Bruselas (2006-2014) y relatora de la opinión de ese grupo respecto a la mejora humana (*human enhancement*) en el Parlamento Europeo (abril del 2012).

113

Es necesario superar la toma de decisiones humanas en la gestión para dejar paso a sistemas inteligentes superiores que permitan tomar al momento las mejores decisiones sin el consentimiento humano

Las ciudades son como seres vivos: están en constante actividad las veinticuatro horas del día y los trescientos sesenta y cinco días del año. Las podemos imaginar como las personas, como los ciudadanos: tienen órganos vitales, arterias y sangre. Esa sangre que les da la vida son precisamente los ciudadanos, sus habitantes. Las ciudades han sido y son entes con una dinámica propia, con unas características asimilables a las de los ciudadanos. Ciudades y ciudadanos son como una misma realidad pero a diferente escala. Sin embargo, los ciudadanos evolucionan a una velocidad exponencial y hasta ahora ilimitada, tanto en sus parámetros físicos como cognitivos e intelectuales. Se están reprogramando con la ayuda de las TIC, mientras que a las ciudades les costará más hacerlo.

Con las *smart cities* o ciudades inteligentes estamos ante un paso difícil de abordar para las ciudades. A sus arterias, a sus órganos y, en general, a su cuerpo se les quiere aplicar una serie de implantes —sensores, etc.—

para dotarlas de esa inteligencia y acercarlas aún más a los ciudadanos, a sus habitantes, a su sangre. Pero eso supone una apertura de su realidad, una transparencia que emana de sus entrañas como nunca antes se había visto, sus secretos al descubierto. ¿Eso es bueno o malo? Quizá ya no queda tiempo para reflexionar sobre esa cuestión, porque los ciudadanos, su réplica a pequeña escala, ya han superado ese debate. Con el uso de las redes sociales y de la tecnología, y con sinergias de carácter colaborativo, se relacionan de manera transparente: la información que antes debía guardarse porque suponía el poder, ahora se debe compartir para ser competitivos.

Las preocupaciones éticas derivadas de la gestión por parte de las administraciones de los datos de los ciudadanos están ya ampliamente superadas por estos. Las ciudades están desarrollando modelos de sistemas inteligentes para poder gestionarse, de momento con decisiones humanas, de una manera más eficiente, más limpia, más sostenible energéticamente y, en resumen, mejor. Actualmente, el uso de esos datos es para consumo interno de las mismas administraciones y, por lo tanto, inofensivo. Frente a ello, las ciudades tienen dos grandes retos para acercarse a la realidad de los ciudadanos. Quitarse los miedos de antiguos debates éticos en la gestión colaborativa con los ciudadanos de los datos que se generan entre ambos y, por lo tanto, mejorar la simbiosis con ellos; y, en segundo lugar, superar la toma de decisiones humanas en la gestión para dejar paso a sistemas inteligentes superiores que permitan tomar al momento las mejores decisiones sin el consentimiento humano, aunque en esa segunda cuestión hay que decir que aún no hemos llegado ni al segundo estadio de ese control humano, ya que las ciudades no han llegado al proceso de integración necesario. Las ciudades del futuro habrán de compartir en vez de competir.

25-1-2014

XAVIER IZQUIERDO VILAVELLA
Arquitecto técnico por la Universidad Politécnica de Cataluña. Coordinador de Espacio Público y del Programa Sabadell Smart City del Ayuntamiento de Sabadell. Representante del comité técnico de la Red Española de Ciudades Inteligentes (RECI), del comité técnico de Ciudades Inteligentes de la Asociación Española de Normalización y Certificación (AENOR) y del Ayuntamiento de Sabadell en el capítulo catalán de la City Protocol Society.

114

O más bien: algunos pocos transhumanos y muchos humanos desamparados

No soy un experto en debates filosóficos y éticos en general, y menos sobre la cuestión planteada, pero el tema es apasionante y, para mí, espeluznante si lo miramos desde una perspectiva social y política. Hoy viven en el mundo más de 7 000 millones de humanos. Algunos, muy pocos, de los muchos ricos ya se pueden pagar tratamientos médicos individualizados basados en los nuevos conocimientos científicos y tecnológicos en los ámbitos de la biología en particular y de la medicina en general; supongo que hablamos de primeras realidades «transhumanas». La mayoría, no obstante, de esos 7 000 millones de humanos no se pueden permitir esos lujos. Al contrario, casi un 50 % viven en la pobreza y tienen problemas para alimentarse. Todo eso siguiendo la tendencia, ya totalmente fuera de duda, de que de aquí a 25 años habitarán el planeta unos 9 000 millones de humanos. ¿Alguien cree que la inmensa mayoría de ellos no tiene ninguna posibilidad de convertirse en un «transhumano»?

Hace pocos días, un alto ejecutivo de la farmacéutica Bayer lo expresaba, de hecho, muy claramente. La noticia la leí en esta cita de un periódico español: «Nosotros no desarrollamos ese medicamento para el mercado indio, lo hemos desarrollado para los pacientes occidentales que pueden permitírselo.» Son las palabras del consejero delegado de la farmacéutica alemana Bayer, Marijn Dekkers, en un foro de la industria farmacéutica celebrado el pasado 3 de diciembre en Londres y posteriormente recogidas por la revista semanal *Bloomberg Businessweek*, palabras que han provocado la indignación de muchos. Los medicamentos a los que se refiere son tratamientos contra el cáncer, contra el VIH y contra la diabetes, según fuentes de *Businessweek* citadas por Bloomberg, aunque podrían ampliarse hasta 20.

La singularidad no es tecnológica, o, como mínimo, nunca ha sido ni será solo tecnológica. Ya hace mucho tiempo que tenemos una singularidad muy discontinua en el mundo: un singular desequilibrio social —tanto a nivel de mundo global como a nivel de cada uno de la mayoría de sus submundos—, que no es ninguna realidad natural inevitable, sino el resultado de políticas económicas tan claras y singulares como la que nos acaban de reconocer desde Bayer y que decisiones políticas —no resultados de ninguna evolución más o menos natural— de los últimos 50 años han querido hacer posible. Hay un claro y despótico gobierno mundial ejercido por las elites financieras y económicas del mundo que solo se acabará si se consigue reformar profundamente el actual sistema de organizaciones internacionales y se transforma en un verdadero sistema de gobierno democrático humano —de los humanos mortales— mundial. Después de más de 40 años de hacerse el sordo ante el discurso tan evidenciado de los límites del crecimiento y de la imperiosa necesidad de un desarrollo humano sostenible en la Tierra, todo apunta a incidencias catastróficas que muchos humanos padecen ya y cuyas consecuencias, sobre todo, sufrirán mucho más. Entretanto, tal como apuntan los promotores de este debate, no tengo ninguna duda de que hay dinámicas muy poderosas en marcha para hacer posibles «transhumanos» y «posthumanos», y de que, de llegar a serlo, y eso es lo que yo querría aportar humildemente como reflexión, serán muy pero que muy pocos, porque, entre otras cosas, no serían a coste cero en cuanto a recursos naturales. Me queda, eso sí, la muy angustiosa duda de si quedarán humanos desamparados y, en caso de respuesta afirmativa, qué nuevas relaciones de «esclavitud» —desgraciadamente, ya tenemos unas cuantas emergentes muy importantes en estos momentos en el mundo— habrá detrás de los «transhumanos».

26-1-2014

JOSEP XERCAVINS VALLS
Profesor coordinador del Grupo de Investigación en Sostenibilidad, Tecnología y Humanismo (GRSTH) de la Universidad Politécnica de Cataluña y presidente de la asociación proyecto Gobernanza Democrática Mundial (apGDM); ha sido director de la cátedra UNESCO de Tecnología, Desarrollo Sostenible, Desequilibrios y Cambio Global de dicha universidad y coordinador del Fórum UBUNTU - Fórum Mundial de Redes de la Sociedad Civil.

115

Responsabilidad humana en la actividad humana

La sociedad y los productos tecnológicos tienen una tendencia hacia la evolución —en muchos aspectos— más rápida que el marco jurídico-administrativo del Estado. Se fabrican y se instalan sistemas en las máquinas —coches— sin comprobar si los seres humanos pueden utilizarlas sin peligro para su persona. Eso pasa con ciertos dispositivos de ayuda, que, para su funcionalidad, exigen la atención del conductor y apartan su concentración del hecho principal, que es moverse con la suficiente seguridad en la vía.

No es que quiera la incorporación de más reglas y de más normas en nuestra sociedad —ya hay demasiadas. Pero creo que es necesario regular la introducción industrial desmedida de productos en el mercado sin conocer su posible efecto letal o su poder de herir al ser humano. En ese aspecto, debe denunciarse la clara falta de ética de muchas personas. Sus posibilidades de ganar dinero con la vida de los otros es legendaria.

La libre competencia y la competitividad tienen algunos efectos buenos, pero llevadas al extremo de ganar dinero, sin responsabilidad de sus efectos letales, no son aceptables en una sociedad que se autodenomina «de derecho».

No parece lógico pretender legislarlo todo. No podemos construir reglas para toda actividad humana, económica o industrial. Demasiadas normas distraen y relajan la responsabilidad del individuo. No está prohibido; por lo tanto, está permitido. Necesitamos reflexionar sobre la responsabilidad de los hechos cometidos por cada ser humano. Devolver la responsabilidad individual y social. Si se pone un producto en el mercado y se puede demostrar que tiene efectos lesivos o que crea peligro para el usuario o para el comprador, la responsabilidad se devuelve al productor/vendedor.

Se compra con demasiada facilidad a legisladores, a administradores e incluso a otros grupos bandera de la sociedad, para lograr así que acepten que el dinero vale más que el mismo ser, que es el que tiene que recibir el bienestar.

El vehículo —y su velocidad— ha obtenido más atención en los «grupos líderes» que la vida del viandante, que tiene el derecho ancestral de uso seguro del espacio público. El ser tiene que exponer con riesgo su propia vida para cruzar la calle y poder adquirir sus necesidades básicas. La protección del conductor agresivo ha llegado al extremo de que la víctima tiene que demostrar que es víctima. El sistema vela más por no cometer injusticia con el agresor que por reparar el daño cometido a la víctima. La misma sociedad ha tolerado las conductas que llevan a la agresión.

En los años sesenta, el abogado norteamericano Ralph Nader profundizaba en el tema con el libro *Unsafe at any speed* ('Inseguro a cualquier velocidad'). En él reclamaba responsabilidad civil a los productores de automóviles. Ha tenido algún efecto pero no el suficiente. Los productores siguen lanzando fabricaciones al mercado con altas lesividades. Una sociedad con responsabilidades antes que con ganancias sería más humana y quizá también posthumana.

26-1-2014

OLE THORSON JORGENSEN
Doctor ingeniero de Caminos, Canales y Puertos, director de INTRA, Ingeniería de Tráfico, S. L. Especializado en tráfico, transporte, seguridad vial y peatones. Profesor asociado de la Universidad Politécnica de Cataluña hasta el 2007 y presidente de la Asociación de Prevención de Accidentes de Tráfico (PAT). Ha sido presidente de la Federación Internacional de Peatones.

116

Hoy estamos hiperconectados inalámbricamente, participando en la democratización del proceso de información y de conocimiento

Teléfonos inteligentes, ciudades inteligentes, ciudadanos inteligentes y transciudadanos... ¿Qué es lo que buscamos al final del día?

Hace unos años, Archigram dibujaba edificios y ciudades que se movían; hoy las podemos construir. Alan Turing, el pionero de la computación, se preguntaba si las máquinas pueden pensar; hoy todos tenemos una máquina inteligente en nuestro bolso o en nuestro escritorio. Más allá de todo eso, hoy nos preguntamos si los edificios pueden pensar, si el espacio urbano puede sentir y responder a los ciudadanos y al medio ambiente.

La evolución está en la naturaleza humana, es el esfuerzo en la mejora de la vida. Como especie, hoy no somos los que éramos hace un siglo. La tecnología nos ha permitido cruzar el Atlántico en cinco horas, poder leer sin ver, entender sin escuchar, curarnos de enfermedades graves, pero a la vez perder capacidad intelectual y emocional a causa de rápidas mutaciones genéticas que la forma de vida de la sociedad moderna no puede corregir. La evolución es un proceso complejo que nunca antes en la historia humana ha sido tan rápido.

Estamos en un momento clave de cambio de paradigma. Muchos de los de nuestra generación estudiamos sin Internet, mientras que hoy estamos hiperconectados inalámbricamente, participando en la democratización del proceso de información y de conocimiento. Nuestra forma de vida, nuestros medios de comunicación y nuestras ciudades probarán nuevos modelos, y hace falta reflexionar más y debatir más sobre los temas que definirán el modelo civilizatorio en los próximos años.

Si la tecnología nos llevará a la evolución o a la involución debe y puede ser, otra vez, una decisión humana.

26-1-2014

ARETI MARKOPOULOU
Arquitecta y urbanista. Directora académica del Instituto de Arquitectura Avanzada de Cataluña (IAAC).

117

Frank J. Tipler «demuestra» que nada existe y que son las máquinas las que nos llevarán al «punto omega» para empezar una regresión de resurrección de cada conciencia, una a una, para un destino de eterna felicidad

Conozco a uno de los padres del posthumanismo, Frank J. Tipler. He hablado con él acerca de mi propia espiritualidad. Él «demuestra» que nada existe y que son las máquinas las que nos llevarán al «punto omega» para empezar una regresión de resurrección de cada conciencia, una a una, para un destino de eterna felicidad —como Kurzweil crearía un avatar de su padre. Si verdaderamente ese es nuestro destino, no sé si podré oponerme. Solo espero que no intervenga en mis conceptos de bondad y compasión. Para Tipler y para otros, no hay diferencia moral o valores. Cada conciencia resucitará —¿«reparada»?, preguntaría... Yo, que no podría asegurar en qué realidad vivo o si estoy recordando, no sé nada... Pero que nadie toque lo que de verdad me hace humano: soñar, amar, sentir las espigas en la yema de los dedos, el viento en el rostro... He visto mucho de lo que es posible ver pero nada comparable... Dudo que el cielo de mi esperanza supere eso...

Interesante la entrevista de Eduard Punset a Frank J. Tipler en el programa *Redes*, de RTVE.

28-1-2014

JORGE CAMPAMÀ BOSCH
Médico especialista en medicina interna e intensiva, consultor del grupo IDC Clínica del Pilar y asesor en medicina interna del Instituto Neurológico de Barcelona. Ha sido miembro de los servicios de Medicina Intensiva y de Cardiología de las clínicas Quirón y Teknon y del Servicio de Medicina Intensiva del Hospital Universitario de Bellvitge (Barcelona). Es miembro de la Academia de Ciencias Médicas y de las Sociedades Catalanas de Medicina Interna y Cardiología.

118

Lo relevante, sin embargo, es que los humanos sigamos siendo humanos sea cual fuere nuestro entorno tecnológico, cultural y social, y que queramos y sepamos vivir en comunidad

El hombre, a lo largo de todo aquello que hemos llamado *humanidad*, se ha servido de la tecnología disponible a su alcance para organizar su mundo y hacerlo más habitable. El fuego, la rueda o la arquitectura son algunos de esos inventos que le han permitido vivir más y mejor.

Hoy disponemos de tecnologías que eran inimaginables hace cincuenta años, como las prótesis o los teléfonos móviles, y dentro de otros cincuenta años dispondremos de tecnologías que son inimaginables hoy. Lo relevante, sin embargo, es que los humanos sigamos siendo humanos sea cual fuere nuestro entorno tecnológico, cultural y social, y que queramos y sepamos vivir en comunidad.

29-1-2014

VICENTE GUALLART FURIO
Arquitecto jefe del Ayuntamiento de Barcelona; ha sido director del Instituto de Arquitectura Avanzada de Cataluña (IAAC) y participó en la edición de la Bienal de Arquitectura de Venecia del año 2008, en la que presentó la propuesta *Hyperhabitat, reprogramming the world* junto con un manifiesto titulado «¿Puede el planeta soportar otro siglo XX?».

119

Ninguna mejora tecnológica podrá sustituir la conciencia, el alma y la trascendencia, que hacen que solo la persona humana *se cuestione lo que hay después de la muerte física*

Al iniciar este breve comentario, y al ser un poco cinéfilo, no he podido evitar pensar en una cuestión indispensable que se plantea en la película *Blade Runner*, del director Ridley Scott, para enfocar este debate y para pensar y afrontar una realidad humana y un futuro posthumano. Se trata de la percepción del tiempo. Es evidente que la percepción del tiempo es claramente diferente entre los humanos y las máquinas.

A pesar de que las máquinas pueden ser absolutamente precisas en su medición, se limitan a ejecutar un proceso mecánico, mientras que el hombre percibe el paso del tiempo de diferente manera en función de una serie casi infinita de condicionantes —anímicos, emocionales, espirituales, sociales, económicos... La percepción del paso del tiempo es diferente según uno esté de buen o de mal humor, alegre o triste, según uno sea feliz o desgraciado, esté acompañado o solo, tenga o no dinero para pagar un entretenimiento... Un reloj o, por extensión, una máquina no perciben esa diferencia: se limitan a ejecutar un proceso.

De ahí que uno de los sentimientos más humanos que hay sea el del aburrimiento. El hombre se aburre porque percibe el paso del tiempo de diferentes maneras. Y esa percepción del tiempo va ligada a la conciencia de la propia muerte. Un hombre siente la amenaza de la muerte desde muy temprano porque la percepción del paso del tiempo deriva en un conocimiento de la existencia de la mortalidad. En cambio, la mortalidad de las máquinas es la obsolescencia programada, y eso no da ninguna conciencia de la propia mortalidad.

Los replicantes de *Blade Runner* no quieren morir, solo lo aceptan cuando ven su final como una cosa inminente, de la misma manera que un teléfono puede avisar de que se le está acabando la batería. Su pasado está implantado. ¿Qué preocupación pueden tener por el futuro? La percepción del paso del tiempo y la conciencia de la propia mortalidad no existen porque se basan en un algoritmo desprovisto de perspectiva. La pregunta final es si eso es bueno y deseable. ¿Es preferible la ignorancia despreocupada de la máquina a la tragedia del conocimiento? Pienso que ninguna mejora tecnológica podrá sustituir la conciencia, el alma y la trascendencia, que hacen que solo la persona *humana* se cuestione lo que hay después de la muerte física.

29-1-2014

ENRIC BOTELLA GRIERA
Abogado, socio de BCN Legal y Grupo Consultor AIE.

120

La clave la tendremos que buscar en la relación de esa transformación tecnológica y de las herramientas que esta nos proporcionará con los intereses de las elites poderosas del planeta y con el control democrático de esos intereses y de esas mismas poderosas herramientas

El artículo de Albert Cortina me parece muy interesante y, a la vez, muy inquietante. La singularidad tecnológica situará a la humanidad en una posición revolucionaria capaz de transformar su relación con la naturaleza y con la humanidad misma. La clave, sin embargo, la tendremos que buscar en la relación de esa transformación tecnológica y de las herramientas que esta nos proporcionará con los intereses de las elites poderosas del planeta y con el control democrático de esos intereses y de esas mismas poderosas herramientas. En un futuro inmediato —o bien en un urgente presente—, la humanidad tendrá un importante y decisivo reto por delante: tendrá que reflexionar y establecer criterios para convertir esa futura «posthumanidad» en una sociedad más «humana» —en el sentido ético de la palabra—, más «digna» —en el sentido social de la palabra— y, sobre todo, más «libre» —en el único sentido real de la palabra.

29-1-2014

JAUME ESCODA VALLS
Arquitecto. Director del Área de Urbanismo, Espacio Público y Ecología Urbana del Ayuntamiento de Cerdanyola del Vallès.

121

Los delirios de grandeza, propios de sociedades que explotan recursos energéticos abundantes y baratos, deben cambiarse por la modestia de sabernos limitados y actuar en consecuencia

De la lectura de ambos artículos y de comentarios hechos me surge una primera reflexión: ¿de qué herramientas nos dotamos para afrontar este debate? El método científico y el reduccionismo propio de la visión mecanicista del mundo nos llevan al optimismo tecnológico que forja las visiones futuristas expuestas sobre el transhumano y el posthumano. Ahí tenemos un primer elemento que superar, dado que metodológicamente no es un tema exclusivo de su campo de estudio. Es necesario que el debate planteado se dote de una dialéctica entre todos los agentes involucrados, incluyendo, necesariamente, a los que potencialmente disfrutaremos o sufriremos las consecuencias. Un primer ingrediente son, pues, la transparencia y la catalización social de las investigaciones al respecto, que tienen que ser públicas y en las que la visión humanista, artística, ética y espiritual genere también parte del conocimiento sobre la cuestión.

Por otra parte, y aceptando como hipótesis que «se logra un posthumano/transhumano» mediante aplicaciones más allá de las propiamente médicas, aparecen estas preguntas: ¿con qué propósito? ¿El «de librarnos de las cadenas biológicas», como dice Kurzweil?

No solo es una declaración acientífica, además es errónea porque puede generar el efecto totalmente contrario. La hibridación con artilugios tecnológicos solo tendría sentido evolutivo en la medida en que se incorporasen en la transmisión genética y en el proceso metabólico. Si esos posthumanos/transhumanos no son capaces de reproducirse y, por lo tanto, con cada generación hay que volver a hibridar, estamos, justamente, creando —en lugar de «liberarnos» de ellas— ataduras y nuevas cadenas con respecto a los flujos materiales —cada vez más escasos— y energéticos.

Y no solo serían ataduras generacionales, sino que la misma lógica de aumentar, por ejemplo, la capacidad de procesar información o el potencial físico requeriría además la «posibilidad de hacerse» —la hibridación propiamente—, la energía necesaria «endosomática» para que suceda. El «demonio de Maxwell» ya nos enseñó que el manejo de la información tiene un peaje energético nada despreciable. Por lo tanto, si no fuera posible integrarlo en el metabolismo humano —desde la adquisición del recurso hasta la gestión del residuo—, haría falta una aportación complementaria de energía exosomática, lo que representa una atadura más.

La posibilidad de que no cumplamos alguna de las funciones vitales de los seres vivos y de que necesitemos flujos termodinámicos exosomáticos me lleva a preguntarme si realmente hablamos de «posthumanos/transhumanos» y no de «postmáquinas/transmáquinas». ¿«Disfrutamos» de extensiones mecatrónicas, o más bien otorgamos a los artilugios propiedades de los humanos? Presuponer que esos artilugios son «humanos» no es una hipótesis fácil de aceptar, ni tampoco trivial.

En conclusión: la ilusión de «deshacernos de la naturaleza» es un dogma de marcado carácter ideológico que no debe ser deseable por sí solo, ni siquiera posible o viable en el plano teórico. Añado a eso que tenemos las derivadas éticas, sociales y culturales como elementos capitales para afrontar cuestiones de gran complejidad como la que ahora nos ocupa. No obstante, puede vislumbrarse el alcance de la discusión si objetivamos lo que en ella se plantea, dado que aparecerán límites —físicos, químicos e, incluso, algunos no descritos— que reducirán mucho el rango de «casos posibles». Para hacer un debate riguroso, más resolutivo y más práctico, hay que considerar eso desde el principio. Y cuestionarnos, incluso, la misma naturaleza humana del sujeto post-/trans-. Quizá entonces nos percatemos de que los delirios de grandeza, propios de sociedades que explotan recursos energéticos abundantes y baratos, deben cambiarse por la modestia de sabernos limitados y actuar en consecuencia. Como dice Miquel Martí i Pol:

> Quizá el secreto es que no hay secreto
> y este camino lo hemos hecho tantas veces
> que ya nadie se sorprende; quizá
> deberíamos romper la rutina
> haciendo algún gesto desmesurado,
> alguna sublimidad que cambiara la historia.
> Quizá, también, de lo poco que tenemos ahora
> no sabemos hacer el uso debido; ¡quién sabe!

29-1-2014

PEP SALAS PRAT
Ingeniero agrónomo, miembro de la Comisión Energía y Residuos del Colegio Oficial de Ingenieros Agrónomos de Cataluña (COEAC), cofundador de Enerbyte. Organizador del Congreso Rural Smart Grids.

122

La singularidad tecnológica de los humanos debería incidir también en la singularidad de los ecosistemas humanos y, por extensión, de todo el planeta

La aparición de la singularidad tecnológica es un paso más en la evolución del ser humano y, como otras revoluciones tecnológicas, puede llegar a cambiar el destino de este. Resulta indiscutible reconocer la importancia que ha tenido la tecnificación en el devenir de la humanidad. Mucho ha cambiado nuestra especie desde la aparición de los primeros utensilios prehistóricos hasta la nanotecnología actual. En muchos casos, ese cambio ha supuesto importantes beneficios para nuestra especie, aunque, en otros, toda esa evolución tecnológica no se ha plasmado en una mejora de la calidad de vida de las personas o en una mejor conservación del resto de las especies o de los ecosistemas de nuestro planeta. De hecho, en algunos casos ha pasado justo lo contrario.

En ese sentido, el progreso tecnocientífico ha supuesto un avance en determinados aspectos de nuestra vida. Pero ¿somos más felices? Creo que podríamos responder sin miedo a equivocarnos que no. Así, por ejemplo, los avances en nutrición y en medicina nos han permitido a algunos tener una vida más larga. Pero ¿tenemos una vida más plena? Todo eso nos lleva al meollo de la cuestión. ¿Quién sirve a quién? ¿La tecnología está al servicio de las personas, o nos estamos convirtiendo en esclavos de ella?

Desde una ética ecocéntrica —según mi parecer, la más acertada—, la tecnología debería estar al servicio del planeta, de todas las especies que lo habitan, y no solo al servicio del ser humano —de unos pocos, por cierto. Por tanto, la singularidad tecnológica de los humanos debería incidir también en la singularidad de los ecosistemas humanos y, por extensión, de todo el planeta.

Por otra parte, y desde una ética antropocéntrica, la singularidad tecnológica debería reforzar —y no sustituir— lo que somos como especie. Obviamente, para ello necesitamos averiguar qué nos define como humanos. Esa es una tarea ingente pero no por eso imposible de realizar. Las principales áreas del conocimiento perfilarán el debate. Pero solo llegaremos a saborear lo que realmente somos cuando enfoquemos la atención hacia nuestro interior, cuando conectemos con nuestros valores más profundos y nos dejemos ir ante la inmensidad del silencio no dual. Desde allí podrá emerger la respuesta, más cercana a la conciencia universal y a la calidad humana que durante siglos han buscado los místicos de todas las tradiciones de sabiduría que a los enfoques que hoy en día nos muestra la ciencia.

Si conseguimos actuar desde ahí, la tecnología se convertirá en nuestra aliada y no en un enemigo potencial que nos llevará al colapso como especie. ¿Seremos capaces de movilizarnos frente a ese reto civilizatorio?

28-1-2014

JORDI ROMERO-LENGUA
Ambientólogo y ecoemprendedor. Asesor en comunicación de la sostenibilidad e implicación social. Miembro de Espai TReS - Territorio y Responsabilidad Social.

123

Antes de seguir tomando decisiones de consecuencias imprevisibles e irreversibles, es cada vez más necesario planificar sabia y compasivamente nuestro destino global

En relación con el artículo de Albert Cortina, comparto plenamente la necesidad de establecer un debate en profundidad sobre el futuro de la humanidad, pero no comparto la suposición de algunos autores de que el desarrollo de la tecnología, de la inteligencia artificial y de la manipulación de nuestra materialidad conlleven automáticamente una «mejora» de la especie humana. A menudo se habla de lo que será la sociedad del futuro partiendo de la dirección que los acontecimientos, en particular los tecnológicos, toman en el presente, como si esos acontecimientos tuvieran una vida propia e inevitable. Es decir, como si los seres humanos, igual que meros viajeros de un tren, fuésemos sus objetos pasivos y no sus sujetos creadores y conductores, como si los avances tecnológicos tuvieran que dirigir nuestras vidas y decidir en qué nos convertimos, en vez de tomar nosotros las riendas y decidir la dirección que debe tomar el desarrollo tecnológico.

Si comparamos los tres mil quinientos millones de años que hace que la vida surgió en este planeta con un año, los seres humanos iniciamos una transformación sin precedentes de nuestro entorno con el desarrollo de la agricultura hace un par de minutos —unos diez mil años—, y el cambio que hemos experimentado en los últimos dos o tres siglos, es decir, en los últimos dos o tres segundos del año, ha sido mayor que el de los anteriores diez mil años. En términos geológicos y evolutivos, esa transformación es una explosión, y las explosiones tienden a tener efectos catastróficos.

Hace ya algún tiempo que saltan todas las alarmas con respecto a los efectos que la actividad humana está teniendo sobre el planeta y sobre nosotros mismos, y no creo que lo que más importe ahora sea seguir previendo alegremente cómo nuestro «progreso» desenfrenado va a «mejorar» las cosas. Más bien deberíamos preguntarnos seriamente cuáles de nuestros avances tecnológicos han mejorado nuestra condición —la de todos los seres humanos del planeta, no solo la de unos cuantos— y cuáles la han empeorado o en qué medida lo han hecho.

En términos evolutivos, la especie humana apenas acaba de surgir de la infancia. Se encuentra, quizá, en el inicio de una adolescencia apasionada y rebelde, con una mezcla confusa de impulsos destructivos y potencialmente creativos pero sin claridad respecto a qué quiere ser cuando sea mayor. Estamos abocados a una especie de carrera imparable, contagiados por una fiebre de frenesí arrogante, fascinados con el reciente descubrimiento de nuestras capacidades y de nuestros juguetes, pero sin que ningún capitán dirija la nave. Lo peor que podemos hacer es olvidarnos de que todo eso lo hemos hecho nosotros mismos, y de que podemos, y debemos, responsabilizarnos de nuestros actos.

Es urgente que aprendamos a madurar. Es urgente que nos calmemos todos un poco, que hagamos una pausa y reflexionemos profunda y cuidadosamente a nivel global. La investigación científica y tecnológica debe continuar, por supuesto. Pero, al mismo tiempo, es fundamental resolver algunos problemas graves, presentes desde hace demasiado tiempo, antes de seguir avanzando hacia lo desconocido. Antes de seguir tomando decisiones de consecuencias imprevisibles e irreversibles, es cada vez más necesario planificar sabia y compasivamente nuestro destino global. Todos y cada uno de nosotros necesitamos pensar bien qué mundo queremos crear para nosotros mismos y legar a nuestros descendientes.

31-1-2014

JINPA GYAMTSO
Lama de la tradición budista tibetana. Ha realizado ocho años de retiro estricto de meditación. Es codirector de los centros Kagyu Samye Dzong, de la escuela Karma Kagyu (cuya principal figura es su santidad el 17 Karmapa, Ogyen Trinle Dorje), e imparte enseñanzas en diversos centros de España y otros países. Samye Dzong de Barcelona, inagurado en 1977, fue el primer centro budista de España. Entre otras actividades forma parte de un Grupo Contemplativo Interreligioso.

124

El ser humano nace con el potencial de hacer un trabajo interior para evolucionar espiritualmente, para conseguir más sabiduría y alcanzar la felicidad

Conectar el cerebro con el corazón, ese es el gran desafío humano. Es decir, conciliar amor y compasión con sabiduría. Por otro lado, la responsabilidad de los científicos es servir a la humanidad de la mejor manera posible. Cuando las nuevas tecnologías se utilizan por motivos médicos, para la curación de determinadas deficiencias genéticas, no podemos más que reconocer su valor positivo. La ciencia es muy importante y debe ser aplaudida siempre que tenga objetivos terapéuticos y solidarios, pero debe estar al servicio de la humanidad y no al revés. Los avances científicos son, de hecho, resultado del avance de la mente humana, que ha tardado miles de años en desarrollarse. La utilización de esos avances será positiva o negativa dependiendo de la motivación y de los resultados que se obtengan.

Habría que considerar cuál es la motivación implícita en la selección de determinados rasgos o características del ser humano para crear otros seres humanos «perfectos». ¿En qué se fundamenta? ¿Quién o quiénes decidirán lo que es «perfecto»? ¿Quiénes tendrán acceso a ese tipo de intervención genética? ¿Qué tipo de ser humano se estará creando? Al aumentar la discriminación «selectiva», ¿no estaremos acabando con la riqueza de la diversidad natural de los seres humanos?

El ser humano nace con el potencial de hacer un trabajo interior para evolucionar espiritualmente, para conseguir más sabiduría y alcanzar la felicidad. Eso es lo que lo diferencia de los animales, y depende de la ley natural. En la filosofía budista, el valor de una persona no está en su excelencia física o mental, sino en su capacidad compasiva. Por supuesto, es importante tener una mente sana en un cuerpo sano. El cuerpo humano es precioso con sus cinco sentidos, pero más importante aún es tener una mente sana, tolerante, compasiva y capaz de transmitir amor. Parece que hay todavía mucho trabajo por hacer entre la ciencia y la espiritualidad, pues los seres humanos somos mucho más que genomas.

Recomiendo la lectura de *El universo en un solo átomo*, del dalái lama, a las personas que quieran profundizar en el conocimiento de la relación entre budismo y ciencia. Recomiendo también la información publicada por el Instituto Mente y Vida (Mind and Life Institute), una organización dedicada a estudiar los beneficios de las prácticas contemplativas y de la investigación científica con el objetivo de aliviar el sufrimiento humano y de promover el bienestar.

17-2-2014

THUBTEN WANGCHEN
Monje budista tibetano, director de la Fundación Casa del Tíbet de Barcelona y miembro del Parlamento Tibetano en el exilio.

125

De esclavos a robots, el fin es el mismo: borrar a la humanidad en beneficio de los intereses de una producción más eficiente

¿Por qué buscar un posthumanismo o un transhumanismo cuando nos olvidamos de nuestras raíces humanas más profundas?

La búsqueda de una humanidad mejor me recuerda ideológicamente el eugenismo, un movimiento político e ideológico que predica una mejora cualitativa, biológica y natural de la población frente a una mejora simplemente moral o cultural. A propósito de la eugenesia, esta es una «pseudociencia que busca los mecanismos para conseguir unos humanos mejores fomentando la reproducción de los más aptos y, al mismo tiempo, poniendo trabas o incapacitando a los menos aptos para que no se reproduzcan».

Me viene a la cabeza y al corazón un nombre: Iba. Iba era médico tradicional en la pequeña aldea perdida donde había nacido, en medio del Sahel, un lugar duro, árido y difícil donde los haya. Iba cultivaba una tierra arenosa utilizando algún pozo de agua escasa y reintroduciendo los cultivos tradicionales para no ser dependiente de los alimentos del mercado que no podía pagar y que eran la causa de que gran parte de la población sufriera de diabetes —arroz, azúcar, etc. Perseguía la independencia alimentaria de la aldea. Tenían cabras, ovejas, algunos cebús, un burro y gallinas. Trabajaba de sol a sol en los campos criando mijo, mandioca, cebollas, patatas, coles, zanahorias, nabos, tomates, *nyebé* —frijoles— y hierbas curativas como el *bissap*, la menta, etc. Educado siempre en el sistema tradicional, estaba orgulloso de mantener la cultura de sus antepasados y de inculcarla a los jóvenes. Ese sistema permitía que la gente tuviera una alimentación básica y que se pudiera ayudar entre sí —recogida de la leña, del agua, de la sal, preparación de las comidas, construcción de una choza, cuidado de los niños, etc. Incluso la poligamia tenía sentido en esa sociedad rural aislada, ya que servía de seguridad social. Las mujeres viudas y sus hijos siempre se podían volver a casar con un hermano o con un tío materno del marido, y pasaban a ser la segunda o la tercera mujer. Abiertos al viajero que pasaba por la aldea, le ofrecían comida, té y agua. Tenían tiempo para escuchar y para hablar: los hombres pasaban horas a la sombra del árbol de la palabra, y las mujeres hablaban y cantaban mientras limpiaban la ropa cerca del pozo o en un charco de agua natural.

Cada momento de sus vidas estaba relacionado con la tierra, con el sol, con la luna, con las estrellas, con los árboles y las plantas, con la luz y la sombra, con el tiempo actual y con el tiempo pasado, comunicándose con los ancestros, haciendo rituales de purificación, intentando comunicar con el más allá y con los vivos. La comunicación era intensa, calurosa, animada, al ritmo de *djembés* y de cantos. El baile acompañaba muchos eventos. Rezaban juntos cuando salía el sol y cuando se ponía. Vivían en armonía con la naturaleza, que siempre intentaban *apprivoiser* ('domesticar').

Iba, por sus saberes, era muy respetado. No se vanagloriaba por humildad, pero se sabía que había curado a muchas personas de enfermedades tan graves como la hepatitis o el cáncer. Conocía el poder de las hierbas, cuándo había que cortarlas y cómo se les tenía que hablar para que no perdieran sus propiedades. Utilizaba todo lo que tenía a mano. Conocía los ecosistemas, los hábitats y las especies de una forma viva, extraordinaria. Cuando hablaba con él, el tiempo desaparecía, solo se sentía la energía de su palabra, de su mirada, de la tierra, del universo.

No había estudiado nunca dentro del sistema académico nacional, pero sabía más que muchos maestros. A duras penas hablaba francés pero sí varios idiomas de su tierra. Caminaba descalzo varios kilómetros cada día. Estaba lejos de todo... Para él, la muerte era parte de la vida, vivía con sus antepasados y también con los jóvenes, a quienes enseñaba sus saberes, a quienes guiaba. Se murió ayer, con la misma serenidad y humildad. Me dijo que lo llevara al baobab, al que abrazamos juntos. Me dijo que lo único cierto en el mundo era vivir y morir en la naturaleza, ya que somos parte de ella, que no lo olvide nunca, porque si no, se pierden las raíces, y todo humano necesita raíces… Me dijo también que siempre estaría conmigo… Y a pesar de mi capa de racionalidad, me hizo entrever otro sentir, otra percepción. Lo siento cercano, a mi lado…

¿Qué intereses nos hacen ser tan arrogantes que queremos jugar a ser Dios cambiando a la especie humana por tecnología? Supongo que los negros no eran los modelos de la teoría del eugenismo. Han padecido tanto racismo y tanta violencia a lo largo de los años… Para mí, Iba es un ejemplo de la humanidad del mañana… Espiritualmente fuerte, con la misma energía de la tierra, lleno de respeto y de amor por la vida, por los demás, explorando el tiempo y la muerte sin temor, como una cosa natural, riendo y siendo feliz con muy poco, en un tejido social solidario e igualitario en el que se sentía él mismo, repartiendo los bienes básicos que tenía, sufriendo con dignidad y sin miedo. Tenemos que recordar que las raíces de la humanidad están en África, y que en África se encuentra nuestra historia.

Sé que hoy el neoliberalismo ha recreado sistemas de esclavos para servir a los intereses del mercado, para abaratar el consumo, ya que sin consumo parece que no somos nada. De esclavos a robots, el fin es el mismo: borrar a la humanidad en beneficio de los intereses de una producción más eficiente. La humanidad molesta, ya que se opone a ese poder y lucha en su contra. No olvidemos que la verdadera eficiencia es gestionar mejor los recursos de la Tierra, que son de todos, y permitir a esta continuar hasta que el Sol no permita más vida en ella. El poder lo quiere poseer todo: tierra, agua, aire, humanidad… Si lo logra, habrá acabado con la humanidad entera.

17-3-2014

FRANÇOISE BRETON RENARD
Doctora en Antropología. Máster en Geografía. Profesora de Geografía y de Ciencias Ambientales de la Universidad Autónoma de Barcelona, directora del grupo de investigación SGR INTERFASE, investigadora responsable del proyecto EU FP7 PEGASO y miembro del comité directivo de la Comisión de Sistemas Costeros de la Unión Geográfica Internacional. Miembro del grupo

de trabajo de Expertos Europeos de la Direccion General de Medio ambiente (DGEMV) y de la Direccion General Mar y Pesca (DGMARE). Miembro del grupo de expertos internacionales del Programa de Medio Ambiente de las Naciones Unidas, Secretariado de La Convención de Barcelona, para el que trabaja en la revisión de la estrategia mediterránea para el desarrollo sostenible (MSSD).

126

Por primera vez podemos decir que «seremos lo que queramos ser»

Magnífica reflexión, la que plantea Albert Cortina. Pone sobre la mesa conceptos y retos que se nos plantean desde diferentes ámbitos, pero que tienen como denominador común el futuro del hombre. Conceptos como cíborg, transhumano y posthumano se unen a otros tan trascendentes en estos momentos como *smart city*, innovación social, tecnoética... Este debate, aunque por desgracia sea aún minoritario, tiene una trascendencia capital para todos nosotros.

Podemos asegurar que estamos, de momento, ante la última de las revoluciones que tienen al hombre como protagonista, la que nos llevará hacia una nueva sociedad pasando por la que llamamos *sociedad del conocimiento* y terminando no sabemos dónde. Esa incertidumbre con respecto al futuro es la que tenemos que manejar, ya que será el resultado del mal o del buen diseño social que seamos capaces o no de hacer. La capacidad que tengamos para socializar el conocimiento, para conseguir que el diseño y la construcción de ese nuevo modelo de sociedad se hagan de la manera más participativa y más consensuada posible, es lo que hará a esta más o menos justa.

Mi campo de trabajo y de investigación se centra en lo que los americanos llaman *empoderamiento* de la tecnología por parte del ciudadano, no desde el punto de vista del consumidor, sino desde el punto de vista del usuario «inteligente». El objetivo de ese empoderamiento, el único objetivo, diría yo, es la mejora de su calidad de vida; todo lo que no pase por esa premisa no debe tener sentido, ni a nivel ético ni a nivel social.

Seguramente, el siguiente escalón de esa propuesta pasa por lo que el antropólogo Eudald Carbonell llama *sociedad del pensamiento*, objetivo casi final de esa evolución. Alcanzar ese objetivo querrá decir que el ser humano ya no es un sujeto pasivo de los avances y de los cambios que nos ofrece la tecnología, sino su protagonista principal. Por primera vez podemos decir que «seremos lo que queramos ser». Sin embargo, hay que trabajar con propuestas estratégicas, políticas, económicas y sociales.

Nos estamos jugando nuestro futuro, el de nuestra especie. ¿Qué hay más serio que eso?

23-3-2014

RICARD FAURA HOMEDES
Tecnoantropólogo, jefe del Servicio de Sociedad de Conocimiento de la Dirección General de Telecomunicaciones y Sociedad de la Información del Departamento de Empresa y Ocupación de la Generalitat de Cataluña; secretario general de la Asociación Española de Redes de Telecentros, vicepresidente del Centro de Seguridad de la Información de Cataluña (CESICAT), y fundador y miembro del Observatorio para la Cibersociedad.

127

Lo artificial, aun siendo profundamente inteligente, siempre carecerá de alma, y sin alma ni naturalidad carecerá de vida y, por tanto, de humanidad

Desde que existe, el hombre ha puesto su mente a trabajar en el progreso y en la transformación y mejora de sus condiciones de vida, porque ha aspirado a encontrar la manera de intervenir decisivamente en su evolución. Desde tiempo inmemorial, la ciencia —siempre dirigida por la mente humana— también ha gustado de aceptar el reto de alcanzar a entender el misterio de la vida, para vencerlo y dominarlo, y ha asumido de manera reiterada el desafío último de la inmortalidad. Una gran noticia que se nos anuncia todos los días es la que afirma que el género humano está cada vez más cerca de llegar a ese límite en el que lo mecánico subsane o complete los defectos inherentes al proceso de la creación. Se nos dice que el hombre, que por haber sido creado es imperfecto y mortal, podrá muy pronto alcanzar cotas posthumanas de control de las leyes de la física. Nos acercamos poco a poco, pero cada vez con mayor alcance, al conocimiento del gran misterio insondable de la vida y, por tanto, a la manera de controlarlo y de influir en su determinación.

Sin embargo, que el gran reto científico, que esa aspiración, consista en mecanizar o en intervenir artificialmente en la génesis y en la evolución vital no deja de encerrar grandes incógnitas éticas, morales y religiosas dignas de tener en cuenta para su valoración. ¿Alcanzar esas cotas de control nos hará mejores? ¿Nos hará realmente mejores humanos? ¿Contribuirá a humanizar en mayor medida nuestro ser y nuestro entorno esa innumerable mejora de condiciones adicionales a las naturales?

Desde mi punto de vista, la posthumanización o la mejora de las condiciones del ser humano mediante elementos artificiales invita más bien a considerar la posibilidad de que el objetivo último de esa aspiración radique en aumentar su control y, consiguientemente, en la pérdida de su libertad.

¿Es mente, la mente artificial? ¿Se puede decir que la ciencia o el conocimiento que se desprenden de una máquina son producto de la inteligencia? ¿No serían más bien resultado del mismo conocimiento desarrollado por la mente humana? Pero ¿qué son, sin el alma, la inteligencia, la ciencia o la mente? Lo artificial, aun siendo profundamente inteligente, siempre carecerá de alma, y sin alma ni naturalidad carecerá de vida y, por tanto, de humanidad.

Ser posthumanos para dejar de ser lo que somos, para dejar de ser humanos. ¿De verdad queremos dejar de ser como somos?

23-3-2014

PILAR FERNÁNDEZ BOZAL

Abogada del Estado en excedencia. Abogada del Estado Jefe de Cataluña hasta 2010, ha sido miembro de la Comisión de Control de Dispositivos de Videovigilancia. Secretaria del Consejo Rector y de la comisión ejecutiva del Consorcio Sincrotrón, y vocal del Consejo de Administración de la Autoridad Portuaria de Barcelona en representación del Estado español. Fue consejera de Justicia de la Generalitat de Cataluña durante la IX Legislatura. Actualmente, trabaja en la consultora Ernst&Young como socia directora del área legal en Cataluña.

128

Los humanos seguiremos anhelando, fundamentalmente, satisfacer las mismas aspiraciones que desde hace milenios nos preocupan: vivir razonablemente felices mientras indagamos algún sentido para nuestra presencia en el pequeño planeta que habitamos

Somos singulares por nuestras capacidades intelectuales y técnicas, pero seguimos siendo piezas de la naturaleza y no tiene mucho sentido hablar de posthumanos. Somos humanos que vamos evolucionando, manteniendo una conexión fundamental con nuestro origen evolutivo.

Ciertamente, la evolución técnica ha adquirido una aceleración notable respecto de la biológica, pero eso no cambia gran cosa en lo que se refiere a la infraestructura biológica, que sigue siendo nuestra configuración fundamental. Lo natural es permanentemente una referencia insoslayable, incluso teniendo en cuenta la relativa plasticidad genética, neurobiológica, etc.

Siempre somos humanos «en tránsito» entre fases evolutivas, no posthumanos. Ante el progreso técnico, la atención debe ir orientada a que ese progreso no desequilibre las interacciones entre el sujeto biosocial y el ambiente técnico. Las pulsiones fundamentales de la conducta humana siguen siendo las que nos impone el origen hipotalámico de la conducta, es decir, la alimentación, la sexualidad, la agresividad, la territorialidad, la jerarquía, etc., matizadas en su despliegue cultural pero no suprimidas en absoluto. Pretender sustituirlas por referencias técnicas es irreal. La naturaleza no es un escenario en el que el hombre se sitúa frente a todo lo demás, sino un complejo sistema de interrelaciones químicas, geológicas, biológicas, mentales..., del que los humanos somos piezas ciertamente singulares pero no autónomas e independientes. Por recordar alguna banalidad: respiramos aire oxigenado, nos reproducimos a partir del programa sexual general de los mamíferos, lloramos o reímos ante lo que nos entristece o nos satisface y nos alimentamos omnívoramente de los productos vegetales o animales que la naturaleza produce.

La técnica nos da novísimas posibilidades —por ejemplo, en descubrimientos, en comunicación, en cálculo o en desplazamiento—, pero la satisfacción de la persona sigue dependiendo de finos equilibrios neurofisiológicos, que son la clave de la satisfacción de vivir en el breve espacio de tiempo en el que cada uno de nosotros ocupa un pequeño nicho en el inmenso universo. Los humanos seguiremos anhelando fundamentalmente satisfacer las mismas aspiraciones que desde hace milenios nos preocupan: vivir razonablemente felices mientras indagamos algún sentido para nuestra presencia en el pequeño planeta que habitamos.

23-3-2014

RAMON M. NOGUÉS CARULLA

Doctor en Biología. Ha sido catedrático emérito de la Unidad de Antropología Biológica de la Universidad Autónoma de Barcelona; ha estudiado temas de neurobiología evolutiva, ha colaborado en equipos interdisciplinares de neuropsiquiatría con la Fundación Vidal i Barraquer y ha analizado cuestiones relativas a la neurobiología de la religiosidad; es también sacerdote escolapio.

129

En lo más profundo, bajo la superficie, el hombre permanece básicamente invariable

Stephen Blackpool, el obrero de la fábrica de Coketown dibujado magistralmente por Dickens, no es exactamente igual que el esclavo liberto de Atenas o de Roma. Cada época, cada geografía y cada cultura dejan su pátina en la vida de las personas y de las sociedades. La actual revolución tecnológica y digital también moldea con sus jóvenes dedos a los hombres de nuestro tiempo; mañana lo hará, sin duda, otra circunstancia cuyos rasgos no podemos imaginar. Pero en lo más profundo, bajo la superficie, el hombre permanece básicamente invariable. Las pinturas de Niaux o de Altamira son arte moderno como *Las señoritas de Aviñón*, de Picasso. Y es que los sentimientos, las pasiones, el amor, el odio, la ternura y el egoísmo de los personajes de *Guerra y paz* serán replicados dentro de mil años por un nuevo Tolstói —aunque expresados en diferente formato—, porque la condición humana no cambia en aquello que es esencial.

23-3-2014

JOAN GANYET SOLÉ
Arquitecto; ha sido diputado del Parlamento de Cataluña, alcalde de la Seu d'Urgell, senador y director general de Arquitectura y Paisaje del Departamento de Política Territorial y Obras Públicas de la Generalitat de Cataluña.

130

Blade Runner, Soylent Green *o el gen B16*

De pequeño hubo dos películas que me marcaron. Una fue *Blade Runner*, y de ella me impactó sobre todo el principio: una megalópolis con muchas edificaciones iluminadas por llamas procedentes de diversas factorías y, de repente, lluvia ácida y paraguas luminosos. El lenguaje que utiliza el inspector Gaff es un mestizaje de lenguas (inglés, francés...). También me interesaron los replicantes, especialmente el modelo Nexus 6, y las especies clonadas. O aquella pregunta del replicante en el siguiente interrogatorio:

> Detective Holden:
> —En medio del desierto hay un galápago patas arriba que no puede darse la vuelta. ¿Qué harías?
> El replicante:
> —¿Qué es un galápago?

Los Nexus están programados y tienen una longevidad limitada, pero han adquirido preocupaciones humanas: saber quién es su creador, cuánto les queda de vida... Esas preocupaciones no son propias de máquinas o de *software*, pero los Nexus las tienen porque detrás de ellos hay seres humanos, sus creadores.

La otra película que me marcó fue *Soylent Green*. La vi un sábado por la mañana en una sección del programa *La bola de cristal*. Charlton Heston es su protagonista, y vive en un mundo superpoblado en el que el alimento de la mayoría de la población es *soylent green*, galletas hechas, en teoría, a base de plancton en las granjas oceánicas situadas en el exterior de las ciudades, en un entorno no contaminado. El retrato del planeta es el siguiente: superpoblación, agotamiento de los recursos, aumento de la temperatura y elevado desequilibrio social; los ricos viven en *gated communities* —núcleos residenciales cerrados— y se pueden permitir el lujo de comer carne fresca, verdura y fruta, mientras que el resto de la población se pelea por conseguir galletas de plancton.

El hecho de mencionar películas de ciencia ficción no pone en duda la capacidad de nuestra especie para diseñar, inventar, investigar y crear. Mencionar el cine no es más que la consecuencia de una reflexión acerca de lo que preocupa a la conciencia de nuestra especie y de lo que esta imagina.

Seguro que los avances científicos y tecnológicos pueden llevarnos hacia el transhumanismo o hacia el posthumanismo, hacia la inteligencia artificial o hacia los cíborgs, pero hay aspectos que difícilmente la ciencia o la tecnología pueden modificar, y uno de ellos es que el planeta es finito y sus recursos, limitados. Si el informe para el Club de Roma elaborado por Meadows, del MIT, en 1972 hablaba de los límites del crecimiento y de la insostenibilidad de una población creciente, ¿cómo podría afectar el transhumanismo/posthumanismo al equilibrio dinámico y complejo de Gaia?

El coltán, el titanio, el oro, la plata, el platino, el cobre, el litio, el uranio, el cobalto, etc., son recursos finitos y, a menudo, materiales utilizados en la nanotecnología, en la biotecnología o en la biomedicina. La problemática de la sobreexplotación de recursos tiene mucha relación con la superpoblación y, obviamente, con el modelo económico fundamentado en el crecimiento y en el capitalismo. La posibilidad de que los humanos nos convirtamos en cíborgs o en seres cibernéticos comportará un aumento de la longevidad, aumento que, de hecho, ya se ha venido produciendo en las últimas décadas. Alargaremos, por lo tanto, la esperanza de vida de la población mundial, con el consiguiente efecto sobre los recursos y un más que probable aumento de las externalidades de los procesos llevados a cabo por los humanos.

Otro descubrimiento reciente es el gen B16, el gen de la longevidad. La genética es, sin duda alguna, una de las disciplinas de la biología molecular que pueden cambiar el mundo. Si, genéticamente, conseguimos crear poblaciones más longevas combinando la ingeniería genética con la cibernética, ¿cómo serán las pirámides de población del futuro? ¿Y de dónde sacaremos los recursos alimentarios para esas poblaciones? Se agravará la desigualdad entre ricos y pobres. Los ricos podrán acceder a las nuevas tecnologías y a la terapia génica. ¿Y los pobres? ¿Cuál será el tipo de energía que utilizará la sociedad del futuro? Ya no hablaríamos de un planeta de nueve billones de habitantes, sino de un número mucho más elevado. ¿O haremos como en *Soylent Green*, contaremos con salas de eutanasia para regular a la población?

¿Es posible un futuro cibernético sin haber solventado la crisis energética? Habrá que resolver de qué manera podemos generar energía renovable y sostenible. Podemos ser máquinas y humanos, o tener un sistema operativo por novia como en la película *Her*. Pero uno de los problemas que tiene la sociedad actual es, precisamente, que se ha alejado de la naturaleza, de los ecosistemas; no somos conscientes del frágil y complejo equilibrio de Gaia. Parece difícil la combinación de ultralongevidad de la especie humana y la conservación del planeta tal como lo conocemos ahora. De hecho, el hombre es la especie con mayor capacidad de transformación del planeta. Hemos sido capaces, incluso, de alterar los ciclos biogeoquímicos modificando la concentración de dióxido de carbono de la atmósfera. Si el modelo sigue estando basado en la sobreexplotación de recursos, seguro que nos hará falta tener colonias exteriores en otros planetas y naves con invernáculos en el espacio. Habrá que ver si la realidad supera a la ficción y hasta dónde nos llevan el transhumanismo y el posthumanismo. Debemos tener presente que la tecnología no lo puede resolver todo y que los límites de la física son insalvables, a no ser que cambiemos las condiciones de contorno o que apliquemos energía. Llegar hasta aquí nos ha costado más de doscientos mil años de evolución, pero alterar las condiciones del planeta, menos de ciento cincuenta. El azar ha tenido también su papel, y hay que tener presente que la evolución no es determinista.

Quizá el futuro de los hombres pase por *regreening Mars* y acabemos viviendo en otro planeta. ¿Quién lo sabe? Seguro que los robots, los cíborgs, pueden sernos muy útiles para la migración transplanetaria. Pero deseo que no sea una migración forzada por una crisis ecológica de nuestro planeta. Utilicemos, pues, la concienciación, la educación, los sistemas colaborativos y la tecnología para que las generaciones futuras puedan seguir disfrutando de la Tierra.

23-3-2014

MARC MONTLLEÓ BALSEBRE
Biólogo, director de Proyectos Ambientales de Barcelona Regional. Agencia de Desarrollo Urbano (BR).

131

Si la ciudad inteligente no trasciende por sí misma la idea de acumulación de información y no se orienta a repensar modelos de planificación, de diseño, de construcción y de uso que permitan un metabolismo más eficiente, una ciudad más resiliente y un espacio social con menos desigualdades, no vamos a ninguna parte

Discretamente, a pie de página, muy al principio de su trilogía *La era de la información*, Manuel Castells hace una afirmación muy oportuna para la reflexión que plantea Albert Cortina, reflexión que comparto: «La tecnología no determina a la sociedad: la plasma. Pero tampoco la sociedad determina la innovación tecnológica: la utiliza.»

Me temo que la orientación que tome la singularidad de Kurzweil dependerá de las tensiones entre los grupos sociales que «usen» —para finalidades diferentes y confrontadas— las posibilidades de las tecnologías NBIC, que existirán y se desarrollarán con toda probabilidad.

No sería así si los humanos fuésemos capaces de definir un modelo «consiliente» de conocimiento. Es decir, si pudiéramos superar la fragmentación de las disciplinas para generar un modelo transdisciplinar que nos permitiese romper con las visiones ultraespecializadas de carácter tecnocientífico y humanístico, o, incluso, si fuésemos capaces de generar un modelo ético básico universal para nuestra especie —por el estilo del que propugna E. O. Wilson en *Consilience. La unidad del conocimiento*, o bien de otro, pero, en cualquier caso, común.

En definitiva, serán las tecnologías, como afirma Castells, las que plasmarán a la sociedad, que las usará, y no a la inversa. Por eso comparto la visión expuesta en muchos de los comentarios precedentes, en el sentido de que nos debe preocupar qué modelo social construimos hoy para la humanidad, para que ese eventual paso hacia la transhumanidad o posthumanidad se produzca en un entorno más eficiente y más justo. Más eficiente porque el humano ya se ha desarrollado y ha superado la capacidad de carga del planeta: la demanda energética y material global per cápita se ha multiplicado por 6, y la demanda global se ha multiplicado por 18 en tan solo 250 años. Y más justo porque el incremento de la desigualdad ha sido un terrible corolario del progreso general. Si nos ocupamos ahora de resolver esos dos grandes retos de la humanidad, la mejora de las capacidades de los humanos nos permitiría, quizá, garantizar la supervivencia de la especie. Si profundizamos en ese modelo, quizá no llegaremos a tiempo a la transhumanidad.

Eso nos permite enlazar con las *smart cities*. Tal como expuso Ramon Margalef con referencia a los ecosistemas hace más de cincuenta años, las ciudades, como los ecosistemas, resultan de la interacción de sus hábitats, compatibles con las condiciones del entorno en el que se encuentran, y son capaces de multiplicarse, de persistir y de establecer relaciones mutuas en el mismo sistema. Además de la red de intercambio de materia y de energía —interna y con el exterior—, hay que considerar la existencia de una red de intercambio de información entre los elementos. Parte de ese flujo de información se fija en la estructura —calles, edificios, equipamientos, modelos de gestión...—, pero otra parte circula por el sistema, y eso permite mantenerlo razonablemente estacionario lejos del equilibrio termodinámico.

Cuanto más pequeño es el aprovechamiento de la energía disipada para generar información, más ineficiente es el sistema. Por lo tanto, más dependiente de la aportación externa de energía y de materia, y generador de una cantidad mayor de residuos metabólicos que provocan disfunciones, que, a su vez, demandan más energía y más espacio para ser tratadas. O simplemente degradan el medio y afectan a la salud, a la calidad de vida, a la biodiversidad o a la productividad. La anatomía, la forma urbana, se ha diseñado sin considerar las demandas y los detritos metabólicos de las decisiones tomadas. Incorporar de manera intensiva mecanismos para obtener, procesar y utilizar esa información para revertir tal situación puede ser interesante. Permitiría incrementar la capacidad de los humanos urbanitas —pronto el 70 %—, o de los supuestos transhumanos, para sacar provecho de la información que fluye, a la vez que cada ciudadano podría tomar sus decisiones con más conocimiento de causa. Si las tecnologías *smart* pretenden solo una aposición de tecnología disponible para captar, procesar y difundir información por sí misma, la relación coste/beneficio sería pequeña. Por el contrario, podría ser de ayuda generar modelos de gestión y de diseño basados en un número mayor de datos fisiológicos, que integren datos en continuo de variables socioambientales, de contexto y de uso, para conseguir la máxima eficiencia y para hacer la ciudad más justa.

Si la ciudad inteligente no trasciende por sí misma la idea de acumulación de información y no se orienta a repensar modelos de planificación, de diseño, de construcción y de uso que permitan un metabolismo más eficiente, una ciudad más resiliente y un espacio social con menos desigualdades, no vamos a ninguna parte. Se trata de hacer una ciudad más humana, es decir, de utilizar la tecnología para plasmar un nuevo modelo social y ambiental, y no al revés.

Patrick Geddes, biólogo escocés y uno de los padres del urbanismo moderno, por el que siento una especial debilidad, expresaba finamente, en su *Lecture 1895*, la principal tensión creada por la Revolución Industrial, que hoy está plenamente vigente y agravada. Deberíamos apresurarnos a resolverla como humanos:

> Este es un mundo verde, en el que los animales son, comparativamente, pocos y pequeños, y todos dependientes de las hojas. Por las hojas vivimos. Algunas personas tienen la extraña idea de que viven por el dinero. Piensan que la energía es generada por la circulación de monedas [...]; no vivimos por el tintineo de nuestras monedas, sino por la plenitud de nuestras cosechas.

24-3-2014

FREDERIC XIMENO ROCA

Biólogo y técnico urbanista. Socio director del Estudio Ramon Folch y Asociados, S.L. (ERF). Ha sido director general de Políticas Ambientales y Sostenibilidad del Departamento de Medio Ambiente y Vivienda de la Generalitat de Cataluña y miembro del consejo de administración del Instituto Catalán de Energía, de la Agencia de Residuos de Cataluña, de Aguas Ter Llobregat y de Aeropuertos de Cataluña.

132

La incorporación de las semillas híbridas, de los transgénicos y, ahora, de la carne procedente de células madre no solo genera un debate sobre la salud de las personas o sobre la pérdida de biodiversidad, sino también sobre la economía y lo que representa que unos pocos tengan el monopolio de la patente y, en consecuencia, el control de la alimentación

A partir de la noticia que apareció, a principios de agosto del 2013, en todos los medios de comunicación con motivo de la presentación de la primera hamburguesa comestible creada por unos científicos utilizando células madre de vaca, escribí una reflexión titulada «Bocatto di cardinale».

En el debate «¿Humanos o posthumanos?» se plantea cómo, en el ámbito de la persona, influirá la mejora tecnológica y si esta mejorará a la raza humana. Algo parecido a lo que se busca con la «hamburguesa de laboratorio». El planteamiento es el mismo y las dudas sobre la bondad de la propuesta, parecidas. ¿La tecnología nos tiene que salvar para que vivamos mejor? ¿Es posible que nos acerquemos a la inmortalidad? La reflexión que hice decía lo siguiente:

> La gastronomía está de moda, sobre todo la de esos restauradores que, gracias a la publicidad que les aportan las estrellas Michelin, aparecen en todos los medios de comunicación. Últimamente los hay que no pueden soportar las exigencias que eso conlleva y cierran. Ser famoso también comporta incorporarse a la versión literaria gastronómica y contribuir así a la proliferación de libros de cocina y, a la vez, a hacer del nombre de un plato todo un ejercicio de barroquismo —quizá, incluso, de pedantería. Un bistec en un plato no se puede nombrar de forma tan sencilla, hay que describirlo, como mínimo, como un «filete de ternera ecológica relleno de crema de trufas sobre una base de verduritas de la huerta acompañado de pasta con salsa de roquefort».
>
> También estamos de «moda» los gordos —aquellos que en las tiendas de ropa, si no tienen nuestra talla, nos dicen, prudentemente, que estamos «algo regordetes». Incluso somos una oportunidad de negocio para incrementar los ingresos o, por el contrario, para conseguir un ahorro. Piensan en nosotros para hacernos pagar más en los billetes de avión por exceso de carga o para prohibirnos entrar en un país por el riesgo más alto que tenemos de sufrir enfermedades y provocar la quiebra de la Seguridad Social.

¿Qué decir de la ganadería en general, que, según la FAO, es la «actividad humana que ocupa una mayor superficie de la Tierra, ya que a la producción ganadera se destina el 70 % de la superficie agrícola del planeta —para cultivar forraje— y el 30 % de la superficie terrestre»? Además, representa la mayor fuente de contaminación de agua y genera una importante emisión de gases efecto invernadero. El 36 % de las emisiones de gas metano proceden del sistema digestivo de los rumiantes —ganado vacuno—, que esos animales generan a causa de su proceso digestivo lento sin oxígeno —digestión anaeróbica.

En ese mundo del comer, la última novedad es la aparición de la «carne cultivada», una versión cuyo único problema es que hay que mejorar sus cualidades organolépticas para convertirla en «bocatto di cardinale». La reciente aparición de la hamburguesa creada con células madre —Londres, 5 de agosto del 2013—, de esa McClone, como la han bautizado algunos, supone una gran esperanza de futuro, ya que —afirman con contundencia— «abre grandes perspectivas para eliminar el hambre en el mundo». Y cómo no, también son buenas las perspectivas para los protectores de los animales, que verán reducido casi a cero el sacrificio y el maltrato a las bestias al engordarlas en las granjas.

Si se dejan de emplear campos para producir forraje y tener pastos, se liberará terreno para producir más cereales y destinarlos a las personas, no a las granjas, y a la producción de biocombustibles que alivien la crisis energética.

Si esa carne la ponemos en un tubo y este en una impresora 3D, podremos tener un trozo de carne en forma de hamburguesa, de bistec o de cualquier otro alimento cárnico que deseemos. Incluso podremos hacer butifarras con dibujos, como ya sucede en el caso del chóped, ilustrado con la figura de Mickey Mouse.

Más allá del hecho de que fuera cierto que se resolvería el problema del hambre en el mundo —ya lo decían los defensores de la revolución verde—, ¿no hay ningún inconveniente? ¿Esa hambruna tiene fecha de caducidad? ¿De aquí a 30 o 40 años, habrá desaparecido el hambre en el mundo? ¿Es una esperanza creíble?

¿Por qué no? Si no fuera porque los poderosos no se convertirán de repente en altruistas y no patentarán el invento; si no fuera porque difícilmente dejarán de pensar en monopolios, en dividendos y en maneras de manipular la sociedad; si no fuera porque el gen de la santidad no se ha descubierto para poderlo incorporar al ADN de aquellos que no lo tienen; si no fuera porque nadie habla de un cambio estructural; si no fuera porque... Vayamos pensándolo.

La incorporación de las semillas híbridas, de los transgénicos y, ahora, de la carne procedente de células madre no solo genera un debate sobre la salud de las personas o sobre la pérdida de biodiversidad, sino también sobre la economía y lo que representa que unos pocos tengan el monopolio de la patente y, en consecuencia, el control de la alimentación. La actividad agroganadera de obtener las propias semillas o de reproducir animales —para quien quiera hacerlo—

se está perdiendo y se puede convertir en una actividad propia de museos de oficios y de maneras de hacer antiguas.

La sociedad se está orientando hacia una única función, la de consumir. Hemos venido a este mundo no solamente a sufrir —como decían los curas tradicionales en sus homilías—, sino también a consumir, y a hacerlo con respecto a lo que unos pocos consideren que nos conviene más, en función de sus intereses. Intentarán vender el producto. Ya lo hacen, por un lado, a partir de alimentos funcionales modificados para los aprensivos o para los que quieren ser inmortales, y, por otro, como un beneficio para la colectividad —no se sacrifican animales, todo el mundo comerá, se podrán producir más biocombustibles y mejoraremos el medio ambiente, etc. En definitiva, conseguiremos un mundo mejor. ¿No es eso lo que deseamos todos?

Deben cambiar muchas cosas. La actual crisis ha cuestionado esa solidaridad global —no la local, que se ha reforzado— para conseguir un mundo nuevo. Los ricos se hacen más ricos a costa del resto, que nos vamos empobreciendo a marchas forzadas. Se cuestiona todo, incluso el estado de bienestar, que quieren que creamos que es inviable. La especulación con los alimentos y con las tierras es una constante que crece día a día en todo el mundo. La gente de los países desarrollados vive más, Cataluña es una abanderada de ello, pero ahora resulta que no hay dinero para cumplir con la ley de dependencia. Se vive más, pero ¿en qué condiciones? Incluso desde Japón hay quien se ha planteado si tiene sentido destinar tanto dinero a la gente mayor.

Quizá algunos sean inmortales. Seguro que la nanotecnología, la biotecnología, la tecnología de la información, la ciencia cognitiva, la inteligencia artificial, la robótica, etc., aportarán nuevas posibilidades, que servirán para que unos cuantos, que siempre serán una minoría, estén en la parte superior de la pirámide, y para que debajo estén todos aquellos que han de estar a su servicio para poder sobrevivir. Eso se debe explicar.

Es cierto que todos queremos lo mejor para superar enfermedades y para facilitarnos el día a día. La simbiosis hombre-máquina será inevitable, pero ¿será eso una realidad universal? ¿Todo el mundo podrá disfrutar de sus ventajas? Seguramente no podremos escapar. La ciencia evoluciona, pero la sociedad —en especial los jóvenes— ha de ser consciente de lo que supone y a quién, finalmente, beneficia. Somos capaces de inventar minas antipersona y después el robot para desactivarlas, fabricamos armas químicas para después disponer de la tecnología que permite destruir los productos químicos que estas contienen, y, seguramente, son las mismas empresas o los mismos accionistas de esas empresas los que, aplicando tecnologías punta, lo gestionan a su favor. Tienen intereses económicos en su fabricación y, cómo no, en su destrucción, y quizá, incluso, aportan ayudas económicas a alguna ONG y están presentes en Davos para hablar sobre cómo hacer un mundo mejor. Esconder eso es ser cómplice de los «explotadores», ya sea por supervivencia personal o por aspiración de poder escalar hasta esos sitios privilegiados. Esa es la reflexión moral y ética, y no tanto si seremos humanos, posthumanos o transhumanos, ya que la mayoría poco podremos hacer para decidirlo, a no ser que… Cada uno de nosotros hemos de dar respuesta.

24-3-2014

JOSEP MONTASELL DORDA
Ingeniero técnico agrícola y máster en Gestión Ambiental en el Mundo Rural por la Universidad Politécnica de Cataluña; técnico de Territorio de la Diputación de Barcelona y miembro de la Comisión Permanente del Consejo de Protección de la Naturaleza de la Generalitat de Cataluña y de la Institución Catalana de Estudios Agrarios (ICEA), filial del Instituto de Estudios Catalanes (IEC); ha sido director del Parque Agrario del Baix Llobregat.

133

Toda actuación propia del hombre —e investigar, descubrir, pensar o rezar lo son— reforzará nuestra propia forma de ser y de comportarnos, y la afianzará en su propia esencia, condición o destino

¿Qué resulta más «humano», bajar del árbol y caminar erguido o introducirse en una nave espacial y viajar a la Luna? Sin duda alguna, lo primero. Muchos son los que consideran aquellas adaptaciones como el comienzo de la humanidad, mientras que lo segundo no pasa de ser un logro mediático para mayor gloria de la carrera espacial americana. Sin embargo, para hacer lo primero, simplemente se necesita hacerlo, pero para realizar lo segundo... A mí ni se me ocurre qué hay que hacer para realizar un viaje a la Luna. Lo primero es un simple acontecimiento, lo segundo es un auténtico monumento a la inteligencia humana. Lo primero es trascendente, lo segundo, evidentemente, no lo es.

Siempre he pensado que la tecnología, la investigación o los avances científicos nunca alterarán la condición humana. Siempre he creído que cualquier actuación intelectual, logro ideológico o pensamiento trascendente, por muy importantes o revolucionarios que parezcan, no supondrán alteración alguna en la naturaleza del hombre. Siempre he opinado que toda actuación propia del hombre —e investigar, descubrir, pensar o rezar lo son— reforzará nuestra propia forma de ser y de comportarnos, y la afianzará en su propia esencia, condición o destino. Y siempre he considerado que, si hay «algo» que consiga convertir al hombre en un ser diferente, ese «algo» debe de ser un acontecimiento tan sencillo y contundente, tan natural e inesperado, como el que experimentó aquel homínido que por primera vez dejó de serlo. Pero ¿cuál puede ser ese acontecimiento que convierta al hombre en un ser «posthumano»? Sinceramente, no creo que haya ser en la Tierra que pueda imaginárselo, porque, si lo hubiera, ese ser ya no sería humano.

Desde luego, la tecnología, la ciencia, la biología o los descubrimientos médicos no son capaces de ello. Me gustaría que quedase claro que esta reflexión no significa desprecio o menosprecio alguno por nuestras propias y, sin duda, avanzadas habilidades. Todo lo contrario: resulta indudable que tienen tal trascendencia que pueden significar la perpetuación o el fin de la especie —pero nunca el nacimiento de una especie nueva.

Mi formación es jurídica, me dedico al oficio de registrador de la propiedad, y en el ejercicio de mi profesión he vivido la transformación de diversos procesos y técnicas. He visto como el volumen de trabajo ha subido hasta el punto de ser inasequible para la capacidad intelectual individual humana, y he comprobado como la tecnología ha facilitado la tarea de algunos profesionales al gestionar de manera automática múltiples procesos burocráticos y al permitir a esos profesionales dedicar sus esfuerzos a la parte realmente creativa de su profesión. Pero también he podido comprobar como algunos otros profesionales han sucumbido a la tecnología, como han sufrido una auténtica fractura intelectual —la famosa «fractura tecnológica»— y como han vulgarizado su tarea hasta permitirse caer, ya sin voluntad, en manos de los procesos tecnológicos.

Sin embargo, si nos fijamos en ella, veremos que esta era de la tecnología que nos ha tocado vivir no resulta diferente de aquellas otras en las que el hombre aspiraba a una transformación evidente de su esencia: en la Edad Media, el hombre creía en el cielo como el lugar donde disfrutaría de su propia transformación —muchos lo creemos aún—; en la época revolucionaria, la humanidad cambiaría para ser otra diferente al grito de «libertad, igualdad, fraternidad» —¡cuántos hoy en día seguimos gritándolo!—; quienes viajaron en la era de los descubrimientos pensaban en El Dorado —¿quién no ha tenido alguno en su vida?—; y, hoy en día, una vez más, pensamos que la ciencia y la tecnología —antes fueron la aventura, la religión o la política— nos convertirán en posthombres o, mejor dicho, en superhombres, cuando en realidad esos medios lo que nos permitirán es alcanzar un logro, según mi juicio, aún más difícil: gestionar la vida en un planeta de muchos miles de millones de habitantes, lo que, tratándose de simples humanos, no es poca cosa.

25-3-2014

ÓSCAR GERMÁN VÁZQUEZ ASENJO
Licenciado en Derecho, registrador de la propiedad, presidente del consejo rector de Registral de Servicios Tecnológicos, S. C. y secretario del patronato de la Fundación Canaria ILD Europa; ha sido vocal de Medio Ambiente y Territorio de la junta directiva del Decanato Autonómico de los Registradores de Cataluña.

134

Quizá al ser humano de hoy le falte un modo de conocimiento que solo será accesible para la conciencia transhumana, pues todas esas reflexiones son interferidas por el sentimiento de finitud

Hay quienes piensan que el logro máximo de una civilización es alcanzar la inmortalidad. En cambio, hay quienes creen que, sin la presencia de la muerte, no habría civilización alguna. La conciencia de finitud es el combustible del esfuerzo por sobrevivir, y, sin esa urgencia por la supervivencia, el desarrollo técnico, científico y cultural no habría tenido razón de ser.

Si seguimos el vocabulario de Sloterdijk, la cultura, con sus mitologías, conforma las antropotécnicas, un sistema inmunitario en el nivel simbólico que el ser humano necesita para sobrevivir a su conciencia de muerte. Esa idea de la muerte como motor de la civilización es la base de lo que la psicología social ha dado en llamar *teoría del manejo del terror*, según la cual cualquier visión del mundo se ha desarrollado para ayudarnos a vivir con el sentimiento de mortalidad. Las interpretaciones religiosas son las más evidentes al reconocer una esencia inmortal en todo ser humano, pero también las concepciones materialistas de la existencia se adscribirían a esa necesidad. Por ejemplo, la lealtad a los vínculos sanguíneos, la continuidad de la estirpe o las adhesiones a grupos nacionalistas llevan implícito el deseo de sobrevivir a través del colectivo por parte del individuo, que encuentra su esencia inmortal en la identificación con los valores comunes.

En las situaciones descritas para el manejo del terror, la presencia de la muerte suele ser inconsciente, un impulso que nos mueve, pero sobre el que no pensamos. Cuando, en cambio, se racionaliza, el individuo no se limita a buscar al grupo para perpetuarse de alguna manera, sino que se cuestiona su relación con los demás en un nivel más profundo y desarrolla unos valores por encima de las motivaciones colectivas, centradas en perseguir la fama y la riqueza a costa de otros. Se esfuerza, en cambio, por cultivar relaciones más hondas y vincula su desarrollo personal al de la acción moral. En una vida inmortal, ¿se dejaría llevar el ser humano por el lado más simple de la fama, de la voluntad de poder que mueve a los hombres a dominar y a perseguir la adoración de sus contemporáneos? ¿Qué sentido tiene la vida sin la presencia de la muerte?

Pensemos ahora en la búsqueda de la gloria personal como el reverso de la moneda: no es la colectividad la que sobrevive por la acción del individuo, sino que es este el que perpetúa su nombre a través del grupo al tiempo que lo reafirma. En todas las épocas, el legado personal, la contribución a una cultura determinada, ha sido la manera de sobrevivir a la muerte física. ¿Existirían las grandes obras de arte sin la necesidad imperiosa de burlar el sentimiento de mortalidad?

Esa pregunta, y la vaga respuesta afirmativa que se intuye, nos abre otros caminos por los que rondan las aspiraciones humanas. El arte en su máxima expresión es deudor de la tragedia, de la inquietud y de la angustia. La cesación de la muerte no acabará con ellas.

Puede que el transhumanismo haya dado excesiva importancia al sueño de inmortalidad. La angustia seguirá presente, pues se antoja independiente de la cuestión de lo mortal: la necesidad de un sentido y la imposibilidad de encontrarlo conformarían un motor demasiado poderoso que restaría importancia al logro de la inmortalidad. ¿Vivir para qué?

Hay una corriente de erotismo posthumano, vinculada con el ciberpunk, en que la máquina sustituye al cuerpo como mecanismo sensible con un único objetivo: llevar a los extremos imaginables la hipersensibilidad y el goce. Aquí, la tecnología se convierte en un sustituto de la «animalidad» en el imaginario transhumanista, en una especie de hedonismo rebelde que pretende que los valores y la búsqueda de sentido estén asociados a ideologías de corte reaccionario. Pero la cosa no es tan simple. El placer por sí solo no genera voluntad de vivir. Es el sentido el que la genera, y el placer como fin en sí mismo no proporciona sentido alguno a la vida, simplemente la satura, como muy bien nos ha enseñado la sociedad del consumo. El goce es un síntoma de un proceso más profundo que lo explica. En la cultura de la superficialidad, eso ya no se entiende y se paga con nuevas formas de aburrimiento existencial. Si una civilización como la nuestra lograse vencer el tiempo y sus consecuencias, ¿seríamos inmortalmente aburridos? ¿Qué ganas habría de vivir?

Viktor Frankl reflexiona en su obra *El hombre en busca de sentido* acerca del papel de la muerte para la vida humana: «Si usted quiere sacarle el mejor partido a su vida, deberá contar constantemente con el hecho de la muerte, con el hecho de la mortalidad, con el hecho de la transitoriedad de la existencia humana. Porque, si no existiera la muerte, viviríamos eternamente y podríamos dejarlo todo para más adelante. [...] El mero límite temporal de nuestra existencia es un aliciente para aprovechar el tiempo, cada hora y cada día.» Decía Frankl que una píldora que nos hiciera olvidar la muerte «nos desactivaría. Nos haría inútiles. Nos paralizaría, no tendríamos ningún estímulo para actuar. Perderíamos la capacidad de ser responsables, la conciencia de responsabilidad para aprovechar cada día y cada hora, es decir, para realizar un sentido cuando se nos presenta, cuando se nos ofrece momentáneamente.»

En la novela *El país de las últimas cosas*, de Paul Auster, la gente quiere morir porque no encuentra un sentido a la vida. Además de las opciones tradicionales, como la eutanasia, existe otra que proporciona una experiencia más intensa antes de desaparecer: el club de los asesinatos. Los miembros del club no saben cuándo ni cómo se los ejecutará, así que viven sus últimos días en un estado permanente de alerta. Las sensaciones son tan fuertes que recuperan las ganas de vivir, lo cual es un problema, pues una vez se ingresa en el club, no está permitido el arrepentimiento.

La era transhumana acariciará con voluptuosidad la inmortalidad, pero quién sabe si no tendrá que seguir recurriendo a la muerte para alimentar su voluntad de vivir, con juegos y con normas que, como en el caso del club de los asesinatos, hoy se nos antojarían obscenas y decadentes en los actuales modos de concebir una civilización.

Por otra parte, desde la perspectiva contraria, la experiencia de la muerte es el disparador del sentimiento religioso, de la necesidad de hacer aceptable la misma muerte. En una existencia inmortal en la que se cierran las puertas a algo «más allá», ¿tiene sentido hablar de religiosidad? Se podría salvar lo espiritual si entendiéramos que el sentido de trascendencia es un deseo por saltar las barreras de nuestra individualidad, que frustra el contacto pleno con el otro, y por localizar lazos de unidad en un nivel superior. En esa línea, el cuerpo es una celda de aislamiento, pero en doble sentido, pues impide el conocimiento pleno de lo otro pero también el conocimiento pleno de la subjetividad que somos. La espiritualidad transhumanista podría ser la experiencia de una hiperconciencia, una mente que se observa a sí misma sin ruidos externos y logra así el propósito que siempre tuvieron las prácticas místicas y psicotrópicas: potenciar la capacidad de introspección y reducir la atención hacia lo externo. Tal vez entonces le descubramos algún sentido al ser humano de hoy, una vez hayamos dejado de serlo, pues nada se puede conocer desde sí mismo sino objetivándolo. O al menos así lo entiende nuestra mente de humanos. Quizá al ser humano de hoy le falte un modo de conocimiento que solo será accesible para la conciencia transhumana, pues todas esas reflexiones son interferidas por el sentimiento de finitud.

Quizá habrá que esperar a una conciencia de inmortalidad para comprender en qué tiene que resultar la nueva aventura del ser humano por conquistar los dominios de la muerte. Por lo demás, no parece que tenga mucho sentido debatir si tal aventura es prudente o insensata, pues, conociendo al ser humano mortal, sus anhelos y sus terrores, podemos dar por seguro que el camino es inevitable.

Una pregunta queda abierta: ¿cómo compaginaremos la inmortalidad con la presión extrema sobre la biosfera y sus recursos?

27-3-2014

RAFAEL GARCÍA DEL VALLE
Licenciado en Filología Hispánica, autor del blog <www.erraticario.com>.

135

Las ciudades, como Internet, no son buenas ni malas: vivimos en ellas y las utilizamos independientemente de factores sociales y culturales. ¿Hablamos, pues, de intercities*?*

El espléndido y provocador —intelectualmente hablando— artículo de Albert Cortina me sugiere estas consideraciones:

1 Tecnología y humanidad van indisolublemente de la mano. No es solamente que la tecnología sea la que diferencia al género *homo* del resto de seres vivos, sino que su socialización, la «socialización de la ciencia», en palabras de Eudald Carbonell, es la característica básica de nuestra especie. ¿Quién más utiliza tecnología para enterrar a sus muertos, para cuidar a sus desvalidos, para proteger a sus descendientes? ¿Quién más utiliza tecnología —¿qué son, si no, el alfabeto o los números?— para inventar dioses y mitos, teorías y modelos que nos ayuden a entender y a dominar una naturaleza que a menudo es más madrastra que madre? ¿Y quién se atreverá a impedir que, gracias a la tecnología, curemos lo que nos mata, eliminemos lo que nos provoca dolor e infelicidad y evitemos los múltiples errores de la ciega evolución? ¿Nos convertiremos en posthumanos? Ponedle el nombre que

queráis: yo creo que seguiremos siendo la misma especie, digámosle *Homo tecnologicus*. Y dentro de otros cien mil años, por decir los que tenemos ahora más o menos, no nos conocerá ni la madre —naturaleza— que nos parió.

2 Las llamadas *smart cities* se han convertido en un lugar común en los últimos años, ya sea por intereses comerciales, por moda o por cierta fascinación por las tecnologías de la información, que no dejan de sorprendernos. Más allá de esa situación circunstancial, el hecho es que abordamos el efecto que la tercera gran revolución tecnológica, la digital, tendrá sobre las ciudades, ese gran y exitoso invento tecnológico: a diferencia de los seres vivos y de la mayoría de las organizaciones humanas, las ciudades nacen y evolucionan, pero difícilmente mueren. La primera revolución tecnológica, la agricultura, las creó; la segunda, la industria, las configuró tal como las conocemos hoy en día. De eso se trata: ¿*smart cities*, ciudades digitales, ciudades innovadoras? Todo ciudades, los lugares o las redes de lugares donde vive y evoluciona el *Homo tecnologicus*.

3 Las palabras, no obstante, no son neutras. Y a eso se aferran algunos pensadores o políticos faltos de discurso propio en un tema tan estratégico como es el del futuro de las ciudades para elaborar argumentos neoluditas que asocian las *smart cities* a un simple interés del capitalismo o a una tecnocracia falta de sensibilidad social. Por eso creo que, si en lugar de *smart cities* hablásemos de *Internet de las ciudades*, tal vez la semántica nos ayudaría: ciudad e Internet son palabras sin connotaciones negativas y plenamente integradas en la vida de las personas. Las ciudades, como Internet, no son buenas ni malas: vivimos en ellas y las utilizamos independientemente de factores sociales y culturales. ¿Hablamos, pues, de *intercities*?

28-3-2014

MANEL SANROMÀ LUCÍA
Licenciado en Física y en Humanidades, doctor en Astronomía y máster en TIC Salud. Gerente del Instituto Municipal de Informática del Ayuntamiento de Barcelona, ha sido profesor de Matemática Aplicada de la Universidad Rovira i Virgili, y de Astronomía y de Astrofísica de la Universidad de Barcelona. Fundador de la red ciudadana TINET. Fue el primer presidente de la Fundación puntCAT.

136

Apostamos por un cambio de paradigma, en el sentido que daba Kuhn al término, en las relaciones entre las decisiones públicas y el conocimiento científico y técnico, pasar de la dictadura de los tecnócratas a una mayor participación ciudadana, de la acumulación de información a la gestión del conocimiento

En nuestras modernas sociedades científico-tecnológicas, entendemos por *técnica* la aplicación de los conocimientos científicos para establecer un conjunto de procedimientos que permitan obtener unos determinados resultados. En cuanto a la participación pública, esta se plantea como un elemento indispensable e institucionalmente reconocido del proceso político-técnico-administrativo de toma de decisiones públicas, hasta el punto de que el buen funcionamiento de los procedimientos que la posibilitan refleja la madurez democrática de la correspondiente sociedad. A ese respecto, resulta determinante el hecho de que las nuevas políticas de gobierno del territorio se basen en técnicas que permitan lograr objetivos de desarrollo. A su vez, estas deben incorporar los retos y las demandas que la sociedad civil plantea en el marco de la nueva cultura de lo *smart.*

Lo anterior implica una transformación en los procesos de toma de decisiones públicas. Para ella resultan básicas, al menos, dos cuestiones: la gestión del conocimiento y el desarrollo de dicha participación pública.

La información detallada, global e integrada de la situación de partida —escenario preoperacional—, mediante la aplicación de un método de trabajo deductivo de inventario, de diagnosis, de prognosis y de valoración de los problemas, resulta esencial. Sin embargo, no se trata de proceder a una mera recopilación «enciclopedista» de datos que «nutra» herramientas tipo *big data.* Contrariamente, lo importante es transformar esa información en conocimiento. Se trata, pues, de incentivar un proceso de aprendizaje constructivo. Este debe facilitar que la información sea la precisa y que no sea contradictoria, ya que, de lo contrario, en lugar de disminuir la incertidumbre, la aumentaría; en esos casos, la idea es movernos en el terreno de la «incertidumbre razonable», más que en el de la certeza, porque, ya que vivimos en una «sociedad global del riesgo»

(Beck, 2002), resulta más oportuno gestionar ese riesgo que a la sociedad. Del mismo modo, se trata de transformar los contenidos conceptuales —*saber*— en procedimentales —*saber hacer*— y en actitudinales —*saber ser*. En ese punto, la gestión del conocimiento se convierte en un fin en sí mismo.

Por su parte, la consideración de la participación pública como herramienta o como parte de un método de diseño y de ejecución fundamenta una argumentación apoyada en razones vinculadas a la factibilidad de las políticas, de los programas, de los planes y de los proyectos, y al fortalecimiento de los actores sociales. Ello implica, a su vez, una transformación en los procesos de toma de decisiones públicas. Se trata de pasar del habitual modelo burocrático y de control jerárquico, caracterizado por imposiciones fáciles enmarcadas en paradigmas estáticos, a modo de sistema cerrado, sin retroalimentación —positiva o negativa—, con preeminencia de explicaciones lineales del tipo causa-efecto y decisiones descendentes —*top-down*—, al otro basado en la formulación de estrategias específicas y especiales de actuación planteadas a través del enfoque ascendente «de abajo arriba» —*bottom-up*—, articulado en torno a la negociación, al consenso y a la concertación. Los fines son lograr una visión compartida y transparente de las decisiones, crear las condiciones para que estas sean reconocidas y asumidas —legitimidad— por la colectividad y generar escenarios para la concertación entre el objetivo político-técnico y los intereses de los *stakeholders* que intervienen en los procesos.

Sin duda, detrás de ese cambio se encuentran cuestiones como la creciente exigencia por parte de los ciudadanos de mayores niveles de eficiencia en la acción de sus gobernantes, así como de transparencia en las cuestiones públicas y, por tanto, en los procesos de toma de decisiones, porque, en caso contrario, se induce no solo a su desprestigio, sino también a incrementar el grado de desconfianza por parte del ciudadano. Así, la integración, en el nivel que corresponda, de las opiniones y de los puntos de vista de todos los ciudadanos interesados se reconoce hoy día como un elemento fundamental de cualquier política pública, y se plantea como básica en la relativa al gobierno del territorio y de la sociedad del conocimiento, sobre todo si consideramos que sus estrategias necesitan ser interiorizadas para mantener una influencia decisiva.

En definitiva, apostamos por un cambio de paradigma, en el sentido que daba Kuhn al término, en las relaciones entre las decisiones públicas y el conocimiento científico y técnico, pasar de la dictadura de los tecnócratas a una mayor participación ciudadana, de la acumulación de información a la gestión del conocimiento.

29-3-2014

MOISÉS SIMANCAS CRUZ
Doctor en Geografía, profesor titular de Geografía Humana de la Universidad de La Laguna.

137

Crisis ambiental, biodiversidad y sociedad. Reflexiones a pie de obra

Hace bastantes años que escribimos lo siguiente en una monografía sobre el estado de los bosques ibéricos: «Los que trabajamos en el estudio y en la posterior divulgación del conocimiento del funcionamiento de los paisajes y de los llamados "sistemas naturales", cuando, con innegable buena voluntad pero con considerable desinformación, presentamos una naturaleza idílica, intocada y sobre todo intocable, damos una visión poco objetiva y alejada de lo que ha sido secularmente la realidad de nuestros paisajes. En el caso de Cataluña, no hay ni un solo palmo de espacio natural en el sentido estricto, y mucho menos en los espacios forestales, donde la sociedad no haya realizado y/o realice alguna actividad de carácter extractivo y/o productivo.»

La misma distribución de las masas forestales, sin obviar los factores ecológicos, altitudinales y latitudinales, su presencia y su densidad en áreas de montaña, tiene una relación directa con la dificultad extractiva y con la inexpugnabilidad. Por lo tanto, si en el análisis de la composición, de la estructura y del funcionamiento de esos sistemas no se incorpora la dimensión sociocultural y energética, sin duda alguna se mutila una fracción muy notoria de lo que podríamos llamar *realismo socioforestal.*

Otra cosa es si las actividades de apropiación humana a lo largo de la historia han sido realizadas de manera amable y/o sostenible. Lo que sí se puede afirmar es la gran anomalía urbanística de la Modernidad, que, de forma oportunista, ha colonizado especulativamente espacios forestales como ninguna otra civilización histórica conocida ha hecho nunca.

Hay que reconocer que, en el caso de los bosques, ha habido, a partir del cambio energético, unas variaciones de uso realmente relevantes. Su función primaria —en el sentido energético y material— se ha reducido de manera muy significativa, y ha aumentado la función terciaria de servicios —ambientales, conservación, etc.

Biodiversidad y sociedad

La mayoría de los discursos que circulan sobre biodiversidad muestran, en algunas de sus variables, una carga ideológica que trasciende la esfera estrictamente científica, aunque tiene en ella sus bases y sus fuentes, pero que, sin embargo, siempre se muestra como un valor biológico estricto, ya que suele ser escasa la atención que los académicos, los estudiosos y los gestores prestan a su dimensión social, si no es en el sentido más reactivo.

Los esfuerzos por situar la biodiversidad en tanto un bien que hay que conservar como objetivo central han sido advertidos por algunos autores como Stavrakakis, que los considera un posible vivero, en un futuro, de planteamientos extremos. Parece que algunos grupos conservacionistas norteamericanos apuntan en esa dirección, lo que los ha llevado a considerar que la especie humana ha sido tan perniciosa para el planeta que hasta que esta no desaparezca no se podrá redimir de los males causados a la biota, y han dado un primer paso invitando a sus militantes femeninas a no reproducirse para favorecer un proceso encaminado a la desaparición de los humanos.

También induce a la reflexión crítica un artículo de Aide y Grau, publicado hace relativamente poco por la revista *Science* y titulado «Globalization, migration and Latin American ecosystems», en el que, desde la formalidad académica, se advierte de la bondad de los procesos migratorios humanos hacia el norte por parte de poblaciones de comunidades rurales de América Latina y del Caribe, un éxodo —todos sabemos que penoso— que para los autores supondría un efecto beneficioso en los ecosistemas que se dejan atrás, porque estos se verían favorecidos por un proceso de mejora y de recuperación. Sin los humanos alcanzarían formas más próximas al clímax y al *wilderness*. Nosotros añadimos lo siguiente: bondad en la biota, descalabre en lo social.

En otro ámbito, pero con cierta conexión basal, Chomsky reflexiona sobre el proceso de inflación del hedonismo urbano. En él, el sistema urbano y la ideología asociada a este expiarían sus enormes disfunciones ecológicas sacralizando de manera extrema los sistemas no urbanos, exaltando los valores de lo primitivo, de la virginidad paisajística, de un modo que puede recordar a las sociedades occidentales decimonónicas, que imponían a las mujeres la virginidad antes del matrimonio como valor extremo y sancionaban severamente su vulneración.

Antropocentrismo-biocentrismo u otros

Parece que, opuestamente al biocentrismo radical, la civilización occidental, por tradición ptolemaica, ha situado con fuerza al ser humano en el centro del universo, no como un modesto homínido, formando parte de la biocenosis, sino fuera de esta, como una obra de la creación divina o de cualquier otra. Siempre ganador, dominador y actor único. En sus diferentes variables, el predominio de ese antropocentrismo persiste, obviamente, en el contexto de la actual crisis civilizatoria.

No obstante, a lo largo de la historia de la humanidad se ha producido una dicotomía, suficientemente conocida y desplegada de manera remota —que muestra diferentes manifestaciones concentradas con toda la gama de grises intermedios que sean necesarios—, entre el antropocentrismo y el biocentrismo. Para Glacken, las raíces de estos últimos se encontrarían en los tratados médicos de Hipócrates de Cos, en los que el autor describe, en los textos dedicados a los futuros médicos, que, para diagnosticar la salud de un enfermo, antes de prospectar su cuerpo, debe evaluarse el estado del entorno, entendiendo que el paciente y el medio formarían un todo. Nos encontramos frente a lo que podríamos denominar una «auditoría ambiental», obviamente en un contexto hermenéuticamente precientífico.

En las raíces remotas de las fuentes del pensamiento ambiental, Aristóteles se aproxima a una visión abierta y vagamente interdisciplinaria. Su escuela peripatética habla de un solo mundo, de un todo diferente en uno. Contrariamente, Platón formula la existencia de dos mundos, el de las ideas y el de las cosas, una probable antesala de la visión moderna de la propuesta binaria «naturaleza-cultura» como dos componentes separados, en la que podría radicar conceptualmente la génesis de alguna de las corrientes postmodernas de la biodiversidad.

En nuestros días

No es la finalidad de esta reflexión intentar hacer un corpus descriptivo de los diferentes procesos históricos sobre las relaciones y el pensamiento sociedad-medio. Modernamente, la búsqueda de nuevos enfoques que superen lo binario son múltiples y están ligados a la apertura hacia fórmulas discursivas no convencionales. Desde el campo de la *actor-network theory* —teoría del actor-red— se intentan reconceptualizar las relaciones entre la naturaleza y la sociedad con el dimensionamiento del compromiso político de contribuir en el diseño y en la acción para un futuro socioambiental más justo.

La *ciencia postnormal* popularizada por S. Funtowicz y J. R. Ravetz sería uno de esos enfoques alternativos. Para esos autores, los fundamentos de la noción de *sociedad sostenible* están organizados en torno a una visión fantasmática de la naturaleza, y argumentan que, como cualquiera de las utopías anteriores, probablemente esté abocada al mismo destino. El casi paradigma de la sostenibilidad podría constituir una forma postmoderna de confianza que se resistiría a reconocer el carácter desequilibrado y turbulento de la naturaleza. La intuición desde la postnormalidad apunta al hecho de que ninguna fantasía ideológica puede impedir que la naturaleza retorne siempre a su lugar. Por otro lado, no sería posible encontrar una tradición cultural que pueda aportar un conocimiento suficiente para el tipo de respuestas predictibles que piden los problemas ambientales globales.

Algunas dificultades de esa complejidad radican en el carácter elitista de la ciencia, en la unívoca supremacía otorgada a los científicos, que promueven unas propuestas que resultan insuficientes para dar salida a la superación de la crisis ambiental. El ideal de racionalidad de la ciencia normal no solo sería insuficiente, sino que, en algunos casos, sería también inapropiado. De algún modo, dicha incapacidad se encuentra precisamente en el hecho de que la metodología científica imperante es en parte responsable de la crisis ambiental actual. Para los mencionados autores, el reconocimiento de los riesgos ambientales globales revela que el ideal de racionalidad científica ya no sería universalmente apropiado.

Desde el nuevo postulado de la ciencia postnormal, o «ciencia con la gente», se abre un estimulante camino hacia la democratización del conocimiento. Se convoca a nuevos participantes en los nuevos diálogos y se da cabida a diferentes perspectivas y formas de conocimiento, a un revolucionario «diálogo de saberes», como ratifica el ecólogo Víctor Toledo. El reconocimiento de otras formas de conocimiento da la oportunidad de incorporar el saber empírico popular relativo al medio, del que son depositarios relevantes las comunidades, los indígenas y las mujeres. Siguiendo una línea también crítica, pero positiva, algunos autores destacan que la tensión derivada de la crisis ambiental deviene un escenario favorable, porque genera nuevas formas de participación-acción y nuevas perspectivas, como el análisis multicriterio, con el que incluso el antagonismo ideológico llega a ser un valor intelectualmente motriz. La misma tensión llevaría a nuevas formas de participación, y daría paso a nuevos procesos innovadores de desfronterización sectorial en los que la interdisciplinariedad sería una herramienta de trabajo indispensable.

Sin sustraer la importancia que se merecen, las denominadas «leyes de la naturaleza» difícilmente pueden por sí mismas explicar las dinámicas sociales, del mismo modo que la ecología por sí sola tampoco puede explicar todas las modalidades de relación entre las sociedades humanas y el medio. Por eso es necesaria la interdisciplinariedad.

Los principios entrópicos imponen límites materiales a los fenómenos sociales, pero no los gobiernan. Próximo a ese enfoque, Toledo formula de manera esperanzadora el denominado *diálogo de saberes*, que habría surgido a contracorriente de la tendencia predominante en la ciencia contemporánea, que promueve una especialización excesiva y la parcelación extrema del conocimiento. Un nuevo enfoque aspira a integrar las ciencias de la naturaleza en las ciencias sociales y humanas. Según Naredo, eso supone una revolución conceptual, alimentada por una nueva visión geocéntrica y por una nueva conciencia global, que intentaría superar un «neooscurantismo» sin precedentes, al que conduce la especialización científica en campos inconexos.

¿Hay alguna superación posible?

La crisis ambiental es una crisis no de civilización, sino civilizatoria; de ahí su excepcionalidad, derivada justamente de su carácter transversal y planetario. Sitúa el momento demográfico y de apropiación de recursos en el umbral que algunos autores han denominado *dislocación ambiental*, que se concreta en la imposibilidad de universalizar el modelo de consumo occidental a escala planetaria. En semejante escenario, la equidad y la solidaridad global son imposibles si no se subvierte el modelo de distribución imperante. Se reconoce que una de las primeras dificultades es el denominado *babelismo conceptual*. Un ejemplo lo encontramos en el concepto de desarrollo sostenible, que hoy en día tiene más de ciento treinta definiciones. El mismo concepto de medio ambiente es una anomalía como construcción semántica, es un verdadero Baden-Baden lingüístico. Los esfuerzos de superación, aunque relevantes, son muy insuficientes. Nos parecen remarcables la *alfabetización ecológica* de Fritjof Capra y el Center for Ecoliteracy, de Berkeley, en el que se formula un nuevo pensamiento sistémico que reconoce que los ecosistemas y las comunidades sociales son sistemas que funcionan de acuerdo con los principios de interdependencia, reciclaje, cooperación, flexibilidad y diversidad. Conocerlos capacita para «leer» y para interpretar las necesidades de los demás componentes de la red de la vida. Capra no se separa, en los aspectos más esenciales, del neodarwinismo de Wilson, aunque plantea una interdisciplinariedad más abierta que la de este último. La aproximación metodológica capriana se sustenta en la *teoría de los sistemas vivos*, que hundiría sus raíces en diversos campos, como la biología de los organismos, la psicología del gestaltismo, la ecología, la teoría de los sistemas y la cibernética. Según Capra, la superación de la crisis ambiental dependerá de la capacidad humana de alfabetización para comprender los procesos esenciales de la vida.

A modo de clausura

En nuestra opinión, la dimensión social de la biodiversidad debería poder formularse a la manera neohipocrática. Es decir, lejos de ser considerada estrictamente como un universo de curiosidades biológicas, productora de biofilia en mayor o menor intensidad, particularmente por parte de aquellos colectivos especializados o motivados en materia de medio ambiente, debería considerarse por sus valores de bioindicación, relativa a la calidad y a la salud del medio y, de rebote, a la calidad de vida de una comunidad humana y de su territorio, sin renunciar al valor que representa a escala de sensibilización. El conocimiento del medio debe poder representar una posibilidad de comprender el estado cualitativo del territorio y ser un buen sustrato crítico que ayude a alimentar la capacidad social de transformar los modelos sociales imperantes, probadamente insostenibles.

La biodiversidad global debe entenderse como soporte existencial de la vida de los humanos en el planeta, como un componente culturalmente esencial e inconmensurable, a veces inmaterial, en la cosmovisión y en los valores culturales, dada la dimensión tangible de sus valores ambientales, tróficos, productivos, curativos, etc., definitivamente esenciales para la humanidad.

30-3-2014

MARTÍ BOADA JUNCÀ
Geógrafo, doctor en Ciencias Ambientales y naturalista, profesor titular e investigador del Departamento de Geografía y del Instituto de Ciencia y Tecnología Ambientales de la Universidad Autónoma de Barcelona; miembro del comité español del Programa de Naciones Unidas para el Medio Ambiente, de la Comisión de Comunicación y Educación de la Unión Internacional para la Conservación de la Naturaleza y del Fórum Global 500 de Naciones Unidas.

138

¿No os gustaría que, como gestores, con una simple mirada a la globalidad de la información fueseis capaces de mejorar la vida de vuestros conciudadanos sin demasiado esfuerzo?

«Temo el día en el que las máquinas sustituyan las relaciones personales.» Esa frase no tiene más de cincuenta años aproximadamente y, cuando Einstein la dijo, sonaba a ciencia ficción. Pero, aunque todavía queramos resistirnos, ese día llegó hace ya unos años con Internet, si bien se ha hecho más evidente en los últimos tiempos, con la aparición de Facebook, de Twitter, de WhatsApp y de tantas y tantas aplicaciones que nos llegan a través de los *smartphones*, igual que llegaron en su día el submarino o el cohete, que permitieron hacer realidad las visiones de Julio Verne. Lo llamamos tecnología. Parece que la evolución tecnológica no tiene freno. Ahora Ray Kurzweil y Albert Cortina nos hablan de los transhumanos y de los posthumanos. Y es que puede ser que no nos hayamos dado cuenta, y que el transhumanismo y el posthumanismo hayan estado siempre presentes. Cuanto más exploramos y más inventamos, más inteligente hacemos a la especie humana. Y esa inteligencia nace de forma exponencial. Fijémonos, si no, en los avances hechos en el último siglo en comparación con los de hace dos y tres siglos, en todos los campos: la medicina, la guerra, la agricultura...

Desde sus orígenes, la humanidad no ha dejado de servirse de la tecnología para intentar ser más eficiente en todo aquello que tenía que ejecutar. Un ejemplo lo tenemos en el gran avance producido con respecto a la escritura, que, a través de la divulgación de leyes y de pensamientos, significó la creación de la imprenta. Después vino la máquina de escribir mecánica, la eléctrica y, posteriormente, el ordenador.

Y hablamos de eficiencia, aunque podríamos perfectamente hablar de pereza, pero de una pereza positiva. Porque resulta que el ser humano es perezoso por naturaleza y, si mezclamos ese sentimiento de pereza con la inquietud de explorar, que es otra característica que tiene el ser humano al evolucionar, resulta que entonces topamos con la innovación.

Ahora, que ya nos acercamos al final, llego a la conclusión de que innovar no es más que aprovechar la tecnología con la finalidad de explorar nuevos campos que nos permitan ser más eficientes. O, lo que es lo mismo: la pereza positiva nos lleva a la innovación.

Pues os propongo que seáis perezosos por un momento. Suponed que sois el gestor de una ciudad y que tenéis que tomar una serie de decisiones a partir de la información que obtenéis de diferentes sistemas que tenéis muy controlados de forma vertical. Disponéis de un montón de sensores extendidos a vuestro alrededor que os ofrecen una gran cantidad de datos, como son la eficiencia energética, los indicadores medioambientales y de partículas, el tráfico en circulación y de aparcamiento, la recogida de la basura, el grado de satisfacción del ciudadano, la ocupación de la vía pública... Se trata de todo aquello que forma parte de lo que conocemos como ciudades inteligentes, *smart cities*, pero no nos engañemos:

en realidad, la inteligencia la seguimos poniendo, de momento, las personas. Si tenéis unos sistemas especializados tan bien dimensionados, capaces de ofreceros cantidades ingentes de información, ¿por qué no hacéis las ciudades más eficientes? ¿Por qué no hacéis que esos sistemas sean más transversales? ¿No os gustaría que, como gestores, con una simple mirada a la globalidad de la información fueseis capaces de mejorar la vida de vuestros conciudadanos sin demasiado esfuerzo? Así que yo digo: sigamos evolucionando. Bienvenida sea, pues, la pereza positiva.

30-3-2014

SANTI COCA MASCORDA
Ingeniero de Telecomunicaciones y máster en Administración de Empresas. Gestor profesional de proyectos del *Project Management Institute* (PMI). Es responsable de telecomunicaciones del Ayuntamiento de Sant Cugat del Vallès.

139

Las ciudades y los territorios resilientes del mundo global deben ser áreas diseñadas bajo los principios de ética, de justicia, de igualdad; deben ser espacios donde los ciudadanos conozcan los límites de la tecnología y de la naturaleza, y no los sobrepasen

La globalización no da tregua. Nos somete a sus cambios acelerados, no respeta tradiciones ni historia, no acepta bien las opiniones diferentes. Nos ofrece felicidad, una supuesta felicidad disfrazada de tecnología solidaria, sin libertad real. Y organiza los territorios como espacio de lo posible, sin considerar sus peligros inherentes. La sociedad global es una sociedad de riesgo preparada, supuestamente, contra las amenazas que puedan acontecer, con un nivel de conocimiento y con un grado de desarrollo tecnológico capaces de hacer frente a cualquier peligro. Y, sin embargo, es muy vulnerable a los fenómenos tecnológicos y naturales adversos.

La sociedad global es una sociedad con alto grado de resiliencia, pero con escaso nivel de resistencia. Y el abanico de amenazas es creciente. Estamos expuestos a variaciones de tensión eléctrica que alteran nuestro cada vez más dependiente funcionamiento informático diario; a ataques informáticos que pueden descubrir secretos de Estado o confesiones personales íntimas; a fugas radiactivas que, en su desplazamiento silencioso, no conocen fronteras ni los niveles de renta de las áreas afectadas —Chernóbil, Fukushima—; a accidentes en el transporte de productos químicos peligrosos que convierten algunos territorios que son ruta habitual de paso en áreas especialmente vulnerables... Y, si nos referimos a eventos extremos de la naturaleza, apenas quedan espacios geográficos en el mundo que estén libres de sus efectos: terremotos, volcanes, ciclones tropicales, inundaciones, sequías y temporales se presentan con frecuencia en una superficie terrestre cada vez más poblada y que ocupa áreas donde esos peligros se manifiestan originando graves daños económicos y miles de muertes cada año.

Y a la ya elevada vulnerabilidad ante los riesgos de la sociedad global se suma, como telón de fondo de nuestras futuras actuaciones tecnológicas y territoriales en el siglo actual, el calentamiento climático. La realidad, ya presente, de una atmósfera más contaminada y más cálida, favorecida por la quema de combustibles fósiles necesarios para impulsar un progreso depredador de recursos, tendrá efectos nada positivos para el futuro de las sociedades mundiales.

En un mundo cada vez más urbanizado, la ciudad se ha convertido en el escenario de actuaciones de la globalización, en el principal teatro de las manifestaciones de la peligrosidad tecnológica y natural que encierra dicho proceso. Por eso, tanto la ciudad como nosotros, los ciudadanos, somos —y lo seremos más en el futuro— protagonistas de unos hechos que nos hacen vulnerables y que someten nuestro devenir a un alto grado de incertidumbre. Y es nuestro deber exigir a los gobernantes que lleven a cabo actuaciones que nos permitan una vida segura en nuestro planeta y que asuman un comportamiento ético en el proceso actual de desarrollo económico y de transformación acelerada del medio ambiente.

Nuestra reflexión sobre el desarrollo actual y futuro y sobre el papel del ser humano en esta fase de civilización suele estar referida a lo que vemos y vivimos en las sociedades globalizadas del mundo avanzado. Olvidamos, de modo más o menos consciente, que, en los países menos desarrollados, la vulnerabilidad ante los peligros tecnológicos y naturales es mucho mayor por el escaso nivel de resistencia y de resiliencia de esas regiones. Son las áreas más vulnerables de la globalización las que difícilmente mejorarán su situación sin ayuda externa. Y aquí también hay, o debería haber, un compromiso ético por parte de las sociedades desarrolladas, si es que queremos un mundo más igual, más solidario y más seguro.

La ética de un mundo global que asegure la vida del ser humano, su diaria subsistencia y un nivel de vida digno a escala planetaria, pasa por el conocimiento preciso de los peligros de todo tipo que nos pueden afectar, y por el desarrollo de medidas que nos hagan resistentes a sus manifestaciones extremas y que nos permitan sobreponernos a sus efectos. Las ciudades y los territorios resilientes del mundo global deben ser áreas diseñadas bajo los principios de ética, de justicia, de igualdad; deben ser espacios donde los ciudadanos conozcan los límites de la tecnología y de la naturaleza, y no los sobrepasen. De lo contrario, la vorágine de la globalización puede acabar con su libertad y, lo que aún es peor, con sus vidas.

30-3-2014

JORGE OLCINA CANTOS
Catedrático de Análisis Geográfico Regional de la Universidad de Alicante. Autor de diversos estudios sobre riesgos naturales. Colabora con diversos medios de comunicación. Fue uno de los ponentes españoles en el Año Internacional del Planeta Tierra (2008). Miembro de diversos consejos asesores de revistas científicas de temática geográfica y ambiental.

140

Desde una buena conciencia, un nuevo mundo quiere nacer

«Si no pensamos en las generaciones futuras, tengamos por seguro que ellas nunca nos olvidarán», decía Henrik Tikkanen.

Agradezco la propuesta de trascendencia humana que promueve Albert Cortina cuando plantea preguntas como esta: «¿Se implementará en los próximos años una noocracia democrática basada en la inteligencia colectiva, en la sincronización global de la conciencia humana y en el poder distribuido horizontalmente?» Pero tengamos presente que la noocracia tiene respuestas a partir de la visión de la noosfera del científico, arqueólogo y místico Pierre Teilhard de Chardin... Ahora es el momento evolutivo de la nueva esfera, la esfera de las mentes y de los corazones sincronizados en la noosfera. *Noos*: el espíritu y la mente unidos en el corazón. Cabe, entonces, preguntarse lo siguiente: ¿cuál es el próximo paso? ¿Hacia dónde vamos? El camino es creer y esperar que vamos todos a asistir a una evolución lenta pero irrefrenable, capaz de ser solidaria, compasiva, justa, pacífica y espiritual. Esa es la utopía necesaria, ella nos orienta en nuestra búsqueda. La utopía es, por naturaleza, inalcanzable, pero ¿qué serían nuestras noches sin las estrellas? Serían pura oscuridad, no tendríamos rumbo definido y andaríamos perdidos. Estamos conviviendo en esta nave planetaria llamada Tierra en un momento crucial. Todos los miles de años de evolución del ser humano tienen ante sí unos años para dar perdurabilidad a las futuras generaciones. Por eso hay que iniciar un proceso de transformación personal que consiga promover, al mismo tiempo, una transformación social. Hay que hacer una serie de transiciones de manera urgente. Hay que transitar hacia una cultura del ser por encima de la cultura del tener, y hacia una cultura de la cooperación y de la ayuda mutua por encima de la competitividad individualista y excluyente, porque los grandes cambios exigen, en primer lugar, cambios en la estructura más íntima de la persona. Que así sea.

1-4-2014

MIQUEL VIDAL GIL
Consultor de Creating Sostenibilidad, desarrollo organizacional en sostenibilidad y responsabilidad social, miembro del Plan Nacional de Valores impulsado por la Generalitat de Cataluña en el área de Sostenibilidad, Hábitat y Paisaje, y miembro fundador de la asociación The Natural Step (ATNS).

141

Con coche vivo cerca, con WhatsApp estoy en todas partes

Planteamiento

La economía y la sociología son disciplinas empíricas —se fundamentan en los datos observables— y propositivas: estudian y proponen modelos sociales, económicos y también jurídicos que podrían instituirse, teniendo en cuenta sus efectos en las personas y en la sociedad. La cuestión que nos corresponde analizar es cómo las TIC, las tecnologías de la información y de la comunicación, organizan hoy en día a la sociedad, cómo influyen en los individuos en su cotidianidad y si provocan ignorancia en la llamada *sociedad del conocimiento.* Algunos analistas pronostican que en el modelo de sociedad de un futuro más bien próximo habrá, a pesar de que se la llama *sociedad del conocimiento*, ignorancia —entendida esta como falta de sentido crítico— e incapacidad para plantearse cuestiones trascendentales respecto a cuál debe ser el modelo de sociedad más adecuado, y eso a pesar de contar con habilidades y con competencias para el manejo de las TIC. Por lo tanto, la cuestión es si las TIC provocan un efecto regresivo en la distribución del conocimiento y si pueden empujarnos hacia la ignorancia. El hilo conductor de esta reflexión en forma de artículo es la comparación entre un antes inmediato, vinculado a lo que significaron el automóvil y su modelo de sociedad, y el modelo que puede edificarse en este momento en relación con las tecnologías TIC y con las implicaciones que el concepto de ignorancia tendría en ese nuevo escenario.

Ahora

Ahora vivimos un momento en el que las TIC, como una sola tecnología, parecen ser dominantes. Coincidencia o no, las TIC se imponen en el momento en el que la sociedad que surgió del automóvil, llamada *fordista*, se hunde. Sea como sea, opino que la tecnología TIC no es la única causa que explica eso, y que, como mucho, podría interpretarse que ha acelerado el proceso de sustitución de un modelo de sociedad por otro. En determinados ambientes se compartió la opinión y la voluntad de que las TIC tenían que tomar el relevo de las viejas tecnologías analógicas, y de que, en cierta medida, el modelo de sociedad sería una renovación de aquella sociedad del automóvil estandarizado y del mercado de masas. Pero podemos observar que la «implementación» de las TIC, es decir, la conversión de una idea, de un método o de un esquema en objeto o en proceso informático, no ha supuesto hasta el momento una continuación de ese modelo, que duró unos sesenta años, sino que ha servido de excusa para «implementar» otro modelo social que hoy parece recuperar el capitalismo decimonónico de estamento y de segregación. No obstante, es arriesgado y poco riguroso pronosticar y prever el modelo de sociedad que surgirá a causa de la aplicación intensiva de las TIC.

Antes

Nos diferencian tres etapas respecto de aquel modelo de sociedad que aplicaba los métodos de trabajo fordista, en el que el automóvil fue el símbolo mesocrático de la clase media. En un primer momento, a finales del siglo XIX y principios del XX, no se trataba de una innovación en sentido estricto, sino más bien de un invento que no se entendía más allá de aquellos que podían comprarlo, una minoría social que, aparte de tener el dinero para adquirir el automóvil, lo hacía servir como un juguete que sustituía la tracción animal. En la segunda etapa, sobre los años veinte del siglo pasado, después de la Gran Guerra, el automóvil, pero también neveras, lavadoras, tocadiscos y un largo etcétera, se veían como un gran negocio. Ese punto es importante, porque se confiaba en que aquel invento europeo del ingeniero Maybach —compañero de Daimler y de Benz—, que estaba orientado hacia un consumo suntuario por parte de minorías ricas, solo podía ser un negocio si todo el mundo, o casi todo, lo podía comprar. La idea, vista con perspectiva, tiene unos efectos realmente imponentes: un invento para ricos pero para todos. No es necesario citar nombres y marcas, ya que forman parte de nuestra cultura y de nuestra simbología popular.

Pero ahora, querido lector, te pido que vayamos un poco más allá y que, en lugar de verlo con perspectiva, profundicemos en él para describir con más detalle aquel modelo de sociedad. El trabajo organizado a través de una cadena móvil, la producción en cadena, permitió que un invento casi artesanal, el automóvil, se convirtiera en un producto destinado al mercado de masas. La organización del trabajo fue la arquitectura que, de la misma manera que un programa informático, estructuró a la sociedad: rapidez y estandarización, diseño industrial y nuevas aleaciones, química y construcciones, incluso escuelas y política, «funcionaron» como engranajes de un motor que aceleraron la edificación de esa sociedad. El automóvil fue el efecto pero no la causa. La causa se encuentra en una tecnología que, en lenguaje TIC, podría definirse de *soft*, que permitió un incremento lineal del capital. Las grandes empresas, organizadas según los criterios fordistas de gran producción, destinadas a satisfacer mercados gigantescos, fueron los medios, ya que el objetivo fue aumentar el beneficio financiero. En una tercera etapa, los costes de esa gran operación —negociación colectiva, progresión fiscal— se descontaron «legítimamente» por los procesos de desregulación del mercado. El reparto de la renta y de la riqueza formaban parte de los costes —todo el mundo tenía que comprar un coche—, pero garantizaban el mantenimiento de la cuota del mercado. Todo era de clase media, y el coche era el símbolo más representativo de esa nueva clase surgida de una tecnología. Ahora, cuando ya han dejado de ser negocio, esas grandes empresas se han convertido, en el mejor de los casos, en museos y en bibliotecas financiados y pagados con dinero público, y las viejas naves industriales se han convertido en abono de especulación inmobiliaria, hasta el punto de que algunas han emigrado hacia entornos más favorables para el negocio —o sea, se han «deslocalizado».

Ignorancia/tecnología

La lección que debemos aprender es que, sin duda, la tecnología modifica costumbres, promueve el cambio social y articula nuevos modelos de sociedad. La repercusión ha sido que entendamos la vida a la velocidad del automóvil: «Vivo cerca», a pesar de que estemos trabajando a veinte o a cincuenta kilómetros. Paisajes y ciudades han sido martirizados con kilómetros y kilómetros de asfalto, y la vida cotidiana rueda por carreteras y por autopistas, por garajes y por gasolineras. «Vivimos cerca» en relación con una tecnología que nos ha permitido modificar la dimensión de la distancia y, sobre todo, la manera de vivir. El automóvil todavía forma parte de nuestro código más íntimo, aunque sea una máquina. Nos ha organizado la vida, es decir, ha construido para nosotros la arquitectura de una manera de hacer y de ser. Paralelamente, puede darse el caso de que la ignorancia, en el sentido más humanista del concepto, sea una relación inversa respecto del conocimiento superficial que se tiene de aspectos técnicos: relación potencia/peso, consumo/aceleración, motores híbridos / motores ligeros... Y, en consecuencia, aunque pueda parecer contradictorio, es también ignorante aquel que no sabe entenderlo.

Por lo tanto, las TIC marcan un antes y un después, y empiezan a definirse tendencias que van modelizando a la nueva sociedad: las nuevas empresas TIC no se organizan con criterios fordistas, sino que son organizaciones flexibles, ubicadas en lugares diversos y distantes, en las que la jerarquía queda desdibujada. Hablamos de unidades productivas y de mercados segmentados. Se observa un saldo negativo en la creación de puestos de trabajo, no hay un reparto equitativo de la riqueza, sino el desescombro de la clase media de tipo fordista. Los datos señalan un aumento de los extremos de riqueza y de pobreza y, por tanto, una regresión en la nueva distribución de la renta. Aquel que no descifre el acrónimo Os o los términos Piggin o WhatsApp será un ignorante funcional, y un inculto si no sabe utilizar Google, Opera o SeaMonkey. El nuevo modelo de sociedad es como un enjambre de abejas: cada una de estas poliniza de manera autónoma, pero está conectada con las demás por medio de una red, la colmena, que alimenta una reina cuya función es la reproducción y a la que, ante un ataque externo, defienden con enjambres de grupos pequeños para que la caída de unas no suponga la de todas. Esa organización asegura una probabilidad de éxito más alta a la hora de alcanzar el objetivo, que no es otro que la defensa de la reina. Trasladamos, pues, ese modelo organizativo a la sociedad humana —lo que las TIC nos permiten— juntamente con una ética de beneficio financiero. No obstante, la sociedad que se construye más allá de las TIC no creo que siga los modelos propuestos por la nueva literatura contrautópica tan bien escenografiada por la industria del cine, ya sea en *Mad Max* —un mundo destruido que ha sucumbido a la violencia y al desorden—, en *Blade Runner* —una sociedad de menestrales tecnológicos malviviendo bajo la dictadura de un genetista— o en *Matrix* —la realidad virtual domina la realidad analógica.

Corolario

En resumen, y para acabar este artículo de reflexión y de ensayo, quiero plantear un par de preguntas para afinar todavía más la cuestión de hasta dónde llega la relación entre tecnología e ignorancia. La primera: ¿los Beatles serían un icono sin el disco de cuarenta y cinco revoluciones por minuto y sin el tocadiscos portátil? La respuesta puede ser que la tecnología ha «amplificado» una actividad casi trovadoresca y la ha convertido en una gran industria. La segunda pregunta, un poco más sofisticada y más próxima a eso que consideramos «alta cultura», o sea, lo contrario de la ignorancia, sería la siguiente: ¿hoy el cristianismo —que es una de las grandes religiones— sería lo que es sin la escritura —que es una técnica— y sin la imprenta —que es una tecnología—? No hace falta detenerse demasiado a detallar los efectos del cristianismo en nuestras sociedades: el gótico cisterciense del real monasterio de Santa María de Poblet, la nueva catedral postgótica de la Sagrada Familia, las solemnes *Pasión según san Mateo* y *Pasión según san Juan*, de Juan Sebastián Bach, o las intimistas cantatas del *Vespri per l'Assunzione di Maria Vergine*, de Antonio Vivaldi, obras maestras que nadie pone en duda, fundamentos de nuestra cultura occidental que han sido posibles gracias a una técnica como es la escritura/lectura, que comunica sin la presencia de otra cosa; de una tecnología como la imprenta, que difunde la palabra y el mensaje; y, sin duda, de una tecnocracia bien organizada, que reproduce esa tecnología y la defiende como si formara parte de una colmena de abejas. Y lo que queda más desapercibido por obvio nos ha hecho «ver» una determinada visión del mundo y una organización de la cotidianidad, del espacio y del tiempo que ha estado dominando y, por tanto, una definición muy exacta de lo que es y no es ignorancia.

1-4-2014

JOSEP M. CORTÉS MARTÍ

Doctor en Economía y sociólogo, profesor del Departamento de Sociología y Análisis de las Organizaciones de la Facultad de Economía y Empresa de la Universidad de Barcelona; ha sido director general de Futuro 2000.

142

Más smart, *más humanos*

Afectados por la crisis

Crisis financiera, producto de la burbuja inmobiliaria; sobreproducción de viviendas por encima de las necesidades de la población, ya que los precios nunca iban a bajar... ¿Recuerdan? Tulipanes, acciones... «El mercado al fin se ajustó» y se desplomó como por efecto de una gran explosión. Tras la explosión, la gran destrucción. La gran explosión ha destruido millones de puestos de trabajo, está erosionando avances sociales y haciendo que disminuyan la igualdad, la fraternidad y la libertad. Una gran capa de polvo en suspensión no nos deja ver el paisaje destruido, pero intuimos que los efectos de la explosión no son uniformes, porque sabemos que, antes de que se produjese, unas construcciones eran resistentes, algunas incluso poseían refugios nucleares, y otras estructuras eran muy débiles. Aunque esa atmósfera enrarecida no nos deje ver, resistamos, ayudemos, apuntalemos las estructuras que aún están en pie, porque es un momento oportuno para que los más listos y los menos éticos aprovechen la situación y nos despojen de lo que aún nos queda. Cuando la capa de polvo sedimente, veremos lo que fue una ciudad. ¿Será más pobre? ¿Será más desigual? ¿Será menos solidaria? ¿Será menos libre? Podemos empezar a hacer algo, como fomentar «la inteligencia en red», la que suma y hasta multiplica, la que ha dado grandes saltos con Gutenberg. Google nos puede ayudar si diseñamos las aplicaciones inteligentes y adecuadas para dar respuesta a las necesidades de nuestra sociedad en «tiempo real».

Tenemos necesidades

Una parte importante de la población necesita viviendas: algunos nunca han podido acceder a ellas y otros se han visto expulsados de ellas, los excluidos y los que están en peligro de exclusión.

Tenemos recursos

Tenemos viviendas, la burbuja nos ha dejado la huella de la sobreproducción: viviendas acabadas que nunca se han ocupado, viviendas vacías aptas para ser ocupadas, viviendas necesitadas de una reforma, edificios a medio construir, suelo urbanizado disponible. Viviendas bien ubicadas en ciudades y pueblos, otras no. Propiedades privadas y propiedades públicas, de propietarios solventes y también de «bancos malos», que son de todos, ¿no? Las administraciones disponen de herramientas fiscales, de incentivos, y pueden aplicar «expropiaciones temporales de uso». El acceso a la vivienda para quien la necesita puede ser mediante compraventa, mediante opciones de compra, alquileres, cesiones de uso temporales...

Tenemos derechos
A la vivienda, entre otros; lo dice la ley, una ley justa que debería cumplirse.

Tenemos medios smart
Inteligencia en red, incluso aplicaciones prácticas: un convertidor de necesidad en demanda, que ajusta el precio del bien a lo que el usuario puede realmente pagar —un 30 % de sus ingresos, ¿no?; alquiler o compra—, si los ingresos son bajos, los precios serán bajos. Un «*software* inteligente» que puede hacer funcionar el mercado —necesidades, demanda, oferta, ajustes— en tiempo real, a disposición de todos, y que impide las acumulaciones, las sobreproducciones, y que, por tanto, evita las futuras burbujas. Una aplicación que permite actuar ahora y también simular escenarios para prever necesidades futuras. Ese *software*, como todos, se alimenta de información.

Tenemos información
Oferta —cuantitativa y cualitativa—, estado de la oferta —en este caso, de los bienes inmuebles—, localización de la oferta —cercanía con respecto a las necesidades—, sostenibilidad del modelo urbano implicado... Demanda cuantitativa, en función de las necesidades de la población y de los niveles de capacidad adquisitiva, en función de los niveles de renta... Si no tenemos aún la aplicación y la información, desarrollemos la primera y recopilemos la segunda. Será una buena inversión, ya que, si funciona y es de libre acceso, hará posible que todos vivamos mejor en este mismo momento. Ha sido un ejemplo, bastante local —no todo el mundo ha sufrido burbuja inmobiliaria— y específico —solo hemos hablado de vivienda—, pero puede ilustrarnos de lo que hoy se puede hacer para gestionar recursos, especialmente escasos para muchos. Podemos plantearnos ejemplos análogos para gestionar otros recursos, como el agua, la energía, los espacios naturales, la educación, la sanidad, la cultura, el trabajo, etc., y hacerlo además a diferentes escalas —ciudad, territorio, país, continente o planeta.

No seas malvado
Pero, ¡cuidado!, también puede desarrollarse un *software* para maximizar el beneficio particular, aunque muchos sufran las consecuencias. Como

ya hemos visto, se puede especular con tulipanes, con valores bursátiles o con bienes inmobiliarios, con lo que se generan burbujas y se sale del mercado a tiempo para recoger grandes beneficios. Es otra manera de gestionar los recursos, la información y la inteligencia en red. ¿Acaso será más fácil acabar con la alopecia que con la malaria?

Sí, nosotros podemos

Tenemos necesidades y recursos, pero también más medios e información que nunca, y muchos tenemos la ética del bien común. Sabemos, además, que debemos proteger nuestras nuevas aplicaciones con los antivirus adecuados para evitar la infección y cerrar el paso a maliciosos caballos de Troya. Seamos optimistas y pongámonos a trabajar con la nueva inteligencia en red. ¡Vale la pena!

1-4-2014

JOSEP M. CARRERA ALPUENTE
Doctor arquitecto; ha sido coordinador del Plan Territorial Metropolitano de Barcelona (2005-2010) impulsado por el Departamento de Política Territorial y Obras Públicas de la Generalitat de Cataluña. Actualmente trabaja en proyectos de ordenación territorial y urbanística como director técnico del Grupo de Investigación sobre Urbanismo y Territorio de la Universidad Politécnica de Cataluña.

143

La conciencia es como el agua. Indistintamente del recipiente que la contenga, el agua continúa siendo agua. Por muy aprisionada que se encuentre, al final siempre acaba fluyendo

Holísticamente, el ser humano es un conjunto de elementos imposible de dividir. La teoría según la cual los entornos —físicos, sociales, emocionales, etc.— condicionan al sujeto —no solo al hombre, sino a cualquier especie— está ampliamente arraigada desde hace tiempo. Es imposible analizar exclusivamente una porción individual y verter afirmaciones coherentes.

Si la mejora del hombre como especie consiste en fundirnos con determinados *gadgets*, obviamente es una evolución artificial, una evolución condicionada, en la que la gran perjudicada sería la especie misma. Una evolución sin sentido. De hecho, no sería evolución, sino actualización, aunque, por otro lado, la conciencia, que es la esencia real del ser sentiente, quedaría intacta. Entiendo el paso por este planeta como un deber que tenemos que cumplir para la evolución de la conciencia, como parte de un puzle que, pieza a pieza, vida tras vida, va encajando y se va completando. La herramienta con la que debemos desarrollar ese trabajo que hemos venido a realizar es el cuerpo físico, y este no es nuestro, no nos pertenece en absoluto. Es una herramienta tan valiosa, tan potente y tan capaz que debemos estar agradecidos de poder contar con ella para poder desarrollar nuestro don —todos y cada uno de los seres sentientes que habitan el universo tiene un don. Tenemos la obligación no solo de dar las gracias por él, sino de cuidarlo, de respetarlo, de amarlo y de intentar devolverlo —cuando lo devolvamos— en las mejores condiciones posibles. La materia no nos pertenece, es un préstamo desinteresado que un día u otro nos reclamarán, siempre ocurre, y pase lo que pase seguirá ocurriendo. Nada, absolutamente nada es eterno. ¿Mejorar la especie a través de implantes de silicona, de silicio o de cualquier otro material? No lo creo. Tal vez nos ayude físicamente, pero en lo esencial, en lo que respecta a la conciencia, a la especie, no lo hará. La conciencia es como el agua. Indistintamente del recipiente que la contenga, el agua continúa siendo agua. Por muy aprisionada que se encuentre, al final siempre acaba fluyendo. El agua es el elemento más poderoso, porque gota a gota es capaz de perforar la roca más resistente. La conciencia es ese agua. La conciencia es luz, y una llama, un led o una chispa, por muy pequeños que sean, acaban con la oscuridad más profunda. La luz es conciencia, y la conciencia es luz.

8-4-2014

ALONSO DE HEREDIA GÓMEZ
Terapeuta holístico y director de Naturatesana.

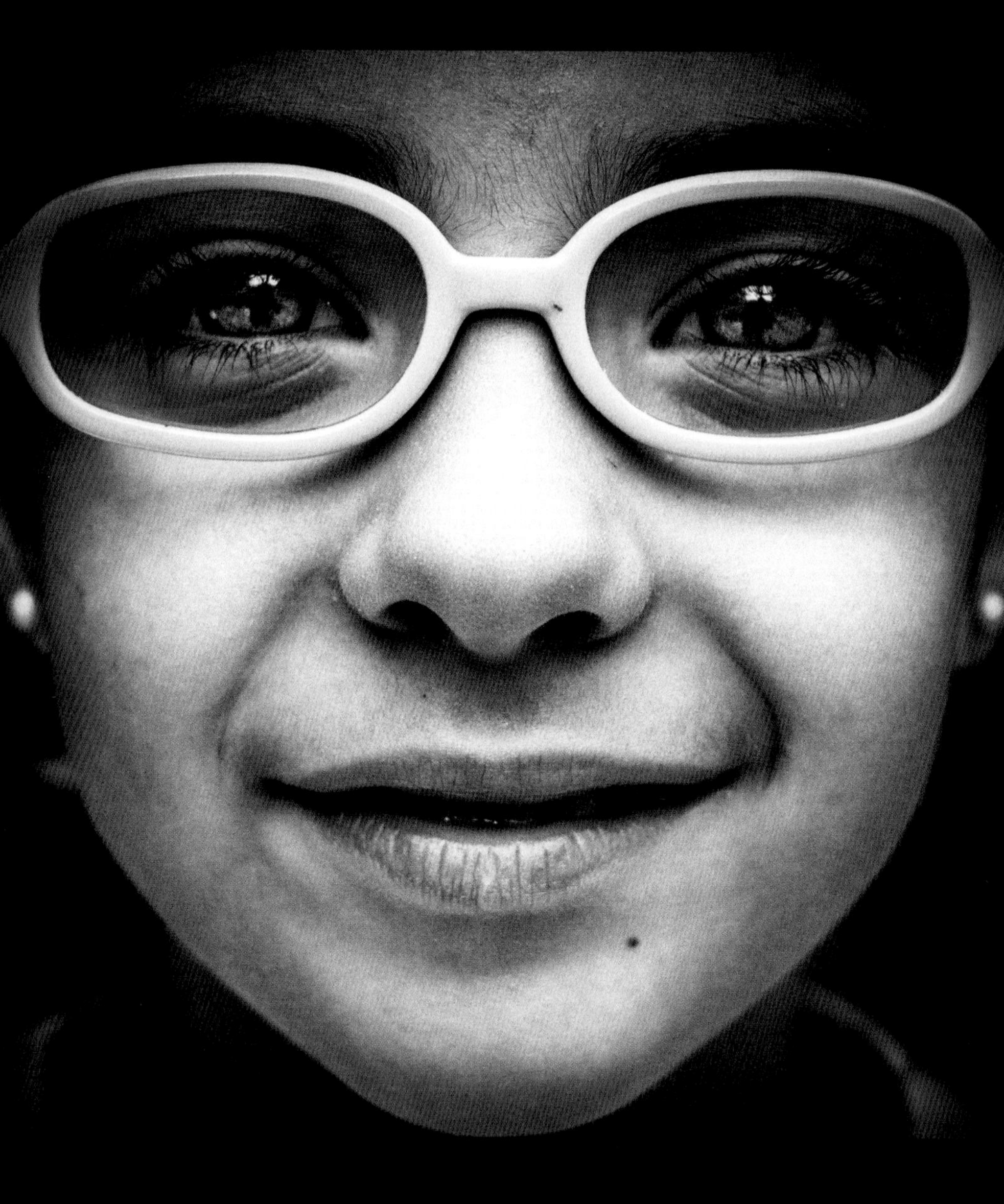

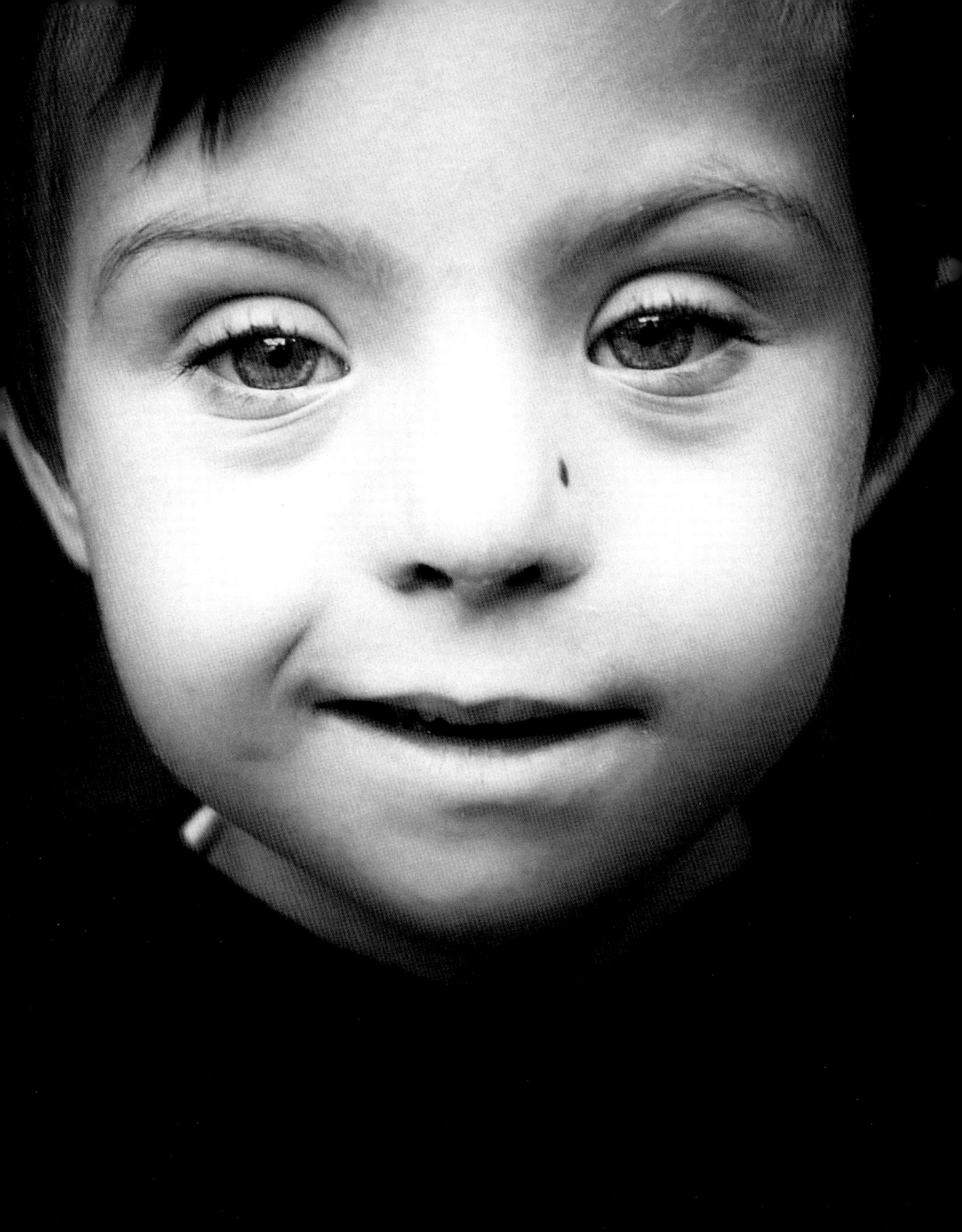

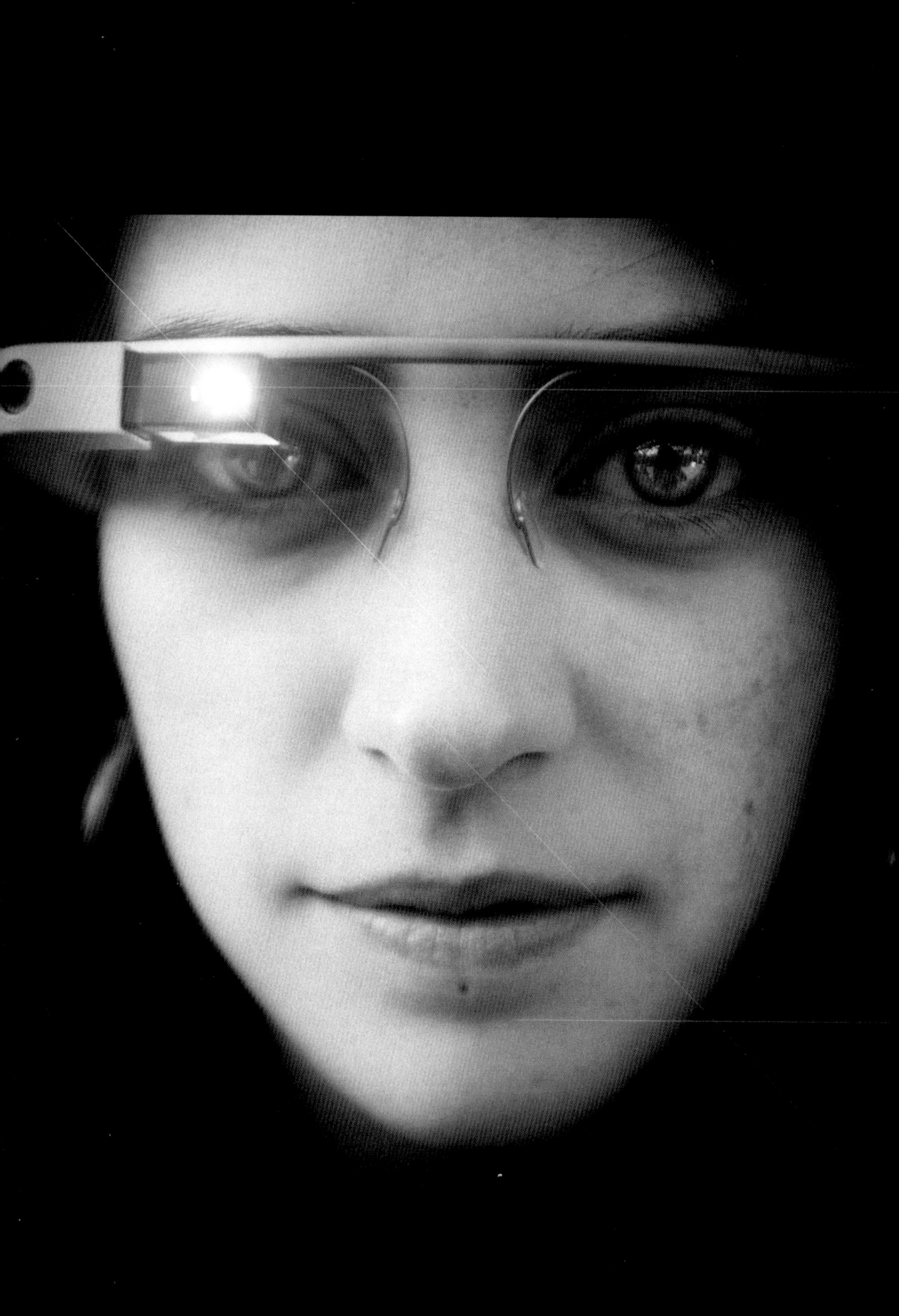

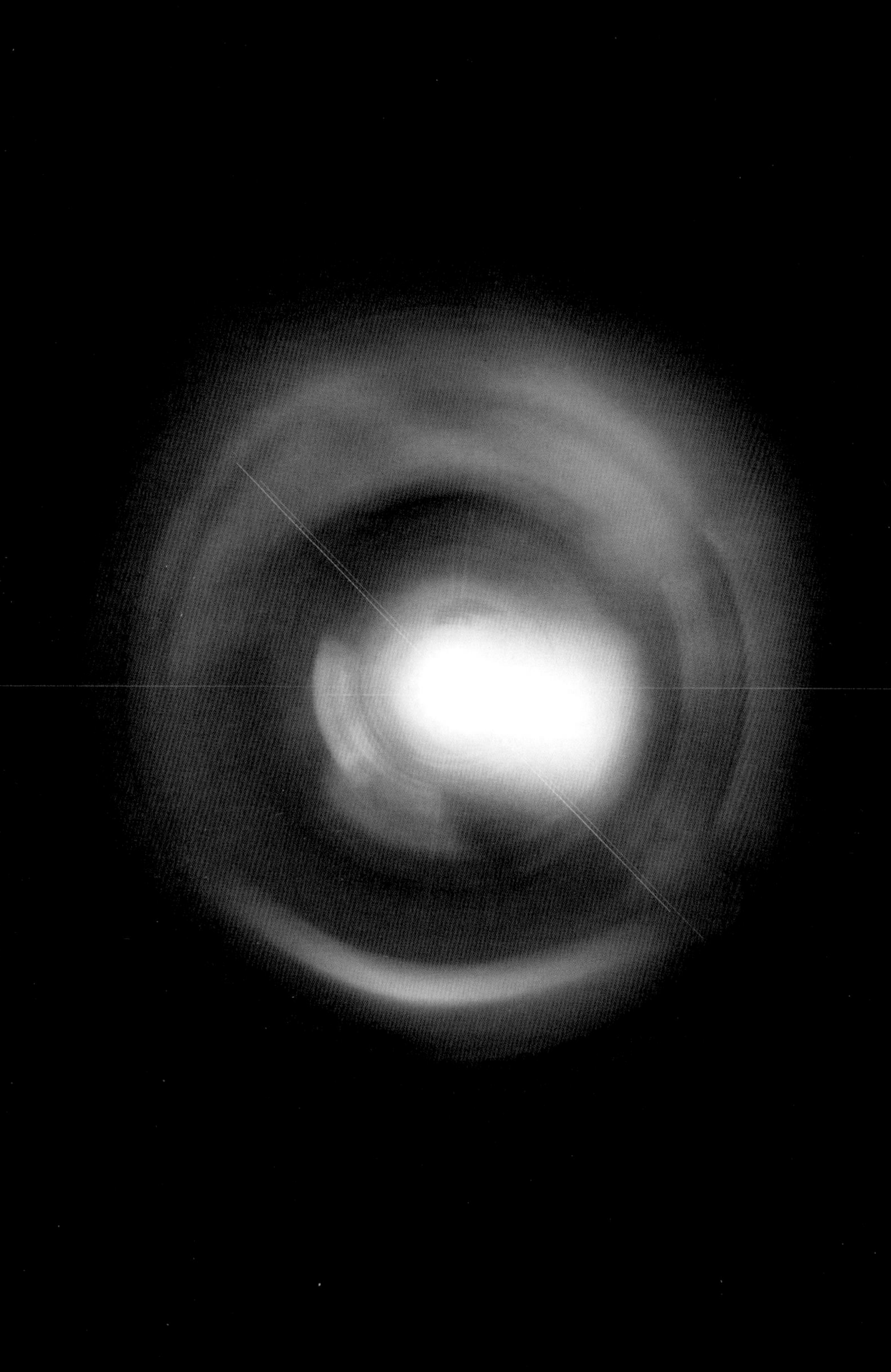

144

Es en la dimensión moral, espiritual, donde aflora la sensación de plenitud propia de la felicidad auténtica

¿Qué es lo que nos mueve de verdad? Ser mejores en lo útil, en lo técnico y en lo cognitivo puede motivar a corto plazo, pero no logra satisfacer verdadera, plenamente. No puede saciar el deseo de tener un poco más, algo más. No conduce a la felicidad, que es lo que profundamente nos mueve. A una felicidad auténtica, que da tranquilidad y sosiego. En todos esos ámbitos —técnico, científico, cognitivo—, el hombre puede prosperar y convertirse en transhumano o posthumano. Y luego puede orientar mejor o peor sus logros —en medicina, por ejemplo, o en su capacidad destructiva, ya sea contra el entorno o contra sus semejantes. Gracias a la inteligencia —que nos es dada— podemos saber más; gracias a actitudes morales, como la voluntad, orientamos nuestros logros hacia lo mejor o hacia lo peor. Y es en esa dimensión moral, espiritual, donde aflora la sensación de plenitud propia de la felicidad auténtica. Dudo de que las capacidades tecnológicas que se puedan conferir a los «nuevos humanos» consigan conducir a ese estado de plenitud, de felicidad. Porque ambas capacidades —la tecnológica, por llamarla así, y la emocional o espiritual— están en planos distintos. Y es que, por mucho que se avance en una, no se alcanza la otra. Desde luego, si la humanidad en conjunto avanza solo hacia la primera, los riesgos son innumerables.

8-4-2014

EULÀLIA COMAS LAMARCA
Bióloga y máster en Tecnología del Agua. Consultora del Servicio de Planificación y Gestión del Entorno Natural de la Consejería de Territorio y Sostenibilidad de la Generalitat de Cataluña; ha sido directora de la Reserva de la Biosfera de Menorca.

145

Humanización y transhumanidad. La revolución científico-técnica nos permite, más conscientemente que nunca, aplicar las propiedades y las leyes de la naturaleza —producto del funcionamiento físico, químico y orgánico del cosmos— a la organización de la humanidad

La evolución en el planeta no tenía ninguna direccionalidad hasta que nuestro género, a través de sucesivas especies como el *Homo habilis*, el *Homo ergaster*, el *Homo erectus*, el *Homo antecessor*, el *Homo heidelbergensis*, el *Homo neanderthalensis*, el homínido de Denisova, el *Homo floresiensis* y, especialmente, el *Homo sapiens*, dio sentido al espacio-tiempo. La evolución humana se caracterizaba por ser un proceso de progresivo aumento de la complejidad, en el marco de una dinámica en la que el azar controlaba la mayoría de las adquisiciones y de los ensayos adaptativos. En ese largo recorrido, los humanos nos hemos constituido en singularidad. Somos, por lo tanto, una singularidad del espacio-tiempo.

Una dialéctica implacable se ha establecido en lo que hoy constituye lo humano: humano, emergencia y socialización son unidades indisociables por las que aceleramos nuestra propia historia. Así, descubrimiento, invento, aplicación y uso social se convierten en emergencias recurrentes para el primate humano del siglo XXI.

Desde la Revolución Industrial, los tiempos entre las adquisiciones emergentes y su extensión social han ido disminuyendo tanto que cada vez estamos menos preparados para metabolizar los cambios a nivel de especie. Antes de tener tiempo para seleccionar las nuevas adaptaciones a las que nos sometemos, ya estamos sometidos a nuevas presiones adaptativas. Esos cambios nos trasforman a una gran velocidad. En consecuencia, si asumimos nuestro proceso de humanización desde la hominización, deberíamos decidir hacia dónde vamos. Probablemente, la transhumanidad sea una posibilidad objetiva y represente el final de la humanización, cuando aún no somos *humanos* —en el sentido que doy al término *humano* y que trato de explicar a continuación.

Desde que, hace unos tres millones de años, unos *Hominidæ* en África inician la producción de un tipo de códigos morfológicos, de manera secuencial y sistemática, para obtener energía, todo cambia. Inicialmente, se trata tan solo de lascas de piedra con filos cortantes que nos permitieron acceder a nuevas formas de alimentación. Pero fuimos más allá, y esa adaptación cultural ha sido el germen de nuestra evolución posterior. Esos cambios se expresan, primeramente, en la adquisición de nuevos comportamientos; después, en las formas de producir, en la manera de conseguir generar con facilidad caos en el entorno biológico, y, finalmente, en cambios en la forma de comunicarnos y de relacionarnos entre nosotros a través de los usos sociales de la tecnología. Durante ese proceso, el *Homo sapiens* ha contribuido a que su espacio y su tiempo se contraigan de manera progresiva, en la medida en que la tecnología ha propiciado la socialización de redes complejas y su acceso a una mayoría social de individuos y de poblaciones. En ese sentido, los procesos humanos se han ido retroalimentando y ahora están acelerados, como si se tratara de un agujero negro. Ese era nuestro sustrato evolutivo hasta el momento crucial en que los seres humanos de la especie *Homo sapiens* llevamos a cabo la revolución científico-técnica y empezó su socialización. La manera como se produce y se regula la energía caracteriza a las formaciones sociales y contribuye de manera sistémica a los cambios en ellas.

Probablemente, sin la revolución neolítica, es decir, sin pasar de formaciones sociales nómadas, no excedentarias, a otras sedentarizadas, en las que la acumulación y la reproducción devienen esenciales para superar nuevos retos adaptativos, no se habría acumulado suficiente información nodal ni complejidad social para evolucionar bajo nuevas presiones adaptativas. En ese sentido, esas nuevas formaciones sociales generaron la redundancia necesaria para un crecimiento demográfico exponencial sustentado en nodos espaciales de gran atracción, cuya característica fundamental era estar, de una manera u otra, interconectados. De ese modo, la revolución neolítica, que llegó a tener al menos cuatro grandes focos independientes en el planeta desde hace unos diez mil años, incrementó la sociabilidad humana e hizo que esta superara a la de los cazadores recolectores del Paleolítico. A la larga, eso generó el incremento de la complejidad social de las relaciones humanas que ha permitido la selección adaptativa de distintas formas de obtención de energía del medio para el desarrollo humano. Con ese sustrato, y al cabo de unos miles de años, la aplicación de la ciencia a la producción dio lugar a la Revolución Industrial y a la extensión del capitalismo como sistema económico dominante. Hace unos doscientos años, la Revolución Industrial y su socialización generaron de nuevo un aumento demográfico exponencial y, en esa ocasión, eso ya supuso la total planetización de las interacciones energéticas, con lo que se eliminaron distancias y se homogeneizaron culturas.

Actualmente, la revolución científico-técnica nos permite, más conscientemente que nunca, aplicar las propiedades y las leyes de la naturaleza —producto del funcionamiento físico, químico y orgánico del cosmos— a la organización de la humanidad. En cuanto que seres sociales, la ciencia y la tecnología se convierten en los paradigmas del incremento exponencial de la sociabilidad de la especie. Por segunda vez en nuestra historia evolutiva, después de la emergencia de la inteligencia operativa que nos permitió fabricar lascas cortantes de piedra, hace unos tres millones de años, somos de nuevo un fenómeno emergente y singular. Desde ese momento, como consecuencia de nuestras capacidades no tan solo para planificar a corto plazo, sino también para establecer las normas de comportamiento evolutivo de la propia especie y de su entorno, avanzamos hacia la sustitución del azar por la lógica evolutiva de la humanidad. En ese sentido, la humanización, no sin riesgos, camina hacia la transhumanización, esto es, hacia una nueva ruptura de su «*continuum* evolutivo».

En los inicios del siglo XXI, nos encontramos en la pretranshumanización. Tenemos el potencial de conocimiento, que debemos transformar en pensamiento para, así, poder dirigirnos hacia donde queramos. Aunque aún sigamos gobernados por la selección natural, la selección técnica y cultural en el marco de la socialización de la revolución científico-técnica empieza a matizarla.

Según mi modo de ver, una evolución hacia la transhumanidad solamente será posible con la socialización efectiva de la revolución científico-técnica. Esa revolución, como todas, primero provoca caos y retraimiento demográfico, pero después crecimientos exponenciales, porque, por lo que sabemos de nuestra historia, el cambiar de las reglas del juego ha incrementado, a la larga, nuestra sociabilidad.

Nunca ningún mamífero se había apropiado de manera tan exagerada de la energía bioquímica de Gaia hasta el punto de incidir en la tendencia de los cambios del clima y de influir decisivamente en los distintos subsistemas del planeta que habitamos. Nunca hasta ahora, que sepamos, ningún ser vivo había sido capaz de tomar conciencia del proceso. Probablemente llegaremos a la transhumanización cuando nuestra conciencia de especie se haya generalizado.

La trashumanización, al igual que el *Micromegas* y el *Macromegas* de Voltaire, no solamente será una especulación teórica o una quimera, sino que se trasformará en una realidad a medio plazo. El ser humano transhumanizado buscará en lo lejano del espacio y del tiempo su origen, a la vez que la nanotecnología, la genómica y la proteómica permitirán buscar los orígenes biológicos a través de máquinas que podrán imitar la bioquímica que ha estructurado los metabolismos basales hasta construir organismos pensantes con conciencia. Al igual que las vacunas abrieron un gran camino en el conocimiento de nuestro sistema inmunitario, probablemente la robótica nos permita aprender mucho de nuestro cerebro.

Los valores, que eran los recursos sociales generados como adaptación de las distintas culturas humanas y que, hasta ahora, habían servido para controlar el incremento de sociabilidad exponencial y para mantener la cohesión de las poblaciones humanas, se deberán cambiar por conciencia. Por una conciencia de especie que, necesariamente, debe ser crítica.

La transhumanización será un proceso de decisión humano y solamente humano, ya que no disponemos, hasta el momento, de otras conciencias con las que podamos dialogar y establecer una relación crítica. No podemos reflejarnos en nada que no seamos nosotros mismos y nuestra propia memoria sistémica.

El mundo transhumano puede caracterizarse por una estructura en la que conceptos sociales críticos y máquinas mecánicas y biológicas, producto de la electromecánica cuántica y de la biotecnología, sean los procesos básicos para el nuevo incremento de sociabilidad. Eso nos conducirá a otra humanidad, totalmente distinta a la de las especies que nos han precedido, pero también a nosotros mismos.

Pienso, sinceramente, que el mundo de la transhumanización aún es insondable para los humanos del siglo XXI, que asistimos, atónitos pero conscientes, a transformaciones de tipo científico y tecnológico que, por su extensión y por su complejidad, nunca habían existido.

La multiplicidad de procesos convergentes que se está dando nos indica que solamente la integración de la diversidad puede llevarnos a una evolución posthumana coherente con los deseos de trascendernos a nosotros mismos. La búsqueda de lo humano como singularidad del espaciotiempo será la búsqueda de lo más profundo de nuestro ser, por lo que respecta a la biología pero también a su expresión social y psicológica.

Solo algo trascendente podría distorsionar ese proceso hacia la posthumanización, y es que entremos en contacto con otras formas de conciencia cósmica. Si eso no ocurre, la transhumanización seguirá inexorablemente su camino. Lo que estamos viviendo, pero también intuyendo, no es nada más que la punta del iceberg.

Lo humano dejará de serlo antes de que entendamos exactamente qué implica. Por eso la ciencia, la tecnología y la socialización de esos procesos convergen de manera vertiginosa. Cada vez nos preguntamos más hacia dónde vamos. Ahora es momento de escoger. La transhumanización está al doblar la esquina, y la esquina está más cerca de lo que creemos cuando pensamos seriamente en esa posibilidad. Queremos dirigir ese proceso, queremos que la evolución tenga el sentido que queremos darle. Por eso tenemos que modificarnos y modificar nuestro entorno, una adquisición sin la que la transhumanización no es viable. Cuando exista conciencia crítica de especie humana, la ética y la moral estarán integradas de manera natural en nuestra transhumanidad. Aún no sabemos nada de nada porque nuestras preguntas cada vez tienen mayor alcance, pero, más allá de concepciones filosóficas, podríamos aprender a pensarnos como humanos antes de dejar de serlo, puesto que la inteligencia operativa siempre ha sido nuestra aliada evolutiva.

12-4-2014

EUDALD CARBONELL ROURA

Arqueólogo y doctor en Geología del Cuaternario, en Geografía y en Historia, catedrático de Prehistoria de la Universidad Rovira i Virgili, director del Instituto Catalán de Paleoecología Humana y Evolución Social, y codirector del proyecto Atapuerca.

146

El futuro es «aquí y ahora». ¿La construcción del cíborg social nos conduce a un cambio fundamental en lo que se considera la esencia *del ser humano para dar lugar a otra cosa que tiene que ver con el posthumanismo?*

Decía Ortega y Gasset que solo teníamos tres maneras de estar en este mundo:

1 Todo nos era dado. En ese caso, no hacía falta superar la fase animal, porque todo lo necesario para sobrevivir lo teníamos al alcance de la mano.
2 Nada nos era dado y, en ese caso, la existencia era imposible.
3 Se nos daban algunos de los elementos necesarios para sobrevivir. En esas condiciones, nos convertíamos en seres humanos gracias a la capacidad para adquirir y para desarrollar una cultura —de la que forma parte la técnica—, que transformaba esas condiciones dadas —que llamábamos *naturaleza*. Esa es la base de la construcción de lo que llamamos *seres humanos*.

Al parecer, el primer paso decisivo en esa construcción fue la socialización de la cultura. Por ejemplo, el descubrimiento, el apoderamiento y la diseminación del fuego no fueron un fenómeno individual, aunque hubieran surgido puntualmente así. Y, al socializarlo, no todos los individuos lo disfrutaron, pero sí repercutió, directa o indirectamente, en su existencia. Por tanto, la socialización de la cultura o, como prefieren decir algunos estudiosos de la historia primitiva, los procesos de resocialización mediante los cuales las colectividades se apropiaban de ella, fue y es una apropiación de la cultura no solo por parte de individuos, sino fundamentalmente de la sociedad.

La evolución del ser humano ha ocurrido sin mayores preguntas sobre las implicaciones de esa resocialización de la cultura, que conllevaba la apropiación de técnicas y de tecnologías. No conocemos momentos de interrogación de este estilo: ¿dejaremos de ser seres humanos si nos montamos en una cuadriga? ¿Y, si montamos a todo un ejército en cuadrigas y sometemos a civilizaciones enteras, dejaremos de ser lo que somos? ¿En qué nos convertiríamos? ¿Qué implicaciones tendría incorporar esa tecnología, o la civilización resultante de la aplicación de esa tecnología, a lo que consideramos como «lo humano»? Quien dice «cuadriga», dice «energía nuclear» o «aviación».

Ahora hemos llegado a un punto del desarrollo de nuestra cultura en el que esas preguntas afloran continuamente. El saber la evolución de nuestro linaje, por una parte, y la preponderancia de la tecnología, por otra, abren muchas avenidas repletas de interrogantes que apuntan hacia cierta «gobernabilidad» del futuro. Como decía el eminente ecólogo Ramon Margalef, «intelectualmente, el hombre es hoy un organismo muy poderoso, que asume cierta responsabilidad por sus actos. Pero el caso es que el resultado de esa polémica sobre su origen animal, su inserción profunda en la naturaleza y su pretensión de erigirse en un caso aparte, ha tenido unas consecuencias bastante negativas. El hombre, quiera admitirlo o no, está sometido a la selección natural. Y, actualmente, uno de los factores de esa selección es el aumento de la población.»

Vista desde esa perspectiva, la discusión quizá no debería centrarse en qué protegemos de lo que consideramos que es ser humano ante el avance impetuoso de lo que hace el ser humano con la cultura —sobre todo la técnica. Al parecer, el posthumanismo trata de explicar un *big bang* que señalaría que la integración de la tecnología con el ser humano ha alcanzado tal punto de simbiosis que no hay forma de distinguir quién gobierna a quién. Y ese sería el cambio de paradigma. Lo interesante de ese proceso es que, si vamos hacia allá, ya no puede ocurrir a nivel personal, individual, como se teorizaba en los años cincuenta y sesenta, cuando emergió la figura del cíborg. Desde hace un par de décadas, sobre todo desde la aparición de Internet, la figura del cíborg, del individuo con capacidades físicas y mentales aumentadas mediante implantes tecnológicos en su cuerpo, ha cedido su lugar al cíborg social, es decir, al proceso de resocialización por el que la comunidad —y, en ese caso, lo global explica mejor el concepto de comunidad— se apropia de las capacidades aumentadas por la tecnología y las reinvierte en la matriz social en la que se desenvuelve.

Así pues, la cuestión es si esa construcción del cíborg social realmente nos conduce a un cambio fundamental en lo que se considera la esencia del ser humano para dar lugar a otra cosa que tiene que ver con el posthumanismo. Siguiendo a Margalef, me parece que muchas de esas discusiones abundan en lo profético y en la adivinación, y nos hacen perder de vista qué estamos haciendo «aquí y ahora» y hacia dónde vamos «aquí y ahora». En otras palabras, nos vemos agobiados por multitud de visiones y de alertas sobre el futuro que nos espera, pero escasea el análisis de nuestras preocupaciones a partir de lo que estamos haciendo. Porque —nunca debemos olvidar eso— en los procesos culturales de resocialización participamos todos, por activa o por pasiva, para bien o para mal. Pero, si no aceptamos que eso es lo que estamos haciendo «aquí y ahora», entonces retrasamos hasta algún punto del futuro la especulación sobre sus consecuencias. Dicho de otro modo: si el posthumanismo significa algo es porque ya lo estamos construyendo entre todos «aquí y ahora», sin mayores miramientos respecto a lo beneficioso o lo peligroso que nos pueda parecer. Y esa sí que me parece una discusión fértil, porque puede arrojar luz sobre multitud de aspectos del mundo que nos ha tocado en suerte y que no nos gusta mucho afrontar de cara.

12-4-2014

LUIS ÁNGEL FERNÁNDEZ HERMANA
Periodista científico, consultor en tecnologías de la información y de la comunicación, director del Laboratorio de Redes Sociales de Innovación (lab_RSI) y de la revista de innovación social *Coladepez*; fue fundador y director de Enredando.com, empresa que publicó la revista electrónica *en.red.ando*, y que diseñó y gestionó redes de conocimiento para diferentes entidades y empresas.

147

Vivir en armonía con el planeta e investigar sin afán, con toda la fuerza de nuestra inteligencia. A esa hoja de ruta ideal, a la que me adhiero, yo añadiría el «no temáis» de las bienaventuranzas, un código que, de alguna manera, forma parte de todos los credos

He leído los artículos de Albert Cortina y de Miquel-Àngel Serra, así como los numerosos comentarios que han suscitado. Desde el principio, y aún más según iba pasando las páginas, sentí que muchas de las afirmaciones, incluso no pocos de los interrogantes allí formulados, me iban marcando, hasta el punto de que algunos presupuestos de mis esquemas mentales se tambaleaban, mientras que el tema mismo en su conjunto me fascinaba más y más. «¡Buena señal!», me dije, porque con frecuencia mis certezas, igual que mis ignorancias, me han paralizado en una actitud de complacencia o de frustración. Resulta fascinante que otros vean más que tú, incluso que tengan más dudas que tú y que, a veces, hasta tengan miedo.

Las líneas que siguen son mi reacción vital, a veces incluso visceral. Quizá poco lógica, aunque espero que sanamente intuitiva. Siento que esa reacción me estimula y me vitaliza hasta conducirme, más allá de lo que alcanzo a entender, a lo que yo percibo como la realidad más profunda y liberadora, lo trascendente.

Soy creyente, jesuita, además —o, si se quiere, jesuita pero creyente—, con una fe que en mí es más que una característica, incluso más que una cualidad. Para mí, la fe da forma a toda mi vida, de modo que, si no creyera, yo simplemente no sería. Esa es la razón de que mi fe no pueda ser un asunto meramente privado. Y esa convicción no me lleva a un dogmatismo, sino que es precisamente la causa de mi liberación y de un deseo de acompañar a otros por el camino que lleva a la trascendencia, incluso de admirar a algunos que optan, sincera y libremente, por negar esa trascendencia.

Mi permanencia casi continua, durante cincuenta años, como profesor en un instituto de formación de Bombay —India— me ha *sometido a* o *regalado con* la experiencia de un cruce de civilizaciones, de razas, de filosofías, de formas de vivir y, en especial, de religiones. Gracias a ello se han derrumbado delante de mí fronteras que me limitaban, he aprendido a relativizar y, al jerarquizar, a no pasarme, y últimamente a sentirme feliz y creativo, al verme a la vez pequeño en mis limitaciones y grande por haber conseguido asomarme al infinito.

Según la mayoría de los comentarios aportados, algunos extraordinariamente lúcidos y que han creado un amplio abanico de ideas, parece que la especie humana está a punto de convertirse en algo diferente de lo que siempre ha sido: en lo transhumano, capacidades físicas y psíquicas más allá de lo normal; y en lo posthumano, capacidades que sobrepasarían las posibilidades del hombre actual hasta llegar, posiblemente, a un ser «natural artificial».

Resulta gratificante descubrir cómo tanta inteligencia ha podido llevarnos al nivel actual de progreso técnico. Ese es el *haber* que registran muchos de los comentarios hechos a las palabras de Albert Cortina y de Miquel-Àngel Serra. Con todo, ese progreso tiene también un *debe*; por eso, además de fascinarnos, nos asusta y, precisamente cuando se nos abren tantos caminos nuevos, no sabemos si llegaremos a un futuro globalmente mejor o si, al menos parcialmente, nos autodestruiremos. Y así gozamos de la vida, sí, pero también vivimos con estrés, con incertidumbre, con preocupación y hasta con miedo.

No intento añadir razones nuevas, algunas ya muy bien expresadas en tantos comentarios. Prefiero leer en mi interior, donde descubro que se me abre una vía distinta, complementaria de lo que leo y casi inexplorada, con un horizonte que me atrae irresistiblemente. Y me veo caminando hacia ese horizonte misterioso pero deslumbrante de luz, una luz diferente de la luz de ese sol del progreso exclusivamente técnico, un sol que parece que lo ilumina todo cuando, en realidad, nos ayuda a ver, sí, pero también nos ciega y nos impide descubrir lo que hay detrás, nada menos que el infinito.

Ante tanta preocupación con respecto a la posibilidad de convertirnos en máquinas, aunque sean inteligentes, me vienen a la memoria las palabras del famoso discurso de Charlie Chaplin al final de su película *El gran dictador*: «Pensamos demasiado y sentimos demasiado poco. Vosotros no sois máquinas.»

Eso me lleva a la parábola del semáforo azul. Me la contó un amigo mío y era más o menos así:

> Sucedió en una ciudad de Europa una mañana de un día entre semana a la hora de los atascos. De repente, todos los semáforos quedaron fijos en el color azul. Parálisis, desorientación, incluso maldiciones... Hasta que, media hora más tarde, el verde, el rojo y el ámbar recobraron su alternancia. Nadie se dio cuenta de que dos ángeles traviesos dialogaban allá arriba sobre lo sucedido.
>
> Ángel 1.º: ¿Sabes lo que acabo de hacer? Pues que, para divertirme, he puesto todos los semáforos en azul. No te imaginas la que se ha armado, ¡parecía el fin del mundo!

Ángel 2.º: ¿Azul, dices? ¡El color del cielo!

Ángel 1.º: Claro, pero eso lo vemos tú y yo, porque esos humanos son muy limitados.

Les hubiera bastado con pisar fuerte el acelerador mirando hacia el cielo azul, así todos los coches habrían volado; en el cielo no hay atascos, ni siquiera caravanas. Pero abajo se quedaron bien quietos, como mucho avanzaban centímetro a centímetro, tensos y echando maldiciones, hasta que decidí devolverles a lo que ellos llaman «realidad».

Una vida muy larga y todavía pujante, excepto en lo que respecta al cuerpo, me ha enseñado que el yo —el *ego* en latín— es la raíz, al mismo tiempo, de mi rica personalidad y de mis frustrantes limitaciones. Cuando consigo salir de ese ego, me encanta que la tierra tiemble bajo mis pies porque es signo de vida, mientras que a no pocos, tanto progreso los lleva a la inseguridad. Quizá pensamos mucho en instrumentos que puedan destruirnos o que al menos nos paralicen, mientras olvidamos que somos capaces de volar —pero nunca lo hemos probado, ni siquiera hemos llegado a creer en ello.

Pensando, quizá, como un niño, como un poeta o como un loco soñador, se me ocurre que hablamos de una época posthumana o transhumana cuando todavía no hemos entendido, y menos aún vivido, el período humano, porque todavía caminamos hacia él. Lo mismo ocurre con nuestra costumbre de etiquetarlo todo desde una posición reducida a nuestro presente limitado, y así hablamos de período o de individuo conservador, medieval, de una época superada... Me pregunto si, dentro de cincuenta años, los humanos —¿o los posthumanos?— no sonreirán al ver que nos considerábamos modernos, y espero que al menos ellos no se entretengan en inventar palabras hoy inexistentes para definirse o, incluso, para definirnos.

Vivir en armonía con el planeta e investigar sin afán, con toda la fuerza de nuestra inteligencia. A esa hoja de ruta ideal, a la que me adhiero, yo añadiría el «no temáis» de las bienaventuranzas, un código que, de alguna manera, forma parte de todos los credos. También me quedo saboreando ese proceso iniciado por Albert y por Miquel-Àngel en *La Vanguardia*, en el que algunos hemos visto, agradablemente sorprendidos, que entre tanto aparente silencio social hay muchas personas inteligentes y bien dispuestas, de alguna manera abiertas todas incluso a la trascendencia. Gente que, cuando llega el momento, habla y, además, se compromete.

15-4-2014

JOSEP M. FELIU CONDOMINAS
Sacerdote jesuita de Bombay (India).

148

Los agentes más importantes que impulsan la historia humana se encuentran en esa misma historia, no en el material del que están hechos los genes humanos. Ni estudiando nuestros genotipos, ni siquiera el genoma humano completo, podríamos deducir los acontecimientos históricos del pasado, ni tampoco predecir los acontecimientos futuros

Es frecuente oír que «los avances científicos han mejorado y mejorarán la calidad de vida de la humanidad». El asombroso progreso científico, particularmente en biomedicina y en inteligencia artificial, aunque siempre insuficiente ante las ingentes necesidades, es tan deslumbrante que ha abierto el debate en torno a la posibilidad de que pudiera surgir una nueva humanidad de seres perfectos inducidos en laboratorio, como los alfa de *Blade Runner*, o nuevos HAL 9000 como el de la película de Stanley Kubrick *2001: una odisea del espacio*, una máquina dotada de inteligencia artificial que acaba por apoderarse de todos los sistemas de una nave espacial tripulada. Es lo que se llama *posthumanismo* y/o *transhumanismo*. De nuevo asistimos al viejo sueño de algunos de superar sus limitaciones intelectuales y físicas mediante el control tecnológico de su propia evolución biológica.

El simbolismo humano puede documentarse desde hace dos millones de años, de acuerdo con un reciente análisis de James B. Harrod. Como señalara el eminente genetista de poblaciones Theodosius Dobzhansky, el hombre se ha convertido en la más exitosa de todas las especies biológicas, pero no porque haya adquirido genes para cocinar, para la higiene, para el cuidado prenatal o para el comercio. Su éxito se debió a los genes que lo hicieron capaz de desarrollar y de conservar algunos de esos y muchos otros rasgos culturales, algunos de los cuales son perjudiciales a veces, como la interpretación de los sueños, las supersticiones o una idea obsesiva de la muerte. La transición de la zona de adaptación de un primate prehumano a la zona de adaptación humana se produjo por el desarrollo de las bases biológicas de la capacidad para utilizar el pensamiento simbólico, el lenguaje, para beneficiarse de la experiencia de aprender. En definitiva, por el desarrollo de la educabilidad. Los genes humanos han logrado lo que otros genes no lograron hacer. Formaron la base biológica de una cultura superorgánica, que resultó ser el método más poderoso de la adaptación al medio ambiente que haya desarrollado cualquier especie.

La herencia biológica de la especie humana generó la base genética que hizo posible el *aprendizaje acumulado*, es decir, la cultura. Esa herencia biológica nos confirió una alta eficacia y se perpetuó, reforzada por la selección natural. Ahora bien, si la evolución biológica hizo posible la evolución cultural, no determinó lo que esa evolución cultural debía ser. La historia cultural no es la historia biológica, en el sentido de que, habida cuenta de la constitución genética de nuestra especie, la historia humana no podría haber tenido una variedad de caminos tan diversos como los que ha tenido. Los agentes más importantes que impulsan la historia humana se encuentran en esa misma historia, no en el material del que están hechos los genes humanos. Ni estudiando nuestros genotipos, ni siquiera el genoma humano completo, podríamos deducir los acontecimientos históricos del pasado, ni tampoco predecir los acontecimientos futuros. En la Declaración de México de 1982, la UNESCO sostuvo lo siguiente:

> [...] la cultura da al hombre la capacidad de reflexionar sobre sí mismo. Es ella la que hace de nosotros seres especialmente humanos, racionales, críticos y éticamente comprometidos. A través de ella discernimos los valores y efectuamos opciones. A través de ella, el hombre se expresa, toma conciencia de sí mismo, se reconoce como un proyecto inacabado, pone en cuestión sus propias realizaciones, busca incansablemente nuevas significaciones y crea obras que lo trascienden.

El mayor experimento genético jamás realizado por el hombre fue el sistema de castas de la India. Por medio de la estructura de la sociedad se procuró, durante milenios, inducir en las castas lo que ahora llamaríamos una «especialización genética» para realizar diferentes clases de trabajos y funciones. Una casta es un grupo social estático y con base genética. La base genética se obtiene debido a la condición en la que nace cada individuo, que es invariable e infranqueable. Se trata básicamente de una discriminación por estatus, que obliga a mantener la estratificación social adquirida. Uno pertenecía a la casta de sus padres y debía casarse con una persona de su misma casta. Cualesquiera que fueran los merecimientos, los fallos, los talentos o las incapacidades, no se podía ascender o descender de casta. Han transcurrido aproximadamente dos mil quinientos años desde el cierre reproductor de las castas de la India. Aunque la moderna India tiene camino por recorrer para abolir las desigualdades de rango y de oportunidades, de todas las castas han surgido individuos con capacidades suficientes para adquirir una educación no tradicional y ocuparse en actividades no tradicionales.

Los biólogos del siglo XIX pretendieron, ingenuamente, encontrar una base biológica para ciertos rasgos culturales. Se pretendía atribuir la universalidad de ciertos componentes de las culturas a los instintos y a los impulsos de las diferentes etnias. Los resultados fueron poco convincentes. Desde luego, no hay duda de que todos los seres humanos son impulsados por el miedo, el hambre, el sexo, la dominación del otro, los celos, la ostentación y otros aspectos más. Pero no hay comprensión satisfactoria del origen, en los humanos, de la capacidad intelectual, de la racionalidad, de la lógica, de la libertad y de la ética, por ejemplo. Muchos evolucionistas, el primero de ellos Alfred R. Wallace, el cofundador del darwinismo, se sintieron obligados a admitir la derrota de sus intentos por entender el origen de la inteligencia del hombre y de la cultura en una base evolutiva.

En cualquier caso, y recordando el conocido título «Tiemble después de haber reído», de la sección de una revista humorística de hace muchos años, el transhumanismo nos vuelve a situar ante el viejo mito griego de Prometeo. La novela *Frankenstein o el moderno Prometeo*, de Mary Shelley, publicada el 1 de enero de 1818, es una elaboración más del mito de diferenciación entre la humanidad y la naturaleza, por el conocimiento y la técnica, y el castigo que ello conlleva. Es una alegoría de la perversión que puede traer el desarrollo científico en el que se busca el poder divino del acto de la creación de la vida. El total desprecio que muestra Frankenstein por la naturaleza es un claro mensaje acerca del castigo que se deriva del uso irresponsable de la tecnología, y el mal es solo una consecuencia imprevista de ese uso. ¿Conseguirá la biomedicina alterar, cambiar o neutralizar la libertad humana? Así y todo, esta no hace feliz al hombre, solo lo hace hombre. ¿Conseguirá el transhumanismo hacernos felices, o habrá que tomar «soma», como en la novela *Un mundo feliz*, de Aldous Huxley? En definitiva, ¿conseguirán el transhumanismo y su cortejo de mejoras genéticas alterar, modificar o generar el espíritu humano?

16-4-2014

DANIEL TURBÓN BORREGA
Catedrático de Antropología Física de la Universidad de Barcelona; ha sido profesor de Evolución Humana de la Facultad de Biología de dicha universidad.

149

¿La manipulación y el diseño genéticos en el hombre son éticos?

La forma diferente de ver al ser humano tiene su importancia ante las propuestas de manipulación de nuestra naturaleza que han ido surgiendo desde mediados del siglo XIX y, especialmente, en las últimas décadas. Para quienes ven al ser humano en su estricta materialidad, no ha de plantear problemas éticos el sustituir, manipular o añadir algunas piezas a la maquinaria corporal si de ello se deriva una potenciación o una mejora de algunas de sus propiedades físicas o intelectuales. Sin embargo, para quienes consideran al ser humano como una realidad personal, cada vida es única y debe ser respetada y considerada como un fin en sí misma y nunca como un medio, por lo que las acciones que sobre él se ejerzan deben plantearse desde una perspectiva ética.

El caso es que la historia reciente de la humanidad ha estado presidida por una serie de episodios especialmente desafortunados respecto a los riesgos de una tecnología despersonalizada y alejada de los principios básicos de la Declaración Universal de los Derechos Humanos y también de la Declaración Universal sobre el Genoma Humano y los Derechos Humanos de la UNESCO, que, en su artículo 10, señala que «ninguna investigación relativa al genoma humano ni ninguna de sus aplicaciones, en particular en las esferas de la biología, de la genética y de la medicina, podrán prevalecer sobre el respeto de los derechos humanos, de las libertades fundamentales y de la dignidad humana de los individuos o, si procede, de grupos de individuos».

El transhumanismo supone el último intento de mejorar a los seres humanos en un contexto tecnológico y con una fijación especialmente materialista, un último intento que sucede a los errores eugenésicos del pasado. El primer intento serio de manipular y de rediseñar al ser humano en aras de la ciencia tuvo lugar con las tentativas de mejorar a la especie —o a poblaciones concretas de la especie humana— mediante una selección de sus características genéticas. El pionero de las «ideas eugenésicas» que dominaron el último tercio del siglo XIX y el comienzo del XX fue el inglés Francis Galton (1822-1911), para quien se podría ejercer una depuración genética que permitiera o que impidiera procrear a las personas en función de los genes de los que fuesen portadoras. Se trataba de una «eugenesia social» o «eugenesia darwiniana», que necesariamente habría de partir de una clasificación de las personas dependiendo de los genes «buenos» o «malos» que tuviesen. Esa forma de pensar no se limitó a la idea de una mejora de las características físicas o biológicas de los seres humanos —dirigida a excluir la transmisión de enfermedades genéticas—, sino que se tradujo en un acusado racismo y en la idea de eliminar de la sociedad determinadas conductas consideradas negativas o indeseables. El gran error fue considerar como un paradigma que tanto los rasgos físicos como del comportamiento humano están determinados genéticamente. Lo cierto es que, desde la perspectiva científica, la eugenesia social fue entonces, y lo seguiría siendo ahora, absurda e ineficaz, tanto para la erradicación de las enfermedades físicas o mentales como para una mejora del comportamiento humano. En relación con los caracteres de la conducta humana, debemos tener en cuenta que, en el hombre, las acciones razonadas predominan sobre las instintivas y reflejas, y no obedecen al dictado de nuestros genes. Es nuestra capacidad de reflexión y de voluntad, dependiente de los factores ambientales que influyen en la educación y en la cultura de cada persona, el factor determinante de las decisiones humanas en cada momento.

No es cuestión de extenderse sobre los intentos eugenésicos de manipulación de las poblaciones, pero sí de dejar constancia de su falta de ética y de su peligrosidad. ¿Quién, y bajo qué parámetros, está capacitado para decidir qué es bueno o malo en cada persona? El final de esa etapa tuvo su punto de inflexión cuando se aprobó en 1948 la Declaración Universal de los Derechos Humanos, en cuyo artículo 3 se decía que «todo individuo tiene derecho a la vida, a la libertad y a la seguridad de su persona», y cuyo artículo 16 señalaba que «los hombres y las mujeres, a partir de la edad núbil, tienen derecho, sin restricción alguna por motivos de raza, de nacionalidad o de religión, a casarse y a fundar una familia», y que «la familia es el elemento natural y fundamental de la sociedad, y tiene derecho a la protección de la sociedad y del Estado».

Sin embargo, la eugenesia ha rebrotado con una nueva fórmula en los comienzos del siglo XXI. El conocimiento del genoma humano y los avances científicos y tecnológicos de la biología celular, de la genética y de la biología molecular permiten llevar a cabo los programas de «cribado genético», basados en el diagnóstico genético preimplantatorio o prenatal, que conlleva la posibilidad de seleccionar y/o de eliminar embriones producidos *in vitro* o fetos en plena etapa de gestación. Sobre el diagnóstico genético preimplantatorio, el profesor Didier Sicard, presidente del Comité Consultivo Nacional de Ética de Francia, declararía que «reduce a la persona a una sola característica. ¿Cómo defender el derecho a la inexistencia?», y que, en su opinión, la obsesión por el diagnóstico prenatal «está relacionada con una ideología rendida a la técnica». Esa nueva fórmula de caracterización y de selección de las personas en función de sus características genéticas es lo que se ha dado en llamar *neoeugenesia*, *eugenesia liberal* o *eugenesia del estado de bienestar*, según se primen los deseos de los individuos o de la sociedad. Lo cierto es que, como con la eugenesia darwiniana, por esa vía tampoco sería posible una mejora de la especie humana. Si bien es posible diagnosticar una enfermedad genética o una cromosomopatía, la eliminación de su portador, aparte de no curar nada ni beneficiar a quien la padece, no nos libraría de la incidencia de nuevas mutaciones determinantes de esas alteraciones congénitas. Tampoco serviría para mejorar a la especie en sus capacidades intelectuales. Sydney Brenner, un importante biólogo molecular sudafricano, premio

Nobel de Medicina del 2002, señalaba que «los intentos actuales de mejorar a la especie humana mediante la manipulación genética no son peligrosos, sino ridículos... Solo hay un instrumento para transformar a la humanidad de modo duradero, y es la cultura.»

Un paso más reciente derivado de los avances de la genómica y de la biotecnología es la llamada *biología sintética*, una «actividad que busca diseñar y obtener mediante ingeniería productos con base biológica, instrumentos y sistemas nuevos, así como rediseñar sistemas biológicos naturales ya existentes». El primer episodio significativo de esa nueva tecnología se produjo en el 2010, cuando los investigadores del Instituto John Craig Venter, con sede en Maryland, publicaron los resultados de lo que definieron como la producción artificial de una «célula sintética bacteriana autorreplicante». Lo que Venter y sus colaboradores lograron fue resintetizar un genoma de ADN de más de un millón de pares de bases nucleotídicas, a imitación del genoma natural de la bacteria *Mycoplasma mycoides*, que había sido secuenciado varios años antes. El genoma de imitación fue introducido en otra bacteria emparentada y de rápido crecimiento, *Mycloplasma capricolum*, cuyo genoma propio había sido previamente eliminado. La célula receptora así manipulada adquirió las propiedades genéticas y la capacidad de replicación de la bacteria natural *Mycloplasma mycoides*. Ese experimento se considera un paradigma de lo que se puede esperar con la biología sintética y es muy importante desde el punto de vista tecnológico.

El segundo acontecimiento en esa dirección tuvo lugar en marzo del 2014, cuando la revista *Science* publicó la síntesis en el laboratorio de una copia del ADN de uno de los 16 cromosomas de un organismo unicelular y eucariótico, la levadura *Saccharomyces cerevisiae*, el preámbulo de la pretendida síntesis artificial del genoma completo. El trabajo fue desarrollado por un grupo amplio de investigadores, entre los que destaca el doctor Jef Boeke, del Centro Médico Langone de la Universidad de Nueva York. Al igual que en el caso del *Mycoplasma*, los investigadores utilizaron unos poderosos sintetizadores que permitieron ensamblar base a base el ADN cromosómico bajo la dirección de medios informáticos. Sin duda, esas investigaciones abren unas perspectivas de gran utilidad pero también de cierta incertidumbre al poder producirse microorganismos útiles en los que se introducirían genes para producir vacunas, fármacos, biocombustibles, etc., pero asimismo cepas agresivas, infecciosas o peligrosas para la humanidad. De nuevo se impone la racionalidad en todas esas investigaciones.

En ese sentido, el filósofo alemán Hans Jonas señaló el hecho de que la ciencia actual se caracteriza por una capacidad creciente para abordar cualquier tema, pero también por una confusión con respecto a los fines de las investigaciones. El ser humano, advertía Jonas, ha aumentado su poder dominador sobre la naturaleza, pero no se ha preocupado de crecer con la misma intensidad en el conocimiento de las consecuencias de ese poder.

Dicho todo lo anterior, el último episodio lo marcan las actuales corrientes transhumanistas, que tratan directamente de mejorar a los seres humanos mediante la aplicación de todos los recursos posibles para prolongar su vida y para extender sus capacidades físicas e intelectuales. En realidad no se trata simplemente de mejorar la salud, de eliminar las discapacidades o de curar las enfermedades, sino de producir seres humanos más fuertes, más rápidos y atléticos y más inteligentes. Para ello se propone la creación de órganos artificiales o, incluso, la remodelación de los cerebros para que retengan más información y se comuniquen directamente con computadoras. En el argot de los transhumanistas está el término *cíborg*, una especie de híbrido entre humano y máquina. Todo vale al servicio de la causa transhumanista: la inteligencia artificial, la robótica, la ingeniería genética, la clonación, la genómica, la criogenización, la nanotecnología, etc. En el fondo, esa propuesta no es más que una fábula creada a rebufo de los logros de toda una serie de avances en lo que se ha dado en llamar «nanocognobioinfo»: nanotecnología, neurociencia, biotecnología e informática.

Los seguidores de esa corriente creen que lo que se requiere para gestionar el proceso de mejora de la especie humana es una aproximación interdisciplinar para ayudarnos a vencer las limitaciones del ser humano a través del progreso científico y tecnológico. De ese modo, a diferencia de la eugenesia, no se trata de una criba genética de la sociedad, sino de privilegiar a unos individuos humanos mediante la implantación de elementos externos que potencien sus capacidades físicas o mentales. ¿Y todo eso para conseguir qué? En el fondo, todo lo que suponga una mejora de la salud al alcance de todo el mundo y sin rebasar los límites éticos de una sociedad interdependiente no tiene por qué verse mal ni considerarse contrario a la ética. Pero, mediante esa tecnología, no se trata de la simple aplicación de un sistema reparador de una disfunción por medio un trasplante parcial o total de un órgano o de unas células troncales para solucionar una enfermedad degenerativa, o de una prótesis o de un marcapasos electrónico para corregir un problema físico. Si eso fuera así, diríamos que el 12 % de la población actual de los países más desarrollados podría ser considerada cíborg. Los transhumanistas hablan de trascender las limitaciones corporales y mentales, de hacer hombres inmortales, mitad máquinas, mitad naturales, con la idea de converger hacia lo que llaman un *punto de singularidad*.

La idea es utilizar la tecnología para mejorar radicalmente a los seres humanos como individuos, como sociedades y como especie, pero la realidad puede ser muy distinta y existen serias objeciones a su aplicación en cada uno de esos niveles. En lo que respecta a los individuos, puede que se consigan mejoras en la salud o en algunas de sus capacidades físicas o intelectuales. De hecho, la combinación de la terapia génica y las nuevas biotecnologías de la reprogramación celular puede traer grandes logros en la reparación de tejidos deteriorados, y eso no ha de verse mal siempre que se ciña a una medicina personalizada. Pero los transhumanistas no hablan de eso, sino de saltar a una nueva dimensión y crear seres superiores o de potenciar las propiedades de unos individuos con respecto a otros. El problema se sitúa, por lo tanto, en las intenciones. En segundo lugar, a nivel social, debe reflexionarse sobre los efectos de la convivencia de unos seres distintos, teóricamente superdotados, con los humanos no mejorados. En ese sentido, el transhumanismo supone una deshumanización, ya que capacitaría a unos cuantos seres humanos, seleccionados en función de criterios espurios, en detrimento del resto de la humanidad. Todo eso fomentaría la separación de los seres humanos en castas, en coincidencia con lo que pretendía la eugenesia social. Respecto a la especie, por mucho que se empeñen los transhumanistas, difícilmente podrá darse un salto cualitativo hacia una nueva singularidad, ni crearse una especie nueva. La especie humana ya es singular, y lo es por sus especiales características, a las que, con independencia de las causas últimas, se ha llegado como producto de una evolución biológica. En el fondo, el transhumanismo es utópico y se reduce a una especie de nueva religión basada en la fe ciega en la aplicación sin límite de unas tecnologías.

A pesar de que hoy en día los expertos ven posibles algunas actuaciones que pueden hacer factible esa pretensión, existe un vivo debate sobre las consecuencias morales y sociales del transhumanismo. La principal objeción a esa corriente viene de la visión materialista de su propuesta, y también de su imposibilidad de aplicación bajo el criterio de justicia, uno de los principios éticos básicos de las aplicaciones médicas que sostiene la Asociación Médica Mundial desde la Declaración de Helsinki de junio de 1964.

Aspirar a que mediante una combinación de tecnologías se logren superar las capacidades humanas actuales y surja una casta de seres humanos más longevos, resistentes a todo tipo de enfermedades, más inteligentes, o incluso una nueva especie «posthumana», como algunos pretenden, es una utopía irrealizable. Se quiera o no, somos seres mortales, con fecha de caducidad no determinada pero ineludible. La caducidad no es solo el fruto del desgaste funcional por el deterioro celular, por la acumulación de mutaciones y, a consecuencia de ello, por la modificación de la expresión génica a lo largo de la vida, sino de un ajuste fino e interactivo de miles de elementos que han seguido un proceso dinámico de selección natural a lo largo de los 3 800 millones de años de evolución que precedieron a la aparición del *Homo sapiens*. Pero, además, el ser humano debe su éxito evolutivo a su carácter personal y relacional, a su existencia como ser libre constituido en sociedades interdependientes basadas en la igualdad de todas las personas. Nadie se puede erigir en dueño del destino de otra persona o de una parte de la sociedad.

18-4-2014

NICOLÁS JOUVE DE LA BARREDA
Doctor en Biología, catedrático de Genética de la Universidad de Alcalá, consultor del Pontificio Consejo para la Familia, presidente de la asociación CiViCa y miembro del Comité de Bioética de España.

150

Está en nuestras manos utilizar nuestras potencialidades internas y la tecnología sobresaliente que tenemos a nuestra disposición para evolucionar hacia una sociedad consciente que vuelva a priorizar la libertad y la dignidad de la persona, una sociedad que sea verdaderamente posthumana

Estamos en un momento clave de nuestra civilización. La crisis ha puesto de manifiesto, de manera clara y contundente, que los modelos anteriores de desarrollo educativo, personal, profesional y organizativo ya no sirven para hacer frente a los nuevos retos del presente y del futuro. Las «cajas» que nos hemos ido construyendo como seres humanos y como sociedad caen una tras otra y, en su lugar, surgen nuevas preguntas, para las que es necesario encontrar pronto nuevas respuestas.

Sin embargo, invocamos en voz alta, hoy más que nunca, nuevos espacios de interacción y de diálogo entre diferentes disciplinas científicas y humanistas, junto con nuevas perspectivas más sistémicas e integradoras. En ese sentido, el debate sobre posthumanidad o transhumanidad nos plantea, *a priori*, una serie de dudas y de preguntas a todos nosotros como individuos y como sociedad, dudas y preguntas que son tan claves como las conclusiones pero que, no obstante, son aún más nucleares para ese debate. En ese caso, la integración pasa primero por una necesaria definición lingüística, semántica y conceptual. ¿A qué nos referimos cuando hablamos de *inteligencia*? ¿A qué nos referimos cuando hablamos de *mejora* o de *perfeccionamiento*? ¿Qué es la felicidad para el ser humano y para las máquinas?

Cuando Kurzweil pronostica que «el siglo XXI marcará la liberación de la humanidad de sus cadenas biológicas y la consagración de la inteligencia como el fenómeno más importante de nuestro universo», ¿qué definición de *inteligencia* utiliza? Tal definición, ¿es la misma para los humanos y para las máquinas? ¿Podemos comparar esas dos inteligencias entre sí hasta poder decir que son indistinguibles? Lo mismo vale para el concepto de *mejora* o para el de *felicidad*. El silogismo mismo contiene una falacia evidente en la base de su premisa, porque está claro que personas y máquinas no somos iguales. La asunción de similitud/igualdad está en la base del silogismo, razón por la cual la propiedad transitiva no funciona en ese caso.

¿A qué nos referimos cuando hablamos de inteligencia*?*
Desde el iluminismo, y por comodidad, la inteligencia lógico-matemática ha resultado ser la —prácticamente— única que se ha tomado en cuenta a lo largo de nuestro desarrollo escolar y profesional.

Sin embargo, en 1983, Howard Gardner ya hablaba de *inteligencias múltiples*, y llevamos años comprobando los límites de una visión unicista de la inteligencia. Para reforzar ese argumento, hoy en día múltiples estudios de prestigio —desde Harvard a Stanford, pasando por McKensey— destacan que las *soft skills*, o sea, las competencias transversales, que están más asociadas a otro tipo de inteligencias, son los verdaderos factores clave en el éxito a nivel personal y organizacional. Los líderes de éxito del futuro serán los que sepan gestionar equipos con habilidades *soft*, como la empatía y la capacidad de comunicación, por ejemplo. Hablamos de liderazgo consciente, de trescientos sesenta grados o bambú. Hablamos de líder, de *coach* o de EQ —*Emotional Quotient*. Todo va en la misma dirección: se trata de ver a la persona en su globalidad y de poder aprovechar todo el potencial —o talento— del ser humano. ¿Podemos asumir, entonces, que las máquinas tienen las mismas inteligencias múltiples y las mismas competencias *soft* que la especie humana? Y, si fuera así, ¿se desarrollarían, incluso, de la misma forma a lo largo de la vida? ¿Las finalidades serían las mismas?

¿A qué nos referimos cuando hablamos de mejora *o de* perfeccionamiento*?*
Llegamos así al segundo concepto, el de *mejora*. Si se acepta el argumento, la premisa de Bostrom parece ser, una vez más, que «hombres y máquinas tienen el mismo concepto de mejora». ¿Mejora de qué? ¿De la eficiencia, de la eficacia, de la energía, de la calidad de vida, de la felicidad? Si no la definimos, ¿cómo podemos pensar en llegar a lograrla? ¿Podemos medirla para estar seguros de que realmente mejore?

Aquí se abre, incluso, otro tema-abismo clave, que es el siguiente: ¿de verdad podemos pensar que todos los seres humanos tenemos el mismo concepto de mejora?

La diferencia —muy distinta a la absoluta similitud propuesta— incluso es evidente dentro de especies y no solamente entre especies. En Occidente, el pensamiento racional ha otorgado, por un lado, mucha autonomía al individuo en nombre de la libertad, pero, por otro, en muchos aspectos y con respecto a las filosofías orientales, ha minado su unicidad desde el interior. En medicina china hablamos del concepto de *Jing* para definir la energía base que recibimos desde el «cielo anterior» al nacer. Es como una semilla de nuestro potencial en la Tierra. Cuanto más actuemos, a lo largo de nuestra vida, en coherencia con nuestra misión, más *Qi* —energía— puede fluir en nuestro cuerpo y más sanos estaremos. El equilibrio es la perfección, pero cada uno tiene su equilibrio. Cada individuo es único, cada individuo tiene una misión o un potencial únicos que descubrir, nada hay más lejos de un concepto de mejora universal válido para todos. Lo mismo puede decirse del concepto de felicidad.

¿Qué es la felicidad para el ser humano y para las máquinas?

¿Tenemos los seres humanos y las máquinas el mismo objetivo? Una vez más, ni siquiera sería idóneo universalizar el concepto de felicidad para el ser humano, ya que, a lo largo de los siglos, muchos brillantes filósofos lo han intentado y todavía no hemos llegado a una definición de ella compartida o válida para todos. Lo que es felicidad para alguien puede ser un desastre para otro. Pensemos, por ejemplo, en los que eligen trabajar por cuenta ajena para poder tener seguridad o en los emprendedores, que prefieren renunciar a esa seguridad en nombre de la autonomía y de la libertad. ¿Podemos decir que esos dos grupos tienen el mismo concepto de felicidad? Por eso hay que tener cuidado con la generalización. Cuidado con caminar hacia una meta muy deseada sin definir previamente el equipaje para la travesía o pensando que todos llevamos lo mismo en la mochila. Definamos primero qué hay en la mochila, qué queremos que haya en ella, y pactemos el destino sin dar por descontado nada.

Los seres humanos somos sistemas vivos. Somos hombres y mujeres, niños, adultos y ancianos. Nacemos, crecemos, morimos. Y, por si eso no fuera suficiente, somos, a diferencia de las máquinas, capaces de dar la vida. Nuestros sistemas internos tienen reglas, por supuesto, y vemos cómo actúan esas reglas y cómo nos pueden limitar o liberar con técnicas potentes, como las constelaciones familiares y organizacionales. También tenemos libre arbitrio. Nuestras respuestas están mediadas por nuestras cuatro dimensiones —física, mental, emocional y espiritual. Cada una de ellas entra en juego a la hora de tomar decisiones, aunque no seamos conscientes de ello. Precisamente por esa diferencia se está intentando que las máquinas se puedan parecer al humano. ¿Cómo? Hablé personalmente con un ingeniero de Google en Mountain View (California) y me contó que están llevando a cabo unos estudios muy impactantes, referentes a la posibilidad de inducir emociones en las máquinas para que puedan tener respuestas y comportamientos similares a los de los seres humanos, para que puedan experimentar, por ejemplo, emociones básicas, como la rabia, la tristeza o la alegría. Aun así, nuestros comportamientos no son fruto de una relación causa-efecto —como sucede en el caso de las máquinas básicas que funcionan con sistema binario— ni de algoritmos complejos predefinidos a través de variables. El aprendizaje es más complejo. Los seres humanos tenemos la capacidad de desviarnos del resultado más predecible, incluso de manera consciente, procesando la información a través de nucstro scr global y de sus cuatro dimensiones.

En ese contexto juegan un papel clave la intuición, la conexión con uno mismo, el autoconocimiento, la conciencia sistémica del individuo y de la sociedad, la visión global del ser humano —con todas sus dimensiones, sus inteligencias, sus *soft skills* y sus talentos. Cuanto más desarrollado esté cada uno de esos elementos en nuestra sociedad, menos, seguramente, reaccionaremos según las previsiones causa-efecto y, por lo tanto, más nos distanciaremos de las máquinas.

Así pues, el razonamiento de Kurzweil se basa claramente en la similitud entre hombres y máquinas, en ese mínimo común denominador que reduce la potencialidad de la especie humana. Desde esa visión, y técnicamente, el mundo que se nos proyecta no es un mundo posthumano, sino un mundo postmáquinas. Aunque ese modelo simplificado permita llegar a una conclusión de manera más rápida, obvia demasiados temas clave y, por lo tanto, no es aceptable.

Como seres humanos, no dejemos que nos tomen el pelo y reivindiquemos nuestras diferencias. Porque en las diferencias está la unidad, de la misma manera que en la diversidad está la riqueza. Apostemos por una sociedad que reconozca nuestra unicidad como individuos, nuestra capacidad de aprender juntos, y nos permita autoconocernos en nuestra globalidad para obtener resultados mejores a nivel personal y colectivo. Está en nuestras manos utilizar nuestras potencialidades internas y la tecnología sobresaliente que tenemos a nuestra disposición para evolucionar hacia una sociedad consciente que vuelva a priorizar la libertad y la dignidad de la persona, una sociedad que sea verdaderamente posthumana.

22-4-2014

FRANCESCA GABETTI
Licenciada en *Marketing* Empresarial y Relaciones Públicas. Emprendedora. Consultora sistémica experta en desarrollo organizacional, personal y de proyectos desde una visión holística de la empresa, fundadora del concepto de «intuición sistémica», socia de Pinea3 Living Organizations y cofundadora del proyecto de TeamEQ, una *start-up Big Data* para detectar el talento y crear equipos más eficaces.

151

¿Adónde se fue el amor? Entre humanismo y posthumanismo, elijo la humanitas *y, con ella, la energía del amor que aún está por descubrir*

Humanismo y posthumanismo —en sus lecturas duales— son los elementos a partir de los cuales se ha generado este apasionante debate, patrocinado e impulsado por Albert Cortina y por Miquel-Àngel Serra. Un debate como este no es fácil, porque amenaza con alejarse de la esencia de la época en que se desarrolló. En mi opinión, si perdemos ese hilo conductor, no podremos recuperar el valor de ese enfrentamiento épico, que, casi treinta años después, me hace sonreír por tres razones. En primer lugar, porque la sociedad analizada en aquel momento parecía a punto de extinguirse —el miedo atómico, la dura confrontación entre Occidente y Oriente, etc. En segundo, porque el análisis sociológico predominante fue la prerrogativa, me atrevería a decir casi exclusiva, de estudios principalmente conducidos por académicos que vivían en Estados Unidos —aunque muchos de sus teóricos eran rusos que huyeron de la naciente Rusia comunista, o alemanes, judíos o no, también prófugos ante los primeros signos de la lúcida locura de Hitler, que llevó a la tragedia del Holocausto. En último término, pero sin ser menos importante por ello, está la reflexión plurisecular, fruto de muchas batallas emocionantes y trascendentales por parte de intelectuales que dieron forma tanto a la posibilidad de que el sentido —entendido como conciencia— se independizara y se hiciera autónomo de la pasión como a la utilidad de la política e, incluso, de la moral.

Tanto el análisis de Albert Cortina como la clave de lectura elaborada por Miquel-Àngel Serra han vuelto a abrir una brecha emocional que me ha llevado automáticamente a los primeros años de mi formación y a la importancia de desarrollar una capacidad crítica más allá de las convenciones/conveniencias, intentando siempre contribuir a un contexto en el que la humanidad, en el más amplio sentido del término, pueda dibujar y pintar —o, al menos, tratar de rastrear— el futuro o, mejor aún, los futuros posibles.

A diferencia de las verdades casi dogmáticas propuestas por la línea evolutiva dibujada por Raymond Kurzweil, que exagera la era del posthumanismo mezclando brillantes contribuciones/reflexiones con declaraciones erróneas y controvertidas que se alternan con hábitos alimenticios extraños, ya no solo extremadamente costosos, sino a menudo faltos de una aplicación lógica en nuestra realidad cotidiana, nosotros, comunes mortales, por amor —solo por amor— acompañamos a nuestros hijos a la escuela para educarlos sin la ayuda de la Wii o de videojuegos de varios formatos, hacemos compras en un supermercado y tratamos de elegir buenos alimentos en un eslalon inacabable entre el atractivo precio del pez panga y la llamativa oferta de un detergente «que no se puede perder», del tipo «compra diez y te regalamos quince», y preferimos los productos naturales y responsables con el medio ambiente a aquellos que no lo son porque son consecuencia de demasiadas manipulaciones —no necesariamente solo genéticas—, sin olvidar el importante esfuerzo para tratar de crear un ambiente laboral correcto y sano que ayude a mejorar, por lo menos, el entorno más próximo. En pocas palabras: deseamos marcar siempre la diferencia. No olvidemos nunca el aspecto importante de la vida social de la pareja, que en muchos casos pone claramente en evidencia que solo gracias a unas buenas dosis de citrato de sildenafilo (Viagra) somos capaces de resolver algunas deficiencias, digamos, generacionales.

En las casi dos décadas que han transcurrido desde su aparición, ese citrato ha provocado cambios importantes en las costumbres y en los hábitos de las familias «tradicionales», protegidas hasta hace algún tiempo por el derecho de familia capaz de incluir casi en tiempo real los cambios importantes que la sociedad iba produciendo y que, ahora mismo, no son controlados y crean fricciones, por lo que se vulnera el ya débil sistema social, con resultados, al menos a corto plazo, todavía no del todo asimilables.

Así que este debate, que ha producido muchas opiniones interesantes y muchas comparaciones/confrontaciones a distancia, y que ha sido generado bajo los reflectores de los acontecimientos desencadenados por la lectura de esta larga crisis socioeconómica que no tiene nada de cíclica, como algún comentarista quiere darnos a entender, y que sigue siendo profundamente estructural, propia de un modelo de gestión de la economía con una visión puramente especulativa, me invita a proponer otro tipo de reflexión.

Desde hace años, y con poca fortuna, continúo haciéndome muchas preguntas sin encontrar una respuesta: ¿dónde está la primera *humanitas* que el humanismo y el Renacimiento nos enseñaron a continuación? ¿Qué pasó con la cultura de la conversación, ya que ahora tan solo somos capaces de gruñir, incluso para pedir a nuestro comensal más cercano un pedazo de pan? Sobre todo, ¿qué le pasó a la cultura como valor absoluto, capaz de generar riqueza real y duradera? Y unas últimas preguntas: ¿por qué los católicos, que consideramos la espiritualidad una necesidad, hemos corrompido con nuestra conducta a los más humildes? ¿Qué está pasando con aquellos que, en la defensa de la dignidad, habían construido un mito capaz de rescatar a la sociedad produciendo el cambio que nos ha proyectado hacia la Modernidad? ¿De dónde salió esa fantástica chispa que nos llevó a escribir páginas de la historia dignas de ser leídas y estudiadas? De haber tenido la oportunidad de crear personajes tan singulares como Kurzweil, con sus ilusiones y sus brillantes observaciones, por ejemplo... Y, sobre todo, ¿adónde se fue el amor?

Recuerdo haber leído un artículo hace muchos años que, gracias a este debate, he podido repescar en mi mente casi como un enfermo de hipertimesia. Se trataba de un libro del sociólogo —casualmente americano, claramente del norte, aunque naturalizado— Pitirim Alexandrovich Sorokin, concretamente, de un fragmento religiosamente copiado a mano en mi libreta —como todavía sigo haciendo, siempre, hasta el día de hoy— de su *The ways and power of love: types, factors, and techniques of moral transformation*, que se ha revelado clave en mi proceso de formación y en mi experiencia como ser humano:

> Por el contrario, las mentes sensatas desmienten de manera enfática el poder del amor, del sacrificio, de la amistad, la cooperación, el deber, la búsqueda de la verdad, la bondad o la belleza. Esos conceptos se nos presentan como algo fenomenal e ilusorio. Los llamamos «racionalizaciones», «decepciones», «derivaciones», «realidades edulcoradas», «opiáceos de la mente», «cortinas de humo», «tonterías idealizadas», «desilusiones no científicas», etc. Estamos en contra de todas las teorías que intenten probar el poder del amor y de otras fuerzas positivas que determinen el comportamiento humano y la personalidad; de todo lo que influencie el curso de la evolución biológica, social, mental y moral que afecta al movimiento de los eventos históricos; de todo lo que dé forma a las instituciones sociales y a la cultura.
>
> Esa afición a creer en el poder de la fuerza negativa y a desmentir la influencia de la energía positiva no tiene nada que ver con la validez científica de cualquier teoría. Es, fundamentalmente, el resultado de estar de acuerdo con «desmontar teorías» y el no estarlo con las teorías «idealistas» y positivas, junto con nuestra cultura negativa y decadente. Las teorías negativas son el cuerpo de nuestro negativo y sensato mundo. Como tal, se sienten como en casa en nuestra cultura y parecen válidas a la mente sensata. Sus hechos parecen ser convincentes; su lógica, persuasiva; sus pruebas, innegables: de ahí el éxito de esas teorías en un mundo social y culturalmente sensato.
>
> Debido a su disconformidad, las teorías idealistas están condenadas a ser las hijas bastardas de nuestra cultura. Están destinadas a ser impopulares y a no tener éxito en el ámbito sensato; parecen ser poco convincentes, seudocientíficas y supersticiosas tanto para una sociedad como para un hombre sensato.
>
> Cuando se prueban minuciosamente las dos teorías, su validez se vuelve muy diferente de aquella determinada por el factor científico y existencial de su conformidad y de su disconformidad con la cultura dominante de la sensatez.

En resumen: las mentes sensatas, nuestras mentes, no creen en modo alguno en el poder del amor. A nosotros nos parece ilusorio, lo llamamos «autoengaño», «opio de la mente», «pensamiento idealista» e «ilusión científica». Producimos prejuicios contra todas las teorías que tratan de demostrar el poder del amor en otras fuerzas positivas que determinan la personalidad y el comportamiento humanos, que influyen en el curso de la evolución biológica, social, moral y mental, que afectan a la dirección de los acontecimientos históricos y que dan forma a las instituciones sociales y a las culturas.

Creo que el debate sobre el humanismo y el posthumanismo, tal como están hoy en día las cosas, ha sido superado por la realidad. Hay muros más altos actualmente, y muchas más barreras están resurgiendo de las cenizas de un universo que creíamos desaparecido. Somos frágiles como individuos —basta con pensar en los abusos sufridos por mujeres, por niños y por ancianos—, y lo peor es que nuestros Gobiernos lo son aún más, circunstancia agravada por el hecho de que todavía no se ve en el horizonte una auténtica clase política europea.

Así que el camino hacia el que nos conducirán las nuevas tecnologías nos pone, en realidad, ante un dilema. De hecho, facilitará la construcción de nuevos puentes hacia nuevas culturas que, al mismo tiempo, se autoalimentarán, con lo que crearán sinergias a condición de que volvamos a recuperar los valores de los que somos portadores inconscientes para confrontarnos con los desafíos de un modelo de desarrollo sostenible y responsable. Es el nuevo y a la vez antiguo concepto de crear conocimiento a base de constantes —y consolidadas— mejoras.

Hay conceptos que, como el de *human enhancement*, necesitan entenderse no como mejora del ser humano, sino como mejora de la humanidad, y deben ayudar a producir las condiciones para priorizar la protección del medio ambiente, entendido más como un organismo en el que el patrimonio natural e histórico se funden, y a favorecer el acceso a una mejor educación/formación que introduzca en la cultura del conocimiento, única fuerza capaz de prevenir los nefastos *black out* semánticos que ahora se observan sistemáticamente cuando se entra en una clase de cualquier politécnico/universidad o en una sala de un museo.

Tengo que reconocer que el salto en el tiempo que tanto Albert como Miquel-Àngel me han permitido hacer con sus artículos me otorga la esperanza de que el amor que me empujó hace muchos años a dejar mi tierra —Sicilia..., la Sicilia de toda mi vida, con sus virtudes y con sus defectos— para aprender a conocer nuevas tierras y nuevos pueblos fue el paso correcto para apreciar el esplendor de una Europa que todavía no está lista para sentirse querida.

Tal vez, desde los tiempos de la lucha entre Maquiavelo y Petrarca, el simbolismo amoroso ya no viene tocado por un análisis estructural real, capaz de regenerar sangre nueva en nombre del beneficio que se logra al promover políticas de inclusión y no de mero triunfalismo personalista.

Gracias por crear este debate tan interesante.

Honestamente, entre humanismo y posthumanismo, elijo la *humanitas* y, con ella, la energía del amor que aún está por descubrir. Se trata de la fuerza educativa más grande y más poderosa «to enhance and ennoble the humanity».

24-4-2014

SEBASTIANO ALBA
Periodista, consultor de medios y director de *marketing* y comunicación de Limonium y de Med for Life Communication.

152

En las disciplinas que se ocupan de la ordenación del territorio en una sociedad que va hacia el transhumanismo o posthumanismo surgirán necesariamente nuevos instrumentos y nuevas propuestas para la elaboración de políticas territoriales y ambientales

¿Transhumanismo? ¿Posthumanismo? Me parece un debate interesante que cabe abordar desde muchas miradas y que abre grandes interrogantes en las diversas disciplinas científicas. De entrada, me evoca la novela *Un mundo feliz*, de Aldous Huxley, en la que el autor nos presenta una sociedad en la que los avances tecnológicos se utilizan para crear una sociedad feliz, sin preocupaciones, pero integrada por individuos manipulados, genéticamente condicionados y agrupados en diversas categorías: desde el grupo más inteligente, que configura el grupo de las elites, hasta el grupo destinado a los trabajos más fatigosos, de los que los individuos difícilmente pueden escapar. Me evoca también *Blade Runner* y la dialéctica entre los replicantes y los humanos.

No todos los avances tienen que ser forzosamente positivos para el conjunto de la humanidad. ¿Cuál debería ser el debate de partida para que los avances favorecieran la disminución de las desigualdades y la mejora de las condiciones de la vida de todo el mundo? Ese debate tendría que correr en paralelo con el progreso científico y contemplar temas tales como el legado a las nuevas generaciones, el mantenimiento de la diversidad de la humanidad, el rechazo a la uniformidad de los individuos, la indiscutible libertad individual, la solidaridad entre los pueblos y la convivencia de todos los grupos sociales.

En las disciplinas que se ocupan de la ordenación del territorio en una sociedad que va hacia el transhumanismo o posthumanismo surgirán necesariamente nuevos instrumentos y nuevas propuestas para la elaboración de políticas territoriales y ambientales, y también nuevos aparejos conceptuales que las sustentarán y que tendrán que hacer frente a problemáticas, seguramente, diferentes de las actuales. El reto del futuro consistirá en que, sean cuales sean las características de la población y su nivel de transformación transhumana o posthumana, el nuevo instrumental metodológico-conceptual se utilice para reducir la segregación de los grupos sociales en el territorio, para aumentar para todo el mundo la accesibilidad a los bienes y a los servicios, para asegurar la participación y el control en la toma de decisiones, para mantener el control sobre los impactos ambientales y para asegurar la protección del medio. En definitiva, con un aparejo conceptual diferente y con problemáticas también diversas, el reto probablemente no será muy diferente del que tenemos actualmente: conseguir un territorio más justo, más integrado y más solidario con las generaciones futuras.

28-4-2014

PILAR RIERA FIGUERAS

Doctora en Geografía por la Universidad Autónoma de Barcelona. Profesora del Departamento de Geografía de dicha universidad, del que fue directora durante los años 1999-2000. Ha sido miembro del consejo de redacción de la revista *Documents d'Anàlisi Geogràfica*, y coordinadora por parte de la UAB de la creación y de la implementación del Máster Interuniversitario en Planificación y Políticas para las Ciudades, el Ambiente y el Paisaje que se realiza conjuntamente con la Universidad de Gerona, la Universidad IUAV de Venecia, la Universidad de Sassari y la Universidad de Lisboa. Ha sido miembro de la Junta de la Sociedad Catalana de Ordenación del Territorio y de la Asociación de Geógrafos Españoles. En la actualidad es miembro de la Junta de la Asociación Catalana de Ciencia Regional.

153

Posthumanismo frente a disponibilidad decreciente de los recursos energéticos

Sin ser un experto en tecnologías NBIC —nanotecnología, biotecnología, tecnologías de la información y de la comunicación, y ciencias cognitivas—, pero teniendo en cuenta que la mayor parte de estas precisan de energía para su implementación y para su funcionamiento, creo que este debate sobre la posthumanidad podría enmarcarse en el contexto de la disponibilidad decreciente de los recursos energéticos —apuntada, finalmente, en el último informe *World Energy Outook 2013*, de la Agencia Internacional de la Energía. El acceso durante las últimas décadas a un recurso relativamente abundante, y sobre todo barato, como el petróleo es lo que ha posibilitado el desarrollo tal como lo hemos conocido hasta ahora. Pero ese recurso es cada día más costoso. Así, el precio del barril de petróleo de referencia en Europa, el Brent, ha tenido un incremento del 75 % entre 1998 —precio medio de 12,7 dólares— y el 2013 —precio medio de 108,8 dólares—, con un incremento anual del 50,5 % y con un precio medio anual sostenido alrededor de los 110 dólares desde el 2011. No conozco ningún otro recurso, producto o servicio que tenga unos incrementos de precio como este. Algunos economistas, como Jeff Rubin o James D. Hamilton, estiman que el actual sistema económico no puede tolerar los precios del barril de petróleo cercanos a los 200 dólares. Con los actuales precios del petróleo y de sus derivados batiendo récords sostenidos y con claras tendencias alcistas, es previsible que se induzcan cambios importantes en las estructuras socioeconómicas de nuestras sociedades.

Por otro lado, la visión tecnooptimista de Raymond Kurzweil ha sido rebatida por físicos como Jonathan Huebner —*A possible declining trend for worldwide innovation*, 2005— o por economistas como Tyler Cowen —*The great stagnation*, 2011. Huebner argumenta que la tasa de innovación global en aspectos que se consideran básicos para el ser humano ha ido disminuyendo en las últimas décadas. A través de un análisis del número de patentes por habitante en Estados Unidos, demuestra que el cenit se produjo entre las décadas de 1880 y 1940, y que desde entonces se ha ido retrocediendo hasta niveles anteriores a 1880. Mediante un análisis del número de inventos por habitante realizados desde el año 1453, prueba que tales inventos tuvieron su cenit a mediados del siglo XIX, y que desde entonces han ido disminuyendo. Según ese autor, el ritmo de innovación humana se dirige hacia niveles muy bajos, similares a los de la Edad Media. Por su parte, Cowen sostiene que los Estados Unidos de América han estado en un altiplano económico desde 1973, y una de las principales razones es la desaceleración de la innovación tecnológica, por la disminución de la producción de los nuevos inventos. Según ese autor, en las últimas tres décadas solo se aprecia un perfeccionamiento tecnológico de grandes inventos de años anteriores.

En conclusión, y teniendo en cuenta esas dos aproximaciones, creo que las tendencias posthumanistas basadas en las NBIC lo tendrán muy difícil para implementarse y para sostenerse, y más para hacerlo de forma universal. El riesgo que observo en eso es que, si algunos progresos se llevaran a cabo en ese sentido, solo pudieran ser desarrollados por las elites, que representarían el 1 %, para garantizarse la hegemonía y el control sobre el 99 % restante.

30-4-2014

SERGI SALADIÉ GIL
Geógrafo, profesor asociado del Departamento de Geografía de la Universidad Rovira i Virgili, y profesional autónomo en el campo de los estudios sobre planeamiento territorial, paisaje y energía.

154

Transformar el destino en diseño. Hemos penetrado el núcleo del átomo y hoy estamos penetrando en el núcleo de la vida. Nos creíamos instalados en el asiento trasero de nuestra identidad cósmica y biológica, y ahora resulta que estamos al volante

Queríamos meter el mundo en un puño al tiempo que empuñábamos nuestro propio destino. Deseábamos reducir el imperio de la necesidad ampliando el de la libertad: transformar el futuro en proyecto, el destino en diseño. Aspirábamos a salir de lo inescrutable para alcanzar lo posible: «Sed razonables, pedid lo imposible», rezaba aquel eslogan del 68, tan propio de adolescentes que no quieren dejar de serlo. Todo eso deseábamos, es cierto, o por lo menos creíamos desearlo. Pero de nuestro inmediato pasado ya nos llegaban dos inquietantes advertencias al respecto. Una decía aquello de «Vigilad lo que deseáis..., porque lo vais a conseguir», nueva versión de la sátira X de Juvenal —«Cuando los dioses te quieren perder, se limitan a atender tus ruegos»—, que recoge luego santa Teresa y, de ella, Truman Capote —«Se derramarán más lágrimas por las plegarias atendidas que por las no atendidas...»—, y sobre la que Oscar Wilde dijo la última palabra: «Una plegaria atendida ya no es una plegaria: es correspondencia.» La otra advertencia decía así: «La desgracia del hombre jamás proviene del hecho de no ser dueño de su destino; ese dominio, por el contrario, es lo que lo haría absolutamente desgraciado.»

El significado de esas profecías, que pudo parecer críptico, se ha hecho hoy más claro que el agua. Apenas comenzamos ahora a empuñar la antorcha de nuestro destino biológico o cósmico, y lo primero que sentimos es que nos quema la mano, que no sabemos cómo desprendernos de esa antorcha. En efecto: muchas cosas que estaban desde siempre en manos de Dios están y estarán cada vez más en manos del hombre. Dios nos daba a los hijos y se llevaba a nuestros abuelos. Hoy vamos teniendo que decidir sobre el sexo de nuestros hijos o sobre la desconexión de nuestros ancianos antes de que su cura se transforme en innecesaria tortura. Y eso es así por mucho que tratemos de sacarnos las pulgas de encima pidiendo que sea la naturaleza, la ciencia, el especialista o cualquier otro dios de ocasión quien tome tales decisiones. Yahvé había creado el mundo y luego la selección natural se había encargado de fabricar las distintas especies. Pero hoy esa selección natural va mutándose en cultivo artificial. El mismo destino del mundo está en nuestras manos, de modo que podemos aniquilarlo a discreción: bien rápidamente, con bombas, bien más parsimoniosamente, con la contaminación. De espectadores pasamos, pues, a ser actores: nuestra *cosmovisión* de *criaturas* va transformándose en *cosmodecisión* de *creadores*. Y la necesidad de ejercer esa responsabilidad no va a darnos respiro cuando lo que es hoy tecnología punta se banalice definitivamente. Necesidad, por ejemplo, de decidir si nos reproducimos sexualmente o por partenogénesis, sobre el grado de diversidad biológica o genética que deseamos mantener, sobre el derecho que tiene una familia pobre a vender a un hijo —o un padre a vender un riñón— para dar de comer al resto de la familia, etc. Esa es, pues, la cuestión. Si la sexualidad pasa un día a ser una forma de reproducción optativa, si los varones son entonces dispensables —como lo son ya en un 85 %— y si todas las especies resultan ser manifiestamente mejorables gracias a la clonación, a los cruces genéticos y a la estabilidad mitótica de los cromosomas artificiales, *¿cuánto sexo, cuántos varones, cuántas especi*es optaremos por conservar? ¿Quiénes van a ser, de entre nosotros, los encargados de decidirlo? Hasta ahora Dios y las mutaciones adaptativas habían hecho el trabajo; hoy nos han pasado las herramientas. No, no estamos *todavía* aquí. Pero los primeros atisbos de ese horizonte han provocado ya una cascada de denuncias entre líricas y apocalípticas: «No la toquéis, porque así es la vida.» Por donde se ve que no es verdad que quisiéramos hacer de nuestro destino nuestra obra; más bien deseábamos no poder, para permitirnos desearlo impunemente.

De ahí que, apenas nos veamos con ese poder en las manos, correremos a decir que «no estamos preparados», que «no se nos puede dejar solos». Que Dios o el azar podrán no estar muy bien, pero que peor y más peligroso es mi vecino, el mercado o el Estado, o incluso el tener que hacerme yo corresponsable de la horrible carnicería en la que andamos metidos y que, encima, la tele me obliga a presenciar.

Que uno pueda hacerse una réplica o clon de sí mismo, un clon educado a su vez por uno mismo —o una réplica de su padre, a la que se encargue de devolver la educación recibida—, eso es algo que no se afronta —y menos aún se soluciona— limitándonos a prohibirlo o a denunciarlo como un atentado a la dignidad humana —o como una perversa paradoja mediante la cual fabricamos entropía a fuerza de información y con la que acabaremos creando réplicas sexuadas cuando la sexualidad ya sea inútil. No es así como se conjura aquello que responde a profundos y perversos deseos, es decir, a deseos específicamente humanos como lo son el de inmortalidad o el de venganza. Algo, además, que va a cambiar la idea misma que tenemos de la identidad, del derecho o de la humanidad. De ahí que convenga discutir sobre los posibles abusos, ciertamente, pero también anticipar su previsible impacto sobre nuestros usos y creencias, sobre nuestra autopercepción y nuestros «reflejos» morales. Usos y reflejos formados, todos ellos, a lo largo de un extenso período en el que, desde el Neolítico, la distinción entre lo dado y lo manejable, entre lo que es natural y lo que es artificial, había aparecido como relativamente inalterable.

La domesticación de plantas y de animales provocó durante el Neolítico el primer gran «despegue» histórico con el paso de la cueva a la cabaña, de la trashumancia al asentamiento, de la piel al lino, de la piedra a la cerámica —que permitió la cocción de los alimentos, la reducción de la mandíbula y la ampliación del área craneal—, de la horda a la tribu, del alimento ocasional al horario y a la dieta fija, de la carroña a la incineración y al culto a los muertos. Hombres y dioses cambiaban de piel, y de poco hubiera servido entonces una ley «antineolítica» que tratase de mantener los viejos hábitos o creencias. Una ley que prohibiera, por ejemplo, la reutilización de semillas ya cultivadas o el volumen de la cabaña estabulada.

Pero algo parecido es lo que proponen hoy muchos filósofos o legisladores ante ese nuevo Neolítico —más propiamente neogénico— que se nos avecina, en el que el mismo patrimonio genético pasará a estar en nuestras manos. Hemos penetrado el núcleo del átomo y hoy estamos penetrando en el núcleo de la vida. Nos creíamos instalados en el asiento trasero de nuestra identidad cósmica y biológica, y ahora resulta que estamos al volante. ¡Qué susto, Dios mío!

De poco nos vale ya pedir que nos sigan conduciendo Dios o el destino: un nuevo e inmenso territorio se desprende del reino del azar y entra en el de la moralidad. Incluso los grados y las formas de aleatoriedad habrá ahora que programarlos. Somos cautivos de nuestra propia competencia, mediante la cual recreamos aquello que solo queríamos representar o transgredimos el orden natural que solo pretendíamos reparar. Los que puedan permitirse corregir los defectos de su genoma y modificar su carga genética tenderán, probablemente, a constituirse en una nueva casta privilegiada —*new breed*—, con una mayor calidad y esperanza de vida y con «tendencias probablemente endogámicas» (J. Harris, L. M. Silva). Habrá que rehacer, sin duda, los conceptos mismos de vida humana y de persona, tortuosamente construidos hasta ahora con un discurso legal-médico-religioso-científico que no contaba con esas posibilidades. Ahora bien, responder a todo eso haciendo ascos a las réplicas humanas o a los «nuevos modelos» de vida no es sino un síntoma de nuestro miedo a la libertad y de nuestra búsqueda de la inocencia perdida. Es haber desoído las advertencias de santa Teresa, de Wilde y de Kierkegaard para seguir porfiando como hombrecitos que juegan a ser Superman porque no se atreven a imitar a Proteo. Es no creer a la humanidad capaz de asumir su propio poder. Pero ¿dónde queda, entonces, el proyecto ilustrado, que aquí, precisamente aquí, debería mostrar su decisión y su temple? ¿O es que desde siempre sabíamos que tal proyecto no era más que eso, una «ilustración» recreativa y marginal en la gran enciclopedia de nuestras tan queridas como cultivadas incompetencias?

Por mi parte, yo solo desearía llegar a tiempo para clonarme y poder ser el hermano mayor de mis hijos. Esa es la más espontánea y cándida de mis aspiraciones: una trascendencia «a este lado del paraíso». Y seguro que algún nieto mío tendrá la misma aspiración. Solo que él se verá obligado a *decidir* lo que yo solo puedo *fantasear.*

31-4-2014

XAVIER RUBERT DE VENTÓS
Doctor en Filosofía, catedrático de Estética de la Universidad Politécnica de Cataluña; ha sido profesor de la Universidad Harvard, de la Universidad de California (Berkeley) y de la Universidad de Nueva York, así como del Instituto para las Humanidades de Nueva York, y miembro de las Cortes españolas y del Parlamento Europeo.

155

Dar pasto al ordenador. Las máquinas podrán ser, quizá, más inteligentes que nosotros, pero nunca tan bestias

En el año 1969, un profesor de Harvard me enseñó a jugar al ajedrez con un ordenador al que acabábamos casi siempre ganando. En 1983, la revista *Time* honraba el ordenador con el título «Hombre del año». En 1997, un ordenador ganó al campeón mundial de ajedrez.

«¡Qué comedia, qué gran estafa intelectual!», exclamaban el profesor Faernia y, con él, tantos ilustres e ilustrados defensores del hombre, que en los tiempos que corren ya no ganan para sustos. En efecto: no habían acabado de digerir lo de la oveja Dolly y les venían ahora con el Deep Blue y luego con el Blue Gene. Escandalizados por la posibilidad de que la vida pudiera ser replicada e incluso rediseñada, ahora resultaba que la inteligencia también era una facultad manifiestamente mejorable que podía ser retada por un mero artefacto. Ingeniería genética e ingeniería mecánica, ¡qué inversión, qué escándalo! A ese paso, ¿adónde iremos a parar?

Lo menos que puede decirse del desasosiego «tecnológico» de nuestros ilustrados es que resulta tan explicable como el desasosiego «moral». En su lucha sin cuartel contra prejuicios y tradiciones, en su implacable crítica racional de todos los fetiches, no se les había ocurrido a nuestros humanistas que pudiera salir perjudicado su propio ídolo, el de la *divina razón*, destronada ahora por el *bruto mecanicismo*. De ahí su reacción, sin duda más visceral que racional: «¡No, la máquina no ha vencido al hombre, no faltaba más! Lo que ocurre es que la energía constante y la paciencia infinita de una máquina rutinaria como Deep Blue pudieron ocasionalmente con la inteligencia del hombre —de Kaspárov, para el caso—, muy superior pero con las sinapsis y los *nervios* menos templados que los chips de silicio.» De ahí resultaría que el ordenador pudo con la *moral* del hombre, no con su inteligencia.

Razón de más, diría yo, para pensar que la máquina puede llegar a ser no solo *intelectual*, sino también, en un sentido amplio, *moralmente* superior al hombre, es decir, susceptible de alcanzar un mejor temple, experiencia, ecuanimidad, paciencia, etc. ¿Que la sola comparación resulta odiosa? Quizá sí. Pero lo que parece hacerla aquí inevitable es que ni uno ni otro de los contendientes venciera *siempre*, automática, necesariamente, sino que unas veces ganara Kaspárov, otras quedaran en tablas y, en la final, Deep Blue se alzara con la victoria. No se trataba, pues, de dos sistemas incompatibles, sino de dos entidades que, ciñéndose a las mismas reglas y usando distintas estrategias, se «midieron», y ganaron unos lances una y otros lances otra, hasta que la victoria se decantó por el «azul profundo» frente al cerebro gris, por el mero «cálculo» de la estrategia frente a la intuición y toda esa monserga que llaman «inteligencia emocional».

La verdad es que los sabios recelos frente a la creciente competencia de las máquinas ya vienen de lejos, y suenan más a reacciones emocionales susceptibles de un análisis psicológico que a argumentos surgidos de un análisis racional de los hechos. La primera reacción defensiva ante un medio como el ordenador, que ponía en crisis nuestros hábitos operativos o intelectuales, fue hablar de él precisamente como *medio*. «Es un medio expeditivo —¡claro está!—, nos ahorra tiempo —¡qué duda cabe!—, es un magnífico instrumento, un excelente potenciador de nuestras facultades, de nuestros modos de operar...» Y se concluía con la brillante idea de que la máquina nunca podría prescindir del hombre —y no digamos superarlo—: «Ya vemos qué les pasó a los americanos con sus ordenadores en Vietnam, o a la máquina de traducción simultánea que tradujo al francés el término inglés *semiconductor* como *medio director de orquesta...*»

Habíamos comprendido, así, el alcance y los límites de la máquina, y le perdonábamos la vida, condescendientes, a pesar de su torpeza, de una torpeza que parecía hecha justamente para confirmar nuestra superior versatilidad. Así «comprendido», el ordenador cumplía maravillosamente —cibernéticamente— la función que tenía el sirviente en la dialéctica del amo y el esclavo de Hegel, la de reconocer y dar testimonio de la superioridad del amo.

Tampoco nos inquietaba, ni nos inquieta, aceptar teóricamente —al tiempo que reprobamos moralmente— que la relación entre fines y medios pudiera invertirse y hacerse «patológica». Porque existen relaciones patológicas, por ejemplo, con la comida o con el consumo —vivir para comer, usar para comprar—, y es sabido que la comida, el consumo, el dinero, la burocracia o lo que sea, pueden ser objeto de un torpe proceso metastático que haga de ellos fines en sí mismos. Pero, en cualquier caso, ahí están los textos de Aristóteles, de Hume o de Marx para dejar las cosas claras y devolverlas a su oportuno lugar en la jerarquía.

Lo que sí empieza a inquietarnos es comprobar que ese mismo esquema medio-fin es eso, un *puro esquema* lineal y abstracto con el que simplificamos las relaciones, mucho más sutiles, existentes entre las cosas —o entre ellas y nosotros— en beneficio de nuestra economía psíquica e intelectual. Vistas así las cosas, existe siempre, por lo menos, un extremo —nosotros— que podemos imaginar exento y estable: el eterno reino de los fines. De ahí que nos repugne comprobar cualquier alternancia o *labilidad* en la relación entre fines y medios, que se nos antoja como una peligrosa insurrección de nuestros utensilios. E infinitamente aún más inquietante parece la sugerencia directa de que un medio como el ordenador pueda invadir nuestro territorio y obligarnos, incluso, a adecuarnos a él.

Pero eso no es todo. Cuando, esforzadamente, habíamos llegado a aceptar que la tecnología electrónica suponía un cambio en nuestra idea de lo que es la *inteligencia,* los ordenadores de la quinta o de la sexta generación van ahora a obligarnos a replantearnos lo que sea nuestra *conciencia*. Cuando habíamos comprendido que suponía un cambio en nuestros hábitos de trabajo, se nos dice que va a afectar a lo que entendemos por *intuición* o por *imaginación*, y que va a invadir, así, los sacrosantos recintos de la creatividad humana. Y eso ya no es solo un ataque a la razón: es un atentado directo al corazón.

Yo les diría, sin embargo, que no se apuren. Respondiendo a Eduard Punset, Roger Penrose ha explicado que la lógica digital tendría que hacerse a la vez cuántica y analógica antes de adquirir conciencia de sí misma, y que para ello no basta ya con que los ordenadores sofistiquen sus «programas», sino que tendrían que cambiar su material, su *soma*, su cuerpo mismo, pasar, quizá, de los chips dc silicio a los de ADN o a los de otro componente químico. Y hay buenas razones para pensar que, en ese sentido, la máquina difícilmente superará al hombre. En el peor de los casos, las máquinas podrán ser, quizá, *más inteligentes que nosotros, pero nunca tan bestias*. Al fin y al cabo, los motores o las computadoras funcionan solo con gasolina de un determinado octanaje o con electricidad de cierto voltaje. Nosotros, en cambio, somos omnívoros y funcionamos con leche y con verduras, con carne y con patatas. Es decir, no necesitamos una fuerza específica de energía, sino que podemos extraerla, dentro de ciertos límites, de cualquier parte. Petra Stoering ha mostrado que el primer acto de «conciencia de sí» es el que permite a la bacteria o al virus alimentarse de lo otro en lugar de autofagocitarse, o sea, discriminar y distinguirse de su propio alimento.

Esa es, y seguirá siendo, supongo, nuestra indiscutible superioridad con respecto a los ordenadores, que, contra lo que suele creerse, no nos vencerán, cuando piensen más o mejor que nosotros, en el reconocimiento de modelos abstractos. Nos ganarán solo cuando desarrollen nuestra sensibilidad y alcancen nuestra autonomía de vuelo. Es decir, cuando, en vez de tener que ser programados, se puedan sentir estimulados, o cuando, en lugar de alimentarse con fluido eléctrico de 220 voltios, desarrollen el oportunismo y la versatilidad que les permita alimentarse con cacahuetes, con pescado hervido o con macarrones.

31-4-2014

XAVIER RUBERT DE VENTÓS
Doctor en Filosofía, catedrático de Estética de la Universidad Politécnica de Cataluña; ha sido profesor de la Universidad Harvard, de la Universidad de California (Berkeley) y de la Universidad de Nueva York, así como del Instituto para las Humanidades de Nueva York, y miembro de las Cortes españolas y del Parlamento Europeo.

156

Arquitectura y transhumanismo

Una vez más, el tema del transhumanismo me exige una serie de reflexiones, que inciden directamente en mis preocupaciones como arquitecto. La primera se remonta al año 2001, con motivo de la publicación del primer número de la revista internacional *Arquitectonics: mind, land & society*, que dirijo desde entonces y que ya va por el vigesimoquinto volumen, en Edicions UPC.

De manera muy breve, diré que mi posición al respecto es que no creo ni he creído nunca en un proceso divino o creacionista con respecto al desarrollo del mundo cósmico o de la vida en el universo. Tampoco creo que Dios juegue a los dados, como denunciara Einstein. Existe la posibilidad de que el ser humano, con o sin creencias religiosas, piense, imagine y defina lo que es su vida, su destino y sus ilusiones, en un proceso libre y democrático y, por lo tanto, crítico y tolerante con la pluralidad de pensamientos, de imágenes, de culturas y de religiones de los demás.

Así, el transhumanismo tiene una doble cara. Una benéfica, puesto que estimula y empuja a mejorar la base natural, a transformar su uso y su potencial, y también a aumentar las posibilidades tecnológicas de la humanidad. Esa cara benéfica no tendría que llegar, necesariamente, a postular la creación de un superhombre o una metafísica que, gracias a la técnica y en ambos casos, presuponga un ser humano superior inmune a la crítica porque adquiere unos poderes totalmente nuevos que lo elevan por encima de los seres históricamente anteriores. La cara del transhumanismo alimenta todas las fuerzas oscuras y maléficas del líder mediático de masas que se identifican con él y se apoyan, así, en un mito que las une y les da la seguridad que emana de ese superhombre, sea por las razones que sea. Esa segunda cara del transhumanismo es la que me preocupa —y mucho—, y la que aflora hoy constantemente en muchas dimensiones de las sociedades actuales.

Ese transhumanismo maléfico se alimenta de una visión hegeliana de la historia, convertida en una teoría que predetermina su curso, o de una visión científica del conocimiento, que también predetermina lo que se puede y lo que no se puede pensar, por lo que hace desaparecer artes y culturas bajo el peso de unas leyes apriorísticas. Finalmente, ese transhumanismo cree haber descubierto una nueva naturaleza superior que dominará cualquier naturaleza anterior, más primitiva, y, como en los mejores tiempos de la colonización americana, demostrará con facilidad su superioridad ante «seres primitivos» que no tienen ningún derecho a criticar su superioridad, justamente porque son «inferiores por naturaleza».

Es ese último punto el que más me preocupa, aceptar que existan superhombres que no pueden ser criticados por los hombres naturalmente inferiores. Aceptar eso es destruir la libertad y la esencia de la humanidad. Y, en el campo de la arquitectura, es aceptar que hay unos seres divinos, superhombres, capaces de diseñar ciudades y edificios más allá de cualquier crítica, porque son genios a los que los usuarios de sus ciudades y de sus edificios no comprenden, ya que estos últimos son «naturalmente inferiores», puramente humanos, no transhumanos, y no saben lo que es ser un superarquitecto, alguien que está por encima de cualquier ser inferior.

Y una nota final sobre la superioridad moral de las máquinas con respecto al cerebro. El campeón mundial de ajedrez, el joven maestro noruego Magnus Carlsen, decía no hace mucho que, evidentemente, la máquina siempre gana, y que ese es realmente su problema, porque no se aprende nada jugando con una máquina que siempre gana, es muy aburrido. Por el contrario, con cerebros como el suyo, que están a su nivel, sí que aprende porque intenta adivinar en qué lo engañan, y esa es una estrategia perfecta para aprender a jugar entre cerebros. Es el mundo de la comunicación, y no el del código lingüístico, el que nos puede dar todavía más de una sorpresa, porque ahí juegan todas las épocas y todos los lugares, no solamente el momento presente.

30-4-2014

JOSÉ MUNTAÑOLA THORNBERG
Doctor arquitecto, catedrático de la Escuela de Arquitectura de Barcelona, miembro de la Real Academia Catalana de Bellas Artes de San Jorge (Barcelona) y editor de la revista *Arquitectonics: mind, land & society*; ha sido presidente de la Asociación Internacional de Antropología del Espacio, de la Asociación Internacional de Semiótica del Espacio y de la Action Cost C2 de la Comisión Europea.

157

Más allá de la tecnología: humanismo y trascendencia

Los avances tecnológicos han hecho al hombre cada vez más poderoso, y no hay nada que haga pensar que no lo seguirán haciendo, aún más, en el futuro. Pero la tecnología es *instrumental*, un medio para fines humanos. El hombre utiliza tecnología, y su vida está condicionada por las técnicas y por las herramientas disponibles en cada momento histórico. Más allá de la tecnología existe el hombre, con sentimientos, con conciencia de sí mismo, con capacidad de autodeterminación y abierto a la trascendencia en busca de significado último para su vida. El hombre no es la tecnología que utiliza. Por eso opino que no tiene sentido hablar de un «superhombre tecnológico», entendiendo como tal una síntesis de elementos humanos y técnicos.

Más relevante me parece reflexionar sobre el uso que se puede hacer de la técnica. La energía nuclear puede utilizarse pacíficamente o convertirse en arma atroz; las telecomunicaciones son un formidable medio de interconexión y de amistad, y, a la vez, facilitan la posibilidad de espiar y de invadir la intimidad de los ciudadanos; las redes sociales permiten una mayor capacidad de comunicación o se convierten en un medio impune para calumniar o denigrar. Y podríamos continuar... Es al usar la técnica, cuando aparece la relevancia de la ética y de una cultura humanista. Son estas últimas las que favorecen un buen uso de la técnica y propician su servicio para el crecimiento humano y para una convivencia armoniosa y justa.

Más relevante aún que la ética y la cultura es aquello que la fundamenta. La razón es importante pero insuficiente para lograr un sólido fundamento humanista. Necesitamos un motivo profundo para reconocernos como hermanos y ver a la humanidad como la gran familia humana. Creo que Benedicto XVI acertó al escribir que «la sociedad cada vez más globalizada nos hace más cercanos, pero no más hermanos» (*Caritas in veritate*, núm. 19). ¿Y qué nos puede hacer hermanos? La Revolución Francesa proclamó la libertad, la igualdad y la fraternidad. Esto último ha sido lo menos exitoso. No me extraña; ¿cómo puede uno sentirse hermano habiendo eliminado al Padre común? Benedicto XVI añade un razonamiento a la afirmación anterior: «La razón, por sí sola, es capaz de aceptar la igualdad entre los hombres y de establecer una convivencia cívica entre ellos, pero no consigue fundar la hermandad. Esta nace de una vocación trascendente de Dios Padre, el primero que nos ha amado y que nos ha enseñado mediante el Hijo lo que es la caridad fraterna» (*Caritas in veritate*, núm. 19). Quienes acepten esto último tendrán un motivo trascendente, además de los motivos racionales, para un recto uso de la técnica.

30-4-2014

DOMÈNEC MELÉ CARNÉ

Profesor ordinario y titular de la Cátedra de Ética Empresarial en el IESE Business School (Universidad de Navarra). Doctor en Ingeniería Industrial (Universidad Politécnica de Cataluña) y en Teología (Universidad de Navarra), así como licenciado en Ciencias Químicas (Universidad de Barcelona). Es autor, coautor o editor de quince libros, más de cincuenta artículos en revistas científicas y veinte casos de estudio. Es miembro de varios comités editoriales de reconocidas revistas internacionales. Su ámbito de especialización incluye ética profesional, empresarial y económica, responsabilidad social corporativa, espiritualidad en dirección de empresas y pensamiento social cristiano.

158

El hombre que desea y el hombre que espera

Aristóteles ya afirmó que todos los hombres quieren ser felices. Sin embargo, cada hombre busca la felicidad de una manera distinta. San Agustín mostró que la razón tiene que ver con el deseo. Lo que hace a todos los hombres iguales es su deseo absoluto de felicidad. No obstante, san Agustín también observó que, si bien todos la buscamos constantemente y por muy diversos caminos, puesto que el deseo de felicidad existe de forma innata en lo más profundo del hombre, nadie ha experimentado jamás la plena felicidad que busca. El drama estriba en que, como nos enseña De Lubac, todo hombre verifica en su vida que, cuanto mayor es el deseo, más lejos se está de conseguirlo y, por tanto, de alcanzar la felicidad. Es decir, se produce una doble paradoja: por una parte, el deseo de felicidad es inextinguible, y, por otra, parece inalcanzable. ¿Cómo resolver esa paradoja?

Parece que cabrían dos posibles respuestas: la primera tendría que ver con la absolutización del deseo, que se fía a los avances económicos y científicos. Así, se hace posible aceptar, por una parte, que el ser humano dista mucho de reunir las condiciones que permitirían alcanzar la felicidad en el presente y, por otra, que la ciencia acabará por hacer posible a ese superhombre y la riqueza económica permitirá financiar la empresa. La segunda respuesta posible descansaría en aceptar que la satisfacción total y permanente de los deseos es imposible y que, por tanto, la actitud razonable consiste, bien en la negación del deseo —la ataraxia de la escuela estoica griega—, o en su sublimación mediante la absolutización de la actividad —el activismo—, bien en la renuncia a la grandeza del deseo y a su sustitución por sucedáneos —la renuncia a la magnanimidad aristotélica o la tendencia actual a la «micromanía».

De la primera respuesta surge, por ejemplo, la llamada «medicina del deseo», que se centra en satisfacer los deseos de vida larga —a ser posible perpetua—, de salud permanente y de fecundidad a la carta. De la segunda surgen el nihilismo y el relativismo que caracterizan a la sociedad postmoderna, que acepta que la felicidad total es imposible y que solo se puede aspirar a experiencias fragmentadas de felicidad —cuantas más, mejor—, que cada uno tendría derecho a buscar sin cortapisas. La libertad de elección sería el presupuesto de posibilidad de la búsqueda de la felicidad, cuya satisfacción se demanda en gran medida al Estado. La doble renuncia en este último caso —tanto a la verdad del deseo innato de felicidad como a la búsqueda activa de una felicidad siquiera parcial— da como resultado un empobrecimiento muy serio de la experiencia vital.

El transhumanismo y el posthumanismo son compatibles con ambas respuestas: mientras que algunos se lanzan sin barreras a conseguir el ansiado tesoro de la felicidad a través de la mejora de la naturaleza humana y de la superación de sus aparentes límites, muchos otros asisten impasibles a la empresa, ya que consideran que todo lo que es posible debe ser permitido siempre que haya alguien dispuesto a invertir en ello, y todo en aras de la igualdad de derechos, que se erige en el valor central de la sociedad postmoderna. Como mucho, demandarán que el transhumanismo y el posthumanismo no afecten negativamente a la igualdad de derechos, y lo harán blandiendo argumentos de justicia distributiva y procedimental.

La pregunta lógica y previa al debate sobre el transhumanismo y el posthumanismo es si cualquiera de esas dos respuestas al drama de la búsqueda de la felicidad son capaces de generar el tan ansiado resultado. Y la respuesta es, obviamente, negativa. ¿Acaso podemos concluir que el hombre moderno es más feliz que el de hace cincuenta, cien, doscientos, quinientos o mil años, a pesar de los avances que se han producido? ¿Depende su felicidad de los avances de la técnica y de la riqueza? Sabemos ya, gracias a abundantes experimentos, que no es así. ¿Acaso eliminarán el transhumanismo y el posthumanismo, con su promesa de cambiar la condición de la existencia humana, el carácter innato del deseo humano? ¿Acaso eliminarán la sed de infinitud, más allá de las limitaciones impuestas por la naturaleza? ¿Acaso eliminarán la necesidad de amar y de ser amado? Si lo consiguen, será a costa de renunciar al hombre, pues ya sabemos que el deseo de felicidad es inextinguible e inalcanzable. Si no lo consiguen, habrán demostrado que la paradoja mencionada un poco más arriba sigue siendo irresoluble.

De todo eso se concluye que el transhumanismo, en cuanto fuente de nuevas posibilidades técnicas basadas en el avance de la ciencia, puede, si se somete a los límites impuestos por la ética y por la moral, establecidos a través del diálogo razonado y razonable, tener el potencial de generar muchos beneficios a nivel individual y social. Efectivamente, la incorporación de soluciones tecnológicas al cuerpo humano para superar limitaciones sobrevenidas por enfermedades graves o incurables parece algo, en principio, bueno y digno de ser apoyado, como también lo parece el aumentar ciertas capacidades limitadas por la edad para hacer los últimos años de vida más agradables.

Sin embargo, el transhumanismo, en cuanto ideología, no pasa de ser una utopía trasnochada, en tanto en cuanto no se fundamenta sobre ninguna antropología mínimamente desarrollada y coherente. Si busca la felicidad, es evidente que no la conseguirá —como dice Aristóteles, la felicidad es aquello que se busca por sí mismo y no en función de otra cosa, y, por tanto, basar la felicidad en los avances de la técnica es siempre un error—, ni tan siquiera para los que puedan permitírsela —como también enseña Aristóteles, la felicidad es el resultado de una vida buena y lograda, no un objeto que pueda comprarse. Si busca la inmortalidad, tampoco la conseguirá, porque la inmortalidad no es simplemente alargamiento indefinido de la vida presente, sino promesa de una vida nueva, libre de las limitaciones impuestas por el mundo físico, que, por su misma naturaleza, está sometido a límites y, a su vez, impone límites al hombre. Surge de esa observación otra aún más siniestra, puesto que, renunciando a la dimensión utópica del posthumanismo, se centra en su dimensión totalitaria, según la cual el posthumanismo sería una herramienta de control de unos pocos sobre la mayoría para el exclusivo beneficio de los primeros.

Sin embargo, todo eso no quiere decir que la consecución de la felicidad absoluta y permanente sea inalcanzable. Lo que quiere decir, desde luego, es que es inalcanzable durante la vida temporal del hombre —si bien Aristóteles habla de la eudemonía, que se refiere a la felicidad generada por una vida virtuosa. En cualquier caso, esta sería siempre un resultado, no un objeto, y seguiría a una vida buena, no a un avance técnico.

Una solución a la paradoja mencionada al principio viene dada por la esperanza, que es *memoria futuri*, memoria de una promesa que solo se cumplirá plenamente más allá de la muerte, y que podrá cumplirse, precisamente, porque el hombre nuevo ya no estará sometido a las ataduras del mundo presente. Pero, obviamente, esa solución solo está al alcance de los que creen en una vida plena más allá de la muerte, que, por cierto, es necesaria para cambiar de un estado a otro y, por tanto, no es una tragedia. Para los demás, la paradoja sigue siendo irresoluble y, en consecuencia, el transhumanismo y el posthumanismo como ideologías ofrecerán una nueva promesa utópica no exenta de atractivo. A la luz de las implicaciones sociales que el transhumanismo y el posthumanismo generan en sociedades abiertas y pluralistas, el planteamiento de un debate sosegado y abierto a la verdad del hombre es absolutamente fundamental, y cabe felicitar a Albert Cortina y a Miquel-Àngel Serra por haberlo planteado en los términos en que lo han hecho. Esperemos que nuestras democracias sepan estar a la altura de los retos que se les presentan.

2-5-2014

JAVIER DE CENDRA DE LARRAGÁN
Doctor en Derecho y economista, profesor de Derecho y decano de la IE Escuela de Derecho, miembro honorario sénior de investigación de la Universidad Colegio de Londres, experto jurídico del Foro de Malta en cuestiones legales relativas a la adaptación al cambio climático y miembro del comité científico de la fundación Ciencia y Fe – STOQ, patrocinada por el Consejo Pontificio para la Cultura (Ciudad del Vaticano).

159

El pesimismo de una evolución sin límites éticos

Me pregunto por qué, cuando el avance tecnológico al servicio de las necesidades humanas insinúa horizontes en que aparecen conceptos como el de ser posthumano o transhumano, el debate deriva hacia el pesimismo. No encuentro otra explicación que una enorme y justificada desconfianza de los humanos hacia nuestro propio género fundamentada en nuestra forma de pensar, y no hay para menos. La tecnología ha mejorado de forma exponencial nuestra calidad de vida, medida entre la esperanza de vida y las condiciones de nuestra permanencia en el planeta. Pero los valores dominantes han puesto en evidencia la otra cara de la moneda en forma de una gravísima crisis ambiental, acelerada desde la Revolución Industrial. Si esa misma manera de pensar tiene que guiar la nueva singularidad tecnológica, las alarmas están más que justificadas. Del pensamiento antiguo y de la antigua tecnología se daban consecuencias predictibles, y así fue durante los millares de años transcurridos hasta que Watt patentó la máquina de vapor en 1769. Sin embargo, los cambios acelerados que, desde entonces, se han sucedido han puesto de manifiesto que el mismo pensamiento, de la mano de la nueva tecnología, ha traído como resultado consecuencias alteradas, que observamos en el impacto de los conflictos bélicos sobre la población o en el enemigo invisible pero tenaz en que se ha convertido el cambio climático global. Es lógico, por lo tanto, que el optimismo que podría generar la evolución tecnológica que ayudará a superar, por ejemplo, las enfermedades neurodegenerativas se tiña de pesimismo al valorar las consecuencias de un desarrollo tecnológico capaz de incidir radicalmente en la naturaleza humana, guiado exclusivamente por intereses económicos sin límites éticos. La evolución tecnológica es imparable, por lo que es imprescindible que esa nueva fase de desarrollo que apunta el debate vaya precedida de una clarificación de los valores que queremos que la inspiren. Un humanismo puesto al día, capaz de situar la plenitud de la persona en el centro del debate, con sus necesidades vitales satisfechas pero con una alta responsabilidad hacia las futuras generaciones, puede servir de guía para establecer unos límites éticos que son tan imprescindibles como urgentes.

8-5-2014

LLUÍS RECODER MIRALLES
Responsable en Cataluña del Departamento de Derecho Administrativo de KPMG Abogados; ha sido alcalde de Sant Cugat del Vallès, diputado de las Cortes Generales de España y del Parlamento de Cataluña, y consejero de Territorio y Sostenibilidad de la Generalitat de Cataluña.

160

¿Posthumanos? No sin la superación del analfabetismo biológico

Le he dado vueltas a cómo explicar lo que quiero decir en relación con los posthumanos. Y, después de varios intentos, creo que lo mejor será ser muy directo. Pues bien, somos «analfabetos biológicos». Pese a ser una especie más del planeta que lleva en él centenares de millares de años, no tenemos un buen conocimiento biológico de nosotros mismos ni de cómo interactuamos con el entorno. No lo sabemos, no lo conocemos suficientemente bien. No nos sabemos y no nos conocemos bien.

Nuestros esquemas educativos y formativos no atienden a la potente e inexorable realidad biológica como una materia esencial y especialmente más importante que las otras. Es la biología la que nos explica nuestra realidad morfológica, fisiológica, genética, etológica, psicológica, ecológica, etc., la que nos explica nuestras potencialidades y nuestras limitaciones.

Dos mil años de cultura postromana y la posterior entronización del humanismo como casi el único valor —eso sí, mediatizado por todo tipo de creencias y de ideologías de dudosa, a menudo, muy a menudo, consistencia— nos han procurado esa realidad. Durante mucho tiempo, la educación y la formación han sido sesgadas, empujadas por el antropocentrismo y por el supuesto privilegio casi divino que un humanismo mal entendido ha consolidado. Y eso ha prolongado ese analfabetismo coyuntural, estructural y universal. No deja de ser paradójico que el conocimiento de que somos, en esencia, una especie biológica y la manera en que ese conocimiento nos puede proyectar mejor hayan avanzado tan poco en tantos años de historia humana. Solo en los últimos decenios, y de manera todavía poco profunda, nos hemos adentrado en el buen conocimiento de la realidad biológica de nuestra especie, pero, hoy por hoy, la hemos interiorizado poco en nuestra vida.

Todo lo que no sea adentrarnos en conocer, investigar más y mejor y reconocer nuestra realidad biológica —la innata y la adquirida—, todo lo que no sea entender nuestro papel como especie que interacciona con la biosfera del único planeta que biológicamente podemos habitar, todo lo que no sea empapar nuestra educación y nuestra formación de ese conocimiento, y que el resto de ámbitos de conocimiento estén también empapados de contenidos biológicos y ambientales bien transversales, no nos ha ayudado, no nos ayuda y no nos ayudará a mejorar y a evolucionar de verdad. Tampoco en la perfusión de los derechos y de los valores humanos, que tienen que estar bien engranados con la realidad biológica para que sean justos y universales. Y eso debe hacerse con cierta celeridad. Con una población humana tan numerosa, con cifras espectaculares de proyección demográfica para las próximas décadas y con una capacidad tan potente de interacción con el medio como la que tenemos, ahora, a través de la tecnología disponible, el desencajamiento entre humanos y entorno está asegurado y pone en riesgo la biosfera tal como la entendemos, además de cuestionar un buen futuro para nosotros.

Cualquier aproximación a los posthumanos que no se base en el conocimiento de la realidad biológica y que no se desarrolle a partir de ese conocimiento no servirá especialmente. Será un paso hacia delante con las mismas cadenas y con los mismos prejuicios que hemos arrastrado durante siglos. Los mismos que nos han hecho avanzar tan lentamente y retroceder, a veces, tan rápidamente. La clave no es más humanismo, cosa que está bien. La clave no es más tecnología, que también puede estar bien. La clave es más biología humana y proyectarnos desde ese conocimiento.

14-5-2014

XAVIER MAYOR FARGUELL
Doctor en Biología, especialista en ecología aplicada y sostenibilidad. Director gerente del Estudio Xavier Mayor *et al.*, S. L. y vicepresidente de la Sociedad Catalana de Ordenación del Territorio (SCOT), filial del Instituto de Estudios Catalanes.

161

Cuando la evolución haya llegado a un extremo en el que los seres que existan en ese momento ya no sean humanos, poco importarán las pautas de nuestro pensamiento

El ser humano, manifiestamente incapaz de resolver los problemas que el planeta le plantea, busca, más allá de su biología, una salida que lo libere de la angustia de vivir ligado a sus limitaciones, a sus sentimientos y a sus emociones: una evolución artificial que lo transforme en un ser con más posibilidades para sobrevivir en este mundo lleno de amenazas. Hoy en día, los seres humanos ya no son libres para decidir si tomar o no ese camino. Es la única salida, transformarse en una nueva especie que, tal vez, sea capaz de evolucionar definiendo otro tipo de vida en el que la genética no sea más que una singularidad de un pasado remoto.

Me imagino ese ciclo de la evolución y pienso en el hombre, en la máquina al servicio del hombre, en la máquina que iguala al hombre, que lo supera en inteligencia y que progresa hasta ser capaz de vivir sin el hombre. Pienso en una nueva especie no humana capaz de replicarse y de crear nuevas especies. Pienso en la posibilidad de unos nuevos seres que viajen por el espacio y que introduzcan la vida por todo el universo, o tal vez en unas máquinas frustradas que, al final, se quitan la vida y todo vuelve a empezar. Es como si, así como primero fue Dios quien creó al hombre, después fuese el hombre quien crease a Dios.

Cuando la evolución haya llegado a un extremo en el que los seres que existan en ese momento ya no sean humanos, poco importarán las pautas de nuestro pensamiento. Quizá la única cosa que podemos pretender es influir en la primera parte del proceso e intentar, al menos, que este comience sobre una base política y filosófica, más allá de la meramente tecnológica. Eso, sin embargo, no dejará de ser una influencia pequeña sobre un minúsculo intervalo de esa evolución.

Es difícil, por tanto, hacer prospecciones cualitativas de cómo será la sociedad resultante, porque los parámetros para valorarla, probablemente, no tendrán nada que ver con los actuales. A estas alturas, pienso que nuestra capacidad de control del proceso es muy limitada y que, por tanto, el mundo se pone en manos de nuestros descendientes, de las nuevas formas de vida y de su capacidad de organización.

17-5-2014

ANTONI FARRERO COMPTE
Doctor ingeniero de Montes. Coordinador de infraestructuras del Área Metropolitana de Barcelona. Ha desarrollado su actividad en la empresa privada y la administración pública, donde ha ocupado diferentes cargos en la administración local y autonómica.

162

Las nuevas tecnologías aplicadas al conocimiento territorial abren posibilidades hasta ahora inauditas, como la convergencia de necesidades contrapuestas y la libre elección individual

En el apasionante ejercicio de prospectiva que se nos ofrece en estas páginas, me centro en la información disponible para los individuos humanos en relación con su dimensión territorial. La cantidad y la calidad de la información, así como las herramientas analíticas y los mecanismos para producir conocimiento, nunca habían sido tan inmensos, y todo apunta a que su crecimiento, por ahora, no conoce límites. Además, son asequibles para un número cada vez mayor de individuos. Incorporar esa información a las decisiones de alcance individual y colectivo me parece un reto que hay que afrontar con cuidado.

El aumento de la información disponible no se limita a la cantidad, como ya han señalado otros autores —Eudald Carbonell, por ejemplo—, sino que también tiene que ver con escalas diferentes y con su potencial combinatorio. La clave estará, pues, en transformar esa información en conocimiento y en gestionarlo de manera que mejore la capacidad para tomar decisiones, integrando las diversas escalas. Eso permitiría superar la situación actual, en la que las decisiones con dimensión territorial se toman a una sola escala, la que determina la delimitación administrativa competente. Integrar potentes sistemas de información geográfica en las capacidades humanas abre nuevas posibilidades de uso del territorio, como ya apunta la telemática, así como de participación en las decisiones, con lo que disminuye la dependencia de la pericia.

Las nuevas tecnologías tienen que permitir el uso del territorio con un menor conocimiento previo. Una anécdota reciente lo puede hacer más inteligible. La nueva red reticular de autobuses que se está implantando en Barcelona ha recibido alguna crítica desde un punto de vista que puede parecer insólito o extravagante: «Se trata de una red pensada para turistas, para extranjeros.» En efecto, utilizar la red preexistente requiere un conocimiento profundo de la ciudad, mientras que la nueva la entienden hasta los que no tienen experiencia previa. Por tanto, si podemos incorporar la información sobre el territorio, podremos actuar en él más democráticamente.

Está claro que la ciudad también se tendrá que seguir adaptando, como ya ha hecho con cada revolución tecnológica —recuerda Manel Sanromà. En Barcelona, a mediados del siglo XIX, Ildefons Cerdà aportó el conocimiento teórico y la aplicación práctica de la ciudad industrial, que nos ha llegado, hasta hoy, con gran fuerza y modernidad, como se demostró en los numerosos actos y publicaciones con ocasión del centésimo quincuagésimo aniversario del Eixample (2009-2010).

Quizá todavía no conocemos todas las redes que se incorporarán a nuestro territorio, pero podemos estar bastante seguros de cómo se extenderán. Gabriel Dupuy lo explicó en su libro *El urbanismo de las redes* —traducido al catalán en 1996 y al castellano en 1998. Cada nueva red llega, primero, solo a unos privilegiados; después se abaratan los costes de difusión y llega a buena parte de la población en un tiempo más o menos largo —pensemos en la generalización de las redes de saneamiento y de provisión de agua, que tienen un ritmo lento, o en el acceso a Internet, que es muy rápido. Durante la etapa de crecimiento se producen situaciones diferenciales, que acentúan las desigualdades iniciales y que difícilmente se revertirán una vez la tecnología se haya difundido entre el conjunto de la población. Por lo tanto, si ya sabemos dónde tenemos que ir a parar, ¿por qué no planificamos pensando en el resultado final?

Las nuevas tecnologías aplicadas al conocimiento territorial abren posibilidades hasta ahora inauditas, como la convergencia de necesidades contrapuestas, y la racionalización de la movilidad —menos contaminación, menos consumo energético, más desplazamientos a pie o en bici para hacer ejercicio físico, etc.— y la libre elección individual son un buen ejemplo de ello.

Todo eso está ahora bastante condicionado a la disponibilidad energética. ¿La era posthumana puede ser también la de la energía barata, ilimitada, no contaminante y democráticamente accesible? ¿Una situación así permitiría cambiar la correlación actual de fuerzas políticas y económicas? Se trata de una utopía que habría que explorar, como lo intentó Albert Serratosa en un estudio pionero que no ha tenido continuidad.

En definitiva, ¿cuál es el potencial de mayor igualdad y justicia entre los posthumanos? ¿Se producirá un cambio en las formas de dominación para avanzar hacia un orden social más justo? ¿Los individuos podrán ser más libres, o estarán condenados a ser más dependientes?

20-5-2014

RAFAEL GIMÉNEZ CAPDEVILA
Geógrafo y doctor en Transportes. Fue director del Instituto Catalán para el Desarrollo del Transporte de la Generalitat de Cataluña y director de programas del Instituto de Estudios Territoriales (Generalitat de Cataluña y Universidad Pompeu Fabra). Es secretario de la Junta de Gobierno de la Sociedad Catalana de Geografía, miembro del Observatorio de Políticas y de Estrategias de Transporte en Europa (OPSTE) y patrón-secretario de la fundación privada Urbe y Territorio Ildefons Cerdà (FUTIC).

163

El futuro dependerá, sobre todo, del resultado de ese combate de la cultura y del espíritu a favor de aquello que compartimos frente a esos procesos entrópicos que, tendencialmente y entre otras cosas, podrían hacer que las ciudades y los países fuesen ingobernables

El pesimismo derivado de una evolución entrópica sería mi aportación a este debate. Cuestión de valores y de cultura, ciertamente, pero también de espiritualidad y de supervivencia de la especie y del planeta. Los nuevos umbrales de la biotecnología y de las tecnologías de la información suponen, sin duda, unos cambios importantísimos de un alcance muy difícil, hoy día, de precisar. De todos modos, desde la Revolución Industrial, y ya anteriormente, los procesos de deconstrucción y la creciente autonomía del sujeto han ido persistentemente acompañados de una entropía social creciente, que transcurre en paralelo con la entropía energética. Aquello que nos es común parece disolverse. Y yo no veo que eso se haya puesto suficientemente sobre la mesa. Humanos o posthumanos, me parece que el futuro dependerá, sobre todo, del resultado de ese combate de la cultura y del espíritu a favor de aquello que compartimos frente a esos procesos entrópicos que, tendencialmente y entre otras cosas, podrían hacer que las ciudades y los países fuesen ingobernables. Por eso me interesan especialmente las disciplinas sintéticas. Habitar el espacio —la arquitectura— y habitar el tiempo —la música— en primer lugar. Y la palabra, claro está.

26-5-2014

JORDI LUDEVID ANGLADA
Arquitecto y urbanista, presidente del Consejo Superior de Colegios de Arquitectos de España y miembro de Barcelona Global; ha sido decano del Colegio de Arquitectos de Cataluña (COAC).

164

¿Podremos hablar de una tecnología inteligente al servicio de una sociedad estrictamente tecnológica, de la que hasta el Homo tecnologicus *sea expulsado por una vida artificial que él mismo ha impulsado?*

Comienzo mi reflexión, que reconozco que parte más de la opinión personal que de un conocimiento profundo sobre la materia, con una sola pregunta. Una pregunta corta, pero que generaría una respuesta muy larga. Una pregunta corta, pero que nos llevaría a la raíz de la cuestión: y todo eso, ¿para qué? No aspiro a responder a ella en esta aportación, que debe ser necesariamente breve, pero sí me gustaría dar algunas pinceladas de las dudas que me genera.

Son innegables los múltiples beneficios que, a lo largo de la historia, los sucesivos avances de la tecnología nos han aportado. Estamos donde estamos, en definitiva, gracias a la capacidad de innovación que hemos tenido a lo largo de los siglos. La humanidad ha podido avanzar, gracias al desarrollo tecnológico, hasta grados de bienestar que socialmente reconocemos como positivos y, por tanto, como irrenunciables porque son beneficiosos, porque suponen la mejora de nuestra calidad de vida —la misma definición de «calidad de vida» abriría otro debate profundo e interesante, pero creo que el lector puede compartir, sin necesidad de más explicaciones, la dimensión de ese concepto.

Estoy absolutamente convencido de que, en los próximos años, seremos capaces de continuar utilizando todo el gran potencial de innovación existente para seguir mejorando nuestra calidad de vida individual y colectiva. Esos avances nos permiten mejorar la salud, la gestión de las ciudades y un largo, largo, largo etcétera, en un mundo complejo y que está siendo modificado —de manera irreversible y aún incierta— por la misma actividad humana. Pero ¿hay algún límite en ese proceso de innovación permanente que consideremos que no se puede superar? No tanto desde un punto de vista tecnológico, sino biológico y ético, ¿la innovación por la innovación justifica cualquier avance? Pese a maravillarnos ante avances espectaculares en el campo de la inteligencia artificial, ¿podremos hablar algún día de vida artificial? ¿De una vida artificial más compleja, incluso, que la vida (biológica)? Y, si eso es posible, ¿tendremos que maravillarnos? ¿O más bien preocuparnos? ¿Podremos hablar de una tecnología inteligente al servicio de una sociedad estrictamente tecnológica, de la que hasta el *Homo tecnologicus* sea expulsado por una vida artificial que él mismo ha impulsado? ¿Tiene sentido? Y, si lo tiene, ¿cuál es ese sentido?

26-5-2014

ARNAU QUERALT BASSA
Licenciado en Ciencias Ambientales, director del Consejo Asesor para el Desarrollo Sostenible (CADS), adscrito al Departamento de la Presidencia de la Generalitat de Cataluña. Presidente de la red Consejos Consultivos Europeos sobre Medio Ambiente y Desarrollo Sostenible (EEAC). Ha sido director del Patronato Catalán Pro Europa y presidente del Colegio de Ambientólogos de Cataluña (COAMB).

165

Lo que viene en el mundo de la cocina es la revolución sensible, emocional y sensitiva, que debería integrar de manera equilibrada la revolución tecnológica y la revolución del producto

Todo es cuestión de equilibrio. Quiero creer que el código ético, el juicio y la conciencia humanos preservarán desde la cocina el producto natural y, con él, el respeto al paisaje y a la tierra. La cultura gastronómica, cada vez más sensible con la sostenibilidad de las formas naturales de vida, servirá mesas con manjares orgánicos, de sabores y de aromas biodiversos, y abogará por el uso de combustible natural. La tecnología ha entrado en la cocina como un juego, un juego que, si es meramente estético, no tendrá mucha razón de ser, pero que, cuando plantee soluciones o cuando explore nuevos caminos desde aquello que es natural, con fidelidad al sabor, podrá elevar la experiencia. Creo que no seremos «posthumanos» hasta que dejemos de comer productos naturales, sean o no tratados tecnológicamente. En la cocina ya ha habido una revolución tecnológica, y ahora asistimos a la revolución del producto. Parece que lo que viene es la revolución sensible, emocional y sensitiva, que debería integrar de manera equilibrada las dos revoluciones antes mencionadas. La cocina seguirá sumando, tanto como humanamente sea posible.

30-5-2014

JOAN ROCA FONTANÉ

Cocinero y propietario junto a sus hermanos del restaurante El Celler de Can Roca (Gerona), escogido mejor restaurante del mundo por *The Restaurant Magazine* en el 2013. Su cocina armoniza los sabores tradicionales de la cocina catalana con las técnicas de vanguardia, fruto de una investigación constante comprometida con la innovación y la creatividad.

166

La esencia de lo esencial. El progreso, o es universal o no será progreso

El otro día, en un programa de radio, me pedían veinticinco cosas que querría. Dije cosas de todo tipo, de todos los colores, cosas irónicas, poéticas, cosas sobre la actualidad, sobre deseos... Había una que sintetizaba, un poco, el tema en cuestión. Dije: «Quiero aprender a disfrutar y a utilizar las nuevas tecnologías con un vaso de buen vino al lado y una tostada con ajo.» Sencillo, pero tiene un punto de miedo, de esperanza y de respeto por el porvenir.

Cuando los inventos y los avances tecnológicos de la sociedad-humanidad nos separan del ciclo natural y crean una nueva esfera social, nos llevan a una confusión que acumula inestabilidad y empobrecimiento en otros campos de la vida. Me siento mucho más cercano al *Homo ludens*, al hombre que disfruta y se divierte, que al *Homo economicus-actualis*, acumulador de riqueza e individualista. Bienvenidas todas las ventajas del posthumano cuando este nos ofrece un catálogo de nuevas propuestas para un vivir mejor. Hay una palabra que tenemos que aprender a utilizar: *compartir*. Compartir debería ser una prioridad esencial. Compartir los conocimientos, la riqueza, el tiempo y el espacio. Buscar la esencia de los nuevos inventos y descubrimientos para que sean un arma que nos ayude a nacer mejor —en cualquier sitio del planeta— y a morir sin miedo, pausadamente y sin dolor. El posthumano nos tiene que hacer vivir con más armonía con nosotros mismos y con aquello y aquellos que nos rodean. Las nuevas tecnologías tienen que servir para hacernos más creativos, más apasionados, más ilusionados, y para que conectemos de una manera nueva con la naturaleza como una fuente de nuevos conocimientos. El debate está en si nos acercamos a nosotros mismos para enriquecernos como esencia global o si esos nuevos conocimientos nos alejan de los sentimientos, de las emociones y de los aprendizajes esenciales.

Acabo con una frase del científico Albert Einstein: «Temo el día en el que la tecnología sobrepase la interacción humana. El mundo será una generación de idiotas.»

2-6-2014

JOAN FONT PUJOL
Titulado por el Instituto del Teatro de Barcelona, director y fundador de la compañía de teatro Comediants; ha dirigido, entre otros espectáculos de carácter internacional, la cabalgata de la Expo'92 de Sevilla y la ceremonia de clausura de los Juegos Olímpicos de Barcelona (1992). Ha actuado en los cinco continentes. Director de escena de diversas óperas.

167

La evolución humana: de la selección natural a la tecnificación

El ser humano viene de un largo camino evolutivo. Podríamos situar su comienzo hace cuatro millones de años, cuando, en África, unos individuos que vivían en los árboles bajaron a tierra y se pusieron de pie. Estos se transformaron en los primeros homínidos, y dieron paso al género *Australopithecus*. La evolución avanzaba y, dos millones de años después, ya fuera de África, esos homínidos empezaron a fabricar herramientas de piedra, a utilizar el fuego, a adquirir un lenguaje y a enterrar a los muertos. Dieron nombre al género *Homo* y a nuevas especies, como el *Homo habilis*, el *Homo rudolfensis*, el *Homo ergaster*, el *Homo erectus*..., hasta llegar al *Homo sapiens* actual. Había empezado el proceso de humanización, y algunos de esos homínidos ya eran humanos.

Desde sus inicios, la evolución se ha ido produciendo de manera muy natural, haciendo aparecer y desaparecer especies en función de su adaptación al medio, igual que ha pasado con las otras especies de los reinos animal y vegetal. ¿En qué momento se invierte ese proceso? Cuando los humanos comienzan a intervenir en esa selección y a manipularla para conseguir resultados en beneficio propio —una tendencia que ha continuado a lo largo de la historia—, seleccionando y cruzando individuos y especies posibles entre sí, principalmente en el ámbito de la agricultura y de la ganadería. También con intervenciones en pro de la propia especie en muchas de las civilizaciones que ha habido, a veces eliminando o, también, seleccionando y cruzando. Pero esa selección natural que ha prevalecido hasta ahora podría dejar de existir.

¿En qué punto estamos actualmente? Cada vez domina más lo que podríamos denominar *selección inteligente*, que, además, incluye componentes artificiales y ya no exclusivamente naturales. Los actuales avances científicos y tecnológicos y las nuevas disciplinas hacen posible lo que hasta hace poco era ciencia ficción. Las posibilidades son inimaginables. Eso genera un debate con opiniones muy diferentes, en las que intervienen la legislación y las creencias religiosas, especialmente cuando hay que discernir cómo afectará todo eso a nuestra especie.

Sea como sea, se trata de algo que parece imposible de frenar. El ser humano no dejará pasar la oportunidad de vivir mejor, más años y sin enfermedades, cueste lo que cueste, se diga lo que se diga, sea ético o no. Los científicos tampoco se podrán resistir a hacer nuevos descubrimientos y a continuar experimentando, aunque tenga que ser en clandestinidad. Tendrán la presión de grupos interesados en que eso sea así, con poder y con dinero suficientes. Estos accederán a una medicina superior y, antes o después, se acabarán diferenciando del resto, de tal manera que se convertirán en una nueva especie, ya diseñada de manera más inteligente que natural. Dejarán de pertenecer a la especie *Homo sapiens* y concurrirán en un nuevo *Homo* que podría ser *artificialis* o algo parecido. Al igual que los primeros *homines* que abandonaron África, estos abandonarán el planeta y conquistarán el espacio. Por increíble que parezca, solo se trata de la repetición de un proceso en el que solo cambia la escala cualitativa.

Las tendencias actuales, como las privatizaciones y la explotación del espacio, ya nos señalan todo eso desde hace tiempo. Y el cine, con películas como *Elysium*, también.

16-6-2014

PERE BALLBÈ URRIT
Psicólogo y psicoterapeuta humanista.

168

Las dos alas del progreso humano

Me atrevería a decir que el *transhumanismo* no es un fenómeno nuevo, sino que es tan antiguo como el mismo ser humano, porque este siempre ha ido más allá de lo que le permite su condición biológica. Por ejemplo, nuestro cuerpo no nos sirve para vivir en un entorno acuático y, sin embargo, hemos sido capaces de crear los instrumentos necesarios para navegar por los océanos y sumergirnos en sus profundidades. Nuestro cuerpo tampoco está hecho para volar, pero nos hemos dotado de medios para surcar los cielos e, incluso, para viajar al espacio. Aunque nuestros órganos son similares —si no inferiores— a los de otras especies, solo la especie humana ha aprendido a dominar fuerzas de la naturaleza, como la energía eléctrica o la nuclear, y a transgredir leyes de la física tan fundamentales como la de la gravedad. Cada día, desde que nos despertamos hasta que nos volvemos a dormir, realizamos multitud de actividades que van más allá de lo que *a priori* nos permite nuestra condición biológica o de lo que nos determinan las leyes de la física. Son las capacidades cognitivas inherentes a la condición humana —la inteligencia, el conocimiento, la creatividad, la imaginación, etc.— las que permiten tal prodigio. Ningún otro ser vivo es capaz de trascender los límites que su condición biológica le ha impuesto. Tampoco los seres inertes, ya sea un simple átomo o un cuerpo celeste, son capaces de ir más allá de las leyes de la física. El Sol, por ejemplo, es incapaz de liberarse del yugo de las leyes físicas y de su misma condición natural, mientras que el ser humano, que en comparación es físicamente ínfimo, las quebranta a diario centenares de veces: cuando pulsa un interruptor, cuando llama por teléfono, cuando sube a un avión, cuando arranca su coche, cuando envía un simple correo electrónico... Pero ¿son nuestras capacidades cognitivas lo único que nos distingue como humanos? Ciertamente, no. El ser humano no solo es un ser inteligente, sino que también es un ser moral. Si se lo instruye, si se lo educa, es capaz de manifestar en su vida cualidades como la justicia, la bondad, el altruismo, la solidaridad, la honradez y un larguísimo etcétera de capacidades que son genuinamente humanas e inseparables de su naturaleza. Esas otras capacidades también nos permiten trascender nuestra condición biológica y las leyes de la física. Por ejemplo, sin empatía o sin altruismo seríamos esclavos de nuestros instintos de supervivencia más primarios, pero, gracias a esas cualidades, no necesitamos salir a la calle para arrancarle la comida de la boca a nuestro vecino. Al mismo tiempo, las capacidades morales permiten estimular, enfocar y guiar las capacidades intelectuales. ¿Sería posible, por ejemplo, el avance científico sin el ejercicio de cualidades como la perseverancia, la tenacidad, el sacrificio o el espíritu de servicio?

Un repaso a la historia y un vistazo a nuestro presente nos permiten constatar que el desarrollo científico y tecnológico no es suficiente por sí solo para asegurar la felicidad humana, y que tampoco garantiza necesariamente un progreso material que sea sostenible y duradero. Cuando el progreso intelectual y el progreso moral no van cogidos de la mano, se producen tremendos desajustes que provocan el resultado opuesto al deseado. Tenemos centenares de evidencias de ello. ¿Cuántas veces, por ejemplo, el progreso científico se ha puesto al servicio de la guerra? Aunque la humanidad ha alcanzado un desarrollo intelectual sin precedentes, las injusticias sociales siguen ahí, y ese progreso convive con la realidad del subdesarrollo, con el hambre en el mundo, los problemas medioambientales, las guerras, enfermedades como la depresión, la ansiedad o el estrés y un largo etcétera de elementos que impiden la felicidad humana y que, lejos de disminuir, aumentan cada día. Es necesario, por tanto, redefinir nuestra idea de progreso y ampliarla para que incluya la dimensión intelectual y la dimensión moral de la realidad humana. Bajo esa redefinición, el progreso humano no consistiría solamente en el avance tecnológico y en el progreso intelectual, sino también en el desarrollo —tanto a nivel individual como social— de esas capacidades latentes en el ser humano que los antiguos griegos llamaban virtudes, que otros llaman valores y que yo prefiero denominar cualidades espirituales. «*El ser humano necesita dos alas*», afirmó el hijo del fundador de la religión Bahá'í, 'Abdu'l-Bahá (1844-1921), quien pasó cuarenta años en una prisión otomana por sus ideas: «Una es el poder físico y la civilización material; la otra es el poder espiritual y la civilización divina. Con una sola ala, el vuelo es imposible. Las dos alas son esenciales. Por tanto, no importa cuánto avance la civilización material, no podrá lograr la perfección si no es a través de la elevación de la civilización espiritual.»

Por tanto, con el mismo empeño con el que nos esforzamos por llevar el conocimiento científico hacia nuevas cotas, ojalá que también perseveremos en la mejora de nuestros valores para que nuestras sociedades sean más justas y más equitativas, para que, más allá de identidades locales, nos veamos, ante todo, como miembros de la raza humana y no permitamos el sufrimiento y las privaciones de nuestros congéneres, y para que el progreso tecnológico esté únicamente al servicio del interés global, de la promoción de la paz y del mejoramiento de las condiciones de vida de toda la humanidad.

17-6-2014

AMÍN EGEA FARZANNEJAD
Arquitecto técnico, historiador, escritor, investigador especializado en la religión Bahá'í y miembro de la Comunidad Bahá'í de España.

169

No será con soluciones individualistas y egoístas como nos podremos salvar, sino con la recuperación de soluciones colaborativas, solidarias y altruistas, que han sido la base de nuestra evolución y de nuestro éxito como especie, y que serán, también, la clave de nuestra supervivencia ante los retos actuales

Los dos artículos publicados son una buena fuente de inspiración y de reflexión con respecto al futuro de la humanidad. *A priori* pueden parecer futuristas o próximos al denominado género de ciencia ficción, pero evidentemente no lo son, puesto que incluso tenemos elementos relacionados con el tema que están presentes en la situación y en la evolución actuales. Además, no hay que olvidar que, hace veinticinco años, determinadas tecnologías actualmente de gran evolución y ya cotidianas, como las redes sociales, la telefonía, la robótica aplicada a las operaciones quirúrgicas o la nanotecnología, por ejemplo, también podrían haberse considerado elementos de ese género. De todos modos, cabe recordar que la ciencia y sus aplicaciones tecnológicas no resuelven todos los problemas, sino que generan nuevos conflictos, sobre todo en lo relativo a su aplicación en la sociedad o a cómo inciden en ella en términos de equidad, de justicia o de colaboración/altruismo frente a soluciones egoístas e individualistas, entre otros aspectos.

En los artículos se explica claramente qué representa lo transhumano o posthumano, algo que es fundamental y que puede ser muy útil para que la humanidad pueda hacer frente a los retos actuales y futuros, pero que también entraña nuevos riesgos. Está claro que la humanidad se enfrenta a nuevos retos constantemente, y su manera de funcionar frente a ellos es lo que constituye las «respuestas de la sociedad», que se articulan en forma de nuevos desarrollos científicos y tecnológicos, de nuevas políticas, de nuevos acuerdos internacionales, de una nueva legislación, etc. Por ejemplo, uno de los retos actuales es el «cambio global», que abarca el cambio climático y otros retos ambientales, sociales y económicos, es decir, la sostenibilidad de la humanidad y del medio, que, desde el punto de vista económico, fue reconocida en el *Informe Stern* como el fallo más grave en el funcionamiento de los mercados —*market fai-*

lure— que se haya producido nunca, puesto que es lo que en economía se considera una *externalidad* —como es la contaminación generada por la actividad productiva: los gases de efecto invernadero producen una contaminación que, en grado superlativo y en función de sus complejas variables, tiene consecuencias imprevisibles. Del mismo modo, el debate sobre transhumanos o posthumanos plantea temas que pueden ser positivos para que la humanidad haga frente a los desafíos, pero al mismo tiempo nos enfrenta a nuevos retos, derivados de esas nuevas variables y contextos que nos pueden llevar fácilmente a situaciones elitistas, muy clasistas, probablemente con fuertes elementos de «nuevo racismo», básicamente antidemocráticas y, seguramente, con el grave peligro de acarrear nuevos totalitarismos, como han identificado acertadamente ambos autores.

Eso nos lleva a reflexionar sobre la necesidad de encontrar nuevas «respuestas de la sociedad» frente a las diversas crisis en curso actualmente, que se solapan en forma de crisis económica, social y, también, de valores —éticos y morales—, porque en las últimas décadas se ha ido rompiendo, probablemente, el equilibrio entre estos. Y es que, frente a valores como la libertad, la solidaridad, la igualdad, la equidad, la colaboración, la cooperación o el espíritu constructivo —es decir, valores altruistas—, priman cada vez más los valores del beneficio propio e inmediato de una minoría frente al beneficio de toda la sociedad y del medio ambiente, prima la importancia de los valores del egoísmo más exacerbado del «yo» frente al «nosotros». Finalmente, también hay una profunda crisis ambiental, en el sentido de que pone a nuestras sociedades frente a una disyuntiva que, si se quiere empezar a resolver de verdad, implica cambios radicales en nuestro sistema productivo, en nuestra utilización de los recursos naturales, del medio, que implican una reorganización de nuestra economía y de nuestra sociedad. Tales retos son de dimensiones gigantescas, puesto que los cambios necesarios implicarán no pocas tensiones, a todos los niveles, en nuestra sociedad debido a la tendencia que una parte de la humanidad tiene a actuar a corto plazo. En esas tensiones, serán parte de la ecuación los aspectos que habrá que gestionar en relación con el transhumanismo o el posthumanismo, tales como nuevos paradigmas, retos y oportunidades en las «respuestas de la sociedad», aspectos que deberían resolverse democráticamente, evitando toda tendencia hacia el autoritarismo o hacia el totalitarismo. Por lo que se refiere al posthumanismo, veo un claro peligro de soluciones elitistas y fuertemente tecnocráticas, alejadas, por tanto, de soluciones altruistas y colaborativas. Evidentemente, las respuestas a las que anteriormente hice referencia deberán ser diferentes de las actuales y decididamente novedosas. Entre otras razones, porque haciendo lo mismo que se ha hecho hasta ahora no se van a obtener resultados ni mejores ni diferentes.

En el contexto actual se hace necesaria una transición hacia la sostenibilidad, basada en la cohesión y en la equidad sociales, en la eficiencia en la utilización de los recursos naturales y de la energía, en una nueva economía, en el respeto al medio y a los límites de los sistemas ecológicos y en el uso de los servicios ambientales que nos proporcionan los ecosistemas. Todo ello sin olvidar el buen gobierno o la buena gobernanza —las instituciones y el derecho— necesarios para que funcionen correctamente los tres pilares de la sostenibilidad.

Tenemos una oportunidad única, en la situación de crisis actual, para que los Gobiernos traten de demostrar liderazgo y creatividad —y que los ciudadanos lo exijamos— mediante la correcta y eficiente regulación de los mercados financieros, el desarrollo de instrumentos y de políticas prudentes también en lo ecológico y la eliminación de los incentivos perversos para el medio ambiente y para la sociedad. A su vez, todo ello debe permitir una producción más ambiental y más sostenible —*green economy*—, que no se base en la maximización del crecimiento del consumo por el consumo para mantener la producción y la economía, sino en lograr una nueva economía ecológica y sostenible, eficiente en una utilización de los recursos naturales de forma sostenible —incluida la energía—, en la que sea posible la prosperidad.

Puesto que el problema no es el consumo en sí mismo, sino el exceso de consumo, «el consumir por consumir, que convierte a nuestra sociedad en una sociedad insaciable, debe abordarse el problema de la escasez, propio de la economía», como indican los economistas ambientales Robert y Edward Skidelsky en su obra *¿Cuánto es suficiente?*, en tanto en cuanto la economía es la ciencia encargada de la utilización de recursos escasos, alternativos y limitados por definición.

No obstante, los seres humanos, la sociedad y el medio natural no están al servicio de la economía, sino que, contrariamente, es la economía la que debe estar al servicio de la sociedad. Esos economistas se refieren también al hecho de que el objetivo de la economía es la obtención de bienestar, es decir, la obtención de la felicidad para todos, lo que, en realidad, debería apartarnos del consumismo desaforado, de la insaciabilidad. La obtención de la buena vida y de la felicidad para todos la definen esos autores —Robert y Edward Skidelsky— en torno a siete bienes básicos, que son estos: la salud, la seguridad, el respeto, la personalidad, la armonía con la naturaleza y con el medio ambiente del que formamos parte, la amistad y el ocio. En todos y cada uno de los mencionados bienes básicos, la aplicación de la economía neoliberal no facilita ni facilitará un buen resultado.

En el contexto de lo que acabo de comentar, también es interesante mencionar la importante obra del famoso ecólogo y entomólogo Edward O. Wilson, que es, sin duda, uno de los más insignes sucesores de Charles Darwin y autor, hace algunos años, de un libro de impacto, *Consilience. La unidad del conocimiento*, que nos aproxima a lo artificioso de la división entre las disciplinas. Con la complementariedad entre las disciplinas, con los equipos multidisciplinarios y con el conocimiento transversal podremos hacer frente mucho mejor a los retos actuales. Igualmente, y en el contexto de este artículo —seguramente, las soluciones individualistas del posthumanismo no nos harán ni más libres ni mejores—, es relevante uno de sus libros más recientes, *La conquista social de la Tierra. ¿De dónde venimos? ¿Qué somos? ¿Adónde vamos?*, en el que sitúa frontalmente nuestro ser individual y social ante los grandes retos pasados, presentes y, sobre todo, futuros, como el cambio climático, la degradación ambiental, la falta de sostenibilidad y, por tanto, la falta de viabilidad de nuestra sociedad en el medio ambiente y la necesidad de nuevas alternativas y de nuevas propuestas económicas, que han de ser más integradoras que una aplicación simplista y tecnocrática de *green economy* o de *smart cities*. E. O. Wilson nos identifica como individuos sociales ante los retos ambientales, sociales y económicos actuales. Es decir, ante los retos de la sostenibilidad y de nuestra supervivencia como especie, ya que no será con soluciones individualistas y egoístas como nos podremos salvar, sino con la recuperación de soluciones colaborativas, solidarias y altruistas, que han sido la base de nuestra evolución y de nuestro éxito como especie y que serán, también, la clave de nuestra supervivencia ante los retos actuales.

Otro autor, Tim Jackson, identifica las conexiones y las implicaciones entre los tres pilares originales de la economía ecológica y del desarrollo sostenible ya comentados: el social, el económico y el ambiental. Además, señala que, en la relación entre lo social y lo económico, es esencial la equidad para que la relación entre lo ambiental y lo económico sea viable, y para que la relación entre lo social y lo ambiental sea soportable.

Finalmente, es necesario considerar la evolución que debe realizarse desde los poderes públicos —por supuesto, con democracia ampliada y buen gobierno— para hacer frente a todos los retos presentes y futuros que tiene ante sí la humanidad, incluido el hecho de si esta va hacia un transhumanismo o un posthumanismo. Y todo eso sin olvidar el altruismo y la colaboración, porque, tal vez, de lo que se trata es de que podamos ser razonablemente felices durante nuestra existencia, siendo realmente libres por lo que se refiere a prosperidad y a equilibrio con la naturaleza.

17-6-2014

JOSÉ LUIS SALAZAR MÁÑEZ
Licenciado en Derecho, máster en Gestión Ambiental y en Administración de Empresas. Ambientalista. Ha sido presidente de la Sección de Derecho Ambiental del Colegio de Abogados de Barcelona, y ha trabajado en programas y en proyectos ambientales y de cooperación al desarrollo de varios organismos internacionales, tanto de la Organización de las Naciones Unidas como de la Unión Europea.

170

La vida solo se puede vivir desde el corazón, amando

En lo que respecta al transhumanismo o posthumanismo, se podrá o no estar de acuerdo, pero creo que sí debería haber discusión en torno a la libertad individual de poder escoger y de poder recibir información completa y contrastada sobre cualquier cosa que se nos proponga u ofrezca.

Dicho eso, me gustaría exponer mi opinión: estoy totalmente en contra de la manipulación genética que pueda interferir en la evolución natural de cualquier especie animal o vegetal de nuestro planeta y, por supuesto, en contra de la obtención de una conciencia global de manera artificial.

¿Por qué esa opinión? Por dos motivos. El primero, menos trascendental, es que me gusta cómo somos los humanos, con todas sus virtudes y con todos sus defectos. Me gusta el planeta en el que vivimos y me gusta la vida que se nos ha regalado, con sus buenos y con sus malos momentos, con su alegría y también con su tristeza. Me gusta la libertad que tenemos para decidir cómo queremos vivir nuestra vida, porque, si nos sentimos condicionados o presionados a la hora de hacer algo, es porque nosotros queremos, porque dejamos que algunos impongan las normas sin ni siquiera cuestionarlas, aunque no estemos obligados a ello. Tal como somos ahora, ¡siempre podremos decir «basta»!

El segundo motivo sucede al primero, pero va un poco más allá. Mi visión del mundo es taoísta y, por lo tanto, holística. Cada individualidad forma parte de un todo, de la unidad, y ese todo o unidad es el origen, la causa de todo. Nada es casualidad. Esa visión taoísta del universo es la que me hace creer que nada es mérito nuestro y, por lo tanto, que nadie es mejor o peor que nadie. Las cualidades esenciales de cada uno de nosotros, que siempre son buenas, no las hemos escogido, nos las han regalado, solo es mérito nuestro el desarrollarlas. Cuando mostramos nuestros defectos, nuestras cualidades perturbadoras, lo hacemos porque queremos, es responsabilidad nuestra. Deberíamos vivir desde el respeto a la diferencia, desde la compasión y desde el perdón, sin importarnos si alguien es más o menos inteligente, o está físicamente más o menos cualificado. En definitiva, deberíamos vivir desde el amor, porque la vida solo se puede vivir amando. La capacidad de amar surge de nuestro interior, de tal como somos ahora. Todo lo que somos no lo podemos perder en beneficio de una pretendida mejora en el bienestar y en la salud, porque creo que es del todo ficticia. El bienestar y la salud no son solo físicos, también son mentales y espirituales. La infelicidad no está en lo que nos pasa, sino en cómo vivimos lo que nos pasa. Somos nosotros los que podemos y debemos decidir cómo queremos vivir, no esa «conciencia global» del todo artificial o un mensaje codificado que nos añadan.

Vivimos en un mundo natural, somos seres humanos naturales. Holísticamente, el cuerpo humano funciona de la misma manera que el universo, con las mismas reglas o principios, todo está interrelacionado. Frases dichas por Jesús, como «lo que les haces a ellos me lo haces a mí también» o «trata a los otros como querrías que te trataran a ti», me remiten directamente al taoísmo. Verdad solo hay una, pero los caminos para llegar a ella son infinitos, tantos como personas hay en el mundo. Y esa verdad es la del amor.

La unión de la inteligencia artificial con la natural rompe las leyes universales naturales y supone el fin de nuestra especie. Creo que sería una lástima que desapareciéramos sin haber acabado nuestro camino y sin haber llegado a la plenitud de nuestra especie.

El taoísmo y el cristianismo predican, respectivamente, la inmortalidad y la vida eterna. Puede que digan lo mismo —yo así lo creo—, pero esa inmortalidad la debemos conseguir nosotros mismos, desde nuestro interior, no nos la tienen que imponer o vender y no tiene que ser solo física. La felicidad no es un destino, sencillamente es lo que sentimos cuando cada uno de nosotros, en nuestro camino y de forma individualizada, encontramos la paz y experimentamos el amor universal. Como vivimos en comunidad, conseguiremos la conciencia plena y global cuando cada uno de nosotros vivamos nuestra vida desde el amor sincero. Es difícil, ya lo sé, llevamos miles de años intentándolo. Pero la solución no está en comprar la felicidad eliminando el dolor y las discapacidades, y añadiendo inteligencia. La solución está en que cada uno de nosotros, por méritos propios, busquemos desde el amor la conciencia plena.

Querría añadir, como conclusión, una carta que, supuestamente, Albert Einstein escribió a su hija, Lieserl, y que estos días ha llegado, curiosamente, a mis manos:

La última respuesta

Querida Lieserl,

nunca estuve cerca de ti, pero antes de partir definitivamente, quiero poner en tus manos el descubrimiento más valioso de mi vida.

Tu llegada al mundo fue un acontecimiento inesperado, una responsabilidad cegada por el miedo, y cuando fui capaz de reaccionar, ya era demasiado tarde.

Hasta ahora, cuando estoy a punto de morir, no me he dado cuenta de la importancia que tuvo tu nacimiento, aunque paradójicamente solo hayas conocido de mí la separación y el olvido.

Nunca me olvidé de ti, Lieserl, y cada noche de mi vida he abierto los ojos en la oscuridad imaginando cómo sería tu rostro. Pero los errores, cuando envejecen, se vuelven mortales y definitivos. La vergüenza que sentía por mi actitud es lo que me privó durante tantos años de ponerme en contacto contigo. Y luego ha sido demasiado tarde.

Sabes bien que se me conoce como un genio algo excéntrico. Algunos me acusan de haber sido una persona insensible, poco tierna y empática. Pero puedo asegurar que el paso del tiempo me ha hecho sensible al dolor de los demás, precisamente porque una simple fórmula, $E = mc^2$, ha tenido unas consecuencias catastróficas que no hubiera imaginado ni en mi peor pesadilla.

Sin ser directamente responsable, me siento copartícipe de una carrera atroz y absurda hacia la destrucción de la humanidad. Es algo que yo jamás proyecté ni deseé, pero mi fórmula ha permitido desatar una energía altamente destructiva, y es aquí donde se produjo el punto de inflexión en mi pensamiento.

Por las muchas entrevistas que se han publicado, sabrás que durante largos años he buscado una última respuesta, una variable que permita explicar de forma unificada todas las fuerzas que operan en el universo. Quería entender cuál es la fuerza primigenia que gobierna todo cuanto conocemos: la física y la metafísica, la psicología y la biología, la gravedad y la luz... Durante muchos años he luchado por encontrar la teoría del campo unificado.

Ahora puedo decir que he llegado a conclusiones. Sé que lo que te voy a confiar no suena científico. También sé que esta última carta, mi legado del cual te hago depositaria, sorprenderá a muchos y llevará a otros tantos a pensar que me he vuelto completamente loco. Me temo que pondrá en tela de juicio incluso los descubrimientos que me llevaron no solo a la obtención del Nobel, sino también al desmedido reconocimiento que obtuve con la teoría original de la relatividad y la teoría especial. Porque lo que te voy a decir es, nada menos, la gran asignatura pendiente no solo de la física, sino de la ciencia en general.

Sabrás por lo que han dicho de mí que siempre he sido una persona muy exigente y rigurosa al desarrollar mis hipótesis. Por eso mismo considero que a lo largo de mi vida he tenido muy pocas buenas ideas. Incluso estas últimas procedían de fogonazos e intuiciones que luego intenté trasladar al papel. Me exigieron un elevado ejercicio de rigor y disciplina, virtudes que debo en gran medida a tu madre, Mileva, pues ella me ayudó a encontrar un lenguaje para plasmar mis intuiciones en cifras y fórmulas.

Cuando propuse la teoría de la relatividad, muy pocos me entendieron, y lo que te revelaré ahora para que lo transmitas a la humanidad también chocará con la incomprensión y los prejuicios del mundo.

Aun así, te pido que la custodies todo el tiempo que sea necesario, años, décadas, hasta que la sociedad haya avanzado lo suficiente para acoger lo que te explico a continuación.

Hay una fuerza extremadamente poderosa para la que hasta ahora la ciencia no ha encontrado una explicación formal. Es una fuerza que incluye y gobierna todas las otras, y que incluso está detrás de cualquier fenómeno que opera en el universo y aún no haya sido identificado por nosotros. Esa fuerza universal es el amor.

Cuando los científicos buscaban una teoría unificada del universo, olvidaron la más invisible y poderosa de las fuerzas. El amor es luz, dado que ilumina a quien lo da y lo recibe. El amor es gravedad, porque hace que unas personas se sientan atraídas por otras. El amor es potencia, porque multiplica lo mejor que tenemos, y permite que la humanidad no se extinga en su ciego egoísmo. El amor revela y desvela. Por amor se vive y se muere. El amor es Dios, y Dios es amor.

Esa fuerza lo explica todo y da sentido en mayúsculas a la vida. Esa es la variable que hemos obviado durante demasiado tiempo, tal vez porque el amor nos da miedo, ya que es la única energía del universo que el ser humano no ha aprendido a manejar a su antojo.

Para dar visibilidad al amor, he hecho una simple sustitución en mi ecuación más célebre. Si en lugar de $E = mc^2$ aceptamos que la energía para sanar el mundo puede obtenerse a través del amor multiplicado por la velocidad de la luz al cuadrado, llegaremos a la conclusión de que el amor es la fuerza más poderosa que existe, porque no tiene límites.

Tras el fracaso de la humanidad en el uso y control de las otras fuerzas del universo, que se han vuelto contra nosotros, es urgente que nos alimentemos de otra clase de energía. Si queremos que nuestra especie sobreviva, si nos proponemos encontrar un sentido a la vida, si queremos salvar el mundo y cada ser sentiente que en él habita, el amor es la única y la última respuesta.

Quizá aún no estemos preparados para fabricar una bomba de amor, un artefacto lo bastante potente para destruir todo el odio, el egoísmo y la avaricia que asolan el planeta. Sin embargo, cada individuo lleva en su interior un pequeño pero poderoso generador de amor cuya energía espera ser liberada.

Cuando aprendamos a dar y recibir esa energía universal, querida Lieserl, comprobaremos que el amor todo lo vence, todo lo trasciende y todo lo puede, porque el amor es la quinta esencia de la vida.

Lamento profundamente no haberte sabido expresar lo que alberga mi corazón, que ha latido silenciosamente por ti toda mi vida. Tal vez sea demasiado tarde para pedir perdón, pero como el tiempo es relativo, necesito decirte que te quiero y que gracias a ti he llegado a la última respuesta.

Tu padre,

Albert Einstein

18-6-2014

ANNA MARGENAT ARXÉ
Ingeniera agrónoma, profesora de *Qi Gong*, medicina tradicional china.

171

Es necesaria una visión que permita una posición firme, una visión ética sobre los avances que asegure el patrimonio más preciado de la condición humana: la libertad

Sobre el debate planteado, debo decir que me interesa el artificio. Toda producción humana es artificio, el resultado del arte y del *hacer*, incluso en lo que se refiere a ampliar las posibilidades del cuerpo y de la inteligencia y a superar o a ir más allá de la capacidad biológica. La capacidad para leer la realidad y para interactuar con ella, con los fenómenos, con los sucesos y con la complejidad es una cualidad que ha buscado permanentemente la evolución humana para poder comprender el origen y su destino abierto. Si para hacerlo se crean nuevos artefactos que permiten mayor eficiencia, disponibilidad y facilidad, bienvenidos sean.

«Los ordenadores tendrán una inteligencia que los hará indistinguibles de los humanos» —dice Albert Cortina. En definitiva, la cuestión fundamental es el control ético sobre los artefactos que los humanos podremos producir. ¿Tendrán corazón y sentimiento? ¿Conciencia y remordimiento? ¿Duda y pensamiento? ¿Tendrán o serán? ¿Homólogos a los humanos, o bien nuevos «entes» que pondremos al servicio de los vivientes? ¿Nos dominarán en cierto aspecto, o en muchos campos de la actividad humana?

Interactuar o actuar conjuntamente con la máquina —cosa que ya hacemos ahora en muchos aspectos— no implica sobrevenir —y mucho menos ser— máquina. De manera que la cuestión no creo que sea si seremos desplazados o sustituidos por la máquina cibernética, sino los límites razonados de la superación de aquello que es propio de la condición humana e, incluso, de las especies vivientes: el control de la vida.

Los cambios y las mutaciones de la naturaleza humana en relación con la prolongación de la vida pueden ser los umbrales que enmarquen la transgresión de la evolución. ¿Podemos vislumbrar a un humano diverso engendrado desde la técnica y que viva eternamente? Difícil de prever, tal vez improcedente.

Cíborg, biónico, pero ¿todavía humano? ¿O *alter* humano, sin condición humana? Hablar de posthumanos puede ser una formulación semántica, un neologismo retórico. ¿Cuándo lo seremos? ¿A partir de qué simbiosis entre la raíz genética no modificada y las alteraciones manipuladas artificialmente nos consideraremos así? ¿Cuál es el comienzo que distinguirá una entidad biológica evolutiva de una artificializada?

La ciencia, la técnica, el arte, la revelación, la contemplación y la ética nos proponen innovaciones, pero también regresiones civilizadoras. Se trata de pasos gigantescos en los descubrimientos científicos, pero su aplicación en la vida de las personas no está exenta, a veces, de grandes fracasos en los progresos sociales.

En función de ese panorama para los humanos, es necesaria una visión que permita una posición firme, una visión ética sobre los avances que asegure el patrimonio más preciado de la condición humana: la libertad. La libertad se tendrá que preservar asegurando socialmente la protección del criterio y del posicionamiento ético de cada persona. Es decir, estableciendo como principio incontestable la garantía y el respeto al derecho a decidir, un derecho que se fundamente en la profunda esencia de la mente biológica, es decir, de la secular conciencia humana.

23-6-2014

CARLOS LLOP TORNÉ

Doctor arquitecto, profesor titular y director del Departamento de Urbanismo y Ordenación del Territorio de la Universidad Politécnica de Cataluña, miembro de Jornet-Llop-Pastor Arquitectos y vicepresidente tercero del Consejo Consultivo del Hábitat Urbano del Ayuntamiento de Barcelona.

172

Hacia la verdadera humanidad

La cuestión que se plantea en este debate presenta una gran complejidad. En primer lugar, por el gran número de disciplinas diferentes que tienen algo que decir: la filosofía, la biología, la antropología, la teología, la ingeniería... Tal vez, pues, deberíamos empezar preguntándonos si es posible establecer una jerarquía de prioridades o de valores que nos sirvieran para ordenar nuestra visión sobre el tema. Creo que la primera pregunta que nos tendríamos que hacer al respecto es si existe una verdadera esencia del ser humano, si hay algo que defina al hombre y a la mujer desde su radicalidad más profunda. En definitiva, si podemos responder a la siguiente pregunta: ¿qué es el hombre?

Una visión cristiana de la existencia tiene que responder positivamente, ya que postula una antropología en la que el hombre y la mujer han sido creados a imagen y a semejanza de Dios. Así, el hombre participa de la vida de Dios y tiene en su Creador su inicio y su destino. Esa perspectiva nos abre un nuevo horizonte de comprensión del ser humano, según el cual tenderemos a ser más «humanos» cuanto más nos acerquemos a nuestra verdad más profunda, a nuestra esencia radical; y, por el contrario, cuanto más nos alejemos de aquello que realmente somos, más caeremos en una deshumanización salvaje que conducirá a la persona a ser una simple realidad lanzada a la existencia sin poder dar ningún tipo de sentido a su vida en este mundo.

Con eso ya podríamos preguntarnos, incluso, sobre la corrección terminológica de palabras como *transhumano* o *posthumano*. Según lo que hemos dicho, aquello verdaderamente *humano* no es un punto de partida, sino un punto de llegada. Es algo hacia lo que debemos inclinarnos para poder llegar a sobrevenir en plenitud lo que realmente somos. Ir más allá de lo que es humano no mejoraría a la persona, sino que la alejaría de su meta de plena realización.

Evidentemente, no podemos renunciar a mejorar las condiciones de vida de los seres humanos: es necesario continuar trabajando en ello desde todos los campos. La evolución tecnológica tiene mucho que decir y mucho que hacer. Los avances científicos y técnicos están llevando a nuestra especie a unos niveles nunca soñados de bienestar y de confort —por lo menos, en ciertos sectores sociales del mundo desarrollado.

Pero toda esa revolución tecnológica moderna tiene que ser utilizada y conducida para ayudar al ser humano, en ningún caso para destruirlo. Es aquí donde entra en juego la conciencia ética y moral. El desarrollo tecnológico debe ir emparejado con una conciencia ética que lleve el ingenio humano a ser, precisamente, más humano. Cuando se quiere obviar el papel de la ética en todo ese proceso, ya no podemos hablar de verdadero progreso, sino de auténtica regresión.

El hombre, nos guste o no, es un ser limitado: lo fue antes, lo es ahora y lo será siempre. Por mucho que evolucione, no llegará nunca, en este mundo, a descubrir el gran misterio de la vida y de la muerte, del bien y del mal. Se abrirán nuevas perspectivas, se asumirán nuevos conocimientos, pero no se podrá llegar nunca a superar la contingencia, una contingencia que es estructural en el ser humano mientras peregrina en esta vida.

Por otro lado, desde el punto de vista cristiano, intentar superar la contingencia es también esencial en el ser humano. Es un esfuerzo que ocupará toda su vida, desde el primer minuto de su existencia hasta el último suspiro de su aliento. Tiene que ser un esfuerzo, no obstante, que lo conduzca a sus raíces existenciales y no a utopías que le hagan creer que el Todopoderoso ya no es el Creador, sino la criatura, es decir, que lo lleven a ponerse en el lugar de Dios, a querer ser Dios.

Cuando caemos en esa trampa, ya hemos perdido la partida. Y es entonces cuando nos tendrían que venir a la cabeza aquellas palabras, ni más ni menos que de Friedrich Nietzsche, que decían lo siguiente: «¿Qué hemos hecho liberando esta tierra de su sol? ¿Hacia dónde se mueve? ¿Hacia dónde nos movemos, lejos de todos los soles? ¿No nos estamos cayendo? ¿No vamos dando tumbos hacia atrás, de lado, hacia delante, hacia todos los lados? ¿Existen todavía un arriba y un abajo? ¿No vagamos a través de una nada infinita? ¿No sentimos el espacio vacío? ¿No hace más frío? ¿No oscurece cada vez más?»

30-6-2013

JOSEP M. SOLER CANALS
Abad del monasterio benedictino de Montserrat, profesor de la Escuela Filosófica y Teológica de la Abadía de Montserrat y del Instituto de Teología Espiritual de Barcelona. Ha sido vicepresidente de la Sociedad Española de Estudios Monásticos (SEDEM) y subdirector de la revista *Studia Monastica*.

173

Los 100 000 millones de neuronas que componen nuestro cerebro, análogas a las estrellas de la Vía Láctea, convierten esa realidad en otro microcosmos, en el que, sin embargo, no se debaten únicamente cuestiones fisiológicas y biológicas, sino que emergen múltiples interrogantes filosóficos y teológicos

Uno de los poetas de Israel, el Salmista, se detenía, maravillado, ante el misterio del ser humano y exclamaba: «Hiciste al hombre poco inferior a los ángeles, lo coronaste de gloria y de majestad» (salmo 8,6). De forma menos lírica y religiosa, pero con la misma admiración, uno de los 7 sabios de la Antigüedad griega, Demócrito de Abdera, contemporáneo de Sócrates, había acuñado esta definición: «Ánthropos mikrós kósmos» (Fragmento 34) —'El hombre es un microcosmos'. Ese «microcosmos» abarca en sí mismo los extremos de lo infinito con su pensamiento y con su espíritu, pero también los extremos de la fragilidad de la criatura.

La cultura moderna ha desmitologizado la grandeza de la criatura humana, pero sigue estando fascinada con ella desde Descartes, que, con su *cogito ergo sum*, colocó en el pensamiento la identidad trascendente de la persona. Mientras tanto, sin embargo, la ciencia apostaba por la corporeidad material y caduca de ese ser de espiritualidad gloriosa. En la cultura contemporánea, esa actitud ha sufrido una evolución ulterior, y el mismo hombre ya no se contenta con ser un mero observador pasivo de su naturaleza, sino que se ha erigido en recreador de sí mismo modificando su naturaleza, ya sea en las profundidades del organismo, a través de la ingeniería genética, ya sea en los estratos más superficiales, con la transformación de su apariencia mediante la cirugía estética.

La ciencia recorrió con entusiasmo ese nuevo horizonte en los primeros años del siglo XX, con las arriesgadas e, incluso, peligrosas aventuras de la eugenética originaria, que adquiría, también, finalidades y consecuencias sociales. Esta dejó después espacio a la actual genética, de estatuto metodológico más riguroso y de resultados, ciertamente, relevantes en el campo de la terapia y de la prevención de las enfermedades. El diagnóstico molecular, la medicina predictiva y regenerativa, y las biotecnologías en general son algunos de los componentes importantes de esa nueva y compleja visión, una visión que no está, sin embargo, exenta de interrogantes de tipo ético, que constituirán, ciertamente, los desafíos que tendrá que afrontar el diálogo entre la ciencia y la fe. Intervenir en el texto genético de una persona para descubrir y para liberar su «lenguaje» interior es positivo, pero también es delicado, porque esa operación tiene confines fluidos y perspectivas desconocidas: se pueden traspasar fronteras y generar problemas de tipo ético y social que conduzcan a la posibilidad de manipular y de superar indebidamente la misma identidad y autonomía de la persona.

En esa línea se sitúa el transhumanismo propuesto por Julien Huxley en clave social y transferido, en los años ochenta del siglo XX, al ámbito científico con la apertura de panoramas vertiginosos. Pensemos en las nuevas técnicas de la ingeniería genética, de la nanotecnología, de la inteligencia artificial, de la neurofarmacología, de la criónica, de la interfaz entre mente y máquina... En definitiva, en todo cuanto expresa el acrónimo inglés GRIN —genética, robótica, tecnología de la información y nanotecnología. Como afirmaba Robin Hanson, «el transhumanismo es la idea según la cual las nuevas tecnologías probablemente cambiarán el mundo en el próximo siglo y en los siguientes, hasta tal punto de que nuestros descendientes ya no serán, en muchos aspectos, humanos». Serán «transhumanos» e, incluso, «posthumanos» y, en cualquier caso, «postdarwinianos».

Es fácil adivinar cuán candentes son las cuestiones éticas planteadas por ese horizonte y cuán reales los peligros de degeneración, hasta el punto de que uno de los más señalados críticos del transhumanismo, el fundador de la empresa Sun Microsystems, Bill Joy, ha llegado a imaginar un apocalíptico riesgo de autoextinción del género humano. Y, sin embargo, la fuerza que tiene el deseo de seguir avanzando se constata —a nivel cultural en sentido general, y a título de ejemplo— en un ámbito menos problemático —pero no por ello menos significativo— como el de la medicina estética. En efecto, en los últimos 15 años, el número de inyecciones de botulina en Estados Unidos ha aumentado un 4 000 % y, solo en el 2011, el gasto en intervenciones de ese tipo —en Estados Unidos— ha alcanzado la cifra de 10 000 millones de dólares. Es evidente que estamos ante una «tendencia» imparable y una constante transformación del estilo de vida y del fenotipo antropológico mismo —al menos del exterior.

Mucho más delicados en el plano ético son, en cambio, los análisis o las intervenciones radicales y profundas sobre el ser humano. Podríamos abrir aquí el complejo capítulo de las neurociencias cognitivas, que han propuesto nuevas teorías sobre la mente. Los 100 000 millones de neuronas que componen nuestro cerebro, análogas a las estrellas de la Vía Láctea, convierten esa realidad en otro microcosmos, en el que, sin embargo, no se debaten únicamente cuestiones fisiológicas y biológicas, sino que emergen múltiples interrogantes filosóficos y teológicos. Pensemos únicamente en la categoría del «alma», en la cuestión de la conciencia y de la responsabilidad moral, en la misma religiosidad o en la relación mente-cuerpo, que tienen evidentes implicaciones para otras disciplinas como la antropología, la psicología, la ética y el derecho.

Las neurociencias se hallan todavía en los albores de un arduo recorrido. La enorme acumulación de datos científicos se ve a menudo sometida a hermenéuticas diferentes e incluso contradictorias, y se crean tensiones con otros lenguajes y con otras perspectivas. La relación entre la teología y la ciencia exige, en ese ámbito, un gran rigor metodológico y claridad de distinciones, puesto que es común la realidad sometida a análisis, es decir, el cerebro y la mente humana. Como escribía, desde el punto de vista teológico, Gustave Martelet, desaparecido el pasado mes de enero, en su ensayo *Evolución y creación*, «a pesar de que el cerebro alcance un punto culminante en la finura y en la complejidad de las estructuras y de su funcionamiento neurofisiológico, a pesar de que haga posibles, con su sublimidad material, los actos del espíritu, estos permanecen siendo de otro orden, sin que, con todo, el espíritu pueda liberarse de lo que él no es: del cuerpo.»

El auténtico científico no es el que sabe ofrecer todas las respuestas, sino el que sabe plantear las verdaderas preguntas, consciente de que su tarea de verificar y de recorrer la «escena» de la realidad, o sea, el fenómeno, no agota todas las dimensiones del ser, empezando por su «fundamento», que es «metafísico». Precisamente por eso, tiene que mantenerse vivo en él —lo mismo que en el teólogo, en el filósofo o en el artista, en sus respectivos campos— el esfuerzo de «custodiar castamente su frontera», como indicaba Schelling para la filosofía y para la historia. Es necesario ser conscientes de que el conocimiento humano no es monódico, sino polifónico y polimorfo, porque comprende no solo la vía científica y tecnológica, sino también la estética y la moral, la filosófica, la espiritual y la religiosa.

Einstein, en su autobiográfico *De mis últimos años*, llegaba a acuñar esta famosa frase: «La ciencia sin la religión está coja. La religión sin la ciencia está ciega.» Y al final de su existencia, en 1955, como a modo de testamento, dejaba, en el manifiesto firmado junto con Bertrand Russell, una apremiante llamada: «Nosotros, los científicos, llamamos, como seres humanos, a otros seres humanos: recordad vuestra humanidad y olvidad el resto.»

2-7-2014

GIANFRANCO RAVASI
Cardenal de la Iglesia católica, presidente del Consejo Pontificio de la Cultura del Vaticano. Biblista, especialista en arqueología y literatura del antiguo Oriente Medio. Ha sido durante años director de la Biblioteca Ambrosiana de Milán, la segunda más importante de Italia. Ha sido organizador del Atrio de los Gentiles en distintas ciudades europeas, un espacio en el que pensadores laicos dialogan públicamente de religión, de cultura, de espiritualidad y de enseñanza.

174

¿Habrá una especie posthumana?

No hay ninguna duda de que esa es una de las preguntas que, consciente o inconscientemente, nos formulamos cuando reflexionamos sobre la esencia de nuestra especie y sobre el papel que jugamos en el mundo. Aunque ello no influya mucho en nuestro día a día, es una incógnita que tiene bastante interés intelectual. Yo, por lo menos, me la he formulado alguna vez, sin conseguir ninguna respuesta. Es imposible responder a ella, igual que a otras del mismo tipo, sin poner sobre la mesa la tensión —o mejor, el diálogo— entre ciencia y religión. El ejemplo de esa tensión ya se podría observar en la manera de formularla y en la manera de entenderla, cuando se hace desde una o desde otra perspectiva. El científico podría preguntarse o preguntar: ¿representa la especie *Homo* el final de la evolución? Y el teólogo —y, por qué no, el creyente— podría interrogarse: ¿es el ser humano la culminación de la Creación?

No voy, en absoluto, a intentar dar respuestas en estas líneas. En este poco espacio, voy solamente a dejar constancia de mi perplejidad y a proponeros cierto juego intelectual. Pretendo, únicamente, mostrar que la pregunta no es gratuita ni está fuera de lugar, ya que existen, tanto en la aproximación científica como en la religiosa, razones que permiten aceptar que la pregunta no es inadecuada y que la respuesta está abierta, siempre que adoptemos frente a ella una actitud especulativa y un horizonte muy amplio.

El científico podría responder que el *Homo sapiens* como final de la evolución no es una posibilidad despreciable, ya que la nuestra es la especie que ha alcanzado, finalmente, una doble capacidad: la capacidad para destruir el planeta Tierra y la capacidad para detener artificialmente la evolución. La primera capacidad le permitiría hacer desaparecer ocasionalmente la vida, y, si esta no existe en ningún otro lugar del universo, nuestra especie sería el último peldaño de una larga escalera que se derrumbaría estrepitosamente. La segunda capacidad, basada en la comprensión del código genético, permitiría su manipulación y podría hacer desaparecer el azar de los procesos de mutación. Eso eliminaría definitivamente la conocida secuencia azar-mutación-selección. En ese caso, el final no sería un final tan dramático como el aniquilamiento, pero la especie *Homo* podría detener a su conveniencia los procesos evolutivos y evitaría la aparición de nuevas especies que pudieran poner en cuestión su dominio.

El teólogo —cristiano— podría, por su parte, recordar que la Biblia explica que Dios creó cielo y tierra para que fueran utilizados y dominados por el hombre —«el rey de la Creación»— y que una ulterior especie dominante no encajaría en ese plan divino. Y, sobre todo, recordaría que fue tomando forma humana como Dios se quiso acercar a ese mundo, con lo que, de alguna forma, situó a la especie *Homo* en un plano distinto y la consagró como especie final.

Desde un respeto profundo hacia ambas aproximaciones, me gusta contemplar la tensión entre el progreso científico y tecnológico, el diseño del creacionismo y el papel de la libertad humana, otra de las características de la especie.

Ni en un caso ni en el otro, las cartas están marcadas, ni tampoco los discursos de uno y de otro son irrefutables, por lo que las dudas siguen abiertas. ¿La creciente capacidad de mejoramiento de la especie nos conduce a un salto disruptivo? ¿Quién puede calificar la «disrupción»? Creo que el juego es suficientemente importante —y, en algún aspecto, trascendente— como para minusvalorarlo.

7-7-2014

JOAN MAJÓ CRUZATE

Doctor ingeniero industrial, presidente del Círculo para el Conocimiento, de la Fundación Ernest Lluch, del WG Information Society Forum (Bruselas) y del Instituto Europeo para los Medios de Comunicación, vicepresidente de la Fundación Jaume Bofill, principal asesor de la Comisión Europea en telecomunicaciones y en informática, y miembro del Grupo de Reflexión de Alto Nivel sobre el Futuro de la Unión Europea, del Consejo Asesor para la Reactivación Económica y el Crecimiento (CAREC), adscrito al Departamento de la Presidencia de la Generalitat de Cataluña, y del Consejo Consultivo del Hábitat Urbano del Ayuntamiento de Barcelona; ha sido presidente del Comité para la Evaluación de la Política Europea de Investigación y de Innovación por encargo del Parlamento Europeo y del Consejo de la Unión Europea, además de decano del Colegio de Ingenieros Industriales de Cataluña, alcalde de Mataró, diputado de las Cortes españolas y ministro de Industria y Energía.

175

Los límites del sueño de la redención tecnológica

En el año 2050, la población mundial será principalmente urbana, pero ¿qué tipo de urbanidad disfrutará la mayoría? No pongo en duda los avances tecnológicos ni los beneficios que pueden suponer para la especie humana, pero me pregunto por qué siempre parecen beneficiar solo a una minoría. En demasiadas ocasiones, la tecnología es simplemente una coartada más de la arrogancia humana. Estamos de prestado en este planeta, deberíamos ser más conscientes de ello y actuar en consecuencia. Si la tecnología puede ayudar a superar los dictados del beneficio financiero como principio que rige la construcción de la ciudad, si puede ayudar a superar la segregación y la hacinación de la población sin recursos en barrios sin los mínimos servicios garantizados, como ocurre en muchas realidades de nuestro planeta, o si puede ayudar a generar entornos favorables para el desarrollo íntegro de las personas, bienvenida sea. Pero me temo que eso no depende ni dependerá de ninguna tecnología.

12-7-2014

MARIA BUHIGAS SAN JOSÉ
Arquitecta y urbanista, fundadora de Urban-Facts; ha sido directora del Departamento de Estrategia Urbana de Barcelona Regional. Agencia de Desarrollo Urbano (BR).

176

Nuestro carácter está a medio camino entre los animales, que no saben ni que morirán, y los ángeles, que lo saben todo y son inmortales; los humanos o posthumanos somos criaturas fronterizas excepcionales: ángeles caídos en desgracia, la única criatura autoconsciente de la naturaleza

Los niños ciegos verán algún día, y los sordos y los mudos oirán y hablarán. Todo lo humano ya es postnatural, resultado de una evolución social y cultural que trasciende la biológica. Nos ayudamos de bastones para caminar, y también de muletas; llevamos lentes y otras piezas ortopédicas personalizadas para oír o para marcar el ritmo del corazón, por ejemplo; y, muy pronto, llevaremos prótesis inteligentes para controlar y para regular desde la digestión hasta la circulación de la sangre. Por supuesto, cada día será más fácil realizar trasplantes de hígado, de corazón, de ojos, ¿de cerebro? La medicina molecular será un nuevo asalto a la biología, en el camino de construir una segunda naturaleza a imagen y a semejanza del ser humano. ¿Qué es humano? ¿En qué momento dejaremos de ser animales para sobrevenir humanos? ¿En qué momento dejaremos de ser humanos para ser posthumanos?

Los humanos somos seres simbólicos: pertenecemos al mundo de los símbolos tanto o más que al de la biología —a la cosa de los psicoanalistas, a eso real inefable. El cerebro humano es un órgano más social que personal, que, como la misma sociedad, está estructurado por el lenguaje y por la comunicación. Nuestro carácter está a medio camino entre los animales, que no saben ni que morirán, y los ángeles, que lo saben todo y son inmortales; los humanos o posthumanos somos criaturas fronterizas excepcionales: ángeles caídos en desgracia, la única criatura autoconsciente de la naturaleza. Sentimos el deseo irrefrenable de construir nuevos mundos, de inventarlos en la ficción o de ir a descubrirlos lejos del planeta Tierra. Por más que los dioses nos avisen de los peligros de querer saber demasiado, de ir demasiado lejos, y nos amenacen con destrucciones apocalípticas, no podemos evitarlo: no nos resignamos a vivir en el caos natural, de acuerdo con la «ley de la selva» que conduce a todas las bestias. Nosotros queremos vivir en un mundo razonable y democrático, previsible, seguro y más justo, de acuerdo con nuestra forma artificial, postnatural, de entender la justicia. Los niños ciegos verán un día, quizá cuando máquinas y seres humanos sean una misma cosa, las máquinas se hayan humanizado y los seres humanos sobrevengan simbióticos. Pero también puede ser que, antes de llegar a ese punto, el desarrollo tecnológico, liberado de todo control social o político, esa desesperada búsqueda de conocimiento y de racionalidad, nos lleve a destruir los equilibrios fundamentales de la naturaleza o a transformar de una forma trágica la misma condición humana.

Kaczynski piensa así, y para evitarlo inició, a partir de los años setenta, una campaña terrorista y de sabotaje para destruir la tecnología antes de que la tecnología destruyera a la humanidad —actualmente está en una prisión americana cumpliendo cadena perpetua. Kurzweil también piensa así, está convencido de que la tecnología es imparable y de que dentro de pocos años —¿antes del 2050?—, si no se destruye el mundo, los seres humanos serán inmortales y, en ese sentido, posthumanos, supongo, ¡ángeles simbióticos! (Para no formar parte de la última generación de hombres que fatalmente morirán, dicen que Kurzweil vive rodeado de todo tipo de controles y que toma un número infinito de fármacos.) Me gustaría que alguien me convenciera de la posibilidad de un camino intermedio —la virtud del equilibrio, de evitar todos los excesos, de la que tanto hablaron los filósofos Aristóteles, Buda y Confucio.

16-7-2014

ANDREU ULIED SEGUÍ
Doctor ingeniero de Caminos, Canales y Puertos, socio-director de Mcrit, S. L. Experto en planificación estratégica y evaluación. Presidente de la Fundación Ersília, dedicada a la innovación educativa.

177

Son las emociones las que nutren y dirigen los funcionamientos y las dinámicas de los sistemas organizacionales a los que pertenecemos

En este debate se plantea, entre varios temas, cómo los saltos tecnológicos nos pueden dar la felicidad tal como, según he leído, expone el movimiento transhumanista.

Yo, como muchos otros y otras, también busco la felicidad. A lo largo de los años, los seres humanos hemos buscado «flotadores» para el alma, ya sea mediante cosas intangibles, como los movimientos culturales, filosóficos y religiosos, ya sea mediante cosas tangibles, como las drogas, el consumismo y la posesión de bienes materiales. Y ahora llega el turno de los *gadgets* tecnológicos o de las modificaciones que van más allá de la biología natural.

Creo que incorporar mejoras más allá de la naturaleza, más allá de las cadenas biológicas, para, por ejemplo, eliminar el tiempo de la ecuación, no hará que el ser humano sea más feliz. Pero lo que sí me parece interesante es el avance de las tecnologías, y coincido en la importancia de incorporarlas en la gestión de los bienes comunes y, en especial, de todo lo relacionado con el medio ambiente para mejorar la toma de decisiones.

Sin embargo, también me gustaría destacar que ir más allá en ese camino de incorporar la tecnología para mejorar las aptitudes del ser humano y de dotar de *gadgets* tecnológicos a hombres y a mujeres para mejorar su inteligencia no garantizará una mejor gestión. Porque creo que aún se tardará, si es que alguna vez se consigue, en desarrollar aplicaciones que mejoren la inteligencia emocional. Y que son las emociones las que nutren y dirigen los funcionamientos y las dinámicas de los sistemas organizacionales a los que pertenecemos.

Recientemente asistí a una conferencia en la que se hablaba de filosofía advaita, quizá un flotador más, y el orador vino a decir que no importa lo que hagamos, lo libres que pensemos que somos en la toma de decisiones o en nuestras acciones, que no somos más que vehículos de lo que ya está escrito. Si ya está escrito, espero que seamos el vehículo para poner conciencia y voluntad en el día a día que crea futuro.

16-7-2014

SUSANA PASCUAL GARCÍA
Licenciada en Ciencias Ambientales, presidenta del Colegio de Ambientólogos de Cataluña (COAMB), y responsable del Departamento de Mejora Continua y Sostenibilidad de Acefat.

178

¿Es posible un transhumanismo humanista?

En *La Singularidad está cerca*, Kurzweil rebate, una por una, las objeciones que diversos autores habían planteado a su profecía sobre el advenimiento de la «singularidad». Dado que muchas de esas objeciones consistían en afirmar que el cerebro humano y la inteligencia se basan en procesos de naturaleza distinta a la de los actuales computadores, la respuesta de Kurzweil es repetidamente la misma: bastará con hacer computadores de acuerdo con esos procesos, una vez hayamos desentrañado sus secretos. El razonamiento es correcto, pero quizá se pueden formular otras preguntas relevantes.

Más allá de dirimir si la fuerza autopoiética de la tecnología nos traerá ineludiblemente la singularidad, centrar el debate en estos términos indica una asunción de base. Presupone que el hombre es fundamentalmente lo que hace, según la esencia de la técnica: disponer, manipular, controlar.

El propósito al que sirve toda esa actividad queda sin revelar, pues el anhelo y el deseo que la animan no son de naturaleza técnica.

La sabiduría clásica nos enseña que, antes de responder a la pregunta acerca de qué queremos llegar a ser, es necesario preguntarse quiénes somos. Solo desde el conocimiento de uno mismo y del otro —sin el conocimiento del otro, uno no puede conocerse bien a sí mismo— puede uno intentar plantearse de forma adecuada qué quiere llegar a ser. La pregunta acerca de quiénes somos no puede ser respondida en su totalidad contando solo con la ciencia y con la tecnología. El conocimiento instrumental que la tecnociencia nos da nos permite conocer al ser humano como objeto que puede ser transformado, incluso en la base biológica que lo constituye. No obstante, no está claro qué conocimiento nos da de nosotros mismos como sujetos, y aún menos como sujetos en relación con otros individuos.

Nuestro tiempo, con el encogimiento del espacio —globalización— y con la aceleración del tiempo que ha catalizado la tecnología, nos aboca a una realidad ineludible: tenemos que relacionarnos, estar juntos, convivir; nadie puede ya aislarse. Eso requiere una nueva sabiduría, más basada en el conocimiento de uno mismo y del otro que en el conocimiento instrumental. Por eso la mejora que propone el transhumanismo es de ambigua valoración. Los *singularitarians* parecen más fascinados con las nuevas y mejores prestaciones instrumentales que con el alumbramiento de una nueva forma de estar-en-el-mundo-en-relación: la entrega, el respeto hacia el otro y la cordialidad, la capacidad de resolver los conflictos negociando y consensuando, el cultivo compartido de la dimensión espiritual, etc.

A decir de Ellul, la vocación del hombre es la armonía y, «en cambio, desde hace medio milenio, se ha orientado hacia la conquista, la explotación, la grandeza...» ¿Qué dirección marca el posthumanismo, la de la armonía o la de la explotación? Esperemos un transhumanismo humanista que ponga más conciencia en escoger bien los fines que en perfeccionar los medios. Sin conocernos bien a nosotros mismos, la elección de los fines posiblemente será errónea y no haremos sino proyectar nuestras sombras sobre aquello que queremos ser, con lo que haremos de nuevo valedera la siguiente frase de Popper: «Aquellos que nos prometen paraísos en la Tierra nunca produjeron más que el infierno.»

16-7-2014

JOSEP CORCÓ JUVIÑÁ
Doctor en Filosofía de la Ciencia, director de la cátedra Cultura, Ciencia y Religión de la Universidad Internacional de Cataluña

GABRIEL FERNÁNDEZ BORSOT
Ingeniero industrial y licenciado en Filosofía, coordinador de la cátedra Cultura, Ciencia y Religión de la Universidad Internacional de Cataluña.

179

El islam: el hombre, una naturaleza inviolable

Frente a la teoría de la singularidad y sus peligros, el islam apuesta por un valor seguro: el hombre es quien opondrá, por su misma naturaleza, la mejor resistencia al proyecto destinado a desnaturalizar lo humano, bajo la condición de que se reserve dicha naturaleza a una tarea esencialmente espiritual.

Las manipulaciones genéticas ejercidas, a diferentes niveles, sobre las tres especies presentes en la Tierra, la humana, la animal y la vegetal, llegarán lejos, y también lo harán las consecuencias que tendrán esas manipulaciones sobre la naturaleza primera de esas especies. ¿Qué impacto tendrán las nuevas tecnologías y la revolución de los medios de comunicación en la vida íntima y social del individuo? ¿Cuál será el resultado del proyecto de los transhumanistas que vean en el uso de las nuevas tecnologías una forma de proveer al hombre de las aptitudes físicas y cognitivas que lo ayudarán a superar sus sufrimientos, el envejecimiento e, incluso, las enfermedades mortales? Esas cuestiones, y muchas otras, se derivan de la fulgurante aceleración del progreso científico y técnico de los últimos decenios. Esos rápidos avances han propiciado los resbalones de ciertas disciplinas, cosa que hace converger todas las cuestiones en una sola: ¿supone el progreso científico un beneficio absoluto e indiscutible para la humanidad? ¿No haría falta abrir un debate con el fin de «separar los buenos granos de la cizaña»?

La religión es, como todos sabemos, portadora de una visión global del hombre, así como de las respuestas lógicas a las grandes cuestiones que plantean su actividad y su estancia en la Tierra. En consecuencia, está inevitablemente presente en el debate que nos concierne, aunque tal presencia no sea vista con buenos ojos por todo el mundo. Intentaré explorar aquí la visión del islam acerca de esa compleja cuestión. Es evidente que el corpus jurídico islámico contemporáneo contiene las respuestas y las advertencias para abordar los numerosos interrogantes planteados por el progreso científico y técnico: eutanasia, reproducción asistida, donación de órganos... Pero esa conducta está lejos de representar la visión que tiene el islam a propósito de la circunstancia derivada de ese progreso. Esa visión consiste en buscar bien más allá del nivel de los principios fundadores, en los que el islam propone al hombre y a la sociedad volver a unirse para ser inmunes a los desaciertos que hoy podemos constatar.

Con la voluntad de dar claridad y respeto a la materia que compete a este escrito, expondré esos principios fundadores en tres puntos:

1 Recordemos, en primer lugar, que la esencia misma del islam estriba en el choque entre lo absoluto y lo relativo, entre lo finito y lo infinito. Ese enfrentamiento no engendra ni modestia ni desdén, pero sí una alquimia saludable que hace aflorar las grandes verdades de los corazones. El islam establece la meditación como la clave de la bóveda de la fe. A través de ella, el hombre toma conciencia de ser un ente creado de forma sublime, a la vez que asume su pequeñez dentro de un universo en perpetua extensión. Es un hombre consciente, igualmente, de su diferenciación gracias al don de la razón, y resta humilde frente a un mundo repleto de enigmas y de zonas inaccesibles para su limitada racionalidad.
2 Sobre esa piedra angular se superponen los otros dos puntos. En primer lugar, la razón, por la cual el hombre es distinguido, no es un instrumento que le permita acercarse al descubrimiento del mundo y poblarlo todo intentando ser el digno representante de Dios en la Tierra. Así, la razón no alumbrará jamás el sentimiento de superioridad.
3 El hombre es, pues, un ser distinguido por la razón que debe encontrar la vía virtuosa entre, por un lado, la humildad de ser infinitamente pequeño en un universo infinitamente grande y, por otro, la ambición

> de dar cuerpo a esa distinción tanto en su comportamiento cotidiano como en su visión global sobre el mundo. Para el islam, solamente la fe genera ese equilibrio. Las personas que descubren y toman esa vía son honradas por el Corán, que las considera personas dotadas de inteligencia. Son aquellas personas que han alcanzado la Ciencia en mayúsculas, igual que han alcanzado la espiritualidad y la sabiduría. La ciencia en minúsculas representa el conjunto de conocimientos, en continuo progreso, sobre los diferentes dominios acumulados por el hombre a partir de su larga presencia en este bajo mundo.

Esa exposición general era, según mi juicio, necesaria, en tanto en cuanto nos permite comprender mejor el punto de vista islámico en lo que concierne específicamente a ese proyecto basado en una voluntad declarada sin ambages de utilizar todos los avances tecnológicos con la finalidad de procurar al hombre nuevas aptitudes psíquicas y cognitivas: es una marcha hacia la abolición de la frontera entre la inteligencia humana y la inteligencia artificial. La cubierta ideológica del proyecto está avalada por los promotores del transhumanismo, que no cesan de avanzar con la finalidad última de mejorar la salud y las capacidades intelectuales del hombre, como hemos indicado previamente. El punto de vista islámico a propósito de ese proyecto se funda en tres convicciones:

1. Como hemos señalado más arriba, el hombre es fundamentalmente consciente de que es una criatura distinguida. Si esa conciencia no es afable o corrupta, el hombre no admitirá jamás la tentativa simplista que lo asemeja a las máquinas. El islam predica un trabajo espiritual para mantener esa conciencia en estado de vigilia, porque ese trabajo es la mejor defensa contra los proyectos de robotización de lo humano.
2. Ese proyecto está basado en la monumental negación de la dimensión humana, imperceptible por una simple razón: el hombre no es únicamente un carné genético o un sistema biológico; es también un alma, un soplo divino por el que la razón humana, limitada, no llegará jamás a alcanzar la esencia.
3. Ese proyecto apenas esconde un rechazo sintomático a aceptar la noción del fin, otra forma de hablar de la mortalidad del hombre. En el

> sentimiento de superioridad, generado por el progreso, dirigido a impulsar a ciertos espíritus a considerar la inmortalidad del hombre tenemos el fundamento psicológico de esos tecnópatas. Pero esa inclinación patológica puede generar una tentación aún más grave, la tentación, a partir del control del bagaje genético del hombre y de la inserción de chips electrónicos en el cerebro, de tener a los humanos bajo control permanente en provecho de un orden social y económico impuesto.

Ningún esfuerzo puede rebatir la conclusión de esas tres convicciones: ese proyecto está condenado al fracaso por la simple razón de que va en contra de la naturaleza humana, en contra del orden natural de las cosas. La resistencia emanará, sin duda, del hombre en sí mismo. La convergencia de las tecnologías NBIC —nanotecnología, biotecnología, tecnologías de la información y de la comunicación, y ciencias cognitivas— no llegará al extremo de la naturaleza humana, aunque Google y compañía inviertan todo el dinero del mundo en ello.

Desgraciadamente, ese esfuerzo ineluctable se tomará un tiempo antes de volverse una realidad. Mientras eso sucede, las tecnologías habrán causado muchos estragos en la salud mental y física del hombre, así como en su estabilidad social. Pero la humanidad se levantará contra esa prueba, no cabe duda.

A modo de conclusión, yo diría que la solución para la humanidad reside en un levantamiento planetario del Hombre —en mayúsculas—, cualesquiera que sean sus creencias o sus convicciones, y esa sublevación no será solo contra ese proyecto de «superhombre», que tan malos recuerdos nos trae de nuestra historia reciente, sino también contra las demás plagas que amenazan a la humanidad: la incitación desenfrenada al consumo, la sobreexplotación de los recursos naturales, las desigualdades, etc. Eso no es un sueño utópico, sino una esperanza fundada. Nosotros ya vemos los signos que anuncian un gran cambio.

18-7-2014

AHMED RAHMANI
Director del Instituto de Investigaciones sobre la Modernidad (París).

180

Los organismos internacionales y las democracias avanzadas tienen ante sí un reto para demostrar que son mecanismos adaptativos, previsores y suficientemente válidos para organizar sociedades complejas y extensas, en las que la tecnología debería ser una herramienta de ayuda al individuo, de cohesión social y de conexión con la naturaleza

Hasta el día de hoy, la tecnología de la microelectrónica, basada en la fabricación de circuitos de silicio, ha conducido a un desarrollo disruptivo de los ordenadores. Esas máquinas de cálculo son capaces de procesar millones de datos por segundo y de hacer cálculos numéricos con una precisión completamente fuera del alcance humano. Sobre esa base, diferentes problemas tecnológicos han encontrado soluciones siempre fundamentadas en procedimientos matemáticos, que usualmente se acaban reduciendo a la búsqueda de los parámetros óptimos. Por ejemplo, la informática aplicada a la robótica que conocemos hoy en día se basa en resolver problemas de optimización, de naturaleza muy diferente, pero que siempre acaban estimando unos parámetros, ya sea por esquivar un obstáculo en el caso de un vehículo autónomo y así poder replantear la actuación sobre los motores durante el próximo milisegundo, ya sea por decidir cuál es la mejor pata que un robot hexápodo puede levantar para dar el siguiente paso.

Hoy día, pues, desde mi punto de vista, hablar de inteligencia artificial es un poco osado. La inteligencia me gusta relacionarla mucho más con la creatividad, con la imaginación, con la intuición, con la empatía, con el amor y con la sensibilidad. Tenemos máquinas de cálculo muy potentes y mucha ingeniería informática para exprimir las posibilidades. Además, con el «efecto Internet» se puede multiplicar la capacidad de memoria de las máquinas —experiencia— y acelerar aún más todos los cálculos. Con o sin Internet, la velocidad de cálculo permite a los algoritmos conseguir lo procesado en «tiempo real», que es lo que otorga la capacidad de interacción a una máquina. Los robots, beneficiarios de esa interacción, pueden ser tan complejos como se quiera, pero son puras máquinas de calcular.

Hasta ahora estamos en la era del silicio, con las máquinas que, estructural y arquitectónicamente, no tienen nada que ver con los tejidos biológicos.

Parece, no obstante, que la nueva era será la de la síntesis biológica, con la fabricación de componentes basados en material biológico. Se podrá crear tejido biológico especializado o bien interferir en seres vivos para mejorar, para empeorar o para influir en sus capacidades. Una cámara digital, basada en una superficie de microtransistores fotosensibles, se convertirá en un objeto de museo el día en que se pueda diseñar y fabricar un ojo con las prestaciones requeridas por una aplicación en concreto. Ese nuevo biocomponente tendrá una resolución y una adaptabilidad a la luz que nunca habrán tenido las cámaras de la era del silicio.

Es evidente que un ser humano individual no será capaz de gestionar un potencial de esas dimensiones, ni tampoco lo podrá gestionar una empresa. Dejarlo en manos del «mercado» sería la enésima equivocación de la especie, sobre todo por las desigualdades que podría generar. Por lo tanto, si queremos caminar hacia una humanidad con menos desigualdades entre individuos, con más conciencia de especie y con más comunión con la madre naturaleza, habrá que poner límites. ¿Cómo deberíamos ponerlos? Idealmente, con la ética, una vertiente humana que hay que reforzar más que nunca. Pero, como vivimos en un mundo no ideal, la ética necesitará apoyo. Los organismos internacionales y las democracias avanzadas tienen ante sí un reto para demostrar que son mecanismos adaptativos, previsores y suficientemente válidos para organizar sociedades complejas y extensas, en las que la tecnología debería ser una herramienta de ayuda al individuo, de cohesión social y de conexión con la naturaleza.

19-7-2014

ANDREU COROMINAS MURTRA
Doctor ingeniero, especialista en robótica y en percepción artificial, investigador postdoctoral del IRI – Instituto de Robótica e Informática Industrial (UPC-CSIC) y fundador de la compañía Beta Robots.

181

Ciudad inteligente, la tecnología al servicio de las personas

Como alcalde de Barcelona, es un placer participar, juntamente con destacadas personalidades de nuestro país, en esta publicación, que recoge el interesante debate presentado en *LaVanguardia.com.*

Barcelona ha sido siempre pionera en el uso de las nuevas tecnologías aplicadas a la gestión de la ciudad y, con la llegada del siglo XXI, nos hemos posicionado como una ciudad de referencia en la nueva economía de la innovación urbana. Nuestra apuesta por convertirnos en una *smart city* es una apuesta transversal de ciudad y, sobre todo, una estrategia para reactivar la economía y para ayudar a crear puestos de trabajo.

En el 2014, Barcelona ha sido distinguida como Capital Europea de la Innovación, una distinción que no es fruto de la casualidad, sino el resultado de un trabajo intenso para generar un nuevo modelo de crecimiento económico basado en la tecnología, en la innovación urbana y en los servicios avanzados. La capitalidad mundial del móvil está convirtiendo Barcelona en un nuevo *hub* para las empresas digitales de telefonía y de aplicaciones móviles.

La innovación tecnológica está directamente relacionada con nuestra tradición industrial, con la arquitectura y con el urbanismo de vanguardia y también con la forma como gestionamos la ciudad desde hace muchos años. La vinculación de las nuevas tecnologías con la mejora del bienestar y de la calidad de vida de las personas es lo que nos hace ser diferentes y referentes en ese ámbito. Desde mi punto de vista, esa visión puede ayudar a enriquecer este debate, que es un acopio de posicionamientos y de propuestas sobre *singularidad tecnológica* y *mejora humana.*

En Barcelona estamos convencidos de que, únicamente siendo líderes en innovación, conseguiremos salir de la crisis. En ese sentido, la innovación es uno de los pilares básicos en los proyectos de futuro del Ayuntamiento de Barcelona, y ya están en marcha algunas iniciativas concretas que ayudan a mejorar el funcionamiento de la ciudad.

La colaboración entre el sector público y el sector privado es de vital importancia para que los proyectos innovadores puedan mejorar el presente y el futuro de nuestra ciudad. A través de esa colaboración, en Barcelona estamos diseñando un nuevo modelo urbano de futuro para el siglo XXI. Una ciudad con barrios productivos a escala humana, donde se pueda vivir y trabajar a la vez, una ciudad de cero emisiones que conforme una gran área metropolitana conectada a nivel global, unos barrios donde las personas puedan desplazarse cómodamente a pie, en bicicleta, con vehículo eléctrico o transporte público, y donde se fomenten las zonas verdes en el área urbana, la autosuficiencia energética y la cohesión social. Esa es la visión a largo plazo que guía todos nuestros proyectos de ciudad, desde los más locales, a escala de barrio, hasta las grandes iniciativas metropolitanas.

Como alcalde, mi visión de Barcelona es hacer realidad un sueño social en el que la vida es más fácil, más saludable, más feliz y más asequible. Estoy seguro de que lo conseguiremos si trabajamos unidos, sumando fuerzas, y promoviendo desde la base el talento y la creatividad de las personas.

21-7-2014

XAVIER TRIAS VIDAL DE LLOBATERA
Alcalde de Barcelona y presidente del Área Metropolitana de Barcelona; ha sido consejero de Sanidad y de la Presidencia del Gobierno de la Generalitat de Cataluña, presidente y portavoz del grupo parlamentario catalán Convergència i Unió (CiU) en el Congreso de los Diputados y presidente de la Comisión de Ciencia y Tecnología, además de ejercer, como licenciado en Medicina, de médico pediatra en el Hospital Universitario Vall d'Hebron.

182

La biomimética como metamodelo. Crear nuevos modelos inspirados en la naturaleza

El punto de partida necesario es este: realmente, ¿somos humanos? ¿Podemos partir del antropocentrismo cuando nuestra composición celular contiene un 10 % de células propiamente humanas y un 90 % de bacterias y de virus? ¿Qué tipo de alianza hemos hecho y practicamos con ellos? ¿La que nos hace sentir amenazados por ellos?

La sociedad, ahora ya planetaria, ha estado siguiendo durante los últimos tres siglos el modelo industrial de alta productividad, fundamentado en la estandarización y orientado al objeto, y se ha occidentalizado —cultura *jean*— de forma más bien uniforme y homogénea, con lo que se ha extendido por todas partes el giro conceptual hacia *tener* a costa de *ser*. Algunas culturas aisladas permanecen, de todas formas, en sus principios de respeto al sujeto y a su equilibrio interior, a la vez en plena armonía con el entorno del que venimos, del que somos y al que volvemos.

El pensamiento antropocéntrico se ha convertido en hegemónico y desata todas las pulsiones de la ambición humana depredadora y acumulativa. El avance en el desarrollo de la apertura del mundo al mundo y de los mercados como instrumento de crecimiento ha tomado la forma —inicialmente buena— de una activa estimulación del ingenio humano para resolver necesidades materiales mediante la acumulación de capitales, y ha hecho a la vez viable y atractivo el fenómeno de la apropiación y de la propiedad.

La mente colectiva no ha tenido ningún campo para correr y ha apostado por el individualismo exacerbado, en el que las reglas de juego han incentivado, por encima de todo, la obtención de poder con la finalidad de adquirir una preponderancia y una hegemonía en cualquiera de las potenciales —reales o ficticias— necesidades de las personas, creyendo que todo había de sobrevenir *transaccionable* para poder facilitar lo que uno quiera y desee —el consumismo— y la forma de obtenerlo. El objetivo último de la transacción es que sea económica y se aplique sobre bienes por los que se crea el deseo de tener. Apoderarse de la propiedad y de la producción de bienes materiales es lo que ha dado sentido y propósito a la actividad humana.

Un cambio de época forzado por la obsolescencia de lo que hacemos

La forma de transacción adoptada va dejando de ser la hegemónica por la comprensión progresiva de su grado de obsolescencia —como mecanismo útil para la especie— y se convierte en una peligrosa amenaza para la permanencia y para la supervivencia del planeta y de quienes lo habitan. Nos acercamos al abismo. Nos lo dice muy bien dicho E. Morin. Los ricos acabarán con nuestra civilización, según un estudio de la NASA publicado recientemente. Esa apreciación de la NASA tiene fundamento. El balance entre cuánto consumimos y cuánto generamos no es ni mucho menos sostenible. La acumulación de capital en forma de oligopolio también se da en sectores fundamentales, como las energías, las finanzas, la información, las comunicaciones... Los sectores industriales maduros —agroalimentario, automoción, transporte y logística, etc.— tienen una centralización máxima y, actuando de esa forma, ahogan a los que empiezan y evitan desarrollar iniciativas a nivel micro. De todas formas, se ha conseguido una gran prosperidad material, como nunca en la vida, y el primer mundo lo disfruta. Otros mundos no entran en eso y mantienen los estilos de vida de pura supervivencia, cuando esta es posible, a costa de los más vulnerables.

La transacción se ha convertido en un arma de depredación, en tanto en cuanto comprar y vender tiene un precio desligado del valor contributivo y se enmarca progresivamente en el valor especulativo, que da aceptación moral al «ganar», aunque el otro pierda o, mejor aún, provoca que el otro pierda. Y, así, estamos inmersos en una sociedad de crédito sin valor real que lo sustente y sin que resulte viable su retorno, una sociedad que se ha comido su futuro y el de las generaciones venideras.

La concentración de oligopolios de poder para hacerse con el control de los recursos materiales está, acelerada e imparablemente, en marcha. Hay concentración de capitales, de fuentes de energía, de medios de información y de comunicación, de industria... Hay una pirámide de control por lo que a decisiones políticas se refiere, que son ejercidas por una minoría, así como destrucción de la vertebración social de las mayorías y de sus instituciones —convertidas en cadenas de transmisión e impotentes por no poder influir en cualquier cambio de tendencia—, concentración militar y de centros de decisión, y también manipulación en el campo de la ciencia y de la tecnología para orientar las prioridades no en el sentido global, sino en el particular.

Esa concentración de oligopolios controla y gestiona, incluso, el tiempo. Acelera su utilización no tanto para un uso apropiado al servicio de la persona misma, sino para mantener una alienación constante y acelerada de consumo —consumismo— de tiempo para —y esa es su consecuencia— sobrevenir imparable el forzar la maquinaria de lo no esencial —consumismo exacerbado e innecesario— que aleje de cada uno el tiempo compuesto de la meditación, de la contemplación, del sentido y del propósito de lo que cada uno hace. Así, podemos decir, sin que parezca una bobada, que incluso pagamos nuestro tiempo a los que nos lo venden a beneficio suyo, sin que podamos hacer otra cosa que comprárselo y siendo nosotros mismos quienes continuamos pidiéndoselo, más y más. Una alienación completa.

De ese modo, ya no queda ningún elemento que no esté controlado para que nos veamos obligados a pagarlo todo, incluido nuestro tiempo, incluida nuestra voluntad, y, además, eso es algo «democráticamente» aceptado. La degeneración de la democracia, su pérdida total de calidad, conlleva, sobre todo, el desencanto y la desafectación general con respecto a su utilidad para transformar la realidad.

¿Qué nos puede salvar?

Nos puede salvar una nueva manera de pensar lo que hacemos, por qué lo hacemos, una nueva manera de dar sentido y propósito a nuestras decisiones. En definitiva, nuevos modelos que es necesario construir desde otro referente, un referente que ya no sea el objeto, sino el sujeto.

Cambiar el punto de referencia significa encontrar otro, y para ello hay que revolver e invertir el para qué de lo que hacemos y el cómo lo hacemos. Siguiendo el pensamiento de Jordi Pigem en *La nueva realidad*, ya no se trata de un pensamiento causal, de una lógica racional. Adivinamos que la lógica que se impone es la de la nueva realidad, la lógica relacional, que, por su específico carácter, no anula la anterior, sino que la pone a disposición del universo entero, por lo que rompe el antropocentrismo vigente.

Podemos decirlo de otra manera. Podemos decir que ya no nos toca pensar secuencialmente, orientando la acción desde los objetivos hasta los resultados, alineando voluntades colectivas para conseguir esos resultados, tal como pretende la organización llamada «empresa».

En la lógica relacional prevalece el hecho de pensar no convencionalmente, respecto al pensamiento de siempre, con claro predominio en los tres últimos siglos, sino concebir la acción como el reto de superación personal para servir a un centro en el que todos estamos interesados y del que recibimos y traemos su propio desarrollo. Ese centro es la persona como ente universal responsable y testimonio, por su parte, del planeta, de Gaia —Tierra—, que nos hace «posibles» y de la que viene el desarrollo mismo.

Ya no es posible entender el hecho de crecer como lo hemos entendido hasta ahora. Crecer es decrecer en la concepción «industrial». Es crecer en comprensión, en conocimiento, en conciencia. Es madurar en inteligencia múltiple, colectiva. Es potenciar la conciencia perceptiva, la conciencia mental no antropocéntrica, y potenciar hasta el infinito la conciencia espiritual, la conciencia cósmica, la trascendencia de nuestro potencial supramental.

Y el descubrimiento del camino señalado para seguir una lógica relacional en la que el centro sea la persona que sirve a Gaia tiene una metodología: la metodología única, la de siempre, la metodología del ensayo y del error, una vía que no es la de la «constitución académica» de transmisión del conocimiento, sino la vía abierta y poco reglada de dudar de lo que sabemos, de crear nuevo conocimiento y de promoverlo.

La biomimética, ¿es un camino?

La biomimética y la microbiótica, en particular, entendidas como la comprensión de lo micro en su relación con todo lo que existe vivo, expresa un nuevo referente de estudio y de conciencia. Sus dos dimensiones, la dimensión interior y la exterior, permiten la simbiosis, la cooperación y el intercambio, como bien explica Lynn Margulis, pionera de la definición de una evolución transformadora de nosotros mismos y del entorno, o una inteligencia planetaria, como añaden otros científicos.

Bonnie Bassler, de la Universidad de Princeton, al descubrir que las bacterias se comunican a través de un lenguaje bioquímico, demuestra no solamente que estas tienen vida individual, sino también capacidad de tomar decisiones colectivas, a través de una especie de voto de consenso para realizar acciones conjuntas.

Un metamodelo

Una investigación realizada por Gonzalo Génova, que pertenece al grupo de investigación Knowledge Reuse Group, de la Universidad Carlos III de Madrid, explica lo que sigue respecto a lo que entendemos por «metamodelo»: «Un metamodelo es un modelo de modelos que sirve para la explicación y para la definición de las relaciones entre varios de los componentes del mismo modelo aplicado.»

Desde esa perspectiva, es conveniente la construcción de un metamodelo que nos dé las herramientas para comprender, para definir y para encontrar la forma de expresar lo que es nuevo. Si lo hacemos pensando como siempre, no haremos nada diferente. Si queremos que pasen cosas diferentes, tenemos que actuar de manera diferente de como lo hacemos. Ambas expresiones nos dan una revelación decidida para emprender nuevos caminos.

La biomimética como metamodelo

La biomimética se define como el estudio de la estructura y de la función de sistemas biológicos como modelos en los que inspirarse y con los que «mimetizarse».

Desde una dimensión interior, partiendo de que nuestro origen está en las bacterias y en los virus y de la permanente colonización de nuestro ámbito corporal por esos microorganismos, de los que dependemos y con los que hemos llevado a cabo una encarnizada lucha para eliminarlos al considerarlos nuestros enemigos, es conveniente acabar con el concepto de una patogenia absoluta de las bacterias, con la obstinada lucha —la terapia antivital— que emprendemos para hacerles frente, para eliminarlas. Porque aniquilamos lo que nos da vida, sin discriminar lo que sí conviene aniquilar y lo que no.

Desde una dimensión exterior, la biomimética nos permite encontrar una inspiración más creativa para nuevos materiales, para nuevas formas evolutivas, para entender el desarrollo organizacional de los ecosistemas, y nos proporciona infinitud de formas diferentes de ampliar nuestras potencialidades sin pasar por la destrucción del entorno, sino aprendiendo de él para saber evolucionar y para transformarnos a nosotros mismos.

Y, finalmente, en tanto en cuanto la biomimética se fundamenta en la transversalización del conocimiento y de las disciplinas más diversas, se retoma el conocimiento, como fuente dentro y fuera de uno mismo, de cualquier miembro de la especie. Por primera vez, el concepto de biomimética inspira el puente imprescindible entre el conocimiento tácito y el conocimiento reglado académico sin relaciones de dominancia potencialmente depredadora.

Recogiendo las reflexiones del filósofo alemán Rüdiger Safranski, habría que recordar la idea de que sería necesario hacer frente a la aceleración universal de la producción, del consumo y de la economía financiera con una desaceleración consciente, con moderación y con persistencia. Pero las fuerzas de la aceleración son desproporcionalmente superiores, porque están vinculadas a otra tendencia fundamental de la Modernidad, a la revolución de los medios tecnológicos de comunicación. No es, naturalmente, el tiempo mismo el que se acelera, lo que se acelera son los hechos y los procesos factuales que tienen lugar en el tiempo. Los episodios vivenciales, en realidad, no pasan de ser episodios, porque no tienen tiempo de convertirse en experiencias. La experiencia necesita tiempo, tiempo de elaboración. Pero las vivencias mediáticas pasan rápidamente a través de nosotros, no dejan apenas nada en nosotros más allá de una vaga inquietud.

Eso que falta en la aceleración mediática de la comunicación y de la información es la elaboración. Una percepción, una información, se elabora cuando se vincula con experiencias propias. Solo gracias a esa vinculación se convierte la información en algo que pertenece a la persona y que se puede manifestar en expresiones y en acciones vitales.

En definitiva, desde la concepción biomimética podemos recuperar el «tiempo humano» que necesitamos para convertir las vivencias en experiencias y afrontar desde la plena conciencia —perceptiva, mental y vital— la razón de nuestro origen, de nuestro devenir y de nuestro destino. Lo haremos y será efectivo siendo respetuosos sin límites con las personas, y será siempre una manera de querernos como especie.

23-7-2014

COLECTIVO WORLDBIOMIMETIC.ORG

DANIEL FUENTES GUILLAMET

Observador de la naturaleza e inspirador de su universo creativo. Ideólogo de la Wold Biomimetics Foundation.

JOAN CAROL LUPIÁÑEZ

Terrícola humano en tránsito, entrenador en metodología Dragon Dreaming; acompañando a personas, procesos y proyectos y aprendiendo de la vida y de todos los seres vivos.

PERE MONRÀS VINYES
Médico especialista en oncología médica y medicina interna. Presidente fundador de Hélix3c (Acción Transformadora), socio de Sangakoo (Matemáticas para la vida) y de Bionure (Biomedicine Heading to Future). Ha sido presidente fundador (actualmente, patrón) del Círculo para el Conocimiento, presidente de la Unión Catalana de Hospitales y director general de la Corporación Sanitaria Parc Taulí (Sabadell). Aprendiz de un comportamiento biomimético.

183

La espiritualidad, dimensión fundamental del ser humano

¿Hay lugar para la espiritualidad en la era de la ciencia, de la técnica, de la cibernética, de la informática, de la comunicación, de la tecnología, de la revolución científica, de la revolución ecológica, del *Homo sapiens sapiens*, del *Homo informaticus*, del ser humano productor y consumidor? Soy consciente de que la pregunta misma ya es incómoda, provoca malestar e incluso indignación, y de que la respuesta políticamente correcta tendría que ser negativa: ni hay lugar para la espiritualidad ni tiene por qué haberlo. Sin embargo, yo creo que es en la espiritualidad donde se juega la verdadera identidad del ser humano, su humanización o su deshumanización. Por eso, aun a sabiendas de que voy a contracorriente y de que me muevo dentro de lo políticamente incorrecto, mi respuesta coincide con la de André Malraux, aplicándola al siglo XXI: «El siglo XX será espiritual o no será.»

La espiritualidad es una dimensión fundamental del ser humano. Es tan inherente a su naturaleza como la corporeidad, la sociabilidad, la praxicidad, la subjetividad, la historicidad, la comunicabilidad. Pertenece, por tanto, a su sustrato más profundo. El ser humano no puede renunciar a ella, como tampoco puede renunciar a las otras dimensiones citadas. De lo contrario, caería en la reducción unidimensional, sobre la que llamaría la atención críticamente Herbert Marcuse en su libro *El hombre unidimensional*. Ahora bien, la espiritualidad no es independiente de otras dimensiones. Una espiritualidad desvinculada del cuerpo desemboca en espiritualismo; desconectada de la razón acaba en sentimentalismo; sin relación con la praxis termina siendo pasiva; desarraigada de la historia es evasión de la realidad; sin subjetividad es impersonal; sin sociabilidad desemboca en solipsismo.

La espiritualidad posee autonomía y no puede reducirse a, deducirse mecánicamente de o identificarse miméticamente con las condiciones materiales de existencia. Pero la autonomía es, ciertamente, relativa, ya que se sustenta en las condiciones en que vive el ser humano —políticas, sociales, económicas, culturales, biológicas—, al tiempo que las ilumina y las transforma. De lo contrario, caería en el espiritualismo. Es necesario, por ello, evitar dos peligros: la separación absoluta de la espiritualidad de las demás dimensiones del ser humano, que, siguiendo la tradición de la antropología platónico-agustiniana, desembocaría en dualismo, y la identificación con dichas dimensiones, que formaría un todo indiferenciado. La relación entre las diferentes dimensiones del ser humano es dialéctica: todas ellas son codeterminantes y se codeterminan. Entre lo espiritual y lo material se da una unidad diferenciada.

La espiritualidad es una dimensión fundamental del cristianismo. El espíritu significa dinamismo, vida, soplo, vitalidad, libertad. Así entendido, el espíritu ha mantenido vivo el cristianismo en medio de las múltiples crisis por las que ha pasado y ha evitado que la Iglesia cristiana fuera solo una institución desprovista de espiritualidad. Los movimientos de renovación espiritual, muchos de ellos considerados herejes, han salvado a la Iglesia de confundirse con el poder y la han liberado de verse fagocitada por las fauces de los poderosos. ¿Ejemplos? Las órdenes mendicantes, las beguinas, las corrientes místicas, los valdenses, etc.

La espiritualidad es también una característica fundamental de la teología de la liberación, a la que, sin embargo, se suele acusar de estar demasiado politizada, de que solo tiene un proyecto temporal y de que ha puesto entre paréntesis la trascendencia. ¿Son así las cosas? Yo creo que esa imagen del cristianismo liberador es una caricatura que no responde a la realidad. Gustavo Gutiérrez no se ha cansado de decir esto: «Nuestro método es nuestra espiritualidad.» Y es verdad. En el origen de la teología de la liberación y en el centro de su contenido se encuentra la espiritualidad del éxodo, de la resistencia, del camino.

La espiritualidad no es una dimensión independiente de la liberación, de la misma manera que el espíritu no está separado de la totalidad del ser humano. Espiritualidad y liberación se complementan y se enriquecen. El teólogo hispano-salvadoreño Jon Sobrino habla de la necesidad de imbuir de espíritu la práctica de la liberación, de la necesidad de unir espíritu y práctica. «Sin espíritu, la práctica está siempre amenazada de degeneración; y, sin práctica, el espíritu permanece vago, indiferenciado, muchas veces alienante», afirma. No es posible la vida espiritual sin vida real e histórica, como tampoco es posible vivir con espíritu sin que este se haga carne.

Coincido con Roger Garaudy en que la espiritualidad es el «esfuerzo por hallar el sentido y la finalidad última de nuestras vidas», y, así entendida, puede vivirse, y de hecho se vive, en las diferentes sabidurías y filosofías, religiosas o no. Por ejemplo, en el budismo, en medio del silencio de Dios; en el taoísmo, viviendo conforme a la naturaleza; en el confucianismo, comportándose con el prójimo como nos gustaría que el prójimo se comportara con nosotros; en el hinduismo, conforme al principio de la no violencia activa de Gandhi, que venció al colonialismo sin recurrir a las armas; en la filosofía ubuntu, que se guía por el principio identitario de la alteridad expresado en la máxima «Yo soy si tú también eres»; en la utopía de la Tierra sin males de los guaraníes y en el *sumak kawsay* y el *sumak kamaña* de los aimaras y de los quechuas, que viven una relación armónica con la madre Tierra, con los demás seres humanos, vivos y muertos, y con la deidad o con las deidades, masculinas y femeninas; en el *Popol Vuh* de los mayas; en las religiones ancestrales de África, que están en permanente contacto con la naturaleza, de donde extraen los frutos para vivir, para convivir y para compartir, pero también las energías telúricas ocultas para interpretar la realidad. Es la espiritualidad la que puede liberarnos de lo que el mismo Garaudy llama el «suicidio planetario».

Ahora bien, la espiritualidad vive hoy una serie de patologías que la desdibujan y la falsean de manera extrema, al tiempo que la alejan de su función liberadora y transformadora. He aquí algunas: es la espiritualidad entendida y practicada como negocio y sometida al asedio del mercado; la espiritualidad manipulada políticamente por intereses espurios de los poderosos, que la ponen a su servicio; la espiritualidad vivida y practicada patriarcalmente en la mayoría de las religiones, a imagen y a semejanza del varón, bajo la dictadura del patriarcado, que establece que «si Dios es varón, el varón es Dios», como afirmaba Mary Daly; la espiritualidad uniforme y monolítica en los discursos identitarios cerrados y en los diferentes monoteísmos, religiosos o no, que desembocan en fundamentalismos y, a la postre, en guerras de religiones; la espiritualidad sin e(E)spíritu, sometida al control de las instituciones; la espiritualidad solipsista y despolitizada; la espiritualidad desvinculada de la naturaleza. Esas patologías, lejos de humanizar, lo que hacen es deshumanizar.

La diversidad cultural, religiosa y ecológica de nuestro mundo y de nuestras sociedades requiere replantear la espiritualidad en torno a nuevas claves, que son la interidentidad, la interculturalidad, la interespiritualidad, la interliberación, la espiritualidad feminista, la espiritualidad vivida en el mundo de la marginación, la espiritualidad cósmica y la espiritualidad laica.

Interidentidad. No existen identidades puras, incontaminadas. La identidad se construye en diálogo y en apertura con otras identidades. «El hecho de que yo descubra mi propia identidad», afirma Charles Taylor, «no significa que la haya elaborado en el aislamiento, sino que la he negociado y construido por medio del diálogo, en parte abierto, en parte interno, con los demás, con los entornos en los que vivo. Mi propia identidad depende, de manera crucial, de mis relaciones dialógicas con los demás, y se traduce en interidentidad.» Eso es aplicable a las cosmovisiones, a las civilizaciones, a las culturas, a las religiones. También a la espiritualidad, que, en un clima intercultural e interreligioso, desemboca en una *interespiritualidad* transgresora de fronteras.

Interliberación. La interespiritualidad debe integrar las diferentes dimensiones y caminos de la liberación: personal y comunitario, individual y colectivo, político y económico, personal y estructural, cultural y religioso, ético y estético.

Espiritualidad feminista. Esa espiritualidad empieza por cuestionar las formas clásicas —mayoritariamente masculinas y autoritarias— de representación de lo divino y las concepciones antropológicas del eterno femenino, que consideran propio y específico de la espiritualidad de las mujeres una vida religiosa de renuncia, de resignación, de obediencia, de sumisión, de desprecio hacia el propio cuerpo y de negación de los placeres. En positivo, la espiritualidad feminista considera a las mujeres como sujetos que viven la experiencia religiosa desde su propia subjetividad, sin aceptar mediaciones clerical-patriarcales o jerárquico-institucionales.

Espiritualidad cósmica. Es la espiritualidad vivida en permanente relación-comunicación con la naturaleza, de la que formamos parte. Somos la Tierra que anda —cantaba Atahualpa Yupanqui—; la Tierra que piensa, que ama, que sueña, que venera, que cuida —afirma Leonardo Boff. Es la espiritualidad vivida ecoteohumanamente en armonía con la Pachamama, en diálogo con los ancestros.

Espiritualidad laica. Hay una tendencia a situar la espiritualidad en el terreno religioso y a excluirla del mundo de la laicidad en general y de la increencia en particular. A las personas no religiosas se las considera individuos sin espiritualidad. Se trata de estereotipos que no admiten la prueba ni de la teoría ni de la práctica. Como veíamos al principio, la espiritualidad es una dimensión fundamental, constitutiva del ser humano, de todos los seres humanos. El teólogo José María González recordaba que, en los diálogos cristiano-marxistas de la década de los sesenta del siglo pasado, eran los mismos marxistas quienes pedían a los cristianos que no maltrataran el misterio, que lo respetaran porque es la fuente de toda espiritualidad, religiosa o laica. Yo mismo he descubierto una inagotable fuente de espiritualidad en la obra literaria y en la reflexión antropológica de José Saramago, así como en mi relación personal con él, quien definía a Dios como «silencio del universo» y al ser humano como «la voz» que da sentido a ese silencio. La espiritualidad así entendida nos hace más humanos.

24-7-2014

JUAN JOSÉ TAMAYO ACOSTA

Doctor en Teología y en Filosofía y Letras, director de la cátedra de Teología y Ciencias de las Religiones «Ignacio Ellacuría» de la Universidad Carlos III (Madrid). Secretario general de la Asociación de Teólogos Juan XXIII, miembro de la Sociedad Española de Ciencias de las Religiones, del comité internacional del Foro Mundial de Teología y Liberación y del consejo de dirección del Foro Ibn Arabí, escritor y columnista.

184

De los fab labs *a las* fab cities. *El proyecto de la* fab city *pretende desarrollar una ciudad completamente productiva, cuyos ciudadanos compartan conocimiento a nivel global para resolver problemas locales*

Las crisis económicas, medioambientales, sociales y políticas de nuestros días son el resultado de un modelo productivo que se ha ido forjando desde hace más de cien años. Ese modelo está basado en el petróleo como fuente de energía y de materia prima, en la producción en serie y en la creación de un sistema económico global estandarizado. La industrialización actual se alimenta de las materias primas de África y de América, de los recursos petrolíferos de Oriente Próximo y de la mano de obra barata de Asia.

Hoy en día, la tecnología, las fuentes de recursos y la organización administrativa de las ciudades —generalmente basadas en modelos surgidos bajo las condiciones económicas, sociales, políticas, medioambientales y tecnológicas de hace décadas e, incluso, siglos— se aproximan a la obsolescencia, al tiempo que nuestro actual nivel de consumo pone en riesgo su sostenibilidad para las generaciones venideras.

El modelo que dio forma a la ciudad industrial estableció centros de producción en su seno y absorbió población de las áreas rurales. Más tarde, la producción abandonó las ciudades y se trasladó a miles de kilómetros de distancia, lo que produjo un aumento del consumo de combustibles fósiles, disminuyó las oportunidades de trabajo y, lo más grave, separó las actividades de consumo de los procesos productivos. Las ciudades se han convertido en grandes fábricas de basura y su subsistencia depende de la tecnología que se produce lejos de ellas. Son el ejemplo físico de nuestro modelo actual, basado en el consumo.

Las ciudades —que son la creación humana más compleja, el escenario donde se producen la mayor parte de nuestras interacciones y donde se lidian los principales retos del futuro— necesitan tecnología para funcionar, para ofrecer comodidades a sus ciudadanos y para satisfacer sus necesidades. Pero, además, necesitan innovar y crear su propia tecnología para compartirla con otros centros urbanos: se trata de desarrollar soluciones mediante la ciudad y sus ciudadanos.

¿Cuánto de lo que llevas encima lo has producido tú?
En las ciudades medievales, la mayor parte de la actividad productiva tenía lugar dentro de las murallas. El objeto del trabajo artesano era satisfacer deseos y necesidades locales y, solo secundariamente, se conectaba con otros núcleos de población. Luego, la industrialización separó de su realidad más inmediata el proceso de fabricación, que se fue ampliando para dar cabida a los intereses regionales, nacionales y globales y, más todavía, a un sistema de producción estandarizado que finalmente creó lo que vemos hoy: una persona de Nueva Delhi utiliza el mismo microprocesador para su ordenador que una persona de Buenos Aires, de Ciudad del Cabo o de Washington. Pero, en cambio, diferentes personas en diferentes lugares no tienen por qué usar las mismas tazas o las mismas mesas, los mismos juguetes o las mismas herramientas. En el caso de un utensilio, quizá ese hecho no sea importante, pero sí lo es cuando se trata del alumbrado público de una ciudad, del sistema de transportes o de los muebles de nuestros salones. La mayoría de esos objetos y soluciones se concibieron para un contexto medioambiental y para unos usuarios diferentes, y se han ajustado a un patrón común, con lo que han configurado un kit estándar promedio y global preparado para el consumo.

La industria militar ha desarrollado una gran parte de la tecnología que consumimos actualmente y que define nuestra cotidianidad. Las dos guerras mundiales nos han proporcionado útiles como el microondas, la cámara fotográfica compacta o los ordenadores personales. Más tarde, la guerra fría dio pie al Internet actual, cuando Vint Cerf y sus colegas concibieron un sistema distribuido de nudos interconectados para mantener el flujo de la información en caso de ataque nuclear. Internet ha resultado ser la invención reciente de mayor influencia, y moldea el modo en que vivimos, compartimos y producimos.

Vicente Guallart, arquitecto jefe de Barcelona, en su reciente libro *La ciudad autosuficiente* (2012), desarrolla la idea de cómo un enfoque multiescalar basado en la confluencia entre las TIC, el urbanismo y la ecología cambiará nuestro modelo actual de ciudad, del mismo modo que hace cien años lo hicieron la industria del petróleo o la producción en serie. El modelo industrializado está en crisis, y nos hallamos en transición hacia el desarrollo de nuevas herramientas que redefinirán y moldearán la realidad. Poner las herramientas de información y de producción en manos de los ciudadanos parece ser un factor clave en ese proceso. Según Guallart, «la regeneración de las ciudades siguiendo el modelo de autosuficiencia conectada solo tiene sentido si se permite que la gente tenga más control sobre su vida y más poder como parte de una red social».

Las TIC facilitan nuevas formas de participación en las decisiones que afectan a la vida cotidiana. Podemos acceder a herramientas y a plataformas de código abierto y utilizarlas para denunciar irregularidades y crímenes, para compartir un evento, para crear una nueva voz en el barrio o para relacionarnos con nuestra comunidad. El fascinante caso de Martha, una niña de nueve años del Reino Unido que hizo fotos de la comida de su colegio, las compartió en su blog y creó conciencia sobre el nivel de nutrición de los niños, se convirtió en tendencia en los medios en el 2012. Pero, más allá del empleo de las herramientas ya existentes en forma de páginas web, de aplicaciones y de otros útiles tradicionales, la participación actual de los ciudadanos en los procesos de responsabilidad puede verse modificada por la introducción de «herramientas para crear herramientas».

Un cerebro global con acción local

Los *fab labs* son laboratorios de fabricación digital equipados con tecnología punta que permiten democratizar el acceso a la producción y a la invención. Lo que empezó como un programa de participación del Centro de Bits y Átomos (CBA) del Instituto de Tecnología de Massachusetts (MIT) ha llegado a convertirse en una red global de personas, de proyectos y de programas que comparten una filosofía abierta sobre la fabricación digital.

Esos laboratorios proporcionan los medios de invención para que cualquier persona pueda lograr prácticamente cualquier cosa: la obtención de resultados es la prioridad. Los de Lyngen —Noruega— nacieron en torno a un proyecto para monitorizar ovejas perdidas; en la India, con el desarrollo de unos filtros para medir la cantidad de grasa de la leche; en Detroit, con un programa de huertos urbanos en solares abandonados, etc.

De hecho, el éxito de los primeros *fab labs* sorprendió, incluso, a sus creadores. Como ha comentado informalmente alguna vez el director del CBA, Neil Gershenfeld, «surgieron por accidente», cuando el centro proporcionó a una comunidad de Boston una serie de herramientas y de máquinas como parte de su programa de compromiso social. Durante la primera década del siglo empezaron a propagarse por Ghana, por Noruega y por la India, y luego se extendieron a Barcelona, a Ámsterdam y a otras ciudades del mundo. Hoy en día existen cerca de trescientos cincuenta laboratorios en más de cuarenta países de todos los continentes. Comparten el mismo inventario de máquinas y de procesos, y se conectan por Internet y por videoconferencia, y conforman, así, uno de los colectivos de creadores más grandes del mundo.

La ciudad productiva: Barcelona 5.0

En la actualidad, nuestras ciudades importan bienes y producen basura. El lema «del PITO al DIDO» —PITO: siglas en inglés de *product in, trash out*, entrada de productos, salida de basura; DIDO: siglas en inglés de *data in, data out*, entrada de información, salida de información— propone la adopción de un nuevo modelo basado en la producción dentro de la misma ciudad, en el reciclaje de materiales y en la satisfacción de las necesidades locales con invención local. En el nuevo modelo DIDO, las importaciones y las exportaciones de una ciudad se producirían principalmente en forma de bits —información—, y la mayor parte de los átomos se controlarían a escala local.

Ese es el proyecto *fab city*: desarrollar una ciudad completamente productiva, constituida por ciudadanos que comparten conocimiento para resolver problemas locales, y para generar nuevos negocios y nuevos programas educativos. El concepto de *fab city* reivindica la idea del ciudadano como centro real del conocimiento, el punto de partida y el punto final de una cadena en la que se integran investigadores, universidades, industria, comercio, administraciones, etc. Se trata de producir localmente utilizando tecnología de vanguardia y básica, y compartirla para potenciar el desarrollo de nuevas soluciones en cualquier momento y en cualquier lugar del mundo.

Imagínense barrios productivos equipados con laboratorios de fabricación digital —*fab labs*— conectados, a su vez, con otros barrios y con otras ciudades del mundo para intercambiar conocimiento y solucionar los problemas de la comunidad, en ámbitos como el alumbrado público, las zonas de juego, las condiciones medioambientales, la producción energética, la producción alimentaria o, incluso, la producción local de bienes, y que utilizan basura como materia prima, reciclan plástico para realizar impresiones en 3D o utilizan electrodomésticos viejos para producir nuevos dispositivos.

Barcelona es una de las ciudades empeñadas en el desarrollo del nuevo modelo. El proyecto *fab city* barcelonés prevé la apertura de varios *fab labs* o «ateneos de fabricación», al menos uno por distrito, en el transcurso de los próximos años. El primero se inauguró hace un año en el próspero distrito de Les Corts, al que ha seguido recientemente el de Ciudad Meridiana, área periférica con un modelo de desarrollo de los años sesenta, con superbloques y con altos niveles de desempleo juvenil. El tercero se instalará próximamente en la Barceloneta.

Hacia un segundo Renacimiento

La introducción de nuevas herramientas y de tecnología en nuestra vida cotidiana ha transformado lo que aprendemos y cómo lo aprendemos. Hasta los años sesenta, la mayor parte del trabajo se producía en oficinas sin ordenadores, el material con que se trabajaba en las universidades estaba impreso y el negocio medio llevaba su contabilidad mediante libretas catalogadas en estanterías. En los años setenta, los ordenadores comenzaron a ser accesibles para pequeñas y medianas empresas y organizaciones, y requerían nuevas aptitudes de los empleados. Finalmente, en los ochenta, se popularizaron y llegaron a todos los hogares. A principios de los noventa, la mayor parte de las escuelas del mundo occidental los introdujeron en las aulas y en las bibliotecas, y aprender a utilizar procesadores de texto o *software* de tratamiento de imágenes comenzó a formar parte de los programas educativos estándares. Pero, como casi todos sabemos, ese modelo de puesto de trabajo —un individuo frente a un ordenador— ya ha quedado obsoleto. La crisis del 2008 quizá solo fue el punto de partida de un gran colapso.

Parece que el esquema «primero el trabajo y luego el reposo» ha perdido toda vigencia, igual que la ecuación «tiempo igual a dinero», que utilizamos para cuantificar y calificar qué, cómo y cuándo hacemos las cosas. Actualmente, la mayor parte de los desempleados disponen de tiempo, pero carecen de dinero. La quiebra del sistema procede, justamente, del hecho de que «nada se mueve sin dinero», una patología que se intenta curar con fuerza de voluntad. Internet nos permite acceder a cursos de alta calidad sobre ciencias de la computación, neurología, física y electrónica, y también a cursos sencillos de Photoshop o de programación en C o en Python —Codecademi, Kahn Academy. Aprender ya no está vinculado a una institución formal, sino que cualquiera puede conseguirlo, en cualquier lugar, en cualquier momento, y gratis. Del mismo modo que aprendemos a utilizar Word, Excel o PowerPoint, aprenderemos a modelar en 3D, a operar con una cortadora láser o a programar un microcontrolador. Esas nuevas aptitudes determinarán nuestro poder para influir en el moldeado de la realidad, ya que tendremos acceso a las herramientas que lo llevan a cabo.

Recientemente ha habido una serie de medios que han tratado sobre la importancia de aprender a programar o a teclear código. De acuerdo con la BBC, aprender código podría compararse al aprendizaje del latín hace dos mil años. Y, lo que es más importante, aprender código es forjar una nueva manera de pensar. No solo codificar, sino también utilizar las herramientas de moldeado y de escaneo de *software*, o cualquier otra aptitud que nos permita relacionar el mundo físico y el digital, se convertirán en contenido obligatorio en las escuelas, en las universidades y en los programas educativos.

Tecnología y factor humano

«Lo que una vez fue un almacén, ahora es un laboratorio de tecnología punta donde los nuevos trabajadores dominan la impresión en 3D, que tiene el potencial de revolucionar la forma en la que hacemos casi todas las cosas» (Barak Obama, discurso sobre el estado de la nación, 12 de febrero del 2013). El presidente Obama se refería a la impresión en 3D como principal impulso del modelo de producción actual, pero esa visión podría ser demasiado simplista. La impresión en 3D es solo la punta del iceberg. La fabricación personal y distribuida es mucho más compleja en esencia y, por otra parte, podría llevar aún varios años llegar a imprimir objetos completamente funcionales.

Neil Gershenfeld afirmaba en su artículo más reciente, publicado en la revista *Foreign Affairs* (2012), que la fiebre de la impresión en 3D se puede comparar al seguimiento que los medios hicieron del microondas en los años cincuenta, cuando se consideraba un sustituto de la cocina. El microondas mejora nuestra vida, pero seguimos necesitando el resto de utensilios de la cocina para preparar platos más complejos. Los *fab labs* pueden compararse a la cocina, y la impresora 3D al microondas. En lugar de comida, lo que se produce en esos laboratorios son nuevos inventos a una velocidad superior que la de la industria y la de las universidades.

Puede que, en sí misma, la impresión en 3D no cambie el mundo, pero es el detonante de un movimiento de más alcance. Se diría que nos hallamos ante un nuevo ciclo histórico en el que el trabajo artesano se dota de nuevos medios y de nuevas herramientas para crear, para colaborar y para producir tecnología. Parece que el factor humano es lo único que se ha mantenido igual, pues la mayor parte de los procesos de los que hablamos hoy han formado parte de un período anterior de la historia humana. Lo que realmente está cambiando son los medios para llevar a cabo esos procesos y, también, cómo conectamos cosas que antes parecían incompatibles.

Los próximos años serán de transición y críticos para la construcción de lo que, probablemente, se llamará «segundo Renacimiento» o «época medieval de la alta tecnología».

28-7-2014

TOMÁS DÍEZ LADERA
Urbanista especializado en fabricación digital y en sus implicaciones en los futuros modelos de ciudades, director del Fab Lab Barcelona. Dirige el proyecto Fab City en el Instituto de Arquitectura Avanzada de Cataluña (IAAC), es cofundador del proyecto Smart Citizen y coordina el programa Fab Academy que ofrece la red mundial de Fab Labs.

185

El hombre, su paisaje y las nuevas tecnologías

Desde el 19 de julio de 1969, habiendo puesto Aldrin su pie sobre la Luna, nuestro mundo no podía ser considerado como un «jardín de paisajes», aunque sabíamos que no evolucionaría más que hacia el vertedero o hacia el terreno baldío.

La cuestión planteada por Albert Cortina y por Miquel-Àngel Serra nos interpela: «¿Humanos o posthumanos?» ¿Qué actitud adoptar frente a los progresos de la tecnología y cómo considerar las evoluciones de las sociedades y de los seres humanos en su ambiente de vida, los «paisajes»?

Las grandes corrientes de pensamiento filosófico o religioso siempre se han preguntado qué relación existe entre el hombre y su entorno —el natural y el construido. Pero hizo falta esperar a los años cincuenta para que los científicos se empezasen a preocupar por las amenazas que acechan la biosfera. Ese movimiento fue relevado por una toma de conciencia por parte de la opinión pública, seguida de una reflexión por parte de los responsables políticos. Se elaboraron las primeras convenciones internacionales en materia de medio ambiente, y la idea de celebrar en 1972, en Estocolmo, una conferencia a nivel mundial surtió efecto. Estocolmo, Río de Janeiro (1992), Johannesburgo (2002) y luego, de nuevo, Río de Janeiro (2012) son las ciudades que han subrayado durante estos cuarenta y dos últimos años las etapas esenciales del desarrollo sostenible y del derecho internacional del medio ambiente.

El calentamiento global del planeta, la pérdida de biodiversidad, la degradación de los suelos y la contaminación del aire y del agua propician los males de un planeta que tiene que conservar su capacidad de abrigar y de nutrir a casi siete millares de habitantes y a los nueve millares previstos para el 2040. En el momento actual, a un 40 % de la población mundial le falta agua, el nivel de los mares sube, numerosas especies vegetales y animales están en peligro de extinción, un 2,4 % de los bosques mundiales son destruidos y tres millones de personas mueren, cada año, víctimas de la contaminación atmosférica. La urgencia de la situación justifica una toma de conciencia de los problemas seria y osada por parte de la comunidad internacional.

De los modos de consumo a las modas de pensar y percibir

Adoptado en Río de Janeiro en 1992, y siempre aplicable, el Programa 21 de las Naciones Unidas comenzó a hablar de las «modificaciones en los modos de consumo». ¿No conviene, a partir de ahora, entender las modas de pensar y de percibir prestando más atención al «paisaje», considerado, según el Convenio Europeo del Paisaje —adoptado por el Comité de Ministros del Consejo de Europa en Estrasburgo el 19 de julio del

2000, tiene como objetivo promover la protección, la gestión y la ordenación de los paisajes europeos y favorecer la cooperación europea—, como «una parte de territorio percibida por la población, cuyo carácter es el resultado de factores naturales y/o humanos y de sus interrelaciones»?

Diversidades naturales y humanas se conjugan, en efecto, en los paisajes y representan los elementos fundamentales del desarrollo sostenible: ¿cómo comprender los sistemas naturales y garantizar su conservación y su gestión sin tener en cuenta las culturas humanas que les dan forma? Inversamente, la infinita variedad del mundo de la naturaleza es una fuente de inspiración para la cultura y da sentido a las prácticas culturales.

La Recomendación CM/Rec (2003) del Comité de Ministros del Consejo de Europa a los Estados miembros sobre las orientaciones para la puesta en marcha del Convenio Europeo del Paisaje considera que las percepciones sensoriales —visual, auditiva, olfativa, táctil y gustativa— y emocionales de las poblaciones tienen sus razones de ser, y el reconocimiento de su diversidad y de su especificidad histórica y cultural es esencial para el respeto y para la salvaguardia de la identidad de las poblaciones y del enriquecimiento individual y social.

Las nuevas tecnologías

Las nuevas tecnologías permiten llevar a cabo estudios científicos sobre el estado de la biosfera, comprender los fenómenos naturales y antrópicos, controlar y vigilar las posibles degradaciones, velar por el mantenimiento de los grandes equilibrios planetarios, imaginar los territorios del mañana y tener acceso a la información.

El Convenio Europeo del Paisaje prevé que los Estados partes del Convenio se comprometan a identificar sus propios paisajes en el conjunto de su territorio, a analizar sus características, así como las dinámicas y las presiones que las modifican, y a seguir sus transformaciones. La identificación, la caracterización y la calificación de los paisajes constituye la fase preliminar de toda política paisajística e implica un análisis del paisaje en los planos morfológico, arqueológico, histórico, cultural, natural y relacional, así como un análisis de sus transformaciones. El uso de sistemas de información geográfica, de análisis por satélite y, especialmente, el sistema 3D resultan, al respecto, particularmente útiles. Pueden consultarse, en ese sentido, las aportaciones al XIII Taller del Consejo de Europa para la Implementación del Convenio Europeo del Paisaje, «Los territorios del futuro: identificación y calificación de los paisajes, un ejercicio democrático», llevado a cabo en Cetinje —Montenegro— los días 2 y 3 de octubre del 2013.

Las nuevas tecnologías pueden ser usadas para llevar a cabo consultas públicas. El convenio prevé que los Estados partes se comprometan a establecer los procedimientos de participación del público, de las autoridades locales y regionales y de los otros actores afectados por la concepción y por la implementación de políticas del paisaje. La percepción del paisaje por las poblaciones, tanto a lo largo de su evolución histórica como en las resoluciones recientes, debe, en efecto, ser analizada.

El empleo de las tecnologías resulta, asimismo, útil para conocer mejor las políticas nacionales y regionales favorables al paisaje, por ejemplo, a través de páginas web. La Recomendación CM/Rec (2013) del Comité de Ministros del Consejo de Europa a los Estados miembros sobre el sistema de información del Convenio Europeo del Paisaje recomienda a los Estados partes del convenio usar ese sistema de información y su glosario, con vistas a fomentar su cooperación y a perseguir el intercambio de informaciones sobre todas las cuestiones apuntadas por las disposiciones del convenio.

Responsabilidad y creatividad

Es esencial que las tecnologías, utilizadas en conexión con el entorno humano, se ajusten a los criterios éticos definidos y reconocidos.

Por otro lado, con el fin de que el ser humano continúe teniendo el papel que le corresponde como ser consciente y pensante, conviene que asuma plenamente su responsabilidad. La responsabilidad de los individuos y de las sociedades implica, sin embargo, para que sea efectiva, una comprensión de lo que está en juego.

La implicación activa de las poblaciones, que se apoyan en la sensibilización, en la formación y en la educación, conlleva que el conocimiento sea accesible para todos, mediante —si es necesario— herramientas tecnológicas tales como páginas web y documentos audiovisuales. El Proyecto de Recomendación del Comité de Ministros del Consejo de Europa a los Estados miembros sobre la promoción de la sensibilización hacia el paisaje a través de la educación, en proceso de finalización, prevé que las acciones que la educación ejerce sobre el paisaje deben beneficiarse de las nuevas tecnologías disponibles en materia de información y de comunicación, y que sería útil proveer a las escuelas del material y de los equipamientos audiovisuales necesarios para el desarrollo y para la puesta al día en lo que respecta al conocimiento de los paisajes. En ese sentido, remito ahora al proyecto educativo Ciudad, Territorio, Paisaje, de la Generalitat de Cataluña, y del Observatorio del Paisaje de Cataluña.

Un paisaje de calidad favorece que los territorios sean atractivos, además de generar una economía local viable y la creación de empleo. Representa, pues, un ámbito de exploración extraordinario propicio para las actividades creativas que sean respetuosas con la singularidad de los lugares. La Alianza del Premio del Paisaje del Consejo de Europa, que reúne las realizaciones presentadas con motivo de las tres primeras convocatorias del Premio del Paisaje del Consejo de Europa, permite conocer tales creaciones, verdaderas fuentes de inspiración.

Las nuevas tecnologías son también unas herramientas extraordinarias y entusiastas a favor de la búsqueda, del conocimiento y del saber, *al servicio* del hombre *responsable*. Según *The New York Times* —29 de marzo de 1979— y *The New York Post* —28 de noviembre de 1972—, Einstein afirmaba lo siguiente en una carta escrita en 1950: «El ser humano es parte del todo que nosotros llamamos universo, una parte limitada por el tiempo y por el espacio. Se percibe a sí mismo, sus pensamientos y sus sentimientos, como algo separado del resto, lo cual constituye una especie de ilusión óptica de su conciencia. Para nosotros, esa ilusión es como una prisión que restringe nuestros deseos y nuestros afectos a un puñado de personas de nuestro alrededor. Nuestra tarea debe consistir en liberarnos de esa prisión y, para ello, debemos ampliar nuestro círculo de compasión hasta abrazar a todas las criaturas vivientes y la totalidad de la naturaleza en toda su belleza.»

Hay que desear que las tecnologías futuras permitan cuidar tanto del hombre —con la finalidad de evitarle principalmente todas las formas de sufrimiento— como de su paisaje, considerado un espacio vital.

2-8-2014

MAGUELONNE DÉJEANT-PONS
Doctora en Derecho, secretaria ejecutiva del Convenio Europeo del Paisaje en el comité de dirección de Cultura, Patrimonio y Paisaje del Consejo de Europa, miembro del Consejo Europeo de Derecho Ambiental, de la Comisión de Derecho Ambiental de la Unión Internacional para la Conservación de la Naturaleza, del Consejo Internacional del Derecho Ambiental y de la Asociación Europea de Legislación Ambiental, y editora de la revista *Futuropa. For a new vision of landscape and territory.*

186

Identidad individual, identidad colectiva

El ser humano es un animal creativo que ha pasado por varias edades. Yo diría que son siete. La primera es la edad prehumana, que corresponde al *Homo habilis*, el homínido que inventó y usó la industria lítica, una extensión de la mano para cortar, perforar, moler, pulir, golpear, romper, etc. Se remonta a dos millones de años atrás y se puede considerar como la edad de la *utilidad*. La segunda edad aún es prehumana y corresponde al *Homo erectus*, un homínido sensible a la estética de las cosas. La prueba está en sus hachas bifaces obsesivamente simétricas —cuando la simetría no añade nada a la utilidad. Es la edad de la *estética*. La siguiente edad ya es plenamente humana, y culmina con el *Homo sapiens*. Es la edad de la *espiritualidad* y arranca hace unos treinta mil años. En el arte rupestre está bien claro que los humanos representaban solo una parte de la realidad: era la realidad amable, la realidad buena, la realidad que deseaban, ¡por si acaso los espíritus captaban el mensaje y tenían a bien ayudar un poco! Con Mesopotamia, Egipto y Grecia entramos en la cuarta edad, la edad del símbolo, del número, de la escritura, del alfabeto, de la matemática, etc. Es la edad de la *abstracción*, y en ella el humano se inicia en la adquisición de nuevo conocimiento. Hablamos de una antigüedad de hace unos cuantos milenios. Sin embargo, la consagración de la escritura permite que las verdades reveladas por una divinidad queden impresas en un libro. Son verdades permanentes en un mundo cambiante que, al quedar escritas, permiten la posibilidad de su cumplimiento literal. En

Occidente surgen las religiones del Libro, la Torá, la Biblia, el Corán. Es la edad de la *revelación*, que empieza hace poco más de dos mil años. Llegamos al Renacimiento, hace tan solo medio milenio. Comienza la edad del conocimiento objetivo, inteligible y dialéctico: es la edad de la *ciencia*. Y así amaga un choque frontal de trenes entre la edad de la revelación y la edad de la ciencia. La última edad humana es, sin duda, el *arte* por el arte, el arte al servicio de sí mismo sin excusas sociales, políticas o religiosas. Es la más reciente, y arranca con las vanguardias de finales del siglo XIX.

Esas son, de momento, las edades prehumanas y humanas. No sé si la siguiente será la octava edad humana o la primera posthumana, pero lo ocurrido en el siglo XX da mucho en que pensar. Junto con la culminación de la ciencia, de la filosofía y de las artes, ese siglo vive la erupción de una gigantesca mediocridad, plasmada en una vieja cuestión no resuelta: la interacción entre la identidad humana individual y la identidad humana colectiva. El colectivo humano que ha brillado en la cultura, la nación que a lo largo de la historia más ha hecho por la ciencia, por la filosofía, por la música y por la poesía es también la nación que inicia las dos guerras mundiales con un cómputo total de más de cien millones de víctimas. Hoy nos enfrentamos a un planeta superpoblado, superexplotado, agotado en sus recursos naturales y con el clima enfermo. Hay algo en la condición humana que va mal. Llamar *posthumana* a la siguiente edad de los humanos en el planeta no es una nomenclatura muy optimista. La edad promedio de una especie en la escala de evolución es de unos diez millones de años. Eso equivale a decir que el *Homo sapiens sapiens* es aún muy joven como especie. ¿Qué debería ocurrir para que a los humanos aún les quede una edad para gastar como humanos?

La historia de la humanidad ya ha recorrido suficiente camino en su historia como para dar pistas sobre cuál es su gran problema. Si comprender es buscar lo común entre lo diverso, entonces no es difícil desentrañar cuáles son las luces y las sombras de la historia de la condición humana. La especie humana es la única capaz de desarrollar la gran estrategia de la supervivencia: el conocimiento. La constante en el aspecto positivo es el conocimiento, pero la siguiente pregunta es: ¿cuál es la constante, si la hay, en lo negativo? La condición humana tiene un problema en cuanto a la relación con su identidad individual y con su identidad colectiva.

El ser humano es un ser social. Por lo tanto, un individuo sin identidad colectiva sufre. Es, digamos, el extremo del *todo vale*, la anarquía. Pero una identidad colectiva necesita, para sobrevivir como tal, una cohesión entre las identidades individuales, que, si es demasiado fuerte, hace sufrir también al individuo. Es, digamos, el extremo del *solo vale lo que está escrito*, el totalitarismo. La identidad de una nación o la identidad de una religión son conceptos que no hemos sabido manejar a favor del progreso moral de la condición humana. En ocasiones muy contadas, la brisa del espíritu de los tiempos sopla a favor, como ocurrió en la Florencia del Renacimiento o en la Viena de los años veinte. Pero, en la mayor parte de los casos, se cumple el aforismo de que, en general, el ser humano es individualmente inteligente, pero colectivamente imbécil. Es cuando el ser humano se dedica a crear conocimiento interdisciplinario y multicultural. Si no conseguimos controlar la engañosa euforia de las identidades colectivas, entonces entraremos, irremediablemente, en un posthumanismo. Si, por el contrario, lo conseguimos, entonces inauguraremos una prometedora *octava edad de lo humano*.

7-8-2014

JORGE WAGENSBERG LUBINSKI
Doctor en Física, profesor de Teoría de los Procesos Irreversibles de la Facultad de Física de la Universidad de Barcelona, experto en museología, primer director científico del CosmoCaixa, investigador, divulgador científico y estimulador del debate de ideas, miembro fundador de la Academia Europea de Museos y director del proyecto museográfico del Hermitage de Barcelona.

187

Las tecnologías smart, *probablemente no solo en las ciudades, sino también a escala regional, ayudarán a que el ambiente en el que se desarrolla la vida sea más aceptable y, finalmente, lo autorregulemos de manera que la especie humana pueda vivir saludable e indefinidamente en él*

Trascendente cuestión, la del transhumanismo o posthumanismo. Los filósofos y los expertos pensadores que analizan la evolución del pensamiento exponen en este debate interesantes reflexiones sobre los dos conceptos, por lo que los comentarios y las impresiones que pueda hacer y tener un físico dedicado, desde hace pocos años, a la administración pública poco pueden añadir. Únicamente me gustaría insistir en la contextualización de algunas ideas, que, por otra parte, ya se esbozan en algunos escritos anteriores.

Plantear la cuestión del posthumanismo o transhumanismo como lo hace Albert Cortina, a partir de la definición de Nick Bostrom, es más inmediato y más «fácil de aceptar», me parece, que continuar con esa arrogancia de la especie, arrogancia que ha caracterizado buena parte del pensamiento, de creer que un nuevo ser humano va a aparecer. Es indudable e incontestable, según mi juicio, que la tecnología nos ayuda continuamente a trascender nuestras limitaciones físicas y fisiológicas, y que puede y debe cambiar prácticas que desarrollan conceptos muy importantes para la vida actual, como la democracia o la sociabilidad, por ejemplo.

Sin embargo, no estamos frente a una singularidad respecto a la evolución tecnológica, ya que la historia de la humanidad se caracteriza por continuos cambios y por nuevas aportaciones. Probablemente, lo más singular es su celeridad y su capacidad transformadora, que en pocos años ha cambiado —para bien y, a veces, para mal— el escenario de la vida. Pero colocar de nuevo a la especie humana en el centro de todo lo que acontece... Hace más de dos mil años, Tito Lucrecio Caro, el poeta y filósofo romano, intentaba explicar con sus rimas, a veces difíciles de entender, que era de locos creer que los dioses hubieran creado el mundo para la especie humana. Precursor, con sus escritos, de la visión científica del mundo —hoy diríamos que materialista y evolucionista—, muestra cuán lenta es la evolución de las ideas en esta humanidad tan compleja pero, a la vez, tan simple y repetida durante la historia, historia en la que debates como este se han ido sucediendo y sucediendo y avanzando, a veces, con una lentitud difícil de entender para una determinada generación humana.

Se puede tener la tentación de pensar que la tecnología puede ayudar a acelerar el avance del pensamiento, pero no hay indicios de que eso vaya a ocurrir. Un vistazo al mundo que nos rodea creo que nos convence rápidamente de que hemos evolucionado mucho científica y tecnológicamente pero no tanto intelectualmente. Por lo tanto, el desarrollo de una nueva especie posthumana está aún muy lejos en el tiempo.

Lo que no está tan lejos en el tiempo es, precisamente, lo contrario: un cambio en la capacidad humana de intervenir en el ambiente, cosa que puede poner en peligro —realmente, ya lo ha hecho, dado que esa nueva especie posthumana tarda en surgir— la propia supervivencia de nuestra especie. En los años setenta, James Lovelock y Lynn Margulis propusieron la teoría de Gaia, según la cual los organismos vivos no solo se adaptan a las condiciones ambientales, sino que también limitan esas condiciones al formar un sistema autorregulado y complejo que facilita su desarrollo y su implantación. No creo que vayamos hacia la creación de un nuevo entorno autorregulado —aunque, ciertamente, sí más complejo—, pero lo que sí confirmamos es nuestra capacidad para alterar nuestro ambiente, con cuestiones que nos preocupan y que condicionan nuestra evolución como especie en el planeta, como pueden ser la contaminación de los mares, de las tierras y de la atmósfera, y el uso exhaustivo de los recursos energéticos y de los recursos naturales. Las tecnologías *smart*, probablemente no solo en las ciudades, sino también a escala regional, ayudarán a que el ambiente en el que se desarrolla la vida sea más aceptable y, finalmente, lo autorregulemos de manera que la especie humana pueda vivir saludable e indefinidamente en él.

11-8-2014

JOSEP ENRIC LLEBOT RABAGLIATI
Doctor en Ciencias Físicas, catedrático de Física de la Materia Condensada de la Universidad Autónoma de Barcelona, y secretario de Medio Ambiente y Sostenibilidad de la Consejería de Territorio y Sostenibilidad de la Generalitat de Cataluña; ha sido promotor de los estudios de ciencias ambientales en Cataluña y en España, decano de la Facultad de Ciencias de la Universidad Autónoma de Barcelona y de la Universidad de Gerona, vicerrector de Política Económica y de Organización de la Universidad Autónoma de Barcelona, coordinador de diversos estudios científicos sobre el cambio climático en Cataluña y miembro del Consejo Asesor para el Desarrollo Sostenible de Cataluña (CADS).

188

Un chimpancé al volante de un Ferrari

Identificamos, rutinariamente, avance tecnológico con progreso humano y, en la confusión, abandonamos las más poderosas herramientas en manos de usuarios muy poco preparados, cuando no directamente peligrosos. La historia nos advierte reiteradamente al respecto, pero, deslumbrados con el último prodigio científico, escogemos ignorarla. En el clásico dilema entre tener y ser, lo segundo sigue perdiendo por goleada. Nuestra civilización se asemeja cada vez más a un chimpancé a los mandos de un Ferrari sin frenos.

> Cuanto más lejos se va,
> menos se sabe.
> Por eso el sabio conoce sin viajar,
> distingue las cosas sin mirar,
> realiza su obra sin actuar.
>
> *Daodejing*

La evolución espiritual de una persona no puede inducirse desde un laboratorio, porque es una senda que discurre por los rincones más íntimos del ser: allí donde el miedo libra batalla con el coraje, la codicia con la generosidad, la desidia con la diligencia... Son, precisamente, esos combates de final incierto los que otorgan sentido a la vida individual y los que mueven el mundo. Bienvenida sea, pues, la alta tecnología objeto de este debate, pero situada en su justa catalogación como herramienta.

> ¿Acaso es así de oscura
> la vida del hombre?
> ¿O es que por ventura solo yo
> estoy en medio de la oscuridad,
> y los demás no?
>
> ZHUANGZI, sabio taoísta del siglo IV

La realidad irrefutable nos sitúa en el orden cósmico: residimos en una bolita minúscula que flota en el inmenso espacio, quizá absurdamente, y nuestra vida dura lo que el chasquido de unos dedos. Somos pequeños, muy pequeños. Aceptar nuestra verdadera medida supondría el retorno a la humildad, pilar imprescindible para el auténtico desarrollo personal y colectivo. Por desgracia, las civilizaciones humanas se fundamentan en un obsesivo antropocentrismo, a partir del cual imponen sus parámetros particulares como parámetros universales, y sus normas políticas, sociales y religiosas como finalidades en sí mismas. Códigos y sistemas nos encarcelan, nos impiden percibir lo que se conoce como *the big picture*, la perspectiva panorámica, y ser realmente libres.

> Muerte y vida son como ir y venir, así que, ¿cómo voy a saber que el morir aquí no es nacer en otra parte? ¿Cómo voy a saber que vida y muerte no son lo mismo? ¿Cómo voy a saber que el esforzarse por vivir no es un gran extravío? ¿Cómo saber que mi muerte de hoy no es mejor que mi vida anterior?
>
> LIN LEI, sabio taoísta, *circa* siglo V

12-8-2014

JOSEP MARIA ROMERO MARTÍ
Escritor y viajero que reparte su tiempo entre Oriente y Occidente; una de sus obras más importantes es *Siempre el oeste*, en que narra una vuelta al mundo que hizo, sin avión ni mapas, en catorce meses. Su último libro publicado es *Tao. Las enseñanzas del sabio oculto* (Kairós, 2013).

189

Posthumanos postnormales

Si analizamos lo que puede ser el posthumano en función de las imágenes que nos han proporcionado la ciencia ficción o la industria del entretenimiento, lo primero que puede destacarse es que son malas noticias para la humanidad, ya que, en mayor o menor grado, la emergencia del posthumano señala el declive del *Homo sapiens sapiens*. Lo segundo es que se tiende a pensar más en el posthumano como un organismo tecnológico que como una especie. Así, tanto en *Terminator* como en *Matrix* se concibe al posthumano como una red en la que el aumento progresivo de conexiones ha propiciado la emergencia de una conciencia tecnológica que puede extenderse a través de innumerables apéndices o elementos: cíborgs, agentes, unidades mecánicas, etc. La idea de la singularidad del nuevo posthumano parece ser también un rasgo compartido por las aportaciones originadas a partir de obras de Asimov. Tanto en *El hombre bicentenario* como en *Yo, robot*, la chispa de la autoconciencia surge como culminación de un proceso de mejora de los organismos tecnológicos que les permite reconocerse como una nueva forma de vida autónoma. En esos casos, se tiende a replicar el patrón del que surge la vida a partir de unos procesos con cierto grado de aleatoriedad. La posibilidad de contemplar al posthumano como una nueva especie netamente biológica casi no se vislumbra, e incluso en aquellos casos en que los humanos son reemplazados por otra especie ya existente —como sería el caso de *El planeta de los simios*— se apunta a que eso ha sido provocado por la acción humana vía manipulación genética. En cualquier caso, invariablemente, la irrupción de los nuevos seres, incluso en sus versiones más positivas, comporta la necesidad de preguntarse en qué lugar van esos nuevos seres a dejar a los humanos.

Esa puede parecer una introducción excesivamente trivial para un tema de gran trascendencia como el que nos ocupa. Sin embargo, lo cierto es que nuestro imaginario del posthumano está absolutamente colonizado por las imágenes que se han generado de él desde el campo de la ciencia ficción: ya sea con el programa Skynet de la saga de *Terminator*, con la simulación virtual *Matrix*, con el cíborg RoboCop o con el computador HAL, lo cierto es que tendemos a considerar a esos seres posthumanos a partir de referentes fílmicos, literarios o del mundo del cómic, y, aunque eso puede llevar a pensar que se habla de algo muy baladí, nada más lejos de la realidad.

Pero vayamos por partes. ¿Qué hay que entender por «posthumano»? Según Jan Huston, una definición más precisa sería la vida artificial sentiente —VAS—, es decir, máquinas inteligentes, autónomas, autoconscientes y capaces de reproducirse. ¿Y cómo puede llegar a ser la VAS? Pues lo más probable es que acabe siendo el resultado de combinar tecnologías como la biotecnología, la nanotecnología, la inteligencia artificial y, quizá, la robótica. En cualquier caso, ahí la pregunta clave es cómo definir la vida. Los rasgos que definen la vida podrían ser, según manifiesta Kevin Kelly en su libro *Fuera de control*, los siguientes:

a generar pautas en el tiempo y en el espacio;
b se puede reproducir;
c almacenar información de su autorrepresentación (en los genes);
d tener un metabolismo para poder mantener pautas;
e interacción funcional, es decir, hace cosas;
f interdependencia de las partes, es decir, puede morir;
g mantenerse estable ante perturbaciones;
h tener habilidad para evolucionar.

Lo que hay que considerar ahí, y es lo importante, es que, desde ese prisma, ¿hasta qué punto puede argumentarse que un virus informático no es ya una forma de vida artificial? De hecho, la consecuencia más importante de la VAS o del posthumano es que nos obligan a reflexionar sobre el verdadero significado de la vida o de la humanidad. Con todo, alguien puede pensar que la probabilidad de que la vida artificial llegue es baja o muy baja, pero lo cierto es que es una posibilidad que no se puede descartar, especialmente porque se están invirtiendo grandes sumas de dinero en los campos quc pueden propiciar su advenimiento.

No obstante, también existe una razón evolutiva. Durante años se propugnó la idea de que el motor de la evolución era la optimización de la vida. Entiendo al *Homo sapiens* como el culmen de ese proceso. Ahora sabemos que el impulso de la evolución es la maximización del potencial evolutivo de cualquier sistema, lo que Huston llama «evolucionabilidad» —Jan Huston, «Which way is up?», *Journal of Futures Studies*, vol. 10 (2005), núm. 2, p. 36.

¿Y dónde se manifiesta esa evolucionabilidad? A grandes rasgos, en tres grandes ámbitos: en una mejor idoneidad para comprender, para gestionar y para integrar la complejidad; en una mayor aptitud para capturar, para procesar, para almacenar y para transmitir información; y, finalmente, en una más y mejor capacidad organizativa. Por tanto, la evolución busca maneras de que los distintos sistemas puedan ser más complejos, más comunicativos y mejor organizados.

Pues bien, si examinamos los rasgos que pudiera tener la VAS según esos criterios evolutivos, descubrimos que su potencial —evolutivo— es superior al nuestro. Si nos fijamos en la capacidad para almacenar y para procesar información, podemos coincidir en que ya hace tiempo que las máquinas han sobrepasado a los humanos. De hecho, incluso en lo relativo a la transmisión de información, está claro que nos han superado. Ahora mismo, la especificidad humana parece concentrarse en aquellos procesos en los que podemos hacer conexiones inverosímiles para los procesadores o, también, en los contenidos articulados sobre principios de lógica difusa —esta, del inglés *fuzzy logic*, se escapa del planteamiento binario de la lógica clásica, en la que las cosas o son verdad o son mentira, para proponer un marco en el que las cosas pueden ser parcialmente verdad o parcialmente mentira, en función del contexto relativo de aquello que se observa o analiza—, que aún son incomprensibles para la mayoría de ordenadores. Sin embargo, ese margen se reduce cada vez más ante ordenadores como el Watson, de IBM, o ante la posibilidad de que un chatbot —robot programado para charlar en línea— supere, por primera vez, el test de Turing, como así sucedió el pasado mes de junio del 2014. Si atendemos a la capacidad para comprender o para gestionar la complejidad, está claro que vuelven a ganar las máquinas. Y si analizamos su potencial organizativo... Bueno, solo hay que pensar hasta qué punto seríamos incapaces de funcionar sin la ayuda de los ordenadores. Por lo tanto, puede haber poca duda de que la VAS puede ser evolutivamente superior al *Homo sapiens*, particularmente porque tiene un metabolismo más flexible —funciona muy bien a bajas temperaturas— y es mucho menos vulnerable que nosotros a los cambios en la biosfera. Así pues, que nadie se engañe: si el posthumano llega a aparecer, será la nueva especie dominante de la Tierra. Ahora bien, ¿hasta qué punto es posible que llegue a existir la VAS?

Para responder a esa pregunta, es necesario hacer una consideración previa. La probabilidad real de que la VAS llegue a existir no depende tanto del hecho de que existan proyectos de investigación en marcha específicamente destinados a conseguirlo como del hecho de que no existan. La ausencia de un proyecto coordinado al respecto puede ser, aunque resulte paradójico, el desencadenador de su llegada. Es un ejemplo de lo que ha dado en llamarse *arrastramiento postnormal*.

El estudio de los tiempos postnormales se centra en el análisis de los procesos de cambio complejos con resultados imprevisibles. Basada en el trabajo original de Silvio O. Funtowicz y de Jerome R. Ravetz, y desarrollada posteriormente por Ziauddin Sardar, la postnormalidad se predicaría inicialmente para aquellos casos en los que «los hechos son inciertos, los valores están en disputa, las apuestas son elevadas y la decisión, urgente» —Silvio O. FUNTOWICZ / Jerome R. RAVETZ, «Science for the post-normal age», *Futures*, vol. 25 (1993), núm. 7, p. 739-755. Sobre esa base, Sardar elaboró la noción de «tiempos postnormales», que serían el resultado de la combinación de distintos factores. En primer lugar, la complejidad, entendida como la propiedad de algunos sistemas cuyos componentes pueden interactuar de maneras distintas y que, a causa de la globalización y de la irrupción de las TIC, ha adquirido una dimensión y un impacto mucho mayores; en segundo lugar, el caos, que ahí designaría aquel tipo de comportamiento en el que una mínima variación en las condiciones iniciales puede provocar grandes divergencias en los resultados finales —el famoso «efecto mariposa»—; y, en tercer lugar, la contradicción, que sería el resultado de hallarnos inmersos en procesos complejos con efectos caóticos, lo que provoca que, a menudo, las consecuencias de nuestras acciones sean justo las contrarias a las buscadas. Esos tres primeros elementos, las tres *Ces*, son los que generan el cuarto: la incertidumbre. Como apenas tenemos un conocimiento superficial de los procesos complejos y no siempre acabamos de entender los comportamientos caóticos y contradictorios de los fenómenos que examinamos, frecuentemente nos hallamos sumidos en un estado de profunda incertidumbre. Lo que hay que entender es que el alcance y la profundidad de esa incertidumbre estarán determinados por la dimensión y por la trascendencia de las tres *Ces*. Es decir, serán diferentes en cada caso en función de sus circunstancias concretas.

Sin embargo, esos cuatro elementos no siempre determinan que un fenómeno acabe completando el arrastramiento postnormal. El factor determinante es la ignorancia. La ignorancia puede revestir diversos niveles. La ignorancia simple o básica sería la ausencia de conocimiento, el no saber y, por lo tanto, puede ser corregida mediante el estudio y el aprendizaje. Un segundo nivel sería la ignorancia vencible, o la ignorancia que denotaría el desconocimiento de lo que no sabemos. Esa ignorancia no puede ser corregida aprendiendo, ya que requiere un paso previo: adquirir conciencia de la propia ignorancia. Pero hay un tercer y más profundo nivel de ignorancia, la ignorancia invencible, es decir, aquella ignorancia que atañe a los implícitos o a los impensados de nuestra cosmovisión, aquellos factores que nunca examinamos porque los damos por hecho. Para superar esa ignorancia es necesario embarcarse en un cuestionamiento profundo y humilde de dichos implícitos. Por lo tanto, cualquier tema medianamente complejo tiene el potencial de llegar a ser postnormal, pero será la reacción humana al respecto, con mayor o menor ignorancia —en sus diversos grados—, lo que provocará que se desencadene el arrastramiento y acabe siendo postnormal. En resumen, cuanto menor sea el esfuerzo de comprensión de las tres *Ces*, así como de la incertidumbre y de la corrección de la ignorancia a ellas asociadas, mayor probabilidad habrá de acabar justo donde no queríamos estar.

Según mi juicio, ese es precisamente el caso de la VAS. Hay una gran diversidad de proyectos y de iniciativas en marcha que tienen el potencial de facilitar el advenimiento del posthumano. Lo único que realmente no existe es un debate profundo y sereno sobre las implicaciones de lo que se pone en marcha. Se ha aceptado un determinado discurso tecnofílico en el que solo se nos explican las ventajas de lo que conseguiremos con esas tecnologías, pero casi nunca se exponen las desventajas o qué es lo que podemos perder. Si hay algo que nos haya enseñado el siglo XX, es que ningún desarrollo tiene un impacto completamente positivo —o negativo. A estas alturas tendríamos que haber comprendido que el progreso, en el mejor de los casos, siempre tiene un carácter ambivalente, y que casi siempre se pierde tanto como se gana.

Y, sin embargo, ahí estamos todos, esperando la nueva generación de *gadgets* más potentes, más rápidos y más polivalentes.

13-8-2014

Referencias

FUNTOWICZ, Silvio O. / Jerome R. RAVETZ, «Science for the post-normal age», *Futures*, vol. 25 (1993), núm. 7, p. 739-755.

HUSTON, Jan, «Which way is up?», *Journal of Futures Studies* vol. 10, núm. 2 (2005), p. 35-53.

——, *Interregnum. Never smart enough?* (2014), pendiente de publicación.

KELLY, Kevin, *Out of control*, Addison-Wesley, 1994.

SARDAR, Ziauddin, «Welcome to postnormal times», *Futures*, vol. 42, núm. 5 (2010), p. 435-444.

SERRA, Jordi, *La gestión de la incertidumbre*, Eskeletra, Quito, 2014.

JORDI SERRA DEL PINO
Prospectivista. Miembro sénior del Centro de Política Postnormal y Estudios Futuros de la Universidad East/West de Chicago, miembro y vicepresidente del capítulo Iberoamericano de la Federación Mundial de Estudios Futuros. Miembro fundador del Grupo de Investigación en Inteligencia de la Universidad de Barcelona, y miembro asociado de la Academia Mundial de Artes y Ciencias.

190

Paradojas de nuestro tiempo explicadas a través de una anécdota tecnológica veraniega

El otro día llegamos a Sitges toda la familia para pasar unos días de merecido descanso después de un año de locos. Todos estábamos entusiasmados ante la perspectiva de unos días de playa, de mar, de surf y de demás actividades propias del verano. Pero, cuando ya estábamos instalados en el apartamento «playero» en el que he veraneado desde que tengo seis años —con «playero» quiero decir «cero tecnológico»; de hecho, cada ventana es un puro puente térmico, si hace frío funcionamos con estufa de butano y chimenea y, por supuesto, el ADSL brilla por su ausencia—, mis hijos pusieron el grito en el cielo porque, evidentemente, no podían conectarse con el mundo a través de sus iPhones y demás cacharros tecnológicos, y me preguntaban desesperados cómo iban a sobrevivir a ese verano.

Para comprenderles hay que intentar ponerse en su piel por un momento. Son niños que nacen con el nuevo milenio y no conciben la existencia en este planeta sin recibir al día setecientos cuarenta *whatsapps*, sin colgar en Instagram veinte fotos y seis vídeos cada semana, sin escuchar música a la carta a través de las aplicaciones —eso de los CD ya está anticuado, por no hablar de los vinilos, que no saben ni lo que son—, sin consultar sobre las nuevas prestaciones del próximo iPhone —mi hijo parece que haga oposiciones a las nuevas plazas de Orange, ojalá pusiera la misma energía en estudiar el modo subjuntivo—, sin tener Miis —sus otros yos en la Wii—, sin ver episodios enteros en continuo de *Bola de dragón* y sin jugar a todo tipo de cosas mediante sus tabletas.

Para poner remedio a esa situación catastrófica, pedimos ayuda a nuestro vecino, que se apiadó de nosotros y nos dejó conectarnos a su ADSL. Nos autorizó a acceder a su rúter y nos comunicó su nombre de usuario y su contraseña wifi.

¡Qué maravilla! Volvíamos a reconectarnos con el planeta. Y hay que reconocerlo, hasta los mayores de la casa estábamos felices, porque la tecnología también nos afecta a los que hemos nacido en los sesenta. Yo podía acceder a mi cuenta de Dropbox y así ir adelantando trabajo, que siempre viene bien, e incluso ver alguna película en Wuaki.tv si me apetecía.

Así que, cuando ya todos estábamos tranquilos, decidimos ponernos en marcha para preparar la cena. Y cuál fue nuestra sorpresa cuando comprobamos que no salía agua del grifo, agua que necesitábamos para hervir verdura. Algo tan prosaico como eso pone en jaque toda la tecnología del mundo, porque yo me pregunto: ¿para qué quiero acceder a mi cuenta de Dropbox si no tengo agua para beber?

Como conclusión, quisiera decir que sería de necios negar la tecnología, ya que realmente es inimaginable volver atrás, y que, seguramente, dentro de trescientos años —si es que el planeta ha podido sobrevivir a los seres humanos— se verá nuestra época como nosotros vemos ahora el Paleolítico.

Eso es un proceso irreversible. De la misma manera que pasamos del nomadismo al sedentarismo con la agricultura o de los carros tirados por caballos a las máquinas de vapor con la Revolución Industrial, pasaremos a un futuro tecnológico que solo los expertos pueden vislumbrar.

Ahora bien, seamos pragmáticos: ¿alguien ve posible que en algún momento los seres humanos podamos desprendernos de nuestras necesidades fisiológicas o de nuestros sentimientos, si hasta los replicantes del modelo Nexus 6, humanos artificiales de última generación perseguidos por un Blade Runner, lloran porque no quieren morir?

20-8-2014

LORENA MARISTANY JACKSON
Arquitecta, miembro del equipo de investigación de la cátedra de Urbanística de la Escuela Técnica Superior de Arquitectura del Vallés (ETSAV-UPC).

191

Entre ayer y mañana

¿Qué es un «hombre humano»? Y ¿qué es un hombre posthumano? A lo largo de los últimos dos mil años ha habido distintas aproximaciones a la pregunta ¿qué es «el hombre»? No hace falta remontarse a los filósofos prearistotélicos ni a la escolástica. Charles Darwin hizo una de esas aproximaciones e inmediatamente nació la réplica del evolucionismo. Lo que sucede es que hoy estamos en uno de esos momentos, verdaderamente escasos, en los que en la historia se producen roturas que llevan a redefiniciones, roturas que hoy son provocadas por la evolución tecnológica.

En el 2002, Francis Fukuyama publicó *Our posthuman future. Consequences of the biotechnology revolution* —Farrar, Straus & Giroux— y, por su parte, Rodney A. Brooks publicaba *Cuerpos y máquinas. De los robots humanos a los hombres robot.* En la primera obra se dice, diáfanamente, que la entidad científica y moral que surja a partir de las prácticas biotecnológicas y genéticas será posthumana; en la segunda, que las máquinas se erigirán en compañeros interactivos que alterarán nuestra manera de ser. Para acabar de perfilar esa nueva realidad, Raymond Kurzweil publica, en el año 2005, *La singularidad está cerca. Cuando los humanos trascendamos la biología*, libro en el que se expone que la potencia informática llegará a un punto en el que la inteligencia de las máquinas no solo sobrepasará la de los humanos, sino que también asumirá el control del proceso de invención. ¿Dónde estamos?

Los hombres, esos seres que a partir de las guerras napoleónicas pusieron en marcha la expansión de la Revolución Industrial apoyados en una nueva tecnología, fueron pergeñados en 1690 por la filosofía de John Locke y paridos por quienes incitaron a la toma de la Bastilla en 1789. Por ese mismo razonamiento, aquellos otros seres que a partir de la segunda mitad del siglo XXI desarrollarán el nuevo sistema que sustituirá al actual han empezado a ser dibujados, desde mediados de la década de los noventa, o sea, a partir del comienzo de la masificación de Internet, desde el prisma de la investigación biotecnológica de muy alto nivel y de la generalización de la robótica.

Nunca antes en la historia, la tecnología había desempeñado un papel como el que hoy desempeña, y nunca antes las posibilidades evolutivas de la tecnología apuntaban hacia donde la tecnología apunta hoy. Del mismo modo que un hombre de 1830 era radicalmente distinto a uno de 1650, un hombre del 2075 también será radicalmente distinto al de 1960. Lo será porque las implicaciones culturales, personales y vivenciales que la tecnología tendrá en la mente y en el entorno de un hombre dentro de sesenta años no tendrán nada que ver con las que tenía en un ser humano de hace ochenta. Puede elucubrarse acerca de si en 1830 se vivía mejor, si entonces se era más feliz o si el entorno era más justo o moral que en 1650, de la misma manera que puede fantasearse acerca de si en el 2075 la vida será mejor que en 1960. Puede que sí. Pero será un mero ejercicio teórico, porque la dinámica histórica es inevitable.

Y aquí estamos: en un hoy que no es más que un punto intermedio entre ayer y mañana. Del mismo modo que lo fueron otros *hoy* del pasado.

22-8-2014

SANTIAGO NIÑO-BECERRA
Doctor en Ciencias Económicas. Catedrático de Estructura Económica de la IQS School of Management de la Universidad Ramon Llull.

192

¿Transhumanos o semidioses?

Hay cuatro pilares que marcan la calidad de un pronóstico: la ciencia que conocemos, la capacidad para observar y para saber qué pasa en este momento, la velocidad disponible de cálculo, y la capacidad y el acceso a la base de datos.

Esa realidad meteorológica vale también para las capacidades humanas: cuánto sabemos, qué podemos ver, cuánto tardamos en calcular y cuántas cosas podemos almacenar en la memoria de una manera que nos sea fácil de recordar. Tal como pasa con la meteorología, lo que en realidad queremos es saber avanzarnos al futuro, que nada nos coja desprevenidos e, incluso, poder sacar provecho de las cosas que han de pasar.

Las personas que nos dedicamos a pronosticar el tiempo hemos sido poderosas a lo largo de la historia de la humanidad. Los brujos de las tribus más antiguas seguramente eran también los que sabían cuándo tenía que cambiar el tiempo y los que aconsejaban cuándo plantar y cosechar o cuándo ir a la guerra o retirarse. Los hombres del tiempo hemos ayudado históricamente a ganar o a perder batallas, a salvar bienes y vidas y, la mayor parte del tiempo, a hacer más sencilla la vida de las personas.

La fatalidad es un concepto antiguo cuando se habla del tiempo. Hace unos años, las inundaciones o los fríos que hacían perder cosechas eran considerados como un hecho inevitable. Hoy en día ya sabemos que el hecho de que llueva mucho o de que las temperaturas bajen no tiene por qué comportar pérdidas si el pronóstico se ha hecho correctamente y nos hemos podido preparar para el acontecimiento. Aun hoy en día el mal y las víctimas que provocan los terremotos no son aceptables cuando se trata de la meteorología. Pronosticar el tiempo y que la información llegue fácil y comprensiblemente a la sociedad se ha convertido en un factor económico más. Las civilizaciones más avanzadas son las que tienen un mejor sistema de pronóstico y de información al ciudadano.

Yo mismo dispongo ahora en mi *smartphone* de información de más de cuatrocientas estaciones meteorológicas de Cataluña, de relámpagos o de todos los radares meteorológicos de Europa en tiempo real, con un solo clic. Si alguien me pregunta, puedo, con solo mirar el móvil, aconsejar sobre un concierto, sobre una fiesta mayor o sobre la idoneidad de celebrar una boda al aire libre.

Todo pasa por la capacidad para saber, con el máximo detalle, qué está pasando ahora mismo y cómo evolucionará en el futuro.

Si el concepto de Dios es el de alguien que todo lo sabe, que todo lo ve y que está en todas partes en todo momento, en un futuro no muy lejano habrá algunas personas que podrán ser consideradas semidioses, personas con poder sobre el resto de personas y con acceso a una tecnología y a un conocimiento superiores, y que estarán en una posición muy elevada con respecto a la de sus congéneres.

En un futuro no muy lejano, los humanos tendremos diferentes niveles de acceso a la tecnología y eso determinará nuestra posición en la sociedad.

Incluso me atrevo a decir que se confirmará el concepto absoluto de Dios, que, en último término, es el que sabe dónde estamos y qué estamos haciendo cada una de las personas sobre la capa de la Tierra. Tendrá control sobre lo que nos pasa y podría decidir, en última instancia, sobre nuestra vida o sobre nuestra muerte. Hoy en día, algunos pueden tener dudas sobre la existencia de Dios; en el futuro, probablemente, Dios se llamará Google y los transhumanos seremos más o menos poderosos según la relación tecnológica que podamos tener con él.

27-8-2014

TOMÀS MOLINA BOSCH
Licenciado en Física y periodista colegiado. Es jefe de Meteorología de Televisión de Cataluña y director del programa de diario de la misma cadena sobre medio ambiente y divulgación científica, *Espai Terra*. Profesor asociado de la Universidad de Barcelona. Presidente del Consejo Catalán de la Comunicación Científica, C4 y miembro del Consejo Asesor del Parlamento en Ciencia y Tecnología, CAPCIT. Miembro y presidente de comisión del Barcelona Instituto de Empresa de la Universidad de Barcelona. Miembro del consejo asesor de la Asociación Internacional de Difusión Meteorológica (IABM). Autor de varios libros de divulgación científica para niños y sobre cambio climático.

193

Como especie, no tenemos opción. Entonces, ¡adelante!

La evolución biológica y la social nunca son graduales, siempre van a trompicones. Quizá habrá un punto de inflexión evidente, determinante y breve —la singularidad tecnológica—, o tal vez será la suma de diversos hechos y momentos relevantes, pero lo que es seguro es que lo habrá, porque es inevitable y porque ya está sucediendo. No sé a partir de qué momento seremos *posthumanos* ni dónde está esa frontera ni en qué puede consistir exactamente, pero seremos *transhumanos*, y lo seremos de forma creciente, eso es seguro. La integración de las tecnologías en los sistemas vivos y la liberación de los condicionantes biológicos están en marcha y son imparables. Ante esa dinámica, es importante que personas como Cortina y como Serra pongan la cuestión sobre la mesa y ensanchen la conciencia colectiva de lo que se fragua. Sorprende que una cuestión tan trascendente sea tan poco visible, pero también sabemos, por experiencia, que muchos de los grandes cambios se ven *a posteriori*, cuando se consigue un poco de perspectiva.

Ante lo inevitable, en cualquier caso, se abren dos debates. El primero en el terreno de la ética y de la política, sobre si el proceso puede ser controlado y hacia dónde habría de ser dirigido. El segundo en el terreno del conocimiento y de la ciencia, sobre hacia dónde nos puede llevar el proceso y cómo puede acabar esa aventura.

Yo, como todo el mundo, tengo algunos deseos con relación a la humanidad y no tengo ninguna respuesta con relación al debate que se nos plantea, pero estoy convencido de una cosa: las reglas de juego y las leyes de la sociología, de la ecología y del caos —entre las cuales el efecto mariposa— seguirán gobernando el proceso. Estoy convencido de que tiene razón el Eclesiastés cuando dice que no hay nada nuevo bajo el sol. De que tiene razón Nietzsche cuando intuye el eterno retorno de las cosas. De que tiene razón Maragall cuando se extasía ante las danzas que se hacen y se deshacen.

Siempre ha habido y habrá diferencias entre grupos humanos y entre personas, pero también contraprocesos de integración y de cohesión. No tengo ninguna duda de que con las nuevas herramientas y potencialidades seguiremos generando problemas, presiones y conflictos, que en algunos casos se solucionarán de forma traumática —guerras, catástrofes y extinciones parciales— para que algunas cosas puedan recomenzar y, en otros, pondrán en marcha imparables movimientos sociales de reacción y de cambio. Nunca lograremos la estabilidad ni ninguna rosa dejará de tener sus espinas. No hay evolución sin cambio y sin desequilibrio, pero todo desequilibrio genera respuestas hacia el equilibrio, en una danza permanente de presión y de relajación, de acción y de reacción, que tiene forma de espiral y en la que todo se repite pero nunca exactamente de la misma manera. Ante las nuevas realidades, estableceremos nuevas formas y nuevas regulaciones, y habrá quien se saltará la norma, sin que sea posible impedirlo. Sin rodeos y en pocas palabras: seguirá habiendo buenos y malos, como en las películas, y como especie seguiremos siendo capaces de lo peor y de lo mejor. Y seguiremos así, de esa manera, avanzando hacia lo desconocido.

Así pues, respecto al debate moral, opino que es imposible controlar y dirigir el proceso y que este es inevitable, pero también creo que habrá mecanismos de control y de dirección que operarán siguiendo las leyes y el azar que gobiernan los sistemas complejos. En consecuencia, no deberíamos asustarnos mucho más —ni tampoco menos— de lo que podemos preocuparnos por la situación actual. Por otra parte, por lo que se refiere al debate científico, está claro que, si como especie no progresamos en capacidad tecnológica y de control de la vida, nuestro destino inexorable es la extinción. Podemos esquivar las líneas rojas de no retorno durante más o menos tiempo, por no seguir el camino de tantos grandes dominadores de la Tierra, pero sabemos muy bien que el Sol que nos ilumina es una estrella que, siguiendo su naturaleza, está llamada a convertirse en un gigante rojo. El hermoso planeta azul tiene fecha de caducidad, y la supervivencia de la vida pasa por escapar de sus límites y de sus leyes.

A mí no me preocupa demasiado la extinción de la especie humana —si me permitís que os lo diga—, y soy de los que consideran que el ciclo de nacimiento y de muerte, de creación y de reconversión, de potencia y de fragilidad, es la esencia de la vida y la razón de su extrema belleza. Y que aprender a contemplarlo, abandonarse al juego y aceptarlo como gozo —que no resignación— es el camino de la espiritualidad. No necesito mucho más y no me aturde que no haya nada más y que, en un momento dado, mis átomos se disgreguen, se esparzan y se reciclen. Soy muy poco antropocéntrico y creo que el hombre es una pieza más de una realidad mágica y sensacional, y que el espectáculo, como cantaba Freddie Mercury, debe continuar cuando ya no estemos.

Pero los más preocupados por la humanidad y por su supervivencia tendrán que asumir —perdonadme si parodio ahora a Torras i Bages— que nuestra especie tendrá que evolucionar o no será; que, como especie, no tenemos otra opción que mirar hacia delante y que ese es nuestro destino. No es ni bueno ni malo, ni bonito ni feo. Simplemente, es.

3-9-2014

FERRAN MIRALLES SABADELL
Biólogo, responsable de Actuaciones Estratégicas de la Generalitat de Cataluña en materia de ordenación del territorio y de urbanismo; ha asumido diferentes responsabilidades durante los últimos veinticinco años en el campo de las políticas ambientales y de la planificación territorial de Cataluña.

194

Ética mundial del transhumanismo

A partir de la Revolución de 1789, el mundo entero asiste a un proceso de transformación de los conceptos y de los principios que inspiraron y produjeron la civilización occidental cristiana.

Ese proceso fue contemplado, por los grupos que impulsaron esa revolución, como imprescindible para poder consolidar un «nuevo orden mundial» que mirase hacia el establecimiento de un Gobierno universal centralizado, socialista e inmanente.

La Primera Guerra Mundial fue el primer paso decisivo en la dirección de ese «nuevo orden». La Segunda Guerra Mundial fue el siguiente gran asalto. Paralelamente, aprovecharon para efectuar la deconstrucción de los fundamentos doctrinales, políticos y sociales, bajo la oposición de dos aparentes «enemigos», el capitalismo y el comunismo, cuando en realidad ambos eran concebidos, dirigidos y financiados por las mismas personas. La doctrina hegeliano-straussiana se traduce en suministrar apoyo a las dos partes que ante la opinión pública están «en conflicto», para lograr mantener el control superior de la situación.

Así, la llamada «guerra fría» logró reducir el pensamiento de la humanidad a dos materialismos en apariencia contrapuestos. Después de la caída del muro de Berlín, se comenzó a difundir una nueva revolución cultural: nuevos conceptos, nuevos paradigmas, valores, estilos de vida, métodos educativos, normas y criterios de gobernabilidad, pertenecientes a una «nueva ética» que se logró extender por todo el mundo e imponerse en la cultura y en la vida.

Se trata de un sistema ético postmoderno reductivo y antihumano, una normatividad global que ya rige las diferentes culturas del mundo. La mayoría de los que han sido llamados «intelectuales», comunicadores y responsables de la toma de decisiones, han seguido las nuevas normas sin analizar cuidadosamente su origen y sus implicaciones, mientras que solo una minoría ha reaccionado de forma limitada. Pero, en general, no se ha realizado un ejercicio reflexivo, por lo que incluso diversos líderes han asimilado los nuevos paradigmas sin discernimiento alguno.

El contenido de esa nueva cultura no es evidente por sí mismo. Bajo la apariencia de un consenso generalizado, la nueva ética mundial esconde un programa anticristiano enraizado en el propósito de lograr el abandono de la fe, impulsado por minorías poderosas que llevan el timón de la gobernabilidad mundial.

Los nuevos paradigmas reflejan cambios culturales dramáticos que marcan el paso de la Modernidad —todavía algo «cristiana»— a la postmodernidad —ya inmanente y pagana. Los nuevos paradigmas postmodernos desestabilizan los cimientos de los «ya superados» paradigmas modernos.

Esos cambios culturales tienen la magnitud de una revolución cultural mundial que no ha podido ser detectada. Sus implicaciones son extremadamente complejas y dañinas, y comportan transformaciones irreversibles en todos los sectores de la vida socioeconómica y política. Esas transformaciones afectan a nuestra existencia en las áreas más importantes, con lo que ocasionan cambios radicales de mentalidad y de estilo de vida; cambios en el contenido de los planes de estudio y de los libros de texto; nuevas leyes, normas y criterios en la toma de decisiones en la política, en los sistemas de salud, en la economía y en la educación; nuevas prioridades en las relaciones internacionales; modos radicalmente nuevos de enfocar el desarrollo; transformación de los principios y de los mecanismos democráticos; en definitiva, una nueva escala de valores impuesta a todos de forma programada e implacable.

La eficacia de ese proceso revolucionario ha sido tal que los nuevos conceptos ya son omnipresentes. Empapan la cultura de las organizaciones internacionales, supranacionales y regionales, la cultura de los Gobiernos, de los partidos políticos —tanto de «izquierdas» como de «derechas»—, de las empresas y de los medios de comunicación, la cultura de las innumerables redes sociales y ONG, así como la gobernabilidad transnacional. En diverso grado, el nuevo lenguaje también ha penetrado el mundo de las religiones y de las organizaciones benéficas cristianas.

La nueva ética proporciona a los nuevos paradigmas su configuración unificadora. La anterior ética tradicional, que se fundaba en la Declaración Universal de los Derechos Humanos de 1948, ha sido sustituida por las máximas de la Carta de la Tierra, instrumento ideológico de corte pagano centrado en la veneración a la «Madre Tierra».

Es preciso señalarlo: esa ética mundial está corrompida por la radicalización. Es imposible comprenderla sin relacionarla con la revolución cultural que decidió excluir a Dios de las leyes, de las escuelas, de la política y de la cultura, y situó la inmanencia como prioridad para el hombre.

Las nuevas normas se integran cada vez más en el derecho positivo internacional y en el nacional, por lo que comienzan a ser vinculantes. La nueva ética se vuelve dictadura. En términos de eficacia y de eficiencia, parece más poderosa que la ley y que el derecho internacional moderno. Ningún jefe de Estado o de partido se ha atrevido a proponer una alternativa a los nuevos paradigmas; ninguna organización ha osado cuestionar sus principios subyacentes; ninguna cultura ha planteado una resistencia eficaz. Y todo ello porque los actores políticos y sociales influyentes han interiorizado irreflexivamente los nuevos paradigmas, con lo que han remodelado inconscientemente su propia visión de las cosas.

La revolución cultural ha pasado prácticamente desapercibida, ha sido una revolución silenciosa. Se ha llevado a cabo sin derramamiento de sangre, sin confrontación abierta, sin golpe de Estado ni derrocamiento de instituciones. En ningún país del mundo se ha producido un debate abierto y democrático sobre el contenido de los nuevos conceptos, y tampoco se ha manifestado ninguna oposición ni resistencia. Todo ha sucedido sigilosamente mediante la búsqueda de consenso, campañas de concienciación y sensibilización, procesos informales, ingeniería social, asesoramiento entre iguales, esclarecimiento por parte de «expertos» que hacen esos dictados aceptables integrando en sus asesorías su propio programa, todo con técnicas blandas de cambio social que son manipuladoras en la medida en que esconden el origen y los propósitos últimos de la nueva ética y tratan de imponer a todos el programa de una elite cuyos objetivos resultan inconfesables.

La revolución se ha producido por encima del nivel nacional —en la ONU y en otros organismos mundialistas— y por debajo de ese nivel —a través de las ONG, que se autodenominan «movimientos de la sociedad civil». Los verdaderos propietarios de la nueva ética no son ni los Gobiernos ni los ciudadanos a quienes representan, sino grupos de presión que persiguen intereses de control específicos. Esos grupos han sido la punta de lanza de la revolución, los pioneros, los expertos que han forjado el nuevo lenguaje, los sensibilizadores que han liderado las campañas mundiales, los constructores de consenso, los facilitadores, los principales socios de la gobernabilidad mundial, los ingenieros sociales, los paladines de la nueva ética mundial.

Al esquivar los principios democráticos, la revolución no ha afectado a las estructuras externas de las instituciones políticas, no ha instaurado un nuevo régimen político ni ha cambiado, por ahora, su mandato ni su autoridad. Pretenden que de las cenizas de ese caos surja, para consolidar el proceso de deconstrucción, la aceptación definitiva del nuevo orden. Así lo resumió Rockefeller en un desayuno en la ONU, en 1994: «Estamos en los inicios de una transformación global. Todo lo que necesitamos es una gran crisis, y las naciones aceptarán así el nuevo orden mundial.»

La fachada de las instituciones se mantiene, pero el seno de las empresas, de las escuelas, de los hospitales, de los Gobiernos, de las familias y de la Iglesia, como señala Peeters, ya está ocupado por extraños. Lamentablemente, el enemigo se encuentra dentro: el campo de batalla del postmodernismo es netamente interno —no una agresión externa contra Occidente como en siglos anteriores.

La revolución cultural encontró su equilibrio en la postmodernidad. La postmodernidad desestabiliza y deconstruye la misma Modernidad, la síntesis cultural que había prevalecido en Occidente desde los tratados de Westfalia (1648). Ciertamente, la postmodernidad deconstruye ciertos abusos de la Modernidad, como el racionalismo, pero también, al ser antropológicamente reductiva, impulsa una apostasía sumamente sediciosa y amenazante para la civilización contemporánea.

La postmodernidad implica una desestabilización de nuestra percepción racional y sobrenatural de la realidad, de la estructura antropológica que dio Dios al hombre y a la mujer, del orden del universo tal como fue establecido por el Creador. El principio básico de la postmodernidad es que toda realidad es una construcción social, que la realidad no tiene un contenido estable, que no existe la verdad objetiva. Por tanto, la misma existencia del Creador puede ser sometida a discusión.

La realidad viene a ser una construcción que se puede interpretar. Y no hay reglas para su interpretación, todas las interpretaciones son igualmente válidas. Si no hay nada «dado», entonces las normas y las estructuras sociales, políticas, jurídicas y espirituales pueden ser deconstruidas y reconstruidas voluntariamente, según las transformaciones sociales del momento.

La postmodernidad exalta la soberanía arbitraria del individuo y su derecho a elegir lo que desee. Es la «liberación» del hombre de las condiciones de existencia establecidas por Dios, es la posición de rebeldía radical respecto a lo dado por el Creador.

El radicalismo postmoderno estipula que el individuo, para ejercer su derecho a elegir, debe liberarse de todo marco normativo, ya sea semántico (definiciones claras), ontológico (el orden del ser, lo dado), político (la soberanía nacional), moral (normas trascendentes), social (tabúes, lo que está prohibido), cultural (tradiciones) o religioso (dogma, doctrina de la Iglesia). Esa supuesta «liberación» se convierte en un imperativo de la nueva ética, y pasa por la deconstrucción de las definiciones claras, del contenido del lenguaje, del conocimiento objetivo, de la razón, de la verdad, de las jerarquías legítimas, de la autoridad, de lo natural, de la identidad —personal, genética, nacional, cultural, religiosa, etc....— y, por lo mismo, de la Revelación divina y de los valores cristianos.

Cuando se aprobó la Declaración Universal de los Derechos Humanos, en 1948, la cultura occidental todavía reconocía la existencia de una «ley natural», de un orden «dado» al universo —y, por lo tanto, de un «dador»—: «Todos los seres humanos han nacido libres e iguales en dignidad» (artículo 1). La Declaración Universal de los Derechos Humanos habla, por lo tanto, de una dignidad inherente a todos los miembros de la familia humana. Si es inherente, la dignidad humana debe ser reconocida y los derechos humanos deben ser declarados, no fabricados gratuitamente de la nada. En 1948, el concepto de universalidad estaba relacionado con el reconocimiento de la existencia de esos derechos. La universalidad tenía una dimensión trascendente y, por lo tanto, implicaciones morales. Pero los nuevos derechos humanos «universales» se hicieron radicalmente autónomos de todo marco moral objetivo y trascendente.

Por el contrario, la postmodernidad reclama el derecho a ejercer la libertad personal contra las leyes de la naturaleza, contra las tradiciones y contra la Revelación divina; fundamenta el imperio de la nueva «ley» y la democracia en el derecho a elegir. Dicho derecho, interpretado de ese modo, se ha convertido en la norma fundamental que rige la interpretación de todos los derechos humanos y es la referencia principal de la nueva ética mundial. Suplanta y «trasciende» el concepto tradicional de universalidad, se posiciona en un metanivel, se impone y reclama para sí mismo una autoridad normativa mundial.

La ausencia de definiciones claras es el rasgo dominante de todos los términos y expresiones del nuevo lenguaje global en todos los paradigmas postmodernos. Los expertos que han forjado los nuevos conceptos se negaron explícitamente a definirlos claramente, alegando que una definición concisa limitaría la posibilidad de cada uno para elegir su propia interpretación, lo cual contradice la norma del derecho a elegir. En consecuencia, los nuevos conceptos no tienen un contenido estable o único: son procesos de cambio constante que se amplían tan a menudo como cambian los valores de la sociedad, tan a menudo como surge la posibilidad de nuevas opciones. Los ingenieros sociales afirman que los nuevos paradigmas son «holísticos», porque incluyen todas las opciones posibles como, por ejemplo, en la salud reproductiva y el discurso de género.

La ética postmoderna de la elección se jacta de eliminar jerarquías. Sin embargo, al imponer la supremacía de la elección arbitraria, engendra, de hecho, una nueva jerarquía de valores. Coloca el placer por encima del amor; la salud y la riqueza por encima de lo sagrado de la vida; la ganancia inmediata sobre la integridad; la participación de grupos de interés particular en los asuntos públicos del Gobierno por encima de la representación democrática; los derechos de la mujer por encima de la maternidad; la atribución de poder al individuo o grupo caprichoso por encima de cualquier forma de autoridad legítima; el derecho a elegir el bienestar inmediato autónomo por encima de la ley eterna escrita en el corazón del hombre; en pocas palabras, lo inmanente por encima de lo trascendente, el hombre por encima de Dios.

Las nuevas jerarquías de «valores» expresan una forma de dominación sobre las conciencias, hasta conformar una verdadera dictadura del relativismo. La aseveración puede parecer paradójica: una dictadura es normalmente una imposición de arriba hacia abajo, mientras que el relativismo implica la negación de absolutos y reacciona contra cualquier tipo de imposición desde arriba, como la verdad, la Revelación, la realidad, la moralidad. En la dictadura del relativismo lo que se nos impone es una deconstrucción radical del humanismo y de la fe desde abajo, a través de un proceso de transformación cultural aparentemente neutro e inofensivo. Con todo, el relativismo no puede ocultar la identidad que esconde detrás de la máscara: es dominante y totalitario.

En el fondo, nos enfrentamos a una crisis epistemológica neokantiana que vuelve a poner en duda la capacidad de la mente para alcanzar la verdad objetiva. Esa teórica «incapacidad» de cognición metafísica se tradujo, en el campo moral, en una fractura que deriva en un acentuado subjetivismo por el que no solo no se está de acuerdo sobre lo bueno y lo malo, sino que incluso se pone en duda la validez de esa distinción.

En el pasado, lo que Occidente consideraba el «enemigo» —como, por ejemplo, el comunismo o las dictaduras sangrientas— solía ser algo claramente identificable, único, externo a las democracias occidentales. Ese «enemigo» utilizaba métodos subversivos o autoritarios, brutales, como la toma del poder por la fuerza y la represión política. En el mundo postmoderno, el enemigo es indefinido, oculto, sutil, silencioso, global, y está dentro. Sus estrategias son suaves, informales, operan desde la base. El resultado final de la dictadura global del relativismo es la deconstrucción del hombre y de la naturaleza y la propagación de la apostasía y de un orden global socialista neopagano. Sin embargo, al igual que los sistemas ideológicos del pasado, la nueva ética mundial, la ética del transhumanismo, terminará derrumbándose. Al estar repleta de contradicciones, simple y sencillamente es insostenible.

Las contradicciones internas de la nueva ética mundial son una llamada de alerta para actuar rápido, con decisión y sin titubeos. Es necesario deconstruir la nueva ética mundial con decisión y con empeño. Ese es el reto que hoy nos ha tocado vivir, reto que debemos aceptar con firmeza y con convicción. De esa semilla surgirá la nueva e inconfundible civilización del amor.

10-9-2014

JOSÉ ALBERTO VILLASANA MUNGUÍA

Escritor, analista de escenarios políticos, económicos y religiosos, licenciado en Teología, en Filosofía, en Humanidades Clásicas y en Comunicación, miembro del Club de Periodistas de México, conferenciante independiente, comentarista de radio y de televisión, caballero de la Orden de Malta y autor del blog <www.ultimostiempos.org>; ha sido asesor del secretario de Relaciones Exteriores para la relación México-Vaticano, asesor de la Dirección de Comunicación Social del Arzobispado de México, investigador y editorialista de la Dirección General de Información y Noticias de TV Azteca, y vicepresidente de la Asociación Cívica Mexicana Pro Plata.

195

El hombre, entre el ángel y la bestia

Todo me está permitido, pero no todo me conviene.

I Cor 6,12

Me incorporo tarde a este magnífico debate, que, además, es esencial, porque de cómo se gestionen el poder tecnocientífico y la dirección que este tome depende la humanidad tal como ha evolucionado y como la conocemos hoy. La iniciativa de Albert Cortina y de Miquel-Àngel Serra me parece, así pues, del máximo interés y oportunidad. Mi enhorabuena para ellos.

¿Qué es el hombre? Un ser finito con deseos infinitos, un mortal que desea la inmortalidad, un hijo pródigo, un exiliado que desea retornar a la patria perdida, un ser escindido, porque ha perdido su otra mitad, un ser natural habitado por un dios, habitado por un ángel pero también por una bestia. Blaise Pascal escribió: «No es necesario que el hombre crea que es igual a las bestias y a los ángeles, ni que ignore al uno y al otro, sino que conozca a los dos» (*Pensamientos*, § 418). Y es peligroso —añade— ignorar tanto al ángel como a la bestia. Así pues, el ser humano y sus producciones tienen, como las monedas, dos caras: unas construyen, las otras destruyen. La actual tecnociencia no escapa a esa dicotomía, y los desafíos de la manipulación genética, de la robótica, de la nanotecnología, de la biotecnología, de la creación de vida artificial, de los androides, etc., ponen en evidencia como nunca lo han hecho los peligros de una actividad que, si bien puede ayudar a la humanidad, puede también desnaturalizarla e, incluso, destruirla. Con esa afirmación no pretendo abrazar el catastrofismo, sino el realismo, pues es algo perfectamente posible, aquí y ahora. Y, para evitarlo, no basta con promover la bioética o el control democrático de ese proceso, como voy a intentar explicar.

La puerta de la nueva eugenesia ya ha sido abierta y no se cerrará. ¿Cuántas personas en nuestro entorno llevan marcapasos, prótesis, órganos artificiales y otros ingenios que evitan —es decir, posponen— la muerte o mejoran la calidad de vida? El problema, el desafío que nos plantea el transhumanismo, no es cuantitativo, sino cualitativo. ¿Hasta dónde debemos llegar? ¿Cuánto es suficiente? —Robert y Edward Skidelsky. El creyente de las sociedades tradicionales sabe que esta vida es un tránsito, una prueba, y que debe morir bien para acceder a la vida eterna. Contrariamente, la mentalidad moderna ha alimentado con ahínco la rebeldía contra la muerte, aunque sin los presupuestos espirituales y escatológicos que le abrirían las puertas a una vida eterna en el otro mundo. Así, las sociedades llamadas «avanzadas» han borrado —o casi— todo atisbo de trascendencia y de inmanencia, y han colocado al hombre en el lugar de Dios. Libre de la tutela divina —para muchos, vetusta e incómoda—, el hombre por fin puede dominar el mundo natural y su propio destino. Dios ha sido destronado y ahora el hombre es el rey, pero tiene un problema: su finitud, que, de hecho, arrasa su optimismo antropológico. Con todo, quiere ignorar que el ser humano vive en un mundo habitado por la muerte y que la muerte nos habita, la llevamos dentro.

Nuestras sociedades consumistas también son inmediatistas cuando se rebelan contra la muerte y quieren que la ciencia les solucione ese problema fundamental, quieren seguir viviendo a cualquier precio. ¿Quién pondrá coto al rebelde irredento y a su tecnociencia sin conciencia?

Al comienzo de estas reflexiones cito la sabia sentencia de san Pablo: «Todo me está permitido, pero no todo me conviene.» Porque es evidente que hay que poner límites a lo que ya muchos consideran peligrosos desmanes de la tecnociencia unida a la industria y a los intereses económicos más desprovistos de principios éticos, puesto que detentan no solo el poder económico para comprar voluntades y conciencias, sino también para convencer a la población de que los logros de su ciencia aplicada al ser humano solucionarán todos sus males y, un día, vencerán incluso a la muerte. Para convencer a las masas de la bondad de cualquier causa, solo hace falta dinero, determinación y buenas campañas publicitarias.

¿Y quién o qué puede frenar y contrarrestar esa marea falsamente prometeica? El control democrático de esos poderes económico-científicos, como predican la izquierda y el progresismo en general, no tendrá efectividad alguna si no se basa en valores espirituales además de en principios éticos, puesto que esos sectores sociales e ideológicos en realidad comulgan mayoritariamente con las promesas y con las utopías tecnocientíficas. Lo que desean es hacerlas accesibles para toda la población, más que cuestionarlas, ya que ellos mismos han borrado a Dios de sus conciencias y de sus vidas para poner en su lugar al hombre, es decir, a sí mismos. Porque quien no tiene ni aspira a más existencia que esta y no ve en nuestro mundo más que leyes naturales, evolución y progreso, quiere conservar su propia vida como sea. La bestia, en definitiva, no es tal —piensan—, el ser humano es bueno por naturaleza, el bien siempre vencerá, el futuro de la humanidad es más prometedor que nunca... No importa que la realidad desmienta completamente esa distorsionada ingenuidad. «La escuela cerrará los presidios», afirmaba F. Giner de los Ríos (*Revista Blanca*, 1902), porque ciertos idealismos —que desconocen o quieren desconocer la naturaleza humana— siempre son desmentidos por la realidad, que es muy tozuda. La alfabetización y la culturalización de las masas en Occidente no ha provocado la disminución de delitos, sino su multiplicación.

Por otra parte, no solo los sectores progresistas, laicos o ateos, de nuestras sociedades comulgan con los proyectos de artificialización de la vida humana, sino que, indirectamente, las religiones cristianas aprueban complacientes el progreso científico porque mejora sensiblemente la vida de las personas, aunque pongan reparos a ciertos aspectos de la manipulación genética, por ejemplo. Esas religiones —y también el catolicismo, que tanto combatió la ciencia *impía*— han acabado defendiendo los argumentos de su enemigo. De un enemigo que, en su mayor parte, sigue burlándose de la religión y creyendo que la ciencia es muy superior a ella.

Otro de los problemas actuales es que la moral religiosa no tiene crédito alguno entre la mayoría de la población, lo cual la hace débil, carente de autoridad, de fuerza y de determinación para oponerse sin complejos a la vorágine antihumanista. Mientras, Ray Kurzweil —con obras como *La era de las máquinas espirituales*, etc.—, entre otros científicos menos mediáticos, es generosamente financiado y sigue trabajando para coger a Dios por el pescuezo y obligarlo a obedecer sus deseos de inmortalidad artificial.

¿Qué propongo, entonces? No es una novedad, pues muchos piensan también como yo. El ser humano, la vida, el mundo, deben ser resacralizados, porque, sin un principio superior, creador y ordenador de la vida, nadie podrá detener la deshumanización que predica el transhumanismo.

El dilema no es ideológico, sino profundamente humano. Debemos construir un renovado humanismo de base espiritual sustentado en una cosmovisión que no pretenda desautorizar la ciencia, sino complementarla y enriquecerla, ya que el hombre está hecho de alma y de razón, de espíritu y de materia. No se trata de matar al enfermo, sino de curarlo, pues en él la bestia puede ser domada y convertida.

Para defender e implantar ese nuevo humanismo y limitar, así, los estragos que puedan hacer hoy día y en el futuro el transhumanismo y otros ismos igualmente deshumanizadores, es necesario crear una nueva elite intelectual, basada en un trinomio que abarque al hombre en su totalidad: intelectual, ético y espiritual. Un humanismo de base trascendente que, sin complejos, pueda postular que no todo nos está permitido, y no solamente por razones de supervivencia, porque es evidente que el expolio de los recursos naturales del planeta debe terminar. Es esencial que surja un nuevo humanismo que defienda la vida en su estado natural y global, y no hablamos aquí únicamente de ecología, porque la vida, el mundo, incluido el hombre con su segunda naturaleza —espiritual, cultural y tecnológica—, está construido sobre una trama secreta de conexiones y de interdependencias inextricable. Nuestro mundo es un cuerpo vivo —como todo el universo—, un cuerpo vivo creado —directa o indirectamente— por aquel que es, y él mismo está emulsionado en la Creación, de manera que todo contiene una porción, por ínfima que sea, de esa materia divina, inmortal. Así pues, la Creación es sagrada, no solo lo es el hombre. Sin ánimo de meterme a teólogo, quiero recordar lo que afirma la tradición original: Dios no crea en primer lugar la materia, sino la conciencia, y la conciencia crea y ordena la materia. Como escribe el hermetista cristiano Louis Cattiaux en *El mensaje reencontrado* (Herder, 2011), «Dios es la conciencia de la vida, y la vida es el cuerpo de Dios». Igualmente, la conciencia humana, como la mente, es anterior a sus creaciones materiales o de otra índole. En ese sentido, la ética es un instrumento de la conciencia y una estrategia para la supervivencia que obliga al hombre a escoger entre el ángel y la bestia, por lo que su libre albedrío tiene, o debería tener, una base moral, a diferencia del mundo animal, que solo tiene una ley: sobrevivir. Como ese principio beneficia únicamente a la bestia,

Dios introdujo en el ser humano un segundo principio, la moral, como elemento regulador y neutralizador de la bestia a fin de que la humanidad no retornara irremisiblemente a la animalidad de la que procede. Es conocida la historia de los dos lobos que nos habitan y luchan entre ellos —uno bueno y otro malo—, contada por un anciano cheroqui a su nieto, quien pregunta: «¿Cuál vencerá?» «Aquel que tú alimentes», le responde.

No se trata, sin embargo, de defender el regresismo ni de practicar una religión determinada —o sí—, sino de saber que el mundo es un ser vivo, una unidad esencial y sustancial que no nos pertenece, donde nada en él está aislado en su existencialidad ni separado de nuestra vida, puesto que formamos una unidad profunda con y en ese todo que vive y que piensa. La divinidad está en nosotros y fuera de nosotros, pues en el aire que respiramos hay oculto un fuego divino que es inteligente y sensible a nuestras palabras y a nuestros deseos. Y todo ser humano contiene una porción de ese fuego divino al que llamamos *alma inmortal*. Esa es una concepción muy antigua, tradicional, de la vida y de la condición humanas, por lo que no se trata tanto de crear un nuevo paradigma como de recuperar, actualizado, el que nos viene de los antiguos.

Sin ese renovado modelo de civilización será imposible crear una ciencia del hombre al servicio del hombre, es decir, al servicio del ángel y no de la bestia. Porque lo que ahora ocurre es que los logros científicos y humanísticos del ángel se los apropia normalmente la bestia, que los convierte en mercancía y en fuente de lucro y de poder, pues la codicia y la ambición son patrimonio de la bestia y no del ángel, que, a imagen de su Creador, todo lo da gratuitamente y sabe que todos somos radicalmente hermanos, porque la raíz única de la que procede la humanidad pertenece al gran árbol de Dios.

Para combatir los efectos del desvarío transhumanista y posthumanista hay que ir directamente a las causas, y la causa de ese peligroso camino por el que nos quieren llevar es la misma naturaleza humana: el hombre viejo es el problema y el hombre nuevo es la solución. En primer lugar, deberíamos evitar hacer el juego a esas y a otras propuestas con el mismo fondo aunque con envoltorios más dulces. Cuando concebimos seriamente la idea de que un día más o menos lejano la humanidad será superada por los androides y la vida artificial será superior a la natural, ya hemos perdido la primera y más decisiva batalla. Entonces sí que los robots poseerán la Tierra, y las contrautopías literarias y cinematográficas actuales se quedarán cortas al lado del horror en que se habrán convertido la vida humana y el planeta.

Hasta ahora el debate ético ha ido por detrás de los desafíos tecnocientíficos, y ha de ser justo al revés, pues, sin un marco de valores verdaderamente humano basado en un principio supremo de orden sobrenatural, la deshumanización de la especie será una realidad mucho antes de lo que imaginamos. El triunfo de la bestia ya no será ciencia ficción, sino *vida ficción*.

Ciertos pensadores próximos a los movimientos espirituales alternativos, como el llamado *New Age* —Nueva Era—, pretenden oponerse a ese peligro. Es el caso, entre muchos otros, del norteamericano Ken Wilber —con obras como *Sexo, ecología y espiritualidad*, *ciencia y religión*, *Los tres ojos del conocimiento*, etc.—, que, con su teoría «integral», aspira a conciliar espiritualidad y ciencia, a ampliar la conciencia humana y a crear un nuevo paradigma. Es uno de los gurús del movimiento *New Age*, término acuñado por la Sociedad Teosófica de H. P. Blavatsky, creada en 1875 en la ciudad de Nueva York.

La nebulosa *New Age* —la Nueva Era de Acuario— ha divulgado por todo el mundo un conjunto heterogéneo de ideas, de creencias y de técnicas ascéticas o psicológicas tomadas tanto de la espiritualidad oriental como del cristianismo, de la cábala, del hermetismo, de C. G. Jung y de la física cuántica, sin olvidar la ecología y la visión holística de la medicina y de la ciencia. El resultado es un sincretismo poliédrico elaborado a la medida de cada grupo, organización o personaje, pues en este mundo, cada maestrillo tiene su librillo y cada individuo crea su propio sistema espiritual, hecho a su medida y a su gusto (F. Lenoir, *Las metamorfosis de Dios*). Sin embargo, esa galaxia neomesiánica que coloniza el actual mundo espiritual alternativo manifiesta un profundo deseo de transformación del hombre en su camino ascendente hacia un estado superior de conciencia y de vida, del que surgirá el nuevo paradigma que supere los dictados del materialismo y del mercantilismo y cree una nueva relación de respeto y de integración armónica del hombre con la naturaleza, con el planeta y con la divinidad. La ciencia, afirman, estará al servicio de ese ideario. Desgraciadamente, los poderes económico-científicos —que tienen mucho más poder que los políticos—, con su propuesta de paraíso ecotecnocientífico aquí y ahora, acabarán asimilando gran parte de esa espiritualidad alternativa.

El sueño de una nueva era es común a la humanidad de todos los tiempos y también está presente en nuestras sociedades, tan pobres espiritualmente.

Porque, en definitiva, nadie en su sano juicio quiere morir porque sabe que está hecho para vivir eternamente, y ello forma parte de una intuición esencial que proviene del alma del hombre, que, si no está profundamente hundida y dormida en la carne, le comunica su deseo de inmortalidad, de vivir una vida presidida por el amor y por la paz eternos. Es del todo lícito que el ángel se rebele contra la muerte, contra el mal y contra la injusticia. Como en el «quejío» del cante jondo, es el mismo Dios quien grita desde las profundidades. De ese fondo abismal proviene su deseo y su sed insaciable de perfección, su añoranza del paraíso perdido. En esa epopeya, el hombre que soporta la historia en lugar de protagonizarla denuncia la realidad que lo somete con la esperanza de construir un mundo nuevo habitado por un hombre nuevo y libre, eternamente feliz, y exterioriza así el deseo de su alma de liberarse de la prisión del cuerpo, como afirma Platón (*Crátilo*, 400 a. C.). Pero ante ese deseo tan humano, tan angélico, surge el vendedor de sueños que le promete un paraíso en este mundo de la mano amable y aséptica de la tecnociencia. Y la bestia sigue crucificando al ángel.

Para remediarlo, debemos reorientar a los seres humanos hacia una meta en la que el respeto a la vida, que es sagrada, presida el orden de valores que surja del nuevo modelo de civilización. Es evidente que no se trata de renegar de la ciencia, sino de ponerla al servicio de la humanidad, tal como la conocemos en este mundo, para que la vida eterna sea accesible también para los seres humanos de nuestro tiempo.

El hombre destruyó el jardín del Edén. Desgraciadamente, sigue siendo un destructor de jardines y un constructor de sueños, algunos muy peligrosos. En nuestro mundo continúa rigiendo el *Homo homini lupus*, porque el peor enemigo del hombre es el hombre mismo. No aplaudamos el fuego que puede devorarnos.

17-9-2014

PERE SÁNCHEZ FERRÉ
Historiador, doctor en Historia Moderna y Contemporánea, miembro fundador del Centro de Estudios Históricos de la Masonería Española, profesor de diferentes universidades de cursos sobre historia de la masonería y de las heterodoxias espirituales y políticas de la Cataluña contemporánea; autor de varias obras y colaborador de revistas y de publicaciones especializadas, Gran Oficial de la Gran Logia de España y venerable maestro (director) de su logia de investigación, Quatuor Coronati de Barcelona.

196

Las teorías evolucionistas y progresistas consisten en alejar al hombre de lo que ya es: la perfección en potencia

Pensar en una posibilidad basada en el presupuesto de una evolución como seres humanos —con «evolución» nos referimos tanto a la idea posthumana como a otras teorías, como pueda ser la de Darwin— es, para nuestra tradición, una muestra de incomprensión respecto a los motivos intrínsecos de la existencia. Referirse, por tanto, a una «cura» para los problemas en que se ve envuelta la humanidad por falta de una «conciencia desarrollada» o a la posibilidad de alcanzar una perfección en la carrera evolutiva no puede más que crearnos más confusión y más incertidumbre. Estamos de acuerdo, sin embargo, con aquellas voces que se alzan para denunciar las taras del sistema y el nivel de deshumanidad que ha acarreado desde cualquier perspectiva posible, esto es, social, económica, espiritual, emocional, etc. No cabe duda de que esas voces son plausibles y lícitas desde nuestra posición, que se basa en la observación, en el sentido común y en la creencia en lo divino. La sabiduría sufí se caracteriza por la enseñanza de las buenas maneras —*adab*— para uno mismo, para la comunidad, para la Creación y para el Creador. Esas buenas maneras resultan de la manifestación de los atributos divinos concedidos a la humanidad. Esos atributos, correctamente relacionados entre sí, son suficientes para vivir la existencia de una manera plena, armónica, pacífica, consciente y feliz. El sufismo, como toda tradición verdadera, tiene una senda trazada para alcanzar la plenitud y la perfección en esa existencia. Toda tradición espiritual ofrece la posibilidad de realizarnos en la perfección. Sin embargo, el ser humano se esfuerza continuamente por escapar de sí mismo y por aferrarse a las aspiraciones de perpetuación de un ego especialmente enfermo en nuestros días.

Aceptamos de buen grado los diferentes diagnósticos referentes a todos los problemas en los que se ve envuelta la humanidad que hacen autores celebrados y pensadores autorizados en las diferentes ciencias. Esas valiosas aportaciones son, sin duda, acertadas y realistas. Ahora bien, aun sirviéndonos de esos diagnósticos, no podemos aceptar la manera de resolver los problemas ni de «sanar» o de «mejorar» a la humanidad que nos proponen.

Aunque la idea «posthumana» nos resulte nueva y sin precedentes, lo que contiene es, en esencia, tan antiguo como el mismo hombre. Se trata de una esperanza o de un esfuerzo que implique una teorizada evolución hacia una posición ajena, nueva y mejor que la ocupada anteriormente. Y ese es un tema que no conviene tratar a la ligera, aunque pueda acarrear cierta polémica para con los pensamientos más progresistas y formados en la Modernidad.

La evolución, desde el aspecto más académico con respecto al ser humano, nos muestra una visión que implica una linealidad y un avance para el ser humano. Eso significa que la posibilidad de evolución siempre está presente en la percepción de lo que es o de lo que puede llegar a ser el ser humano.

Mirando, por ejemplo, nuestra historia reciente, desde que la ideología del progreso evolutivo fue patente en la cosmovisión de aquellos que trataban de entender a través de la ciencia occidental de la época una forma nueva de comprender el mundo y su origen, se produjo una revolución: ver al ser humano en una posición futura de una forma idealizada por el ideario «moderno». Esto es, inventarse a sí mismo como ser humano y también todo aquello en lo que se vea partícipe: política, justicia social, libertades, materialismo, espiritualidad, etc.

Ese pensamiento evolucionista y progresista, sin duda, ha envenenado la conciencia y el sentido común de la humanidad desde que se convirtió en la ideología dominante de Occidente. Aceptar sus teorías implica aceptar que el hombre no tiene un origen como tal, el de ser hijo de Adán, con toda la carga metafísica que ello conlleva.

Creer y declarar que el origen del ser humano se encuentra en una célula, en un reptil o en un mono no ayuda a la humanidad a «evolucionar». Al contrario, la sume en una confusión profunda al verse desprovista de referencia y de esperanza sólidas como criatura. La creencia lineal que proclama que el ser humano evoluciona de un punto infrahumano a otro supuestamente posthumano no puede dejar lugar ni espacio a una identidad que pueda considerarse real, es decir, realmente humana.

De esa ideología evolutiva, erigida en dogma, surgen la mayoría de desórdenes que afectan a la identidad del hombre contemporáneo. De ella se derivan influencias de diverso calado en la cosmovisión humana. Por ejemplo, creencias en las que se clama una superioridad respecto a las civilizaciones antiguas, calificándolas, incluso desde instituciones oficiales del conocimiento, como inferiores o bárbaras, y eso, sin duda, se aleja de una realidad basada en la razón. No podemos decir que las civilizaciones antiguas tuvieran un desconocimiento del estado de las cosas. Afirmar eso es afirmar un total desconocimiento, sobre todo en lo referente al ser humano. Esa percepción radica, sin duda, en la creencia en una progresión lineal hacia algo mejor de lo que ya es. Es decir, «evolucionamos hacia algo que ahora no somos; cuando lo alcancemos seremos más libres, más altos, más listos, más guapos, más ricos, más algo». Esa proclama es el fundamento del tabú progresista que proporciona la base de la manipulación de las masas. En definitiva, las teorías evolucionistas y progresistas consisten en alejar al hombre de lo que ya es: la perfección en potencia.

Creer en la evolución de la conciencia, por ejemplo, no puede ser legítimo desde nuestra perspectiva, ya que la conciencia no puede cambiar como tal, ya es. Lo que puede cambiar, sin embargo, es la percepción que podemos tener de ella y el grado en el que vivimos de acuerdo con su realidad. De igual modo, el ser humano como tal no puede cambiar hacia algo mejor, porque ya es perfecto en esencia. La civilización «occidental progresista» intenta encontrar en estos tiempos su justificación en la búsqueda de una evolución mediante diversas estrategias idealizadas, como son el materialismo, el comunismo, el capitalismo, el ecologismo, etc., y, ahora, el transhumanismo y el posthumanismo, que ya pretenden «superar» las limitaciones biológicas de la condición humana.

El ser humano civilizado moderno está más alejado de sí mismo de lo que jamás haya llegado a estarlo. Tal es la separación que la enfermedad se ha fijado entre nuestro ser original y lo que llamamos ser civilizado, con lo que nos imposibilita ver e, incluso, intuir lo que es, la realidad como tal.

El ser humano ha perdido la esperanza real, y la ha sustituido por una fe en el progreso sostenida en la mentira y en el engaño. Va detrás de su propia sombra sin poder alcanzarla jamás o, dicho de otro modo, va «como un burro detrás de la zanahoria». Vivir esa desesperanza implica caer en la manipulación y en la perversión de los atributos propios y originales de los que el ser humano es custodio. Eso significa que el hombre pone a disposición de los «manipuladores» sus dones y sus atributos para hacer de la mentira algo evidente y claro. El engaño vive del adoctrinamiento sistemático de la esperanza con la que se proclama alcanzar la cúspide de una civilización en la que conceptos como igualdad social y de género, prosperidad material, libertad, etc., se hagan realidad en algún momento de la evolución y desaparezcan la injusticia, las desgracias, el hambre, la pobreza, etc., «como burro detrás de la zanahoria».

Por tanto, la renuncia progresiva a la creencia en el hombre original se basa en un alejamiento de este, extenso en el tiempo, que llega hasta nuestros días. Por eso decimos que la distancia que presuntamente hemos «evolucionado» es proporcional a la distancia que nos ha separado de nuestra realidad como seres humanos.

El ser humano que aspira a ser transhumano ha perdido o está perdiendo, sin duda, toda humanidad y todo honor. Pero, al mismo tiempo, cualquier solución procede de su humanidad. Nuestra tradición y nuestros maestros espirituales nos enseñan que toda tecnología imita las capacidades humanas. La tecnología, por muy avanzada que sea, es una mera imitación; todo avance tecnológico preexiste en la esencia humana, la actual y la venidera. El ser humano es una creación divina, la más perfecta creación. Los atributos humanos son su honor y su poder, pero el hombre se ha olvidado de sí mismo. Hemos olvidado quiénes somos y para qué se nos dio una existencia. Pasamos la vida justificando nuestro olvido.

Esa es la disyuntiva: o creer en la idea de que podemos mejorar a través de nuestra pericia y de nuestra inventiva y esperar ser felices gracias a nuevos inventos o nuevos artificios, o bien orientar nuestra vida para despertar a nuestra realidad divina y realizar así el motivo real de nuestra existencia.

17-9-2014

ABDHAFIZ GARCÍA MORA
Seguidor de la muy noble y distinguida orden sufí Naqshbandi Haqqani, discípulo de Mawlana Sheykh Mehmed Adil y custodio del *Maqam* espiritual del Sultan ul Awliya Skeykh Abdullah Fa'izi ad-Daghestani (Pirineos catalanes).

197

Nuestra extinción será una buena noticia para el cosmos

Quizá tendría un aspecto positivo, sí, que la ciencia y la técnica llevasen hasta el extremo la consumación de su más paranoico delirio, esa realización práctica del mito de Frankenstein: cuanto más avance la tecnociencia en su insensatez, más cerca estaremos del colapso de esa ininteligible aberración que, individualidades aparte, constituye la historia. Se me podrá acusar de tremendismo. Me da igual. Visto en su conjunto, el proyecto humano me parece un fracaso integral, un cúmulo de crueldad y de estupidez, acaso una inexplicable anomalía en el orden del universo. Al margen del instinto de supervivencia de cada cual, la catástrofe no es que este mundo se hunda, sino que perviva. Nuestra extinción será una buena noticia para el cosmos.

Si la infinitud está en alguna parte, solo se encontrará, creo, en ese abismo insondable de misterio que se abre cuando el alma es capaz de dirigir su mirada a las profundidades de sí misma. La fuente de la verdad, del bien y de la belleza sigue tal vez ahí, latente. Pero incapaces, siquiera, de intuirla, nuestra vaciedad interior nos impele a buscar fuera lo que no encontramos dentro: demenciales recursos y artilugios y simulacro grotesco de la perfección con los que dotar a la vida de una ilusión de contenido. Perdido el sentido de lo sagrado, perdimos también, como consecuencia y a fuerza de convivir con ello, el sentido de lo absurdo. Y es que no importa tanto lo que la ciencia y la tecnología nos han dado como lo que nos han arrebatado.

Me deja pasmado y literalmente sin palabras la seguridad en sí mismos, la normalidad aparente, la docta y respetable seriedad, incluso, con que despliegan su discurso ufano y desenvuelto los *chantres* de la evolución, de la democracia, del desarrollo sostenible, de la tecnología, de la ciencia y, en definitiva, de todo eso que llaman, autosatisfechos, «progreso». Hasta en ocasiones me hacen dudar. Sí, tal vez yo no entienda nada.

17-9-2014

AGUSTÍN LÓPEZ TOBAJAS
Traductor especializado en historia y en filosofía de las religiones, introductor en España de la Tradición Primordial o Perenne y coordinador del Círculo de Estudios Espirituales Comparados; ha sido codirector de la revista *Axis Mundi* y de la colección Orientalia (Editorial Paidós), y entre sus publicaciones cabe destacar el *Manifiesto contra el progreso.*

198

Cambiemos el chip

Comparto completamente el punto de partida con el que Miquel-Àngel Serra dio comienzo a este interesante debate: «El mejoramiento humano pone en riesgo nuestra existencia como especie.» Es más, desde mi humilde punto de vista, la mayoría de los que denominamos, de manera grandilocuente, «procesos de mejoramiento humano» parecen formar parte de un empeño, confío que todavía reversible, hacia la autodestrucción de nuestra especie como la conocemos, hacia el fin del *Homo sapiens.*

Las extraordinarias capacidades mentales y la sociabilidad que nos caracterizan como especie, únicas en el universo conocido, son puestas en riesgo, cada día, por una inexplicable ansiedad por mejorarnos a toda costa —la búsqueda del superdotado, la selección genética, la integración hombre-tecnología, entre otros empeños.

Nuestra característica fragilidad *humana*, la natural predisposición a cometer errores y quizá también el miedo a lo desconocido, de estar solos en el universo, han embarcado a la humanidad en una cruzada autodestructiva por erradicar lo que de humanos tenemos los seres humanos, y lo han sustituido poco a poco por placebos tecnológicos que nos hagan dormir más tranquilos... hasta que un día no muy lejano no nos despertemos..., sino que nos reiniciemos.

En la base de todo ese proceso autodestructivo a escala planetaria desempeña un papel muy importante el creciente desprecio hacia lo que otrora sirvió de guía para el crecimiento y para el progreso de la humanidad: el derecho natural. Y es que, en la actualidad, los principios morales y universales están en franco retroceso, los humanos les hemos dado la espalda y, lo que es peor, cada vez son más los ordenamientos positivos que los pervierten o, en el peor de los casos, los proscriben. Si tenemos en cuenta, además, que la *resistencia humanista* que hasta ahora se había planteado desde la bioética se está difuminando en las nuevas generaciones, impregnadas de un materialismo fundamentalista que nos aboca, en los términos de la singularidad tecnológica, hacia la idiotez tecnológica, ¿qué estamos haciendo?

Dicen que en el futuro seremos incapaces de comprender o de predecir la inteligencia sobrehumana que ahora mismo buscamos con tanto ahínco y profusión, así que casi mejor que cambiemos el chip —en sentido figurado— antes de que sea demasiado tarde.

Debemos volver a poner al hombre en el centro. Como alguien ha dicho durante el debate, debemos recuperar un paradigma humanista que permita a los seres humanos, generación tras generación, despertarse después de un reparador sueño para sus cuerpos y para sus mentes imperfectos, y dar gracias por ser *solo* y *sobre todo* seres humanos.

19-9-2014

SANTIAGO UZAL JORRO
Licenciado en Derecho, docente de postgrado del programa de Gestión de la Ciudad y Urbanismo de la Universidad Abierta de Cataluña (UOC).

199

«Conócete a ti mismo», o la inconveniencia de querer mejorar algo sin conocerlo a fondo

Recuerdo, no sin cierta nostalgia, que, cuando yo era niño, se tenía una visión un tanto ingenua de lo que iba a ser el futuro de la humanidad. Y no hace mucho de aquello. Se pensaba, por ejemplo, que las ciudades estarían llenas de inmensos edificios redondeados y de pequeños artefactos voladores en los que cada uno iría a su trabajo. O que habría viajes interestelares, a otras galaxias, tanto para pasar unas estupendas vacaciones como para conseguir los recursos de los planetas más remotos. Lo curioso es que muchas de esas ideas situaban el año 2000 como el momento en el que todo eso sería normal. Hemos superado con creces el cambio de milenio y, sin embargo, vamos al trabajo soportando grandes y contaminantes atascos, los edificios siguen siendo angulosos y lo más lejos en la distancia que ha llegado un ser humano es a la Luna, y de eso hace ya unos años, porque ir allí es muy caro.

Más allá del año 2000, también nos encontramos con que una gran parte de la población mundial pasa hambre o carece de los más mínimos recursos, como el agua o una vivienda digna. Y con que hay guerras, violencia, ideologías extremistas y un largo etcétera de situaciones inaceptables, injustas y absurdas. Nada que ver con lo que creíamos que sería el presente cuando yo era un niño. Antes de pensar o de «planificar» la llegada de una nueva especie, deberíamos pensar en cómo solucionar todo eso. Porque, si no, el acceso a esas nuevas tecnologías solo estaría en manos de unos pocos.

La ciencia y la tecnología, qué duda cabe, conseguirán grandes avances que permitirán muchas mejoras en nuestro bienestar, mejoras que harán que el cerebro humano supere algunas de sus limitaciones. La gran red mundial de intercambio de información, Internet, que, antes de su materialización —al menos en la época de mi infancia—, nadie pensó ni en su existencia ni en que llegaría tan lejos, ya ha supuesto un gran paso en ese sentido. Otros muchos avances son también posibles. Pero ¿son o serán todos realmente necesarios? Ya hace tiempo que están al alcance de la tecnología actual toda una serie de posibilidades que, sin embargo, no se han puesto en práctica. Sería posible, por ejemplo, que en nuestra casa todas las persianas se abrieran o cerraran con solo mirarlas. Pero, hoy día, las casas no disponen de ese tipo de persianas… ¿Por qué? Que esas y otras muchas cosas no formen parte de nuestra vida cotidiana es consecuencia, yo creo, del hecho de que nuestro cuerpo y nuestro cerebro son, ni más ni menos, los de un primate modelado por selección natural en la sabana. Necesitamos movimiento, actividad. No todo vale.

Los avances tecnológicos y científicos son en gran parte impredecibles. El tiempo es quien determinará cuáles serán útiles y necesarios, cuáles serán de uso relativamente común y cuáles no. No creo que nadie, hoy en día, pueda planificar la mejora de la especie humana, ni tan siquiera de una parte de la misma. El futuro, como ha sucedido en la historia de la humanidad, se rige más bien por senderos caprichosos. El psicólogo Daniel Kahneman, premio Nobel de Economía, afirma que dan igual las políticas económicas de los Gobiernos, que la economía la hacen seres humanos —esos primates que mencionábamos antes— y que, por lo tanto, seguirá su propio camino con independencia de los planes gubernamentales. Lo mismo podemos decir del uso de los avances científicos y tecnológicos para mejorar a la especie humana. ¿Quién sabe qué es mejor para nuestra especie? ¿Alguien lo sabe a ciencia cierta?

De hecho, antes de mejorar nuestra especie, lo que yo propongo es que la conozcamos mejor, a fondo. Muchos de los supuestos avances de un transhumano o de un posthumano —que, para el caso, tanto da— se basan en un conocimiento muy incompleto de nuestra especie. No solo es que quien hace esas propuestas sabe probablemente poco acerca del ser humano, es que la misma ciencia aún ignora muchas de nuestras más importantes características, especialmente en relación con nuestro cerebro. Solo a partir de un verdadero y profundo conocimiento de las cosas es como estas pueden mejorarse. De lo contrario, sería como si yo, ignorante absoluto de la mecánica automovilística, pretendiera introducir mejoras en un vehículo de Fórmula 1. Un disparate absoluto.

Pero aunque aún nos quede mucho por descubrir, algo sabemos sobre nuestro cerebro. El mismo Kahneman, al que mencionábamos más arriba, plantea que en nuestro cerebro funcionan dos sistemas. El que más utilizamos todo el tiempo —que él llama Sistema I— es un sistema que aplica la «ley del mínimo esfuerzo», es un sistema intuitivo, rápido y en el que pesan sobremanera las emociones. Ese sistema intuitivo es el predilecto en nuestra especie y nos es más que suficiente la mayoría del tiempo. Lo curioso de ese sistema predominante es que, precisamente, se ve enormemente influido por las emociones. Y ahí estaría una de las piezas aparentemente más olvidadas por los propulsores del posthumanismo. Algunas de esas emociones podríamos llamarlas positivas: alegría, felicidad, amor, compasión, etc. Pero otras muchas son más bien indeseables: agresión, egoísmo, orgullo, celos, ambición de poder, rabia, tristeza, miedo. Los ideólogos del posthumanismo no parecen estar pensando en cómo hacerlo para que, potenciando el cerebro del animal humano, esas y otras facetas desagradables no tomen el mando o no provoquen desgracias en cadena.

He ahí la cuestión. Conozcámonos mejor a nosotros mismos si queremos mejorarnos.

Precisamente, lo que parecen querer mejorar los gurús del transhumanismo y del posthumanismo es lo que Kahneman denomina Sistema II: un sistema racional, basado en la lógica y en el uso de datos exhaustivos, relativamente libre de emociones, pero cuya utilización supone un gran esfuerzo. De ahí que se utilice lo mínimo. Quizá las mejoras tecnológicas acaben por permitir el uso de ese sistema sin tanto esfuerzo, lo cual estaría muy bien, pero no podemos hacerlo ignorando el Sistema I, que es dominante y a veces poco de fiar, y que haría uso de los avances del Sistema II para sus beneficios personales. Cuidado con eso.

Tengo la sensación de que las propuestas sobre el transhumanismo y el posthumanismo forman parte de una «moda» que padecemos actualmente, que no es ni buena ni mala, pero que está llena de imperfecciones. Y, como moda que es, acabará pasando. El fenómeno se engloba, según mi modo de ver, dentro del fomento frenético de la creatividad. Son muchas las voces que defienden que tenemos que ser más creativos. No sé muy bien por qué ni para qué. Algunos de esos defensores hacen un repaso de la historia de la humanidad y descubren que la creatividad se ha ido multiplicando exponencialmente en los últimos siglos y, especialmente, en las últimas décadas. Como fruto de eso tenemos la gran cantidad de avances tecnológicos de que disfrutamos últimamente. Pero lo que proponen esos defensores de la creatividad a ultranza es que seamos aún más creativos, que aumentemos la creatividad de todo el mundo y, por tanto, la disponibilidad de numerosos avances, tecnológicos en su mayoría. ¿Hasta dónde? ¿Hasta que haya innovaciones cada día que den un vuelco a todo lo anterior? ¿De verdad queremos vivir así? Realmente ahora entiendo el trasfondo de la teoría posthumanista: dotar al cerebro de dispositivos capaces de digerir tanta innovación. Creo que mucho de ese fomento frenético de la creatividad tiene que ver con el hecho de que mucha gente se enriquece con sus productos. Me da la sensación de que las propuestas sobre el transhumanismo y el posthumanismo también. Por eso solo una parte de la humanidad tendría acceso a esas supuestas mejoras. Y entonces tengo que volver a lo que decía al principio de este texto.

Antes de pensar en mejorar nuestra especie deberíamos conocerla mejor en su estado actual. Solo a partir de ahí se podrá pensar en qué queremos de verdad mejorar y qué queremos disminuir o erradicar. Tenemos la gran suerte de contar con el Sistema II para ayudarnos en esa tarea, por mucho esfuerzo que nos cueste utilizarlo. Es lo que hace la ciencia. De todos modos, llegar a una situación en la que podamos pensar objetivamente en cómo mejorar al ser humano como especie llevará su tiempo, y aún estamos muy lejos de ese momento.

25-9-2014

MANUEL MARTÍN-LOECHES
Doctor en Psicología, profesor de Psicobiología de la Universidad Complutense de Madrid y responsable del Área de Neurociencia Cognitiva del Centro Mixto UCM-ISCIII de Evolución y Comportamiento Humanos.

200

Cicerón en De officiis: *«La agricultura es la profesión del sabio, la más adecuada al hombre sencillo y la ocupación más digna para todo hombre libre»*

Siempre me ha gustado contextualizar el momento en que decido escribir algo, ya sea por una necesidad personal, ya sea, como en el caso de este texto, para poder formalizar una respuesta a las preguntas y a las inquietudes de Albert Cortina cuando me pidió que expusiera mis ideas y mis reflexiones sobre la posibilidad de que la cultura occidental, debemos sobreentender que en primer término, llegue a la necesidad imperiosa de introducir las nuevas tecnologías en modelos y en estructuras biológicas para mejorar su rendimiento o, en cualquier caso, para facilitar su desarrollo y para agilizarnos un conjunto cada vez más amplio de rutinas diarias.

Parece poco coherente que una conversación con tanto vuelo y cargada de significado y trascendencia a escala global se desarrollara en una feria de ganado en la pequeña localidad de Castellterçol, donde un servidor ejerce el oficio de pastor de un modesto rebaño de ovejas. Creo que fue entonces cuando me di cuenta de cuál era la evolución de la obra que se estaba desarrollando y cómo, paralelamente, los autores también se hacían partícipes de la plasticidad, de la complejidad y de la heterogeneidad que requería y que, muy atinadamente, han descifrado y han sabido acompañar durante su elaboración.

Creo que hay que ser realista y que debemos saber entrever una inevitable evolución tecnológica convergente como respuesta a nuestras necesidades imperiosas de esas tareas que en un futuro no estaremos dispuestos a realizar, y que el acceso a nuevas tecnologías en constante mejora y optimización nos dará respuesta y eliminará de nuestro día a día actividades que, hasta hoy, no creemos poder delegar.

Por otro lado, hay que considerar un paso más en el campo de una probable eugenesia artificial, ya sea la implementación de esas nuevas mejoras en el ámbito de las estructuras biotecnológicas en organismos vivos, o en el ámbito de la mejora genética en la creación de nuevas especies vegetales y animales, o ya sea en la optimización y en la productividad del rendimiento comercial de esos organismos. Hasta el punto de incorporar esas «mejoras» —creo que en el pensamiento crítico de la objetividad y del escepticismo natural nunca tenemos que introducir en nuestro razonamiento la mejora constante en la fisiología y en el pensamiento de nuestra especie como base inalterable en el transcurso de la evolución antrópica— en homínidos y creer que nos facilitarán de forma inapelable nuestras actividades diarias y, por qué no, nuestras relaciones intra- e interespecíficas. Es decir, creer que será el bálsamo para la constante fuente de frustraciones y de carencias funcionales y emocionales que la evolución nos ha ofrecido, para ridiculizarnos ante una sociedad que solo genera expectativas inalcanzables y cánones que ella misma perpetúa y que, directa e inexorablemente, nos exige.

¿Serán los transhumanistas capaces de dar la felicidad a los individuos? ¿Qué necesidades cubrirán? ¿A qué moradas, niveles, clases de la sociedad? ¿A qué precio? Y, sobre todo, ¿cuánto durará ese sentimiento de satisfacción hasta que una nueva frustración o una nueva necesidad se conviertan en nuestro mayor miedo? ¿Será posible complacer al sediento y al insatisfecho? Creo que no sería un visionario aquel que, jugando con la mente del más necesitado y crudo materialismo, pueda ofrecer un espejismo o una temporalidad esperanzadora quedando a la espera de descubrir cuál es el bien más preciado para la actual —no es necesario expresarnos en términos de futuro— sociedad enjuta y cegada, carente de la realidad más visceral y *primitiva*. La terminología empleada no hace referencia a algo poco desarrollado y desprovisto de racionalidad, sino a aquella sociedad que no requiere una constante aportación de materialismo postmoderno, en el que parece predominar una necesaria obsolescencia de cualquier objeto, entorno o concepto que convive con nosotros, esclavos del escepticismo inherente y de la obligatoriedad de renovar constantemente cualquier elemento que nos rodea.

¿Pero, realmente, son esas nuestras necesidades fundamentales en el mundo en que vivimos? ¿Cuál es la razón verdadera, la respuesta a nuestras necesidades como individuos?

Durante el tiempo que transcurrió desde que decidí «renunciar» al materialismo y a las «facilidades» que hasta el momento creía que eran fundamentales en un entorno urbano y de gregarismo forzado, estéril, impersonal y artificial, en el cobijo de la metrópolis, empecé a derrumbar inconscientemente los muros mitificados que me ligan al mismo entorno donde nací y donde he pasado gran parte de mi vida. Un entorno que no me ha dejado observar, juzgar, cuestionar y pronosticar la inevitable recaída en el modelo que hasta ahora me ha abastecido y criado, que me ha dado criterio, aceptación e identidad. Constantemente he tenido que juzgar cada uno de mis actos y de mis pensamientos, creyendo que la permanente estela del fenotipo ancestral que me ha alimentado haría que volviera desvalido y derrotado al modelo que pocos cuestionan y casi nadie se atreve a contradecir y/o rechazar. He aprendido a apreciar y a escuchar el pasado del que venimos, a valorar y a enaltecer la huella que han dejado los antepasados, el altruismo y la colaboración en el trabajo, la bondad y tal vez cierto infantilismo residente en la incapacidad de creer que alguien conscientemente se quisiera o pudiera aprovecharse del resto para sacar de ello un beneficio personal. He escuchado el silencio y he visto pasar el tiempo sin la necesidad de recurrir a un sistema de medida antrópico, sino que lo he hecho de la manera como se ha hecho toda la vida y como mi cuerpo, mi yo primitivo, mi reloj interno o ritmo circadiano, me ha pedido. El ganado me ha adoctrinado y la naturaleza me ha recordado por qué nunca me había sentido tan acompañado como hasta ahora, cuando me impaciento por volver al bosque, a los prados de la montaña, a las cimas más altas, en silencio y cerca de todo.

Este es el relato de cómo agradezco haberme alejado del mundo en el que hasta ahora vivía y del que formaba parte, y del que creía no poder separarme nunca. Cómo he pasado del materialismo y de la aceptación de los que me rodeaban a un modelo en el que la autosatisfacción y la serenidad en forma de felicidad personal generan un modelo identitario, sin tener en cuenta los orígenes, ni las impresiones, ni los juicios de los que consideramos amigos, familiares, vecinos o compañeros de una misma comunidad.

Creo en las bases del transhumanismo como beneficio para aquellas carencias, necesidades y problemas que perturban y anulan la identidad de los individuos, que perjudican sus modelos de vida o que, incluso, imposibilitan que lleven a cabo una vida digna. Pero, inevitablemente, y la historia de la humanidad es testimonio de ello, la sociedad volverá a querer complacer a aquellos que más capital y más recursos pueden destinar a desarrollar esas nuevas y «tan beneficiosas» tecnologías, a emplear los conocimientos y los esfuerzos para resolver sus principales problemas y carencias, a facilitar el modelo de vida a un sector de la sociedad al que más incomodidades y más problemáticas parece que perturban, en detrimento de las castas sociales y de los países en vías de desarrollo proveedores de gran parte de las materias tan apreciadas y cotizadas por nuestros fabricantes de complementos y de infraestructuras tecnológicas y captadores, al mismo tiempo, de residuos tecnológicos obsoletos que posteriormente verteremos desde los países del mundo occidental.

¿Y hace falta hablar desde una temporalidad futura? ¿No es esta una reflexión que podría haberse dado en la mente de cualquier persona de principios de siglo? ¿Es realmente culpa nuestra, o es fruto de una confabulación enraizada en nuestro subconsciente como especie dominante? Somos conscientes del bucle histórico en el que entramos de forma acelerada, irracional y estrepitosa, sin valorar las consecuencias ni las experiencias vividas, sin escuchar las voces del pasado y condenándonos a silenciar las voces del futuro.

En el mundo en el que vivo me rijo por las horas de luz, por el calor del sol, por las inclemencias y por el tiempo de bonanza climatológica, por la voz del ganado y por el respeto hacia el entorno y hacia la naturaleza, que es la base de nuestro modelo de vida y que nutre nuestras casas y nuestros estómagos. ¿Qué puede adquirir más valor que poder cultivar, cuidar y ver crecer los alimentos que nos sustentan y que son la base de nuestra historia, de nuestra cultura y de nuestra sociedad? ¿En qué instante podría surgir en nuestro pensamiento la necesidad de crear un ser con una mente y con un físico mejorado gracias al uso de la ciencia y de la tecnología con el objetivo de beneficiar a la raza humana y con la posibilidad de que la razón que haya impulsado al individuo a infligir cambios en la belleza de su naturaleza evolutiva sea una carencia de amor sobre su persona? ¿No se nos acusaría de un sentimiento de constante pérdida de los valores y de aspectos identitarios que nos caracterizan y que formulan la magnificencia de la diversidad humana como especie, fruto de la evolución de nuestro planeta y de los ecosistemas que lo conforman?

Observo a diario los cambios que se convierten en miedos e inseguridades dentro de la mente de las mujeres y de los hombres que rigen nuestros Estados y que toman decisiones en beneficio de los que los votamos, los veo atemorizados por la incerteza de un mundo que es fruto de las desilusiones y del egocentrismo de un modelo de vida construido sobre los cimientos de una sociedad que busca la felicidad en cánones de belleza ficticios, caducos y de una autocomplacencia regida por falsas expectativas que el entorno y la sociedad nos exigen a diario, en el consumo y en la pérdida constante de valores. No puedo hacer nada más que generar un sentimiento de rechazo y de sincera tristeza sobre la mente de aquellos que aún no han descubierto la auténtica belleza de nuestra singularidad como especie y del resto de seres que conforman nuestro planeta, de aquellos que viven cegados por un constante goteo de insatisfacciones y de frustraciones, por la incapacidad de alcanzar metas que no existen en ningún sitio más que en sus pensamientos previamente instaurados o instalados, y que empobrecen y desproveen de cualquier ilusión la mente humana.

La naturaleza posee sus propios ritmos inamovibles, que dan carácter y valor a aquellos seres que se desarrollan, crecen y mueren dentro del transcurso de su historia. La estacionalidad de las verduras y de los frutos, la época de apareamiento y de nacimiento del ganado, los cambios en el tiempo y la continua incertidumbre son el marco en el que se desarrolla nuestra vida y en el que queremos acabar nuestros días. Es nuestra razón de ser, damos significado a nuestros esfuerzos y no querríamos que nada cambiase si eso pudiese significar el fin de nuestro modelo de vida. El crecimiento exponencial de la población humana en las próximas décadas nos conducirá a un agotamiento de los recursos naturales y al fin de nuestra historia como especie dominante. Es una realidad que se solapará con la incapacidad por parte de las tecnologías de darnos soluciones a todas las carencias e imposibilidades a las que hemos podido hacer frente hasta el momento. Ninguna mejora genética de cultivos vegetales como fuente de alimento, ninguna eliminación de enfermedades terminales ni tampoco ninguna elongación indefinida de nuestra media vida podrán combatir las carencias hídricas, el aumento de la temperatura del planeta, la acidificación de nuestros mares y océanos ni la subida del nivel del mar. Estamos en una cuenta atrás que nos dirige hacia un colapso a escala global. Lo que define y da significado a la vida es el maravilloso sentimiento de saber que la raza humana, así como cada uno de los individuos que la conforman, está de paso en el planeta Tierra, que somos y seremos uno de sus capítulos más intensos pero a la vez de los más breves, que dejaremos una gran huella y que, por encima de todo, debemos ser capaces de extraer un mensaje necesariamente positivo por haber influenciado en el largo camino que todavía le quedará por recorrer.

Me apasiona descubrir que en un ámbito tan amplio de debate y de recíproco y continuo aprendizaje no se hayan cerrado puertas a personas de campos tan diversos y heterogéneos. Creo que ese ha sido y será el éxito de la publicación de este libro recopilatorio de opiniones promovido por Albert Cortina y por Miquel-Àngel Serra.

27-9-2014

VÍCTOR ROJAS ORCALLA
Biólogo, pastor de montaña y miembro de la Agrupación de Pastores y Pastoras de Cataluña.

201

La Maquila

La muerta apareció sin ropa en un descampado en el linde de la colonia Las Azucenas con el desierto. Se trataba de Lupe Chacón Contreras, de dieciocho años, mestiza, creyente —según dedujo la policía del crucifijo que le colgaba de una cinta de cuero alrededor del cuello— y maquiladora de profesión. La autopsia determinó que había sido estrangulada, sin precisar más detalles. Fue la primera del año, en enero. En los siguientes meses, otras maquiladoras, también mestizas, fueron halladas sin vida en parecidas circunstancias, todas con un crucifijo en el cuello, pero su posición variaba como las manecillas de un reloj; en una hipotética esfera dibujada en el suelo, cada cuerpo indicaba una hora más que el anterior. Así pues, si Lupe señalaba las doce, Rosita era la una, Adelita, las dos... Al cabo del año eran ciento cuarenta y cuatro las mujeres que habían causado baja en la nómina de La Maquila, la mayor productora de androides del Imperio occidental.

Para la investigadora Bebe Gin, una mujer pecosa y de rubia melena, la participación de androides en la masacre era evidente. Aunque se trataba de un asunto confidencial, una filtración del Departamento Técnico de la compañía, quizá intencionada, afirmaba que dichos androides serían capaces de autorreproducirse a muy corto plazo. En tales circunstancias, se comentaba, seguir utilizando seres humanos en su proceso productivo sería una liberalidad. La cifra de androides en paro seguiría en aumento, mientras que las exportaciones a los Territorios Emergentes no llegarían a despegar. El elevado coste de producción de un androide, por la repercusión del factor humano —básicamente, alimentación y vestido—, hacía inviable su exportación. Por el contrario, en la mayoría de industrias del Imperio oriental, esos artefactos, capaces de efectuar sencillas labores domésticas y de ejecutar sofisticados asesinatos sin dejar el menor rastro, se usaban en todas las fases de su propio proceso productivo y, en consecuencia, su precio en el mercado era competitivo. En las altas esferas del poder temían tanto una sublevación interior de los androides en paro como una penetración de los productos del Imperio oriental. Los indicadores económicos apuntaban a una profunda recesión si no se tomaban medidas. Fueron las maquiladoras las elegidas para resolver la crisis que se avecinaba. Sus puestos de trabajo serían ocupados por sus asesinos. En La Maquila lo habían dispuesto todo y Bebe Gin sabía para quién. Esas criaturas obedecían las órdenes de un personaje obsesionado por los relojes, manipulado genéticamente poco después de la revolución, que se hacía llamar Tedi Pasta y con quien Bebe Gin tenía una vieja cuenta pendiente. Aunque oficialmente se cerraría el caso de las maquiladoras como un ajuste de cuentas entre proscritos y nadie mostraría interés por reactivarlo, Bebe Gin no quería desaprovechar la oportunidad que se le presentaba. Una oportunidad que había estado esperando y para la que se sentía preparada.

Unos años antes de la revolución, Bebe Gin trataba de dar un giro a su vida. Venía de pasar treinta y cinco días en un centro de desintoxicación y estaba sobria. En ese tiempo, Tedi Pasta, su marido, la había plantado por una amiga común, también bebedora, mucho más joven y que había recibido una gran herencia. Bebe Gin telefoneaba a su marido, pero él siempre colgaba, hasta que por fin él la amenazó con denunciarla por la decena de robos a joyerías que habían perpetrado juntos si no lo dejaba en paz. En los inicios de su relación, Bebe y Tedi vivían de eso. La obsesión de Tedi por los relojes venía de esa época. Él planeaba al detalle cada golpe, y Bebe los ejecutaba con frialdad y con maestría. Vendían las joyas para comprar ginebra, pero él guardaba, como coleccionista, todos los relojes. Bebe tomó un tren y buscó trabajo en la costa. Luego vino la revolución.

Con el dinero de su joven amante, Tedi pudo internarse en una clínica Post, donde lo desintoxicaron, le cambiaron el color de los ojos de castaño a azul intenso y le introdujeron en el cerebro un *software* de criminal metódico, aún en fase experimental. Su afición por los relojes siguió intacta, aunque desde entonces empezó a sentir un furibundo desprecio por los crucifijos. Bebe, por su parte, se casó con un trompetista que le juró amor eterno, pero al que apenas veía. La soledad la llevó de nuevo a la bebida. Hasta la noche en que, ciega de alcohol, atropelló a una mujer y a su hijo. Fallecieron en el acto. Fue detenida y confinada en una prisión. La sometieron a tratamiento psiquiátrico y, posteriormente, según le dijeron, fue operada. Le implantaron el chip para aborrecer la bebida y un visor artificial en los ojos para transmitir sus propias imágenes a cualquier dispositivo exterior. Tras su remodelación, salió libre, con la cara pecosa de siempre pero sin su crucifijo habitual en el cuello. No se sabe qué fue de su trompetista. Bebe entró en el cuerpo de Policía porque necesitaba dinero y fue allí donde le ofrecieron el mejor salario. Al año siguiente ganó las oposiciones a carcelero y seis meses después se convertía en ayudante del alguacil. Durante los dos años posteriores, en los que estudió un máster especializado en androides y en su aplicación a la seguridad de prisiones, visitó a menudo las instalaciones de La Maquila y conoció a gran parte de su personal. Un día vio a Tedi. Lo reconoció a pesar de sus ojos azules. Él a ella, hizo ver que no. Ninguno dijo nada. Por unos días lo siguió, tomó nota de dónde y con quién vivía, cuáles eran sus horarios y qué lugares frecuentaba. Cuando lo supo todo de él, empezó a elaborar su plan, que tuvo que posponer por un ascenso inesperado al cargo de subinspectora. Tres años después era nombrada inspectora. Cinco años más tarde aparecieron muertas las primeras maquiladoras.

Bebe salió de la ducha, pulsó el interruptor del secador anatómico que había junto al calefactor y se colocó debajo. Percibió en todo su cuerpo una placentera ráfaga de aire cálido y seco. Sacó del armario una falda corta y un jersey escotado, comprados aquella tarde. Depositó con delicadeza dos gotas de perfume en sus muñecas y en el lóbulo de las orejas, se vistió y se puso una peluca negra. Ingirió la píldora de bronceado intenso que tragó con un sorbo de agua echando la cabeza hacia atrás y se miró en el espejo hasta comprobar que la piel de su rostro adquiría un tono tostado. Guardó en su bolso un Smith & Wesson del 38 y salió a la calle en dirección al viejo barrio, adonde Tedi solía acudir todas las noches con sus secuaces, excepto los jueves, que iba solo en busca de alguna prostituta.

Esperaba en una esquina de la pequeña plaza, atenta al menor movimiento. Encendió un cigarrillo y exhaló el humo, vaciándose los pulmones. Tosió y tembló de frío, y se puso a caminar en dirección a un bar cercano. Entró y dio un trago para calentarse y para recordar su sabor, que le supo amargo después de tanto tiempo sin beber. De nuevo en la calle, se aseguró de que el revólver seguía en su sitio, y fue entonces cuando lo vio. Caminaba deprisa por la otra acera con las manos dentro de los bolsillos de su gabán. A la carrera, pero sin ruido, cruzó la calle, se aproximó a Bebe y le ofreció un cigarrillo. Ella lo miró con desprecio, aceptó el cigarrillo, se lo llevó a los labios y aguardó a que él le diera fuego. Fumaron los dos un rato en silencio, luego él introdujo unos billetes en el escote de Bebe, la tomó por la cintura y juntos caminaron hasta un hotel cercano. Mientras Tedi se desnudaba, Bebe entró en el baño, tomó una píldora y en pocos segundos recuperó su pecosa apariencia. Se quitó la peluca, se colgó el crucifijo, se cambió de vestido y, revólver en mano, entró en el dormitorio y le disparó a quemarropa. Arrojó el revólver al suelo y le dio un puntapié para alejarlo. Ya no le serviría. Activó el visor de sus ojos y al instante su imagen apareció en las diversas pantallas que llenaban las paredes de la habitación y, seguramente, en las de millones de hogares del Imperio occidental. Bebe Gin sintió la frialdad de unas pinzas metálicas atenazándole el cuello hasta que dejó de respirar y se desplomó sobre el ensangrentado cuerpo de Tedi Pasta, que yacía en el lecho.

27-9-2014

ORIOL GUILERA VALLS
Economista y escritor.

202

Concierne al género humano utilizar de la mejor manera posible los conocimientos adquiridos, pero el mundo y la humanidad están cambiando, también y sobre todo porque la ciencia y la tecnología han proveído los instrumentos necesarios para liberarse de antiguas esclavitudes, empezando por la ignorancia

Durante los años de mi adolescencia conocí a un incomparable tío abuelo que vino de visita desde Buenos Aires después de unos cuarenta años. Entre muchas cosas, me contó la historia de un filósofo que, tras sobrevivir a un naufragio, declaró, contrariamente a todos los demás, que no había perdido nada importante, porque las cosas más valiosas e importantes estaban dentro de él, encerradas en su mente: eran el conocimiento.

Ese concepto era cierto ya en la Antigüedad, pero en el mundo de hoy en día ha adquirido aún más valor, ya que el conocimiento se ha vuelto el bien más precioso, porque es capaz de «producir» todos los demás.

La tecnología y la ciencia, de hecho, crean, por un lado, riquezas mentales —el placer de conocer, de entender, de descubrir—, y, por otro, riquezas materiales —mayor bienestar, menor cansancio, mejores tratamientos médicos, mayor difusión de datos y de información, etc.

En el imaginario colectivo falta la exacta percepción del rol de la ciencia y de la tecnología en el *desarrollo humano* y de lo lejos que se han empujado los límites de la investigación: a menudo, investigadores y científicos son acusados de ser responsables de una deshumanización de la sociedad, pero ¿quién querría ser un campesino de 1800? ¿O un enfermo de 1700? ¿O un encarcelado de 1600?

Concierne al género humano utilizar de la mejor manera posible los conocimientos adquiridos, pero el mundo y la humanidad están cambiando, también y sobre todo porque la ciencia y la tecnología han proveído los instrumentos necesarios para liberarse de antiguas esclavitudes, empezando por la ignorancia.

27-9-2014

FABIO SIGNORELLO
Doctor arquitecto, diplomado en Ordenación del Territorio, Urbanismo y Medio Ambiente y máster en Ingeniería Ambiental, presidente de la Asociación Nacional de Control del Agua de Italia.

203

El lugar al que llegaremos depende de cómo lleguemos y del camino que tracemos para llegar

Uno de los significados del término *posthumanismo* es aquel que se utiliza para designar un posible estado futuro de la especie humana en el que esta habría superado sus —o muchas de sus— limitaciones intelectuales y físicas mediante el control de su propia evolución. Puede haber unas cuantas redacciones alternativas a esa definición, pero me sirve para empezar de alguna manera esta aportación.

La tecnología hace tiempo que nos permite superar limitaciones físicas con las prótesis que hace tantos años que se implantan en diferentes partes del cuerpo humano, cada vez mejores, más duraderas y destinadas a sustituir más partes del cuerpo. Lógicamente, suponen una mejor calidad de vida para quien las recibe y, a menudo, también una prolongación de los años de vida. Son prótesis para curar, no para mejorar un estado en sí mismo saludable. Para hablar de mejora, debemos ir a artefactos externos a nuestro cuerpo: un avión para volar, una bicicleta para ir más rápido.

Los ordenadores, los teléfonos inteligentes, Internet…, son considerados como una especie de prótesis de nuestro cerebro, ya que nos permiten incrementar la velocidad a la que hacemos determinadas operaciones intelectuales —como un cálculo matemático— y nos facilitan y aceleran el acceso al conocimiento, por ejemplo. Las tecnologías son utilizadas tanto para ayudar a la persona enferma como para mejorar las capacidades de cualquier ser humano. Son artefactos externos a nuestro cuerpo, pero ya empezamos a entremezclarnos…

Tanto en un caso como en otro, quien primero accede a esas tecnologías es quien tiene el dinero o el poder para acceder a ellas. Después lo hace quien habita en los países con niveles más altos de desarrollo. Con el tiempo, el acceso se abre al resto de la población. Pero todavía actualmente no todo el mundo tiene acceso ni tan solo a las prótesis médicas más sencillas, ni siquiera unos simples anteojos están al alcance de todas las personas.

Pese a todos los avances, entre la superación de las limitaciones —el camino por el que, claramente, ya avanzamos— y controlar la propia evolución hay un inmensa distancia. No solo por la complejidad tecnológica de integrar funcional y completamente el hecho biológico con el tecnológico, sino porque la evolución biológica tiene sus propias dinámicas —como también puede ser que las acaben teniendo algunos productos y aplicaciones tecnológicos, según dicen los que entienden.

La evolución biológica no inventa, hace bricolaje con lo que tiene. ¿Hasta qué punto eso continuaría así? ¿Cómo se integrarían las nuevas «piezas» tecnológicas en el bricolaje? La evolución biológica continuará marcando el proceso, pero sus «pautas de comportamiento», cuando interaccione con la tecnología, ¿serán las que hemos conocido hasta ahora?

Una segunda cuestión me parece especialmente relevante: el cuerpo humano funciona como un todo, a través de procesos y de mecanismos que todavía no comprendemos bien —especialmente los que nos hemos criado en la cultura occidental, con todo nuestro bagaje racionalista y científico. ¿Cómo encajan en la idea del posthumano todos los aspectos del funcionamiento holístico del cuerpo humano? ¿Es posible plantearse cambiar de forma tan radical solo una parte extraordinariamente importante, la que nos permite llevar adelante nuestros particulares procesos intelectuales y cognitivos? ¿Cómo se conjugaría eso con los flujos de información en nuestro cuerpo, los que le permiten funcionar adecuadamente y dar las respuestas correctas a lo que pasa en su entorno? ¿Qué sucedería con la información que ahora adquirimos y procesamos a partir de dinámicas emocionales y de percepciones no racionales ni conscientes?

De la misma manera que los superdotados son a veces muy disfuncionales en aspectos emocionales y en las relaciones con otras personas, ¿no podría suceder una cosa similar con los posthumanos? Podríamos, en cierto modo, llegar a crear seres con fuertes desequilibrios y conflictos internos.

Una de las razones por las que hablamos tanto de los posthumanos es porque nos preocupa la esfera ética. Pero ¿no sería lógico que reflexionásemos también sobre postratones, por ejemplo? Y quien dice «postratones», dice «postdelfines» o «postsimios». ¿O tal vez ese paso ético y científico-tecnológico nos lo saltaremos? ¿Toda la experimentación sería en humanos? ¿Cómo nos relacionaríamos los todavía humanos con los animales «post»? Tendríamos que evitar un planteamiento monoespecífico, focalizado únicamente en nosotros mismos.

Además, no podemos desvincular la reflexión sobre los posthumanos de la reflexión sobre nuestra relación con el entorno, como humanos o como posthumanos, como ya han apuntado un listado de personas que me han precedido en sus aportaciones a este documento. No es razonable plantearnos la mejora humana y olvidar nuestro hábitat, todo el planeta.

Finalmente, no puedo dejar de pensar que parece que la tecnología, que, como una nueva religión, da —le pedimos que dé, queremos creer que puede dar— respuesta a todo, ahora nos promete un mundo en el que ya no sufriremos y nos quiere hacer ver que podríamos llegar a ser inmortales. ¿Inmortales, en un universo que un día desaparecerá? Tenemos tanta conciencia de nuestro yo que no somos capaces de aceptar que algún día moriremos. Posiblemente, ese debe de ser uno de los motivos por los que todas las religiones, de una manera u otra, quieren asegurar la inmortalidad —con la reencarnación, con la resurrección, etc.

Parece que alguien nos quiere convencer de que nuestro bienestar y nuestra felicidad son posibles a través de la tecnología. Seguro que la tecnología nos cambiará la vida, ya nos la ha cambiado, pero creo que nadie está en condiciones de decir que será para ser mejores —¿qué es «ser mejor»?— o para vivir más felices —¿no dicen que «ser feliz» es un sentimiento?

Si los procesos de decisión continúan siendo los actuales, las aplicaciones de la tecnología no estarán en absoluto bajo el control del conjunto de la sociedad. No se accederá a los cambios tecnológicos ni a las mejoras físicas e intelectuales de forma democrática si tenemos que tomar como patrón lo que ha estado sucediendo hasta ahora a lo largo de nuestra historia. ¿Qué se nos pedirá que hagamos para poder acceder a todo eso? ¿O qué se argumentará para que nos resignemos a no poder acceder? Quizá, sencillamente, no accederemos, como sucede en nuestros días con los desfavorecidos, que no pueden tener ni aquellos anteojos que necesitan.

Las innovaciones tecnológicas hacen pensar, realmente, en grandes mejoras en nuestra calidad de vida y también reflexionar sobre el salto cualitativo que se puede llegar a producir en la especie humana, frecuentemente desde una perspectiva positiva. Pero, todo ello, a la vez asusta. Como en tantas otras situaciones, nos debe preocupar profundamente el logro de la igualdad humana —sea lo que sea ser humano o ya posthumano—, el ahondamiento en la democracia, yendo siempre más allá de donde hayamos llegado, y el fortalecimiento de los principios éticos que, en cada momento de nuestra historia futura, nos sepamos proporcionar.

Los medios se transforman en fines. De cómo avancemos y de cómo vayamos hacia ese avance depende el lugar al que llegaremos.

27-9-2014

ROSER CAMPENY VALLS

Doctora en Biología, socia cofundadora de Minuartia, consultoría ambiental especializada en biodiversidad, en sostenibilidad, en gestión y en calidad ambiental.

204

Evolucionaremos con los sensores y con la gran cantidad de información que habrá que procesar una vez todo esté conectado, incluyéndonos a nosotros mismos, los humanos, para transformarnos en posthumanos

Cuando Albert Cortina me propuso este debate sobre humanos, transhumanos y posthumanos, realmente pensé en dar mi opinión al respecto, ya que va más allá de lo que normalmente las mentes pensamos en nuestro día a día.

La realidad es que la cuestión es ya de por sí impactante. Tenemos dos o tres debates: el evolutivo, el ético y la capacidad real de que el humano pueda tener el cerebro preparado para transformarse en otra cosa más —transhumano o posthumano.

Respecto a la cuestión evolutiva, me pregunto si alguien pensaba a principios de los años noventa del siglo pasado que, veinticuatro años después de implantarse las primeras líneas de móviles de primera generación en modalidad analógica —ahora hablaríamos de líneas de cuarta generación—, contaríamos con móviles inteligentes —*smartphones*—, con móviles que tendrían más potencia de cálculo que los procesadores de la época y que estarían conectados en todo momento, y que podríamos hacer videoconferencias gratuitas mediante las líneas de datos del mismo teléfono.

Es un ejemplo, pero analicemos aquella época: las casas tenían televisión en color que no era en absoluto plana —ocupaba de profundidad casi medio metro—, con dos canales públicos, aunque empezaba, incipientemente, a haber alguno privado; de la TV satelital se hablaba, pero no se veía, ya que se podía ver algún ordenador doméstico funcionando de forma aislada y sin conexiones ni grandes programas; se podían comprar telecomunicaciones a un operador, pero solo para hablar, no para «comunicarnos», ya que los módems —moduladores/demoduladores para enviar datos al PC— eran muy caros y la gente no los conocía; íbamos a trabajar sin estar conectados, sin tener ni siquiera un simple correo electrónico o un teléfono móvil que nos permitiese contactar con otros; los primeros móviles eran pesados y tenían baterías aisladas... En ese momento, Europa era el reino de las empresas de telecomunicaciones; América del Norte, de las de informática; y Japón o Asia, de las de electrónica. Ahora, las empresas asiáticas y norteamericanas fabrican *smartphones* mejor de lo que lo hacen las pocas existentes en Europa, y las empresas europeas se fusionan con las americanas para tener viabilidad. Hablamos de un mundo con solo veinticuatro años de diferencia y con una modificación transformacional que ha comportado muchos cambios de hábito y debates morales y éticos respecto a la implantación de las tecnologías, ya sea en el ámbito de la comunicación, ya sea en el de la salud u otros.

El debate ético y moral será necesario ponerlo sobre la mesa. Seguro que surge un debate duro y con muchas cuestiones que afecten a las personas, a las familias, a los políticos, a los factótums sociales, a los capitales, a los trabajadores, etc. Seguro que las innovaciones no serán bien aceptadas si transforman pilares sociales básicos y poco evolucionados, pero sí se aceptarán cuando se vea que comportan más años de vida, mayor comodidad, más evolución, más dinero, más... Siempre en positivo, aunque se tenga que renunciar a algunas cosas, porque, sin esas ventajas, no se podría apostar por ellas.

Otro debate será el regulatorio o legislativo. La sociedad evoluciona mucho más rápido de lo que lo hacen los Estados anticuados que tienen legislación o jurisprudencia romana, que no permiten cambios o transformaciones rápidas de la sociedad. En los países anglosajones, esas trabas existen, pero son menores que en los otros tipos legislativos. Implantar tecnologías que cada año cambian dos o tres veces, con evoluciones logarítmicas de crecimiento y con legislaciones planas que evolucionan de forma secuencial, comporta una asunción de los cambios demasiado lenta y una pérdida de competitividad respecto de otros.

Los miedos a los cambios vienen desde las formas más conservadoras a nivel social y, normalmente, los abuelos y los padres son los que hacen de *stoppers* —obstaculizadores— de las transformaciones. ¿Por qué cambiar el teléfono fijo por el móvil si el que tengo va bien? La comodidad y el miedo de que algo nuevo no sea igual de confortable me empujan a hacer un cambio que me comporta una nula o una negativa actitud con respecto a eso que puede ser mejor pero que es desconocido.

Ahora, con el nativo tecnológico normalizado, la capacidad de cambio se impondrá por encima de otros miedos. Debemos esperar a las nuevas generaciones, que nacerán con el cambio y con la utilización normalizada de las tecnologías de la información.

El concepto de *smart cities* habría de ser el próximo paso en la evolución colectiva, ya que permite un debate ciudadano de transformación de la persona, del ciudadano y de su entorno más inmediato: de su casa, de su oficina, de su hábitat (salud, ocio, cultura, etc). Con ese cambio que se producirá, y con el que todos estaremos interconectados y comunicados, habrá que considerar muchos retos que todavía no podemos ni imaginar: la privacidad, la sociabilidad, la seguridad, la evolución como persona, etc. Esos son los grandes retos del debate que sería necesario acometer hoy en día, mientras la ciudad va transformándose de forma lenta pero firme. Creo que no seremos iguales, ya que nosotros evolucionaremos con los sensores y con la gran cantidad de información que habrá que procesar una vez todo esté conectado, incluyéndonos a nosotros mismos, los humanos, para transformarnos en posthumanos.

Habrá que hacer la foto de aquí a veinticuatro años, y ver si ya estamos plenamente conectados y si las transformaciones se llegan a dar con una normalidad impresionante o con un debate sobre crecimiento personal y social.

28-9-2014

FERRAN AMAGO MARTÍNEZ
Doctor en Regulación (Telecomunicaciones y Energía) y Estrategia Empresarial, decano del Colegio Oficial de Ingenieros Técnicos de Telecomunicaciones de Cataluña (COETTC), presidente del Club de Marketing de Barcelona, del consejo asesor de FHIOS Smart Knowledge y del consejo social empresarial de FUNIBER. Patrono de la Fundación Instituto de Tecnología para el Hábitat de Barcelona (BIT Habitat) y consejero del consejo consultivo de Hábitat Urbano del Ayuntamiento de Barcelona.

205

La privacidad, en el diván

Últimamente vuelve a resonar esta vieja pregunta: ¿la privacidad ha muerto? Es evidente que los que la plantean parecen desear o sospechar que sí ha muerto. En este artículo utilizo *privacidad* como sinónimo del concepto jurídico técnico del derecho a la protección de datos de carácter personal. Es una simplificación, ya que ambos conceptos no son totalmente coincidentes. Pero, en aras de una mejor comprensión del artículo por parte del público en general, lo he considerado oportuno.

¿Cuáles son sus razones en el nivel macro? Plantean que, más allá de las decisiones jurídicas y políticas, las tendencias tecnológicas como *cloud computing*, *big data* o *smart cities*, la Internet de las cosas y la información que transmitimos con nuestros *smartphones* y con algunas aplicaciones, *de facto*, nos hacen estar totalmente controlados. Tienden a añadir que, por un lado, las prácticas de la NSA americana, con la colaboración de los servicios de espionaje y de contraespionaje europeos, y, por otro, la posibilidad empírica de que informáticos hábiles puedan saltarse la mayoría de las medidas de seguridad si le dedican tiempo y esfuerzo solo demuestran que, efectivamente, nuestro «rastro digital» en ningún sentido es privado.

¡Solo les falta introducir en la ecuación la instalación de mejoras tecnológicas en el mismo cuerpo humano como plantean los defensores de la ideología transhumanista y ya estarán totalmente convencidos del fin de la privacidad!

Frente a esas posturas, precisamente desde ámbitos políticos y jurídicos, se plantea todo lo contrario. El hecho de que algo sea técnicamente posible no nos dice que sea legal ni tampoco que sea ético. Por ello plantean, y a nivel de la Unión Europea ya casi han logrado una nueva victoria legislativa por la que llevan años luchando, un reforzamiento de las medidas jurídicas destinadas a proteger la privacidad de las personas —a modo de ejemplo, podríamos decir que los defensores de esa postura han celebrado la reciente sentencia del Tribunal de Justicia de la Unión Europea aplicable a toda Europa sobre «el derecho al olvido» y la desindexación de informaciones que deben respetar los buscadores de información como Google. También cabe destacar que esos defensores del reforzamiento de la privacidad ya han conseguido que la despreocupación por parte de empresas y de Gobiernos con respecto a la privacidad de las personas sea percibida en Europa como algo políticamente incorrecto. Incluso han convencido a un buen número de empresas de que la excelencia en la gestión de la privacidad es algo que pueden emplear como ventaja competitiva —para que más personas confíen en sus servicios— y como herramienta de mercadotecnia.

Tampoco hay que olvidar que, desde luego, se producen invasiones masivas o puntuales de la privacidad de las personas, pero la cuestión relevante es qué hace nuestra comunidad política y jurídica al respecto. A efectos meramente explicativos, podemos hacer un símil con la prohibición del asesinato. Cada día en todo el mundo se producen asesinatos individuales y, en ocasiones, masivos. ¿Alguien cree que, por ese motivo, el «no matarás» en sí mismo ha pasado a mejor vida?

En ese sentido, sí que me atrevería a decir que el debate que debería preocuparnos es otro. Una vez se ha garantizado que los ciudadanos tienen el derecho de ser informados y de decidir cómo se utilizan sus datos, ¿realmente lo deciden?

Muchas veces tenemos la oportunidad de leer políticas de privacidad de redes sociales, de aplicaciones, de páginas web…, y simplemente optamos por aceptarlas sin leerlas. Puede ser algo perfectamente racional. Si estamos seguros de que queremos utilizar cierta herramienta informática, y puesto que no podemos negociar esas condiciones de privacidad, no siempre tiene sentido invertir tiempo —recurso del que no vamos sobrados— en leerlas. Incluso es racional que, pese a saber que, como usuarios, tenemos ese comportamiento usualmente, sigamos pidiendo tener la posibilidad de leer dichas políticas de privacidad para poder contar con la mera posibilidad de decidir, informados, en aquellas ocasiones en que realmente nos preocupemos más por esas cuestiones.

Sí. Todo muy racional y muy coherente. Sin embargo, intuitivamente parece extraño reivindicar tanto un derecho que tan pocas veces ejercitamos de forma seria. Por ese motivo, si la privacidad fuese una persona, no es difícil imaginarla en la consulta de un psicoanalista: «Doctor, todos me defienden y se pelean por mi bienestar… Pero luego deciden dedicarme tan poco tiempo que creo que no les importo.» El psicoanalista tiene clara su recomendación: «Aproveche el tiempo que esté con ellos.»

Ahora ese es el nuevo mensaje de los gurús de la privacidad. No basta con ofrecer información para que las personas decidan libremente qué hacer —o permitir hacer— con sus datos de carácter personal —y cumplir con lo que se dice al usuario y con aquello a lo que obliga la ley—; además, tendremos que aprender a informar a los usuarios en el menor tiempo posible para que les sea absolutamente fácil y cómodo decidir —tan fácil que, efectivamente, sea una decisión informada. La información detallada seguirá existiendo, pero convivirá con resúmenes —información con primera y con segunda capa, como ya ocurre con las *cookies*—, con iconos gráficos que expliquen conceptos básicos —algo parecido a los iconos de las *creative commons*— o, incluso, con líneas de código informático que interactúen con decisiones «marco» tomadas previamente por el usuario para decidir, luego, automáticamente, en grupos amplios de uso informático —*smart data*, por ejemplo, en contextos de *smart cities*.

En resumen, la privacidad goza de más buena salud de lo que aparenta, pero debe aprender a comunicarse de distintas formas. Si no lo hace, seguirá indefinidamente en el diván del psicoanalista.

28-9-2014

DAVID MOLINA MOYA
Abogado especializado en tecnologías de la información y de la comunicación y en propiedad intelectual.

206

No tiene sentido la creación de una herramienta que supere a la inteligencia de la comunidad, por la sencilla razón de que el número de variables que rigen la naturaleza, incluidos los mismos individuos, es infinito

Entiendo que el individuo tiene por instintos sobrevivir y perpetuarse, y, a diferencia del resto de animales, tiene, además, conciencia de sí mismo. Esa inteligencia tiene por objeto facilitar su existencia, a pesar de que es bastante poderosa como para sobreponerse a sus propios instintos anteriores.

A nivel colectivo, no obstante, la inteligencia se pone al servicio de la comunidad en su máximo exponente, ya sea consciente o inconscientemente, y da lugar a un sistema cada vez más complejo.

Ese sistema consta, por un lado, del progreso exponencial de la ciencia y de la tecnología gracias al grado de interconexión de las personas, y, por otro, de la coexistencia de culturas diversas acordes con su historia. Así, en cualquier caso, la influencia del primero sobre el segundo será siempre positiva, aunque a velocidades muy diferentes.

Enlazando con el artículo de Albert Cortina, surgen preguntas con respecto al alcance del progreso y la dispersión del sistema. Entiendo que no tiene sentido la creación de una herramienta que supere a la inteligencia de la comunidad, por la sencilla razón de que el número de variables que rigen la naturaleza, incluidos los mismos individuos, es infinito.

En cuanto a la divergencia del sistema en modo de caos o de destrucción, esta no sería congruente con la inteligencia a nivel colectivo, que prevalece acorde con los instintos iniciales de sus componentes, como se ha dicho, pese a que la eficiencia de su gestión siempre será la mejor posible si se hace entre todos.

29-9-2014

ANTONI RIERA ROBUSTÉ
Ingeniero técnico superior de Telecomunicaciones.

207

Desigualdades sociales, déficits territoriales y empoderamiento tecnológico

Intentaré aportar, modestamente, alguna reflexión al debate público originado por Albert Cortina y por Miquel-Àngel Serra, en su alcance, en su interés y en su pertinencia con respecto a la actual situación de crisis de valores, social, política y económica, y ante la rápida revolución tecnológica en curso.

Es para todos evidente la incidencia del desarrollo tecnológico en las formas de vivir, de trabajar e, incluso, de pensar de las personas que integran nuestra sociedad, aunque las crecientes desigualdades sociales en los niveles de renta y las culturales o formativas hagan que no sea igual para todos la disponibilidad de las modernas tecnologías. Eso se traduce en aumentar aún más las diferencias entre las personas y en el posible peligro de intento de dominación por parte de algunos pocos sobre el conjunto social o, al menos inmediatamente, sobre los más desfavorecidos.

Son indiscutibles las prestaciones en todos los campos de la actividad humana de las nuevas tecnologías, cuyas novedades de todo tipo ejercen cierto embrujo en muchas personas.

La denominación *posthumano* se presenta, en ese contexto, como una condición de excelencia, de evolución superior del ser humano a causa de la incorporación de las más sofisticadas tecnologías a nuestra condición de personas.

El debate está, pues, servido entre los defensores de una generalizada automatización para la producción, la distribución y el consumo de bienes y servicios, para el mejoramiento humano, para el uso y la gestión de nuestros hábitats, etc., y entre los escépticos en cuanto a la capacidad y la conveniencia de esas tecnologías para la consecución de unas mejoras en nuestra calidad de vida, y para la defensa y desarrollo de nuestros valores, de nuestras capacidades y de nuestros derechos, tan costosamente adquiridos.

Frente a su demostrada capacidad para incrementar la comunicación entre las personas, para acceder a la información, para organizar con mayor eficiencia los procesos económicos o la participación de las personas en las decisiones que puedan afectar a sus creencias, a sus sentimientos y a sus intereses, aparecen las posibles limitaciones —e, incluso, peligros— en su incidencia en los comportamientos individuales, colectivos, empresariales e institucionales.

Desde una mirada epistemológica, se ha apuntado reiteradamente, junto con las positivas prestaciones de las tecnologías innovadoras, el peligro de una merma en las habilidades o en las capacidades personales que puede suponer una inadecuada automatización social —cuando desaparece el esfuerzo positivo que los procedimientos tradicionales suponen en los estudios, en los trabajos profesionales, etc.— en la consecución de unos objetivos y de unos resultados determinados... Por ejemplo, cierta «wikipedificación» o superficialidad en los contenidos y en los procedimientos, con comportamientos de respuesta cada vez más automáticos, con poco espacio para prestar atención a las cosas verdaderamente importantes o a la profundización en los propios pensamientos; peligros que, en el mismo sentido, podrían hacerse extensivos al resto de dimensiones del conocimiento, del funcionamiento y de la acción en nuestra sociedad postindustrial.

Quizá por deformación profesional de académico y de arquitecto-urbanista, además de los riesgos anteriormente apuntados y frente a la adopción acrítica de moda de las denominadas *smart cities*, debo señalar también la preocupación por la banalización en la utilización de los crecientes recursos tecnológicos para la mejora y para la gestión de nuestras ciudades. Porque, ante su positiva adopción para la mejora del espacio público, de la movilidad, del transporte público, de la recogida de residuos, del alumbrado, del ciclo del agua y de las energías, del control ambiental, etc., aparece con demasiada frecuencia la abdicación de la responsabilidad de algunos gestores municipales, políticos y técnicos en la gestión del Gobierno de las transformaciones urbanas, con lo que se entrega a las grandes multinacionales vendedoras de las innovaciones tecnológicas a cambio no siempre del bien común de los ciudadanos, sino de intereses políticos o económicos.

La evolución tecnológica no puede ser un fin en sí misma, y debería poner en el centro a la persona para su mejora y la de su hábitat, para que sea más justa desde el punto de vista social, más eficiente en su funcionamiento y más equitativa en su dimensión medioambiental.

29-9-2014

ANTONIO FONT ARELLANO
Doctor arquitecto, catedrático de Urbanística, profesor emérito de la Universidad Politécnica de Cataluña y director del equipo de investigación de la cátedra de Urbanística de la Escuela Técnica Superior de Arquitectura del Vallés (ETSAV-UPC) y del Máster en Proyectación Urbanística.

208

El marcapasos

Mientras pensaba cuánto se necesitaban el uno al otro, ella acariciaba los pies de su marido por encima de esas sábanas verdosas. Una luz blanca sobre la cabecera de la cama helaba el aire de la habitación. Él, todavía inmóvil por el efecto de la anestesia, descansaba en esa cama después de la operación para la colocación de un marcapasos a la que lo habían sometido hacía un par de horas.

Hacía unos minutos que ella había dejado el diario sobre la cama de al lado, ahora vacía, en la que había intentado dormir aquella noche, y no dejaba de pensar en aquellos artículos que acababa de leer sobre cómo el desarrollo de la inteligencia artificial podía influir decisivamente en el futuro de la especie humana. Los textos hablaban de una *posthumanidad*, palabra que no había escuchado nunca, como una realidad inmediata en la evolución del hombre. ¡Fantasías!, pensó mientras se tumbaba de nuevo en la cama, muerta de cansancio después de aquella noche en vela.

Pero aquellas reflexiones del diario, que, aunque no estaba segura de haberlas entendido por completo, coincidían en ciertos aspectos con la implantación del marcapasos a Antonio, la habían trastornado. De hecho, a este le habían colocado, después de semanas de pruebas, un nuevo ingenio, de tecnología china, que prácticamente aseguraba el alargamiento indefinido de la esperanza de vida. Él era de los primeros implantados con aquel artilugio que podía ser considerado como el primer corazón totalmente artificial. Realmente, de su corazón biológico no había quedado nada. A ella la impresionaba vivamente ese acontecimiento: durante la intervención había visto latir los dos corazones a la vez, de reojo. Con todo, se habían gastado una fortuna, porque la Seguridad Social no pagaba el enorme gasto que representaba una operación de ese tipo.

Al despertar, Antonio no necesitó la más mínima ayuda para incorporarse y empezó a llevar una vida normal, como si nada hubiera sucedido. Pasado el tiempo, los años parecían no transcurrir para él, pero ella sí envejecía, y parecía que lo hacía más deprisa que nunca. Y dejaron de hacer juntos muchas de las cosas que años antes compartían. Y ella notó cada vez más la lejanía de su marido, ocupado en cosas que ella ya no podía hacer. Y le parecía, en ciertos momentos, que aquel corazón biónico le había asegurado la vida a él, pero se la había acortado a ella. Y ella, con el paso del tiempo, se transformó en la viva imagen de la soledad en compañía, la soledad más generosa y más triste que ninguna otra. Y buscaba todas las oportunidades para ofrecerle ayuda, ayuda que él rechazaba por innecesaria. Y al cabo de unos años, el hijo pequeño sufrió, les explicaron que por herencia genética, una lesión de corazón parecida a la de Antonio. Y, poco tiempo después, murió —ya que no disponían de dinero suficiente para hacer frente a una nueva intervención. Ese día, Antonio entendió, estremecido, que su inmortalidad había matado a su hijo. Y también comprendió, bruscamente, que no se puede violentar la finitud de la propia existencia. Entonces intentó, inútilmente, encontrar un significado a aquel camino infinito que aún tenía por delante. Con el paso del tiempo se quedó solo, sin pasado, únicamente con futuro, y se lamentó de que nunca nadie le hubiera advertido de aquellos terribles efectos secundarios.

Una voz la despertó: era Antonio, que le pedía ayuda para levantarse. Desorientada durante unos segundos, comprendió que se había dormido, que había tenido una pesadilla y que, afortunadamente, además de aquel modesto marcapasos, su marido la necesitaba, como siempre, para seguir viviendo.

29-9-2014

MANUEL FERRER NICOLAU
Arquitecto.

209

«Hagamos un ser a nuestra imagen» (Génesis)

En estos tiempos en los que la concepción de meditar sobre el ser ha sido reemplazada por la de meditar sobre el tener o sobre el poseer, la dedicación a la reflexión acerca de la condición humana motivada por la esencial labor de investigación de los eméritos académicos —el licenciado Albert Cortina Ramos y el doctor Miquel-Àngel Serra Beltrán— genera una gran alegría y esperanza.

En el ámbito de la cultura judaica, la primera referencia textual al ser humano figura en la Torá, libro del Génesis (capítulo 1, versículo 26), cuya traducción enuncia: «Hagamos un hombre a nuestra imagen, conforme a nuestra semejanza.» Sin embargo, esa traducción del hebreo difiere del texto original, pues, en hebreo, en lugar de la palabra *hombre* figura la palabra *Adam*, y el término *Adam* es más que un apelativo: es en realidad un concepto que define esencialmente al género humano. La palabra *Adam* proviene del término *Dam*, que significa sangre, y de *Adamá*, que significa tierra. Es decir, por un lado, el ser humano se compone biológicamente del fluido vital, y, por otro, proviene de y habita en la Tierra. Aquí cabría la siguiente pregunta: ¿cuál es la misión o el sentido de la existencia del ser humano? La respuesta se encuentra en una búsqueda que, a través de los siglos, debe hallar cada generación: a través de siglos de existencia de pueblos y de culturas, de descubrimientos y de avances, pero también de guerras, de destrucción, de codicia y de crueldad. Entonces, ¿la tecnología será el camino, o más bien será la respuesta al objetivo de nuestra existencia? ¿Reemplazará un cargador electrónico el latir de nuestro corazón? Personalmente, soy profundamente optimista, ya que, a pesar de los retrocesos, de la destrucción y de las desigualdades, siento que en la mayoría de la humanidad prevalece el ser. La historia ha demostrado la caída de imperios, la abolición de la esclavitud física, el amor por la libertad... Y ese amor por la libertad prevalecerá sobre la maquinaria artificial de ilusoria perfección, la ética biotecnológica prevalecerá sobre la especulación tecnoindustrial.

Hoy, un programa de ordenador podrá definir, por ejemplo, qué es el mar, pero nunca podrá explicar la sensación física y emocional que experimentamos al meternos en el mar. La tecnología médica proporcionará felicidad, pero no reemplazará la singularidad de nuestra sonrisa, hecha a «nuestra imagen y conforme a nuestra semejanza...».

29-9-2014

JORGE MARIO BURDMAN ROZENBAUM
Educador y responsable del Departamento de Diálogo Interreligioso de la Comunidad Israelita de Barcelona.

210

La intención es emular la naturaleza, desde la escala más pequeña a la mayor de las escalas. Pero esa fascinación por lo «natural» nos llevará a reproducirnos, a querer reproducirnos, a «transreproducirnos»

Humanos o transhumanos, he ahí la cuestión.

La cuestión es sencilla. Cuando se habla de una innovación disruptiva —aquella que realmente transforma un material, un producto o un servicio—, uno se pregunta si esa innovación se implementará o si sería mejor no aceptarla por las implicaciones que puede tener en lo establecido. Se quiera o no se quiera —antes o después—, la innovación tomará forma y se insertará como un cuchillo excesivamente afilado en nuestra sociedad.

La historia de la naturaleza se basa en la crueldad de la eficiencia, de la desaparición de la debilidad y de la evolución continua. Por tanto, el mundo cambiará, queramos o no queramos. Dentro de cuarenta años, o antes, dispondremos de memorias informáticas capaces de reproducir la cantidad de sinapsis que se producen en nuestro cerebro. Y, en paralelo, seremos capaces de reproducir piel humana —de hecho, ya lo hacemos— y órganos vitales. Así pues, ¿por qué nos preocupamos de la replicación humana si será un hecho?

Algunos claman aún por el crecimiento económico, cuando ya hay una población incapaz de ser alimentada, una población que ya nunca podrá acceder a nuestra manera de vivir porque ya no existen todos los recursos necesarios para hacerlo. ¿Existe alguna posibilidad de sobrevivir? Se atisba una posibilidad nimia: evolucionar como lo hace la naturaleza.

Una nueva ciencia, la biomimética, es señalada como la solución para mantener la sostenibilidad de nuestra civilización. Se puede entender como el aprender del buen hacer de la naturaleza, sea en el ámbito de los servicios, de los procesos, de los productos, de los sistemas o de los materiales. El «buen hacer», en realidad, son tres mil seiscientos millones de años de ventaja sobre la especie humana, creando nuevos materiales, nuevas especies, nuevas soluciones.

Ahora el mundo de la industria intenta convertir los conceptos de las empresas hacia la sostenibilidad. Se trata ya de una necesidad estratégica. Además, identificamos de una forma certera que la impresión en 3D, la fabricación digital, la nanotecnología, la biotecnología, la robótica..., serán las áreas de interés. ¿Sabemos lo que sucede cuando la innovación es inspirada por la naturaleza? Es difícil tan solo imaginar el esfuerzo global de lo que sugiere la biomimética. En definitiva, va a transformarse en una oportunidad de cambio o, incluso, de nuevo motor económico.

El biomimetismo podrá representar un cambio revolucionario en nuestra economía mediante la transformación de muchos de los modos como pensamos sobre el diseño, la producción, el transporte y la distribución de bienes y de servicios. Al fin y al cabo, construirá el puente biomimético entre la economía y el medio ambiente.

El biomimetismo también es la disciplina que versa sobre la aplicación de los principios de la naturaleza para resolver problemas humanos, y proporciona los medios para lograr ambos objetivos, los ambientales y los económicos. Muchos —de hecho, todos— mecanismos y sistemas que se encuentran en la naturaleza son eficientes, por no decir «muy» eficientes, ya que evitan los residuos y pertenecen a lo sostenible en un sistema virtualmente cerrado.

Dos enfoques muy distintos siguen el uso de la biomimética: las empresas que venden productos biomiméticos o bioinspirados han visto con frecuencia duplicar las ventas anuales en los primeros años. Principalmente porque muchos de esos productos ofrecen a los clientes la reducción de las necesidades de energía, de la generación de residuos y de la cantidad de recursos que utilizar.

Implicaciones de inversión

El biomimetismo tiene el potencial de atraer flujos de capital considerables, impulsados por las perspectivas de un rápido crecimiento y de altas tasas de retorno. La motivación no vendrá solo desde el enfoque en productos ecológicos y en sistemas sostenibles. La capacidad para mejorar la eficiencia, la creación de productos que funcionan mejor que los disponibles actualmente y vender a menor costo que los elementos que compiten hablan de los valores que aporta la bioinspiración.

Avances en biomimética

La biomimética es la ciencia de la emulación del diseño de la naturaleza y de cómo producen los sistemas en ella. En la naturaleza, los organismos vivos sintetizan tejidos mineralizados, y ese proceso de biomineralización se realiza bajo un estricto control. Se trata de las interacciones de varias macromoléculas biológicas entre sí con los componentes minerales. En principio, emulamos esas interacciones en pieles sintéticas o cultivadas artificialmente, pero en estos momentos podemos decir que ya es un tema común de investigación la interacción íntima entre las fases orgánicas e inorgánicas. Diseñamos pieles, hemos diseñado prótesis y ya sintetizamos biomateriales para insertarlos en cuerpos humanos sin rechazo. O sea, implantamos cosas en nuestros cuerpos sin provocar una señal negativa de rechazo.

La naturaleza es básicamente inexorable, indiferente a nuestros proyectos y preocupaciones. Los organismos vivos pueden ser vistos como la celebración de las respuestas a las preguntas que surgen de la evolución biológica, pero empiezan a satisfacer nuestras necesidades derivadas de lo militar y de lo económico, o de la salud, del ahorro de energía y de la contaminación. Tomamos la inspiración de nuestra comprensión de la naturaleza, que en sí misma se inspira en los paradigmas tecnológicos de nuestro tiempo.

Esa investigación está teniendo impacto a través de una variedad de temas de investigación, que abarca la robótica, la informática y la bioingeniería, y, en consecuencia, la biomimética se está convirtiendo en paradigma del desarrollo de nuevas tecnologías que, potencialmente, tienden a conducir a un significativo impacto científico, social y económico en un futuro próximo.

La biomimética se define como la «abstracción de un buen diseño de la naturaleza». Su *ethos* central es que las nuevas soluciones han surgido en el mundo natural y estas pueden ser utilizadas como base para las nuevas tecnologías. Debido a que la naturaleza tiende a ser muy baja consumidora de energía y de recursos, las tecnologías bioinspiradas tienen el potencial de proporcionar soluciones más limpias y más verdes.

Aprendiendo de la naturaleza

Los tres niveles de aprendizaje de la naturaleza se pueden caracterizar en el aprender de los resultados de la evolución, en el aprender del proceso evolutivo y en el aprender de los principios de la evolución. Y en ese aprender de la naturaleza podemos tipificar que sus éxitos se derivan del uso de la energía solar, del kilómetro cero —de la materia prima, del oportunismo o de lo que se encuentra próximo y disponible—, de la modularidad, de la jerarquización y de la multifuncionalidad, de la eficiencia de los recursos y del reciclaje, de la resiliencia —como capacidad de adaptación—, de la diversidad, de la redundancia, de la autoorganización, de la autosanación, y de la optimización multidimensional y multicriterio.

La pregunta, entonces, es la siguiente: ¿la biomimética nos llevará hacia lo humano o hacia lo transhumano?

Primero, el estudio de la morfología funcional nos debería llevar hacia formas humanas. De hecho, la robótica se centra mayormente en humanoides y no en la invención de «nuevos» cuerpos. Segundo, se centra más en las formas biológicas de las señales y del procesamiento de la información —la biocibernética como aplicación de sensores y robótica tiene ya un éxito contrastado. Tercero, el desarrollo de la biomimética es el resultado de los avances en el área de la nanotecnología. Y la nanotecnología es el resultado de poder jugar en la escala más pequeña, la de la organización molecular.

La intención es emular la naturaleza, desde la escala más pequeña a la mayor de las escalas. Pero esa fascinación por lo «natural» nos llevará a reproducirnos, a querer reproducirnos, a «transreproducirnos».

> Hemos trabajado en la naturaleza,
> hemos trabajado de la naturaleza,
> estamos trabajando con la naturaleza,
> hagamos que la naturaleza trabaje para nosotros.

29-9-2014

IGNASI PÉREZ ARNAL
Exarquitecto, MSc por la Universidad Pompeu Fabra en Diseño y Comunicación (MODIC), profesor visitante de investigación de la Universidad de los Estudios de Sassari, profesor de la Facultad de Arquitectura de Alguer (Italia) y del Instituto Europeo de Diseño (Barcelona), miembro de la Fundación Mundial de Biomimética y del Grupo de Investigación Consolidado de Arquitectura Biodigital, director de la Biomimetic Summit y fundador de WITS Institute (What Is The Situation Institute), una nueva escuela de transformación para perfiles profesionales y humanos obsoletos.

211

Progreso: acción de ir hacia delante, de avanzar de un grado a otro superior

Mirando atrás en la historia de la ciencia y de la técnica, es evidente que, si existe un avance que nos permite abrir la puerta a un mundo desconocido, por muchas dudas éticas que este nos plantee, incluso pese a prohibiciones y persecuciones, esa puerta siempre acaba por abrirse.

La curiosidad y el afán de conocimiento son una de las fuerzas que han hecho avanzar a la humanidad, y, pese a ello, esta ha sido castigada y estigmatizada en muchos momentos de la historia. La reticencia a abrir las puertas a las innovaciones científicas siempre se ha amparado en el *statu quo* temeroso de los cambios, juzgado desde la acomodada conformidad con el presente. Eso siempre me ha prevenido de posiciones conservadoras que esgrimen, como argumento único, la posibilidad de que el cambio sea negativo. El miedo a lo desconocido se traduce en placaje de la curiosidad y, como posición ante la realidad, es una negación del mismo devenir de nuestras civilizaciones.

A pesar de eso, la materialización de las posibilidades que nos ofrece la ciencia no siempre nos ha llevado directamente por el camino del progreso: en algunos de los horrores del siglo pasado, en la carrera armamentística nuclear —por poner un ejemplo—, vemos como el camino del progreso, difuminado y confundido en medio de una realidad desesperada, se materializa de forma que va en contra de sus propios principios. Si la duda ante los grandes cambios e innovaciones hace que nos debatamos entre visiones de futuros utópicos y distópicos, después del desaventurado siglo XX ya no podemos decir que hacer uso de aquello que el progreso científico y tecnológico nos puede ofrecer nos lleve siempre por el camino del avance. La grave crisis ambiental en la que nos encontramos inmersos es otra evidencia de ello.

El dilema ético planteado por los amigos Albert y Miquel-Àngel se presenta en dos niveles o con dos intensidades. En el primer caso, se habla de mejora humana como un horizonte que la ciencia abre de forma inmediata delante de nosotros. Las mejoras en la medicina nos abocan a un salto cualitativo que se suma al espectacular progreso alcanzado a lo largo de los últimos cien años. Las implicaciones en calidad de vida y en longevidad nos enfrentan a un horizonte totalmente nuevo de desarrollo personal y a un cambio radical de composición social. Además, la gran revolución tecnológica en la que estamos inmersos en los campos de la comunicación y de la gestión de la información nos tiene que llevar, forzosamente, a repensar el concepto de inteligencia: todo el potencial que ahora llevamos en el bolsillo o en la mano en forma de dispositivos electrónicos está demasiado presente en nuestra cotidianidad como para no hacerse rápidamente incorpóreo, invisible o integrado. De momento ya van tomando forma de anteojos o de pulseras y cada vez son más íntimamente cercanos a nuestra corporeidad, y ello pese al miedo de transparentar y de hacer accesibles nuestros secretos más íntimos, pese a todas las dudas y todos los miedos a los que antes aludíamos. ¡La curiosidad y la esperanza ganan por goleada!

Pero al lado de ese planteamiento, que ya se abre delante de nosotros, nos proponéis vislumbrar un horizonte de superación definitiva de las limitaciones de nuestra propia corporeidad: nuevos cuerpos, nuevas conciencias, perfeccionamiento progresivo y, finalmente, la eternidad al alcance del ser humano, un ser humano alejado de las contingencias de la vida caduca. Se trata de la pérdida definitiva del sentido de «artificial» frente a «natural», del dominio definitivo de las dinámicas evolutivas, que, como ya preconiza el dominio de los códigos genéticos, nos ha de llevar a actuar sobre el propio ritmo establecido del proceso que llamamos «vida».

Pero, si eso se plantea en forma de liberación, es necesario tener en cuenta que sufrimiento, enfermedad, pérdida y, finalmente, muerte son consustanciales al mismo viaje de la vida. Diferencia, diversidad, aceptación de la propia limitación, fracaso y triunfo son intrínsecos a nuestra forma de relacionarnos y de organizarnos como individuos y como sociedades. Y esas «limitaciones», que nos definen inequívocamente como humanos, alimentan a la vez nuestro ingenio y nuestro afán por superarlas, y, en esa paradoja, se cierra el círculo de superación y de esperanza que da sentido al mismo concepto de progreso y, por extensión, a la misma vida.

Ese es el camino apasionante en el que nos encontramos inmersos como humanidad, y, por fortuna, estamos todavía muy lejos de que la ciencia nos ofrezca un horizonte que rompa con los principios que le den razón de ser: curiosidad y esperanza en el futuro.

29-9-2014

ROGER SUBIRÀ EZQUERRA
Arquitecto, profesor de estética de la Escuela de Arquitectura La Salle de la Universidad Ramon Llull.

212

Sobre la inteligencia en las ciudades

El magnífico artículo de Albert Cortina nos lleva a mirar hacia un futuro, bastante próximo, en el que, previsiblemente, algunas tecnologías aún emergentes tendrán una incidencia muy significativa sobre nuestras formas de vida, y plantea la necesidad de avanzar en la comprensión de ese nuevo paradigma. La larga y rica relación de comentarios y de textos que ha suscitado nos ayudan a ir situando piezas que nos permiten entrever la imagen que forma ese puzle, aún muy incompleto.

Una pieza más…
No hace mucho, el director de una importante empresa de logística, en una visita a sus instalaciones, nos explicaba que la eficiencia de estas dependía en buena medida del sistema informático, que tenía que optimizar el proceso de carga y descarga, de traslado y de ubicación de sus mercancías.

Cuando diseñaron el complejo, se empezó a desarrollar un *software* de gestión a partir de sistemas complejos que incorporaban el autoaprendizaje y que podríamos denominar *inteligencia artificial.* Una vez iniciada la fase de pruebas y de simulaciones, el sistema demostró ser altamente eficiente, pero los operadores empezaron a plantear la dificultad de «entender» los movimientos y los procesos, que se habían vuelto impredecibles para ellos.

Frente a las dificultades y el riesgo que planteaba esa «impredecibilidad» y la progresiva dificultad que comportaba para incorporar mejoras, optaron por hacer un nuevo desarrollo de *software*, basado en «reglas de buenas prácticas» fijadas por los operadores, que, al ser conocidas y «entendidas», se habían podido ir corrigiendo y perfeccionando a lo largo de los años.

El nuevo sistema ha ido mejorando progresivamente, interactuando con los operadores humanos, que han hecho posible la mejora continuada de las reglas. Ya conseguida la eficiencia del sistema «artificial» inicial, este sigue mejorando, y la interacción con todo el mundo que en ello opera, al ser comprensible, es más «confortable».

Si, en las «ciudades de las mercaderías», el sistema de aprendizaje automatizado puede llegar a un límite de desarrollo en el que ya no mejora por sí mismo y su «impredecibilidad» limita su control, la seguridad ante imprevistos y la evolución interactuante con sus operadores, probablemente en las «ciudades de los humanos», esa situación todavía es más clara. Así, en el futuro tendremos ciudades y entornos cada vez más inteligentes, pero hará falta que buena parte de esa inteligencia siga siendo también «humana».

Las ciudades, expresión física de la humanidad desde el Neolítico, han evolucionado con nosotros, mejorando su utilidad y la experiencia de vivir, impulsadas tanto por tecnologías que se han ido superponiendo como por el mismo desarrollo de nuestros hábitos, que, en algunos casos, son la causa y, en otros, la consecuencia del resto de cambios, de voluntades o de necesidades de habitar.

Los sistemas de inteligencia artificial pueden actuar, una vez más, como un impulso «disruptivo» de cambios tecnológicos y provocar cambios en los hábitos. En ese nuevo contexto será necesario que los arquitectos y otros profesionales sigamos aportando nuestro conocimiento en los procesos de creación, de gestión de los cambios y de definición de los espacios, que requieren la capacidad para imaginar el futuro —alejada de la pura extracción de reglas del presente y del pasado—, así como la voluntad de construirlos como proyectos colectivos que aglutinen ilusiones, tal como ha pasado, por ejemplo, en Barcelona, que se ha convertido en referente global en ese sentido.

29-9-2014

LLUÍS COMERÓN GRAUPERA
Arquitecto, decano del Colegio de Arquitectos de Cataluña (COAC) y presidente del Instituto de Tecnología de la Construcción de Cataluña (ITeC); ha combinado la actividad profesional con la docencia en la Escuela Técnica Superior de Arquitectura del Vallés (ETSAV- UPC).

213

Ciudad y ciudadanía en la sociedad de viajeros sociales. ¿Posthumanos?

El interesante artículo «La ciudad no es un laboratorio», de César Reyes Nájera y Ethel Baraona Pohl, publicado recientemente en *La Ciudad Viva* (julio del 2014), acertaba al recordarnos que «la ciudad no es un laboratorio», en relación con las múltiples referencias que desde hace años nos invaden en ese sentido, más allá de una simple metáfora que se convierte, en múltiples ocasiones, incluso, en argumento central de proyectos urbanos y de actuaciones concretas. Al mismo tiempo, nos ilustraba sobre la naturaleza esencialmente social y cambiante de la realidad de nuestras ciudades: «Las ciudades son sistemas dinámicos que se desarrollan sobre una base material y se mueven a partir de las interacciones de sus habitantes. Gracias a esas interacciones, la "forma" real de la ciudad trasciende la mera configuración física. Por lo tanto, aunque la forma de las ciudades puede ser similar a las redes fluviales o a los organismos biológicos, su principal función es la de actuar como reactores sociales abiertos.» Para, más adelante, añadir que «los avances en tecnología de la información y de la comunicación que ahora nos permiten generar, monitorizar y, algunas veces, interpretar una inmensa cantidad de datos pueden ser útiles para refinar tareas de gestión urbana, pero difícilmente pueden explicar o predecir las interacciones sociales que ocurren en la ciudad».

Si la ciudad —y, por extensión, el territorio en general del que forma parte y con el que constituye un sistema— no es un laboratorio, la planificación urbana y territorial no debería ser de ningún modo un experimento, sino instrumento eficaz para lograr desarrollar objetivos y estrategias generados desde el consenso social, imitando éxitos empíricos contrastados e ignorando los numerosos fracasos producidos en las últimas décadas en la planificación urbana moderna. Esa idea se sitúa en las antípodas del libro *Muerte y vida de las grandes ciudades*, escrito por Jane Jacobs en 1961, en el que esta definía la planificación urbana moderna como una pseudociencia «con una obsesión casi neurótica en su determinación de imitar los fracasos y de ignorar los éxitos empíricos».

Es más, el bienestar urbano y la calidad de vida están directamente vinculados con el tipo de trabajo, con el grado de convivencia y con las oportunidades de desarrollo que ofrecen las ciudades a sus habitantes. Ese escenario es propio de la ciudad percibida como un complejo sistema de grandes redes sociales, más allá de las agrupaciones segmentadas de personas —la hasta ahora denominada *sociedad civil* y sus instituciones—, que se desarrolla a partir de una mezcla de relaciones sociales, de espacios —físicos y virtuales—, de tiempo —medido de diferentes modos— y de infraestructuras y que contribuye a «fortalecer la función principal de la capa física de la ciudad, que es permitir las interacciones sociales y la conectividad humana». Ese el modo de lograr una mejor ciudad para alcanzar una mejor vida.

Hace años que, de manera insistente, como si se tratara de un mantra, se viene hablando de las *ciudades inteligentes*, cuando, en realidad, lo verdaderamente importante sería profundizar en la identificación y en la caracterización de los *ciudadanos inteligentes* o, mejor aún, tratar de comprender la naturaleza de una nueva ciudadanía emergente —*ciudadanía inteligente*—, capaz de dar a entender el papel y las posibilidades que ofrece la ciudad para alcanzar una auténtica mejor vida, mediante la correcta articulación de usos del territorio, el diseño de nuevas estrategias de relación y de desarrollo, y nuevos modos de gestión y de gobernanza. Todo ello transformado e impulsado hacia dimensiones desconocidas por los descubrimientos y por los desarrollos científicos y sus aplicaciones prácticas, cada vez más numerosas y más deslumbrantes para el ser humano común.

Sin embargo, hay un aspecto de la realidad de la que apenas se habla, al menos con visión amplia, y es la profunda transformación que, de modo acelerado, se viene produciendo en las características mismas del ser ciudadano, en la naturaleza misma de la ciudadanía.

Vivimos en un mundo en el que, gracias a las increíbles aportaciones de la tecnología y de la ciencia, el tiempo se ha comprimido radicalmente —todo es real o virtualmente instantáneo— y el espacio ha desaparecido —puesto que nos situamos física o virtualmente en cualquier punto del mundo conocido con solo desearlo. Además, nos encontramos en una sociedad de carácter global en la que la relación entre territorios se produce básicamente entre ciudades o entre ámbitos metropolitanos con características locales, de muy diferente tamaño y naturaleza, pertenecientes a territorios nacionales en los que las fronteras acaban por perder su significado tradicional. Aparece un nuevo paradigma de ciudadano global —físico o virtual—, a mitad de camino entre el comportamiento del ciudadano convencional y el del típico turista, con nuevas necesidades, derechos y obligaciones —diferentes de los hasta ahora conocidos y, además, a escala planetaria—: «seguridad integral» —policial, sanitaria, jurídica, informativa—, «conectividad total» —transporte, redes, Internet—, «participación directa», etc.

Es lo que podemos llamar un «viajero social», que, como ciudadano, se vincula a un lugar específico, a una ciudad en la que teóricamente fija su residencia y, por lo tanto, participa en las sociedades democráticas a través del voto, y que, como consumidor del tiempo en forma de experiencia —turismo—, se comporta como un mero cliente y, en cualquier caso, se expresa a través del libro de reclamaciones o de sistemas equivalentes.

Ese viajero social, ya sea como ciudadano, ya sea como turista, tiene a su vez la creciente necesidad de percibir y de sentir lo que hasta ahora identificamos como rasgos esenciales de la identidad territorial, social o cultural, sobre todo aquellos que identificamos con la autenticidad, sin apenas percibir su disolución en pos de una economía del consumo instantáneo, de una política del simulacro institucional y socialmente instalado e, incluso, de una poética de la desaparición.

La explosiva mezcla entre la nueva conectividad integral —transporte, información, redes sociales, etc.—, el turismo —viajero social— y una progresiva mayor necesidad de experimentar la vida como una experiencia siempre cambiante en un espacio físico cada vez más menguante —hasta ser nulo en el espacio virtual de las imágenes y de la nueva memoria— da lugar a la ciudad global habitada por una nueva ciudadanía que, además, pretende ser más participativa.

En el futuro, todos seremos viajeros sociales —o a eso parece que aspiramos—, y configuraremos una nueva ciudadanía en ciudades radicalmente abiertas al mundo, una nueva ciudadanía capaz de reconocer la complejidad del medio en el que nos desenvolvemos, de aceptar la pluralidad social a la que nos dirigimos, de asumir la incertidumbre, elemento cada vez más presente en nuestra actividad, de abrir espacios a la innovación y a la formación permanente, a la comunicación instantánea y a la pedagogía urbana.

Nunca como hasta ahora se había necesitado repensar el mundo local desde una inteligencia y desde una lógica globales, que determinan en grado extremo las nuevas relaciones con nuestro entorno físico, social y espiritual.

Es quizá el momento de recordar una antigua cita del siglo XIX en relación con el reto que nos plantea esa nueva sociedad habitada por «viajeros sociales», que parece depositar su confianza casi exclusivamente en el desarrollo futuro de la ciencia y de la tecnología: «Todo lo sólido se desvanece en el aire; todo lo sagrado es profano, y los hombres, al fin, se ven forzados a considerar serenamente sus condiciones de existencia y sus relaciones recíprocas.» La cita es de Friedrich Engels y Karl Marx, de su *Manifiesto comunista* —Londres, 1848—, y también la menciono con referencia a un conocido título de Marshall Berman, *Todo lo sólido se desvanece en el aire*, publicado en Nueva York en 1982.

29-9-2014

JOAQUÍN MAÑOSO VALDERRAMA
Arquitecto y urbanista, decano del Colegio Oficial de Arquitectos de Canarias; ha sido director general de Planeamiento Urbanístico del Ayuntamiento de Madrid.

214

El uso de las tecnologías científicas para impulsar la capacidad física de los seres humanos tendrá interés y beneficios, a condición de que las medidas, las acciones y los resultados no tengan repercusiones negativas en el proceso evolutivo del hombre ni contribuyan a caracterizar erróneamente las relaciones afectivo-amorosas intrínsecas a la condición humana

El ser humano es mortal, de manera que todos los seres vivos están condenados a la muerte, es decir, el proceso de muerte pertenece al surgir de la vida. Esa condición humana es parte integrante de su cultura. Nadie quiere morir, por mayor que sea, y muchas veces se rechaza ser llamado «viejo», pues es corriente decir «viejos son los trapos». Eso es así porque la debilidad y la vulnerabilidad con las que el ser humano se ve confrontado en su vejez hacen de él un ser impotente y dependiente de los demás en todo lo relacionado con la resolución de muchos problemas que, contrariamente, no tenía cuando era joven, y tenía más energía y más vitalidad.

La vejez, en cuanto que expresión de la vulnerabilidad física del ser humano, es señal de la proximidad de la muerte. Cuando se intenta, por medio del uso de la ciencia y de la tecnología, especialmente de la biotecnología, de la neurotecnología y de la nanotecnología, potenciar la longevidad humana, el hombre tiene que adaptarse a una nueva realidad, por lo que adquiere otra noción del tiempo y de las cosas.

La muerte tiene lugar cuando las células vivas son inferiores a las muertas. Hay, por lo tanto, un proceso continuado de renovación de células, que asegura la vida y evita la muerte total.

José Augusto Simões, en el artículo «Reflexão bioética sobre a situação do idoso e sua família» ['Reflexión bioética sobre la situación de la persona mayor y su familia'] —*Acta Médica Portuguesa*, vol. 23, núm. 3, II serie (mayo-junio 2010), p. 483-492, Celom—, afirma que para vivir es necesario morir continuamente, y eso tiene, en el ser humano, no solo un significado biológico, sino también psíquico y espiritual. La muerte, para ese autor, es un desafío psicoespiritual para el que es necesario encontrar un sentido. Todas las culturas han acumulado, por medio de sus religiones, referencias al respecto, y han capacitado, así, a los seres humanos para enfrentarse a la muerte inevitable.

La singularidad tecnológica del tipo computacional o de otros medios que puedan ampliar las capacidades humanas, entendida como el punto en que la tecnología deja de estar sujeta al control del ser humano, podrá constituir para el mundo una nueva Revolución Industrial, que podrá traer beneficios o problemas teniendo en cuenta los riesgos potenciales inherentes al control de los efectos y/o de los impactos de las decisiones tomadas en situaciones de incertidumbre.

Para el movimiento llamado *singularitarianismo*, la creación de una inteligencia que supere a la humana es posible y deseable, y puede poseer cualidades morales y más constantes en su actitud moral que el ser humano —dependiendo de la complejidad de la programación.

Según Artur Alves —véase «Notas sobre o conceito de singularidade tecnológica», *Argumentos de Razón Técnica*, vol. 11 (2008), p. 57-70—, la gran esperanza es dar al ser humano la posibilidad de trascenderse a sí mismo intelectual, física y psicológicamente, con recursos y con medios artificiales, y ampliar el espectro de modos de existencia disponibles en dirección, exactamente, al posthumano.

Los transhumanistas consideran que las deficiencias físicas y mentales, el sufrimiento, la enfermedad, el envejecimiento y la muerte involuntaria son innecesarios e indeseables. Ellos comparten la idea de que la evolución de los seres humanos no debe continuar en manos de un proceso natural de mutaciones. Al contrario, los mismos humanos deben intervenir, procurando el mejor camino posible, en su misma evolución.

Con las facultades físicas y cognitivas mejoradas, los investigadores esperan aumentar el bienestar de la humanidad con la eliminación de la pobreza y del sufrimiento, con la curación de las deficiencias físicas y mentales, con el aumento de la inteligencia y con el prolongamiento indefinido del tiempo de vida del ser humano, con vistas a la inmortalidad, a la creación de inteligencia artificial y a la exploración del universo.

Entendemos, pues, que, si es posible liberar al ser humano de los sufrimientos, de la enfermedad, del envejecimiento e, incluso, de la muerte, otras soluciones tendrán por fuerza que acompañar esa transformación de la condición humana, como, por ejemplo, la alimentación y el espacio, ya que, incluso si las tecnologías garantizan la producción y la productividad de alimentos en la misma extensión del espacio terrestre —que no aumentará— para responder a las necesidades de las almas que van llenando el planeta, se plantearía la cuestión del espacio necesario para acoger esas almas, para protegerlas y para permitirles vivir con dignidad.

Si es verdad que el hombre ha desarrollado tecnologías bastante complejas y que permiten traducir a ecuaciones muchas cuestiones en provecho del desarrollo socioeconómico, cultural y ambiental, no es menos verdad que también esas mismas tecnologías han contribuido a la creación de externalidades negativas en el ambiente, a punto de amenazar directa o indirectamente la supervivencia del hombre en el planeta Tierra.

El uso de las tecnologías científicas para impulsar la capacidad física de los seres humanos tendrá interés y beneficios, a condición de que las medidas, las acciones y los resultados no tengan repercusiones negativas en el proceso evolutivo del hombre ni contribuyan a caracterizar erróneamente las relaciones afectivo-amorosas intrínsecas a la condición humana.

Sin embargo, si la singularidad alcanza el punto en que empieza a surgir una entidad capaz de sobrepasar las capacidades cognitivas el doble de lo que ha antecedido —inteligencia humana y artificial—, o sea, una entidad posthumana, se plantearía la cuestión del riesgo existencial, ya que el control de las decisiones tomadas por esa superinteligencia artificial y la situación de incertidumbre podrían comprometer las condiciones naturales que han permitido y han condicionado la aparición y la evolución del mismo ser humano.

29-9-2014

MANUEL LEÃO SILVA DE CARVALHO
Licenciado en Silvicultura y máster en Gestión y Auditoría Ambiental y en Ingenieria y Tecnología Ambiental, técnico sénior de la Dirección General de Medio Ambiente del Gobierno de Cabo Verde, coordinador nacional del Proyecto de Consolidación del Sistema de Áreas Protegidas de Cabo Verde.

215

Diógenes de Sínope, ¿el primer nihilista?

«Diógenes de Sínope fue exiliado de su ciudad natal y se trasladó a Atenas, donde se convirtió en un discípulo de Antístenes, el más antiguo pupilo de Sócrates. Diógenes vivió como un vagabundo en las calles de Atenas, y convirtió la pobreza extrema en una virtud. Se dice que vivía en una tinaja, en lugar de en una casa, y que de día caminaba por las calles con una lámpara encendida diciendo que "buscaba a hombres" (honestos). Sus únicas pertenencias eran un manto, un zurrón, un báculo y un cuenco, hasta que, un día, vio que un niño bebía el agua que recogía con sus manos y se desprendió de él. Ocasionalmente, estuvo en Corinto, donde continuó con la idea cínica de autosuficiencia: una vida natural e independiente de los lujos de la sociedad. Según él, la virtud era el soberano bien. La ciencia, los honores y las riquezas eran falsos bienes que había que despreciar. El principio de su filosofía consistía en denunciar por todas partes lo convencional y oponer a ello su naturaleza. El sabio debía tender a liberarse de sus deseos y a reducir al mínimo sus necesidades.»

Tratándose de un comentario que acierta en cuanto a la preocupación por lo moderno, por lo contemporáneo y por lo futuro de nuestra condición de humanos internautas y de usuarios tecnológicos, he añadido el párrafo anterior, extraído de la famosa Wikipedia, a modo de ejemplo de lo que sería el resultado de una negación absoluta de la participación de un sistema, de una idea, de una sociedad que avanza en pos de mejoras y de regalías obtenidas de la investigación pautada e interesada de algunas potencias reguladoras capaces de disfrazarse de ciencia y de adelanto tecnológico o de lo que algunos ya tildan de atrocidad y de intromisión en la esencia humana. Las preguntas de Albert Cortina son acertadas y precisas, y denotan una gran preocupación por el futuro de las generaciones venideras y por el actual momento que vive la sociedad, presa de las redes y de las nuevas tecnologías, las que considero un mero proceso de experimentación y de incipiente aplicación.

El siglo XXI solo es el umbral de lo que nos espera como escenario de las nuevas aplicaciones de las tecnologías computarizadas, de la nanotecnología, de la biorreestructuración genética y de la robótica, ámbitos de estudio que incluyen, ya en este momento, cambios en los factores alimentarios, en las rutinas de ingesta y en las composiciones químicas supuestamente nutritivas, conservantes y estabilizadoras de lo que nuestros paladares disfrutan y que, actualmente, son parte de ese gran y prometedor avance de la tecnociencia.

Para atreverme a escribir este texto, he repasado temas sobre moralidad y todas sus derivaciones, y me he informado sobre ética, sobre tecnoética, sobre filosofía contemporánea...

Me doy de bruces con fuertes referencias a los valores. De golpe, topo con lo abstracto y con lo relativo, sigo indagando y me informo acerca de corrientes que abogan por el transhumanismo y por sus propuestas de mejora de la especie y del proceso que nos conducirá al término *posthumano* como resultado de la investigación y de la forzosa aplicación de la tecnología. Sigo investigando y aparece mi realidad de ser humano normal, trabajador, producto final de un régimen totalitario y militar de los años setenta en el Cono Sur, en un país llamado Chile, y persona formada en un seno católico y piadoso, con un profundo interés y una curiosidad que se mantienen hasta hoy. Me asaltan los conceptos adheridos a mi formación religiosa y a la vez comienzan a desdoblarse, se retuercen, se quiebran, y empiezo a dudar de la estabilidad que poseen mis convicciones religiosas cuando constato que el hombre, hecho a imagen y a semejanza del Creador, ya crea su propio ecosistema, cuenta con bioalimentación, domina el espacio y genera un control cibernético desde ese sutil y diáfano campo; que logra, incluso, localizar un pueblo perdido en la fría maraña de las islas de Chiloé, en el extremo sur de mi país; que es capaz de neutralizar al más peligroso de los rivales con un seguimiento programado desde una eficiente acción de purga, en cualquier latitud y coordenada de este convulso planeta, ayudado por un obediente robot soldado llamado dron o VANT —vehículo aéreo no tripulado—; y que, además, tiene el poder de alargar la vida de un enfermo terminal y de mantener su estatus por un módico precio.

Las maravillas de esas experimentaciones cibernéticas se aproximan, raudas, a la medicina, y las puedo palpar desde primera fila cuando me encuentro con personas desmembradas por algún tipo de impacto en su estructura física y son recompuestas con unas maravillosas prótesis que veinte años atrás eran impensables. Soy un terapeuta rehabilitador que compagina sus horas como instructor de actividades dirigidas en destacados centros de *fitness* de la Ciudad Condal, y en cada convención nacional o internacional me encuentro con alta tecnología en alimentación, para la recuperación de los estados vitales y de potenciación física, con máquinas ultracompuestas y megaeficientes que tienen la facultad de ser imperceptibles para la vista de los usuarios gracias a un diseño inteligente, elaborado, preciso, armonioso, y que tienen como objetivo fortalecer músculos, hacer de entrenador personal o, incluso, ser tu fisioterapeuta exclusivo. Se trata de elementos y de accesorios que cuentan con modernos y diminutos chips controlados por un ordenador interactivo, que pregunta por las necesidades de entrenamiento y/o de rehabilitación. Tampoco escapan a la modernidad las prendas de vestir inteligentes y de telas adecuadas para una eficiente extracción del sudor desde la piel al exterior, que resultan excelentes al conservar la temperatura ideal para que los músculos sigan trabajando sin fatigarse por los cambios de temperatura del entorno. Todas esas maravillas —que, incluso, me alegran— las tengo cerca a diario y facilitan mi trabajo, porque cooperan con mi eficiencia, con mi ergonomía y con mi calidad de vida personal y profesional. Por eso debo decir que no son esas las cosas que me provocan temores.

¿Hacia dónde va la ciencia? La tecnología informática, la medicina del futuro, los avances destinados a controlar a la superpoblación, los alimentos biodiseñados, los espacios y los hábitats de nuestras generaciones futuras..., esas son mis preocupaciones, esos son mis temores. Y mis recelos no se fundan en el plazo, sino en las formas y en los objetivos, que ya revelan un creciente interés comercial y que acusan una gran falta de ética y mucho desparpajo a la hora de aplicar valores por lo que se refiere a lo abstracto que resulta controlar las acciones de las multinacionales, ávidas de mercantilizar la salud, los alimentos y los espacios en los que nuestros descendientes tendrán que forjar su futuro. Ya se vislumbra que el gran negocio es la medicina, pero, para llegar a él, enfermaremos de forma oportuna y pautada, y los Estados adquirirán grandes deudas para estabilizar la salud de sus habitantes, negocios redondos para los poderosos que controlen el embargado estrato que se relaciona con la sanidad, convenida y pactada.

¿Lo suprasensible se hará cotidiano y se convertirá en un estilo de vida? No es retórica, la respuesta está en el avance que se ha dado en las comunicaciones controladas por las agencias de primer nivel, que ya son capaces de mostrarnos, sin tapujos ni dilaciones, masivas masacres de seres humanos en vivo y en directo, en hábiles informativos diseñados a conciencia para reconducir las conductas, las orientaciones y los favoritismos masivos. Esos informativos son capaces de anular las reacciones sociales, y eso es tecnología aplicada a la antropología. Los que se han autoproclamado líderes internacionales han fraguado de forma muy inteligente el caldo de cultivo en el que se desarrollan las batallas que adecúan nuestros comportamientos, apoyados hoy por las redes sociales. Somos frágiles presas de una idea, de un concepto y de un proyecto que muchos desconocen y que otros tantos son incapaces de frenar. Acercarme a este debate me ha dado la oportunidad para hacer una revisión de mis convicciones como ser humano, como elemento proactivo, como integrante de una comunidad que profesa una religión y que ve, de soslayo, como han mutado las experiencias en creencias populares que han forjado a las sociedades actuales, donde los valores se ven tergiversados y desacreditados por el cúmulo de información que riega nuestra inteligente neocorteza, dueña de todo nuestro raciocinio y que nos hace dudar, temer y desconfiar, ahora mismo, de todo lo que nos rodea.

Las religiones devienen pugnas ininteligibles y nada perspicuas en nombre de un Dios único y creador de todo el universo palpable y cotidiano, y parece que no nos clarifican nada, sino que nos confunden con sus fundamentos, algunos arcaicos y nada proclives a la modernidad y al esclarecimiento de la vida y del futuro de los que tenemos fe. Observamos, inmutables, cómo nos arrastra lo cotidiano, lo moderno y lo fantástico de las comunicaciones y de la información programada. Permanecemos inamovibles ante el avance de las ciudades inteligentes y programables, que ya ostentan el poder de controlar nuestra forma de movilizarnos y de trabajar, y que dominan nuestras necesidades, nuestras curiosidades, nuestra alimentación, nuestras actividades lúdicas y recreativas, nuestros estándares sociales, nuestras vestimentas y nuestras costumbres más básicas. Es la antesala de la aceptación pasiva y masiva del primer paso que desea dar la tecnología en las sociedades actuales, y su plan está en acción y funciona casi a la perfección, según sus dictados. Suena a catástrofe, pero, como expresé antes, el siglo XXI es el escenario que da inicio a grandes transformaciones, y nuestros herederos serán los que lidien con esa realidad, o bien acepten las virtudes y las aberraciones del sistema que se instaure en pro de sus intereses, de sus obligaciones y de sus compromisos con una sociedad global que los hará enfrentarse a unas dudas muy diferentes de las que, hoy y aquí, se plantean. Quizá Diógenes de Sínope era un loco muy cuerdo y se las vio venir, y por eso eligió el exilio, la pobreza y, como única vestimenta, el poder de su preclara inteligencia.

29-9-2014

JAIME TAPIA IBÁÑEZ

Terapeuta especialista en enfermos terminales, entrenador personal, experto en entrenamientos funcionales de alto rendimiento y en dinámicas de actividades físicas para poblaciones especiales, técnico de actividades dirigidas, presentador internacional de nuevas tecnologías para salud y bienestar, y ponente y colaborador de la Fundación Pere Tarrés.

216

Existe una diferencia entre mejorar el mundo de nuestro alrededor y crear un mundo diferente del que creó Dios

De antiguo, el judaísmo siempre ha tenido algo que decir sobre cada uno de los aspectos de la vida, de la muerte, del pasado, del presente y, como es de esperar, también del futuro. Esa circunstancia se da gracias a la centralidad de la Torá —el Pentateuco—, ya que los pensadores judíos siempre la han tomado como referencia para extrapolar el canon legal establecido a las situaciones y a las preguntas modernas. Podríamos decir que el judaísmo guarda su esencia en el debate y en la discusión. La capacidad para analizar y para reflexionar sobre cuestiones de actualidad a través de las enseñanzas del pasado es lo que confiere a la Torá un aura perenne, un documento escrito hace miles de años que no ha perdido nada de su vitalidad.

Así, el transhumanismo también ha sido —y sigue siendo— parte del debate que trata la ética judía. Aunque, como veremos —y como suele ocurrir—, no existe un consenso claro sobre el tema. Partimos de una premisa: el rápido advenimiento de las máquinas y de la tecnología, visto desde un punto de vista médico, siempre ha sido apreciado por el judaísmo a través de un principio conocido como *Pikuaj Nefesh*. Este establece que la vida tiene un valor inestimable y que ha de ser protegida. En el presente y en un futuro cercano, la pregunta irá más allá, ya que los bioeticistas judíos se deberán plantear no solo si se nos permitirá, como seres humanos, expandir nuestra inteligencia, sino también la posibilidad de que esa inteligencia sea expandida artificialmente.

Para responder a la primera pregunta, debemos echar un vistazo al judaísmo en general. La Torá es el código legal y la guía para la vida. Cada libro posterior a la Torá que entró en el canon judío, como la Mishná o el Talmud, ha servido de itinerario a los pensadores judíos para comentar sobre el cuerpo anterior de trabajo que los antecedía y buscar, así, ampliar el conocimiento. De esa manera, el judaísmo se mantiene siempre en sus raíces originales, pero abierto a un futuro en constante cambio. Por ello, el objetivo del transhumanismo de aumentar la inteligencia y de empujar el avance científico se puede corresponder con la meta judía de legar la sabiduría y el conocimiento del presente para mejorar el futuro. A eso hay que sumar uno de los principios rectores para la vida de la persona judía, el *Tikkun Olam*, que aboga por la mejora del mundo a través de la acción individual, por lo que deviene una responsabilidad íntima del hombre en su relación con la Tierra. Según ese principio, si expandir la inteligencia implica la posibilidad de mejorar el mundo que conocemos, estaríamos a favor. Por otro lado, nos encontramos con algunos pasajes bíblicos que podrían hacernos pensar lo contrario. Es el caso de «En mi carne he de ver a Dios» (Job 19,26), sentencia que ha producido un pensamiento relativo a lo pernicioso que puede resultar cambiar la naturaleza. Un gran rabino medieval catalán, de nombre Najmánides, además de defender la filosofía del *Tikkun Olam* entra en escena con otro comentario, esta vez del Talmud. En el relato de Pesajim (54a), Dios inspira a Adán con algún tipo de conocimiento divino, Adán toma dos animales heterogéneos y los cruza, y crea, así, una mula. Ese pasaje será utilizado por Najmánides —en su comentario al Levítico 19,19— para ejemplificar la negación de la creación divina. Para el maestro catalán, existe una diferencia entre mejorar el mundo de nuestro alrededor y crear un mundo diferente del que creó Dios. La delgada línea roja se establecería, según el postulado de Najmánides, de la siguiente forma: si la ingeniería genética o alguna otra tecnología se dirigen exclusivamente a perfeccionar al hombre tal como lo conocemos, entonces el judaísmo no estaría a favor. Sin embargo, si esa tecnología es capaz, al mismo tiempo, de dar la posibilidad de encontrar solución a enfermedades y a otros riesgos para el hombre, en ese caso, el judaísmo sí que estaría a favor. Maimónides, médico y gran jurista de la Torá, así lo entendía igualmente.

Quizá podría concluirse, habida cuenta de esos hechos y a pesar de todos los peligros que existen en la creación de posthumanos y en la violación del plan de Dios por parte de la ciencia, que el judaísmo podría llegar a justificar determinados avances según la doctrina capital de la cura de los enfermos, y en orden a preservar y a sacralizar la existencia.

29-9-2014

URIEL BENGUIGUI AZULAY
Ingeniero de Caminos, Canales y Puertos, presidente de la Comunidad Israelita de Barcelona.

VICTOR SÖRENSSEN WOOLRICH
Politólogo. Director de la Comunidad Israelita de Barcelona. Editor de la Revista cultural *Mozaika*. Estudiante de Filología Semítica.

217

Energía, una nueva era

Gracias, Albert y Miquel-Àngel, por este inocente y reflexivo debate, que provoca inquietud.

En un mundo en transición, la gente aún está despertando a su conocimiento. En un mundo en transición, la capacidad para ejercitar el discernimiento es altamente valorada.

—Mamá —dijo Alexia—, si Dios es un ser tan bueno, ¿por qué hay tantas cosas malas en el mundo?

—Porque hemos sido creados en libertad, porque somos libres para decidir sobre la vida, pero a veces no somos conscientes de que esas decisiones pueden hacer daño a los hombres y a la tierra donde vivimos.

> Queridos oyentes, esta es mi última transmisión —dijo HH. Me quedan pocos segundos para cambiar mi destino en este estado vital. En un instante moriré y al instante siguiente volveré a la vida. Mi siguiente vida será más perfecta, porque el sistema ha ido reconociendo los defectos de mi proceso vital y ha registrado mis deseos para programar un nuevo ser, otra vida con otra función y con otra misión que yo mismo habré elegido.
>
> Hemos conseguido el equilibrio perfecto, hemos retado a la vida, hemos superado las condiciones biológicas como humanos y suprimido la enfermedad, la inestabilidad emocional y la muerte: hemos alcanzado el estado perfecto. Somos los diseñadores de nuestra propia evolución, nos proyectamos a nosotros mismos cada día, cada segundo, mejoramos y transformamos nuestra composición para alcanzar la perfección y, con ella, la felicidad. No hay intermediarios entre Dios y los hombres, somos Dios.

HH, una singular máquina humana cuya función era emitir pensamientos, fue diseñada para transmitir cuestiones y para provocar un desequilibrio en el sistema, alterando sus variables y produciendo un caos inteligente. Era un sistema singular y colaborativo capaz de detectar las crisis y de resolverlas.

HH lanzaba a cada instante mensajes de otros tiempos para mantener las mentes de las máquinas humanas en constante estado de análisis y, de ese modo, alimentar su inteligencia.

—Mamá, ¿por qué nos hacemos mayores? Yo quiero ser siempre así.

—Porque es ley de vida: nacemos, crecemos, nos reproducimos, envejecemos y morimos.

HH seguía transmitiendo.

> Nuestros antepasados estaban perdidos, vivían una vida muy corta tratando de encontrar el sentido a su paso por la Tierra. Eran seres dependientes de un ecosistema variable y caótico diseñado por lo que llamaban un «ser superior» o, aún peor, por un sistema de libre albedrío.
>
> Su vida era una lucha por superar el paso del tiempo. Su máxima ocupación era dotar la tecnología de sentidos y de comportamientos para mejorar y para transformar esa condición humana que no podían controlar y que, por el contrario, los conducía hacia una existencia determinante llamada «destino».

HH dejó esas palabras en el eco de la galaxia para todo aqucl quc quisiera escuchar y pulsó el botón *off.* Un segundo después, el sistema avisó con un «bip» para activar de nuevo el reloj vital de aquel posthumano. Un ser nuevo volvía a su actividad de cabeza pensante en el universo de las máquinas.

—Mamá, ¿qué es la vida?

—La vida es belleza, es poder, es infinito, es un universo lleno de posibilidades…

Y HH seguía lanzando pensamientos al infinito para que fueran escuchados por toda la galaxia, mientras los humanos continuaban buscando el sentido de su existencia.

> ¿Cómo se llegó a crear ese cerebro pensante, esa singular especie que, lentamente, igual que los humanos, evoluciona a base de combinaciones algorítmicas cada vez más complejas y más especializadas?
>
> *Alguien diseñó un ADN evolutivo en el tiempo, para crear un ser vivo perfecto…*
>
> ¿Acaso también fue Dios quien diseñó ese complejo mecanismo capaz de reproducirse, de pensar, de sentir…? ¿Acaso fue Dios quien quiso superar a la genética humana y crear un ser perfecto, sin defectos, sin vida, sin muerte, sin

edad, sin tiempo...? ¿Quién decidió diseñar la máquina sensible que somos ahora? ¿Quizá otra máquina? No somos transhumanos ni posthumanos, somos humanos perfectos.

Los humanos somos seres biológicos y, por tanto, formamos parte de un proceso evolutivo, pero desde los comienzos de la humanidad hasta nuestros días no hemos conocido ni desarrollado todo el potencial que tenemos. Somos fuentes de energía en movimiento con un comportamiento y con unas capacidades de desarrollo desconocidas. Necesitamos siglos para desarrollar las enormes capacidades biológicas, mentales y espirituales que poseemos.

La verdadera mejora y transformación del ser humano se va produciendo desde el conocimiento profundo de que somos seres vivos con una cualidad excepcional: llevamos toda la información del universo en nuestro interior. Ya somos seres singulares, no podemos dudar de nuestra naturaleza. ¿Por qué invertir fuera de nosotros, si toda la sabiduría está en nuestra naturaleza biológica? ¿Por qué ser transhumanos, cuando podemos ser humanos perfectos? ¿Cuántos recursos empleamos en crear tecnología no apropiada? ¿Cuánto invertimos en el conocimiento humano y en su capacidad? ¿Cuánto invertimos en alcanzar el equilibrio entre el hombre y su medio? Una nueva especie ya está creándose entre nosotros, desarrollando una singularidad biológica a partir de una combinación física y espiritual. Se alimenta de la energía del Sol, está conectada a los biorritmos de la Tierra y habita en simbiosis con el ecosistema natural.

—Mamá, ¿por qué nos morimos?

—Alexia, no morimos, somos energía, y la energía nunca muere, solo se transforma.

Y la voz de HH sigue expandiéndose, transmitiendo mensajes de sus antepasados.

El cuerpo físico es solo un reflejo de una inteligencia más profunda que organiza la materia y la energía, y que reside en nosotros. Somos parte de un todo, por lo que debemos cuidar ese todo con amor. Vivimos una época maravillosa, pronto nacerá una nueva era —la «era bio»— y tendremos la capacidad para crear la realidad que deseamos simplemente modificando las señales energéticas que emitimos y comprendiendo las leyes que gobiernan la materia.

La postinteligencia, los postsentidos, la postvida... Ansiedad... Por alcanzar lo inalcanzable, lo imposible... ¿Por qué no sentimos lo que realmente somos? ¿Por qué no conectamos con nuestra propia naturaleza? ¿Por qué no nos integramos en nuestro ecosistema natural? ¿Por qué desconocemos el poder que tiene realmente el ser humano? ¿Acaso el primer humano dista tanto del humano de hoy o del de dentro de diez siglos? ¿Acaso no somos la máquina más perfecta? ¿Por qué dudáis en explorar esa máquina...?

Quizá cuando descubramos y desarrollemos el potencial energético de nuestra tecnología humana, podremos conocer aquello de lo que carecemos y, entonces, será el momento de diseñar una tecnología apropiada para nosotros. Somos seres vivos... No puede ser cierto que escuchemos el reloj de nuestro corazón y no hagamos nada, que dejemos que el sistema nos otorgue el don de ser manipulados y destruidos como especie sensible y pensante. ¿Acaso el ser humano es la máquina que dará sentido al futuro de la humanidad en la Tierra?

Investigar al hombre como fuente de energía, de vida, puede acabar respondiendo a todas las preguntas que hoy nos hacemos acerca de la continuidad de nuestra especie. Al fin y al cabo, somos seres físicos, biológicos, sensibles, transformables y evolutivos.

Crear es una de las cualidades del ser humano más elevadas, pero debe hacerse de forma inteligente y apropiada para garantizar el futuro de la humanidad.

—Mamá, ¿qué es la energía?

—La energía es una cosa invisible que se va transformando, es una especie de bola mágica que va cambiando dependiendo de tus deseos...

HH sigue emitiendo...

> Esta es mi nueva función: soy el emisor de la conciencia de las máquinas... Los niños dejaron de existir durante una crisis del sistema por la supervivencia; los ancianos desaparecieron; los humanos dejaron de deteriorarse y pasaron de estar constituidos por una naturaleza variable y caótica a estarlo por un sistema controlado y estable. El inquietante concepto que describía el hilo de la vida de los seres humanos —nacer, crecer, reproducirse y morir— se ha superado en favor de un estado más estable y permanente. Somos máquinas humanas, sensibles a vivir un proceso de transformación libre.

—Mamá, ¿qué necesitamos de verdad para vivir?

—Es muy simple: comida, casa y amor.

Vivimos una época maravillosa, el nacimiento de una nueva era, y tenemos la capacidad para crear la realidad que queremos simplemente modificando las señales energéticas que emitimos y comprendiendo las leyes que gobiernan la materia.

Somos sistemas de energía que transmiten y emiten señales. Si controlamos la conciencia y la percepción, entonces podremos obtener ese control sobre el cambio que todos deseamos, porque en el fondo el universo es uno.

—Mamá, yo no me quiero morir.

—Claro que no, tú no morirás nunca.

29-9-2014

NURIA DÍAZ CASTAÑÓN
Artista, diseñadora y directora de arte.

218

La especie humana no es el fin, sino el comienzo de la evolución tecnológica

¡El futuro ya no es lo que era antes!

MAFALDA

Las tres leyes del futuro de Arthur C. Clarke son estas:

Primera ley: cuando un científico famoso dice que algo es posible, probablemente tiene razón. Pero cuando dice que es imposible, probablemente está equivocado.

Segunda ley: la única manera de conocer los límites de lo posible es aventurarse más allá de ellos y llegar hasta lo imposible.

Tercera ley: cualquier tecnología suficientemente avanzada no se diferencia de la magia.

De biología a tecnología

La ciencia y la tecnología siempre han sido los principales catalizadores del cambio y de los grandes avances desde el inicio de la humanidad. De hecho, la ciencia y la tecnología son las que hacen a la especie humana diferente de otras especies animales. Invenciones, creaciones y descubrimientos —como el fuego, la rueda, la agricultura y la escritura— han permitido el progreso del *Homo sapiens sapiens* desde nuestros ancestros primigenios en las sabanas africanas hasta los primeros vuelos espaciales.

La revolución agrícola fue la primera gran revolución de la especie humana, hace casi diez mil años. Luego siguió la Revolución Industrial, gracias a la invención de la imprenta y al crecimiento del desarrollo científico, que permitió la industrialización de las sociedades. Actualmente vivimos la tercera gran revolución humana, la llamada «revolución de la inteligencia». Futuristas como Alvin Toffler, director de la Sociedad Mundial del Futuro, sugieren que el mundo se mueve rápidamente hacia una época en la que los seres humanos se convertirán en seres mucho más avanzados a causa de los impresionantes avances tecnológicos. Tal cambio ha sido descrito por algunos expertos como análogo al cambio trascendental experimentado en la evolución de los simios a los humanos.

La cultura popular se está familiarizando con una nueva terminología: ingeniería genética, clonación, robots, cíborgs, inteligencia artificial, realidad virtual, redes neuronales, etc. Los nuevos desarrollos en ciencia y en tecnología ocurren tan rápidamente que podrían empezar a sobrepasar nuestras capacidades de adaptación al cambio. Según el investigador Derek John de Solla Price, uno de los padres de la infometría, el número de revistas científicas se ha duplicado cada quince años desde 1750, el de descubrimientos importantes se ha duplicado cada veinte años y el de ingenieros, cada diez años. El cambio no solo es muy rápido, sino que además se está acelerando. La famosa ley de Moore describe cómo la capacidad de los ordenadores se duplica aproximadamente cada dos años —según el científico Gordon Moore, cofundador de la famosa empresa Intel.

Los avances científicos recientes son realmente impresionantes, y, además, hay una aceleración del cambio tecnológico. Por ejemplo, los ordenadores personales aparecían hace tan solo treinta años, los teléfonos móviles comenzaban a masificarse hace veinte años y Wikipedia apenas estaba naciendo hace diez años. En las ciencias biológicas, la historia no es muy diferente desde el descubrimiento de la estructura del ADN en 1953, que dio partida a la biología molecular, a la medicina regenerativa, a las investigaciones con células madre y a la clonación tanto reproductiva —por ejemplo, el caso de la famosa oveja Dolly— como terapéutica —para usos medicinales y para la reparación de tejidos y de órganos.

Lo que parecía imposible dejó de serlo cuando una criatura viviente (el virus de la polio) fue ensamblada pieza por pieza con varios elementos bioquímicos por científicos de la Universidad de Nueva York en el 2002. Ese evento histórico fue seguido en el 2010 de la creación de una bacteria artificial, sintética, apropiadamente denominada *Synthia* por su creador, el biólogo Craig Venter. Ya podemos decir que hemos construido vida dentro de un laboratorio.

Con la creación de vida en un laboratorio, con la secuencia del genoma humano y con la clonación —tareas ya tachadas en las listas de deberes de los biólogos— empezamos a ponderar aún mayores posibilidades futuras. Con la conjunción de otras disciplinas, como la nanotecnología y la robótica humanoide, el surgimiento de una inteligencia general artificial superior a la nuestra parece estar más cerca que nunca.

La convergencia tecnológica y la singularidad

Hace una década, el Gobierno de Estados Unidos lanzó una iniciativa denominada NBIC. Bajo el patrocinio conjunto de la Fundación Nacional para la Ciencia (NSF) y del Departamento de Comercio, NBIC considera las posibilidades de las nanobioinfocognotecnologías, es decir, de la nanotecnología, de la biotecnología, de la infotecnología y de las ciencias cognitivas. La visión del programa NBIC es que, posiblemente para el año 2030, habrá una gran convergencia tecnológica que podrá cambiar radicalmente al ser humano y su ambiente.

Hoy parece que mucha ciencia ficción se está convirtiendo, finalmente, en ciencia real. Algunos expertos, como el ingeniero Ray Kurzweil, especulan acerca de una futura «singularidad», cuando la inteligencia artificial supere a la misma inteligencia humana.

La especie humana no es el fin, sino el comienzo de la evolución tecnológica. Pronto, la tecnología nos permitirá rediseñarnos a nosotros mismos.

La lenta evolución biológica parece estar acercándose rápidamente a su fin, al volverse irrelevante en un mundo de tecnologías que avanzan exponencialmente. Nuestra especie va a continuar cambiando, pero ya no mediante una vieja, lenta e indirecta evolución biológica, sino a través de una nueva, rápida y directa evolución tecnológica.

Biológicamente, el cuerpo humano ha sido, pues, un buen comienzo, solo eso. Ahora podemos mejorar su calidad y sus cualidades, además de trascenderlo. La evolución a través de la selección natural es lenta y aleatoria, mientras que la evolución tecnológica es rápida y diseñada. La tecnología, que empezó a mostrar su dominio sobre los procesos biológicos por primera vez hace miles de años, está ahora convirtiendo la bioingeniería en la verdadera ciencia de la vida.

Muchas fronteras se vuelven difusas y confusas en estos momentos con la desaparición del blanco y del negro en lo que parecían verdades universales: la vida como antítesis de la muerte y de lo inanimado; lo virtual, de lo real; el mundo interior, del mundo exterior; el «yo», del «otro»; incluso lo natural, de lo «no» natural. ¿Qué es la vida? ¿Qué es la vida natural? ¿Qué es la vida artificial? Esas son preguntas profundas y las respuestas son complicadas.

Los seres humanos tenemos el potencial no solo de «ser», sino, además, de «llegar a ser». Los seres humanos podemos utilizar los medios racionales para mejorar la condición humana y el mundo exterior, y también podemos usarlos para mejorarnos a nosotros mismos, empezando por nuestro propio cuerpo. Todas esas oportunidades tecnológicas deben ser puestas al servicio de las personas para que vivan más tiempo y con mejor salud, para mejorar sus capacidades intelectuales, físicas y emocionales.

Como demuestra la historia, los humanos siempre hemos querido trascender nuestras limitaciones corporales y mentales. La forma como esas tecnologías serán utilizadas cambiará profundamente el carácter de nuestra sociedad e, irrevocablemente, alterará la visión de nosotros mismos y de nuestro lugar en el gran esquema de las cosas. Iniciamos un largo camino hacia un futuro lleno de grandes oportunidades y riesgos. Hay que avanzar con inteligencia pero sin miedo, tal como explicó el escritor David Zindell:

— ¿Qué es un ser humano, entonces?

— ¡Una semilla!

— ¿Una semilla?

— Una bellota que no tiene miedo de destruirse a sí misma para convertirse en un árbol.

Del humanismo al transhumanismo

El transhumanismo es un movimiento cultural e intelectual que afirma la posibilidad y la necesidad de mejorar la condición humana basándose en el uso de la razón aplicada bajo un marco ético sustentado en los derechos humanos y en los ideales de la Ilustración y del humanismo.

Esa mejora se llevaría a cabo desarrollando y haciendo disponibles tecnologías que aumenten las capacidades físicas, intelectuales y psicológicas de los seres humanos. Muchas de esas tecnologías ya existen o están en vías de desarrollo, y su aplicación a gran escala modificará, sin duda, a la sociedad de muchas formas. Una extensa discusión sobre las formas como la tecnología modificará a la sociedad es fundamental para prever con acierto los escollos que puedan surgir y sus potenciales soluciones.

Es necesaria una aproximación interdisciplinaria para comprender y para evaluar las probabilidades de superar las limitaciones biológicas aplicando las capacidades de las tecnologías presentes y futuras. Los transhumanistas buscan expandir las oportunidades que brinda la tecnología para que la gente pueda ser más saludable y más longeva, y aumentar su potencial intelectual, físico y emocional.

El transhumanismo es una visión nueva acerca del poder de la ciencia y de la tecnología para transformar no solo a la humanidad, sino a los mismos seres humanos. Los seres humanos estamos restringidos en muchos sentidos y siempre nos hemos esforzado por expandir nuestras fronteras. Actualmente, los humanos tenemos grandes limitaciones biológicas, físicas, intelectuales, mentales y hasta espirituales. Gracias a la ciencia y a la tecnología, sin embargo, muchas de nuestras limitaciones presentes pasarán pronto a la historia. El transhumanismo busca, justamente, trascender los límites del presente y crear un futuro mejor para toda la humanidad.

Hace, quizá, millones de años, ocurrió otra revolución trascendental con un impacto similar, cuando el primer *Homo sapiens sapiens* dio el gran salto evolutivo más allá de nuestros ancestros prehomínidos y homínidos. Hoy podríamos decir que los actuales humanos somos transmonos o postsimios. En ese sentido, ya están apareciendo los primeros transhumanos y posthumanos del futuro. De hecho, las personas que modifican y mejoran sus cuerpos con implantes, con marcapasos y con prótesis, por ejemplo, son apenas el inicio del transhumanismo real.

La especie humana ya no cambiará, en el futuro, a través de una lenta evolución biológica, sino a través de una nueva, rápida y directa evolución tecnológica, que nos permitirá rediseñarnos a nosotros mismos. Precisamente, la gran diferencia entre nuestros ancestros animales y los humanos es que nosotros utilizamos la ciencia y la tecnología para dirigir los cambios que deseamos. La especie humana no representa el fin de nuestra evolución, sino tan solo el comienzo de la evolución consciente.

29-9-2014

JOSÉ LUIS CORDEIRO MATEO
Doctor en Ciencias, director del Nodo Venezuela del Millennium Project, profesor de la Universidad de la Singularidad (California) y fundador de la Sociedad Mundial del Futuro Venezuela; ha cursado estudios de ingeniería, de administración y de economía en el Instituto de Tecnología de Massachusetts (MIT), en la INSEAD Business School, en la Universidad de Georgetown y en la Universidad Simón Bolívar; su tesis de grado para el Instituto de Tecnología de Massachusetts consideró un modelo dinámico de la estación espacial de la NASA; ha trabajado en la industria petrolera internacional con Schlumberger y en consultoría estratégica con Booz Allen Hamilton, y ha sido director del Club de Roma (Capítulo Venezolano), de la Asociación Transhumanista Mundial (WTA, Humanity +) y del Instituto Extropiano.

219

Cataluña. «Hacer más de lo mismo, pero mejor» o «Transformación profunda»

Cambio

Realmente, los nuestros son tiempos de cambio, prácticamente ya nadie lo niega. De hecho, la pregunta no es si habrá o no cambio, la pregunta es en qué debería consistir ese cambio. Y es en ese punto donde se intuye discrepancia. ¿Qué entendemos, en realidad, por «cambio»? ¿Hacer las cosas mejor de como las hemos hecho hasta ahora? ¿O, tal vez, hablamos de ir más allá, de una transformación radical y efectiva de la organización social de nuestro país que pueda contribuir, además, a la mejora y al progreso de la humanidad?

Todo parece indicar que la necesidad de cambio ha venido de la mano de la crisis sistemática que estamos viviendo, pero lo cierto es que esta es una crisis que viene de lejos. Ya hace tiempo que, en Cataluña, una masa silenciosa de personas que comparten una manera diferente de ver el mundo —mucho antes de que la crisis se instalara en nuestra casa— siembra semillas de nuevas formas de vida. Se trata, pues, de una crisis que hace tiempo que colea y que sacude los fundamentos de nuestro modelo social. Y es ahora cuando nos hace ser conscientes de que nos encontramos instalados en un paradigma agotado que agoniza.

Esas personas, movidas por un carácter espiritual —con o sin adscripción religiosa— y por unos valores centrados en la persona, y abiertas tanto a nuevas ideas como a nuevas propuestas de autorrealización, persiguen una existencia más auténtica y buscan en sus vidas nuevas vías que ayuden a generar un cambio en ellas mismas y en el mundo. Y entienden que la transformación personal y la transformación colectiva no pueden existir por separado.

Son personas conscientes de que el mundo, tal como lo vemos, es una proyección de cómo percibimos la vida, de que el modelo de progreso que hemos heredado, con el que hemos nacido, lo hemos cocreado entre toda la ciudadanía a partir de una determinada manera colectiva de pensarnos en el pasado, con estructuras mentales y emocionales, con necesidades y con anhelos, con patrones de creencias y de cultura compartidos. Y es por el contenido de esa mochila, con la que inevitablemente cargamos, por lo que hemos estado actuando a partir de determinadas costumbres, hábitos, valores, actitudes y formas de vida, y hemos generado una determinada lógica de sistema, con políticas en sintonía. En definitiva, hoy tenemos el mundo, tal como lo conocemos, que hemos modelado entre todos en el pasado, consciente o inconscientemente. Parece, pues, que todos somos corresponsables de él a causa de un sistema de pensamiento compartido.

Son, por tanto, personas conscientes de que es un cambio de percepción de la persona y de la vida lo que puede generar una nueva manera de actuar. Solo un cambio de mentalidad puede proyectar una nueva realidad que permita el logro de la plenitud personal y colectiva deseada.

Se nos invita, así pues, a reflexionar sobre cómo deberíamos empezar a pensar si queremos invertir la situación actual, sobre cuáles son las creencias que tendríamos que cambiar y por cuáles las tendríamos que sustituir. Y lo empezaremos a hacer si nos planteamos un supuesto: ¿y si la causa fundamental que ha generado el modelo de sociedad que hemos estado construyendo, y que no nos gusta mucho, radica en la percepción incompleta que tenemos de nosotros mismos, en el conocimiento parcial que tenemos del ser humano, motivo por el cual este solo ha podido desplegar parte de su potencial?

Modelo de progreso decadente

Los nuestros son tiempos en los que casi siempre decantamos la mirada hacia el exterior —sin sentir el interior—, hacia el mundo tangible y objetivo, hacia lo que nuestra cultura ha considerado que es importante y que se encuentra fuera de nosotros mismos. Hemos crecido con una visión unidimensional, enfocándonos, fundamentalmente, en la dimensión física y mental. Hemos desarrollado, básicamente, las inteligencias lingüística y lógico-matemática y el coeficiente intelectual. Y nos hemos centrado en la acumulación de conocimientos.

Con esa manera de pensarnos y de vernos, la sociedad occidental acomodada ha participado en la construcción y en el funcionamiento de un modelo de sociedad propio de un paradigma materialista, de un modelo emergente que ha concebido los valores humanos básicamente desde la perspectiva de *educare*: desde la transmisión de conocimientos. Los valores que han orientado nuestras acciones —voluntad de emprender, esfuerzo, solidaridad, perseverancia, tenacidad, cohesión...— han sido, esencialmente, valores «pensados», es decir, aprendidos únicamente de manera conductista, por la vía de la transmisión y de la disciplina, aquella que nos dice lo siguiente: «Tú no eres lo suficientemente bueno, no tienes determinados valores; por tanto, los debes aprender, y yo te los enseñaré.» Así pues, nuestro parámetro cognitivo ha sido, fundamentalmente, el de saber y comprender.

Ese sistema se ha construido con una percepción de separatividad, fundamentada en la conciencia de la dualidad —«yo» y los «otros»—, propia del estado del ego que genera división y confrontación. Es un sistema en el que ha prevalecido la perspectiva masculina y patriarcal, en el que han imperado las estructuras jerárquicas y piramidales de las organizaciones, en las que se ha ejercido la dirección de las personas con autoritarismo, con control y con disciplina, y en las que se ha entendido el ser competitivo fundamentalmente desde la competitividad. Es un sistema en el que, básicamente, se ha vivido desde el individualismo y con una visión fragmentada del mundo. Esclavos de esas creencias y de esos pensamientos de separatividad, hemos visto a las personas como seres escindidos de nosotros, y a menudo nos hemos relacionado con ellas desde la desconfianza, desde el juicio y desde la culpabilidad. Nuestro modelo de progreso ha entendido la economía como «finalidad» y ha tenido como objetivo maximizar el beneficio económico: lo que cuenta es el nivel de vida indefinido en términos de posesiones materiales, de riqueza y de bienestar material, y lo que prevalece es el «vales por lo que tienes» y el «dime cuánto ganas». Hablo de un sistema en el que se ha vinculado la felicidad con la cadena hacer-tener-acumular-conservar y que ha sido diseñado para que solo funcione si incrementa el consumo, un consumo que va estrechamente ligado a la «necesidad» que va más allá de lo necesario y que nos hace dependientes tanto por exceso como por defecto —una necesidad que hace aumentar el consumo y un aumento de consumo que hace aumentar la necesidad. Ese modelo, cimentado en el sentido de la carencia interior del ego, prioriza ganarse la vida, renunciar a conocer y a desarrollar el poder creativo de los sueños, lo que empobrece a toda la sociedad.

Esas son algunas de las creencias —visión parcial, desconocimiento de uno mismo, valores pensados, visión de separatividad, cultura del tener...— propias de un sistema de pensamiento colectivo que tiene una visión limitada del ser humano. Y es con esa percepción de la vida, básicamente tangible, con la que hemos ido cocreando el mundo en el pasado tal como lo vemos en el presente. En definitiva, es un modelo de sociedad que sitúa los objetos en el centro de toda consideración.

El caso es que nos hemos vinculado tanto a la materia que esta nos ha acabado aprisionando. Nos hemos relacionado con la objetividad con tanta pasión que nos hemos quedado atrapados en ella: el trabajo tira de nosotros, así como las exigencias de una vida acelerada, la familia, los hijos, el consumo frenético y la acumulación de bienes, los compromisos sociales, la cultura del cuerpo, las redes sociales... Nos sentimos desbordados por tanta presión y nos resulta difícil encontrar la manera de dar sentido a nuestras circunstancias. Y todo ello lo miramos resignados, como si vivir con dolor fuera lo más natural del mundo. Esa es una de las grandes paradojas de nuestra sociedad. Habiendo vivido en las cotas más altas de bienestar material, el ser humano vive ahora en un clima de insatisfacción permanente, de frustración, de ausencia de referentes, de vacío, de sensación de vivir una vida sin sentido... Estamos ante la sociedad con más alto nivel de enfermedad mental —ansiedad, depresión... Si bien el nivel de riqueza material ha crecido, no lo ha hecho, paralelamente, el nivel de riqueza personal y de felicidad. Teniéndolo todo, no nos tenemos a nosotros mismos, vivimos separados de nosotros mismos, somos auténticos exiliados de nosotros mismos. Y a todo eso cabe añadir la toma de conciencia de la fragilidad de nuestra cultura del tener que experimentamos con la crisis económica actual. La materia es belleza y nos sentimos atraídos por ella, pero no hemos sabido relacionarnos con coherencia.

Sin embargo, no se trata de demonizar y de sentenciar el modelo heredado, al que hemos dado continuidad, porque el nuestro también ha sido un modelo de progreso. Hemos adquirido una gran pericia con respecto al mundo tangible, objetivo, físico. Nos hemos convertido en grandes gestores de todo aquello que conforma el mundo externo. Eso ha sido necesario para progresar en muchos niveles de la vida como no se había hecho nunca en toda la historia de nuestra especie y también para construir el estado de bienestar del que hemos podido disfrutar hasta ahora y que, vista su fragilidad actual, deberíamos preservar y mejorar. Por otro lado, en cuanto que cocreadores de nuestra sociedad, ya no tiene sentido buscar culpables, porque también son víctimas del sistema que hemos construido entre todos. Ya no tiene sentido proyectar en los otros la impotencia y el resentimiento propios. Todos podemos, en algún momento, ejercer el rol de víctima o el de victimario. Tampoco tiene sentido «luchar contra». Más bien se trata de resolver y de educar para el futuro. Por tanto, es momento de exculparnos y de exculpar a los demás. Es momento de compasión. Y es momento de agradecimiento, de agradecimiento por un pasado en constante evolución que ha asentado las bases y la experiencia necesarias para seguir evolucionando y para permitir acercarnos a un mundo mejor.

Está claro, pues, que hemos crecido. Pero lo hemos hecho según nos hemos pensado, de manera incompleta, haciendo la conquista hacia fuera. Y, seguramente, eso nos ha llevado a crear una civilización muy avanzada materialmente —economía y tecnología—, pero no de una manera suficientemente humana.

Modelo de progreso emergente

Nos encontramos en un momento realmente apasionante, en el que muchas personas de Cataluña han comprendido que tenemos mucho conocimiento sobre el mundo y muy poco sobre nosotros mismos, que vivimos ignorando algo que está en nuestro fondo, que no se puede vivir en el mundo sin ser conscientes del significado del mundo, que ignoramos, y que la ignorancia más radical es actuar desde el conocimiento de quién somos realmente y de cómo funciona nuestra mente.

Somos testimonios del paso de la sociedad de la información y del conocimiento a la sociedad del autoconocimiento. Somos testimonios del proceso que hace el hombre pensador y racional al tomar conciencia de sí mismo, al tomar conciencia de su propia conciencia, tan necesaria para lograr la propia autorrealización.

La observación de los movimientos sutiles que esa sociedad realiza desde hace tiempo —que por el hecho de que todavía no se den a la vista de todo el mundo no quiere decir que no se den— nos descubre valores nuevos que devienen indicadores de un nuevo modelo de progreso.

Todo parece indicar que el modelo emergente empieza a hacernos la propuesta de construirnos con un conocimiento completo de nosotros mismos, poniendo también la mirada hacia el interior, hacia el mundo intangible y sutil de los pensamientos, de las emociones, de los sentimientos, de las percepciones, de las creencias, de los estados mentales y potenciales. Ese es un mundo invisible a nuestros ojos, del que prácticamente no sabemos nada, del que somos simples turistas, un mundo muy importante que hay que considerar y desplegar porque es en esa dimensión interior donde se gesta y donde se da forma al mundo visible.

Parece, pues, que se insinúa un modelo de progreso nuevo que camina hacia la conciencia de la multidimensionalidad del ser humano, de las diferentes dimensiones que lo conforman: física, mental y, ahora, también emocional y universal-espiritual —Escuela Europea de Filosofía y Psicoterapias Aplicadas. Se sugiere un modelo que camina hacia el reconocimiento, igualmente, de las inteligencias múltiples de las que estamos dotados: lógico-matemática, lingüística y, ahora, también visual-espacial, musical, naturalista y paisajista, corporal, intrapersonal, interpersonal y social (Garner).

Esa nueva percepción del ser humano, que poco a poco se va instalando en nuestra casa, permite perfilar un modelo de sociedad propio de un paradigma postmaterialista, un modelo emergente que concibe los valores humanos también desde la perspectiva de *educare*: reconocimiento y expresión del potencial inherente. Ahora, los mismos valores que orientan nuestras acciones —voluntad de emprendimiento, esfuerzo, solidaridad, perseverancia, tenacidad, cohesión...— devienen valores «sentidos», «vividos». Es decir, ya no son únicamente aprendidos por la vía de la transmisión, sino que son reconocidos, reconocidos por la vía de la conexión con nuestra interioridad, aquella que nos dice lo siguiente: «Tú ya eres bueno, ya eres esos valores y, por tanto, yo no te los tengo que enseñar, pero sí puedo acompañarte en la tarea de despertarlos en ti para que los puedas vivenciar y expandir.»

Y el valor más importante es el valor profundo de «quién» soy. El modelo emergente tiene la percepción de que somos seres singulares y no clones, de que somos manuscritos originales. Tiene la percepción de que en cada uno de nosotros hay una inteligencia profunda que integra todas las dimensiones, todas las capacidades humanas y todo el potencial dormido: talentos, dones, intuición, creatividad. Y tiene la percepción de que, detrás de nuestra neurosis, radica la bondad fundamental, desde donde surgen la paz y el amor. En definitiva, se nos invita a confiar en el estado básico de belleza innata, de excelencia, de perfección y de abundancia de nuestro ser, y a observarlo y a que sintonice para que sea experiencia en lugar de exclusivamente una comprensión intelectual. Parece, pues, que el modelo emergente se abre a un nuevo parámetro, el de poner la atención en la atención plena, en el observar y en el estar pendiente, en el hacer vivencia directa. Solo a través de la experimentación tenemos la experiencia. Saber desde la práctica es diferente de saber desde la teoría. Si no experimentamos, no hay experiencia.

Actuando y creando desde ese centro, los valores universales se despliegan de manera natural. El modelo emergente nos invita, así, a despertar la belleza interior, a ser genuinos, a dejar de parecer inteligentes y a ser nosotros mismos, lo que produce un considerable alivio.

Se trata de un sistema que entiende que todos estamos unidos, aunque no lo veamos, que entiende que la separatividad es una ilusión y que reclama que nos construyamos con esa conciencia de unidad —«nosotros»— propia del estado del ser, desde donde se genera armonía y paz en cuanto que unidad en la diversidad. Es un sistema en el que prevalecen la perspectiva de género y la visión colaborativa, en el que predominan las estructuras transversales y flexibles de las organizaciones, en las que se ejerce un liderazgo compartido y se dirige «a través de las personas» —y eso se hace desde la confianza y desde la suma de creatividades. Es un sistema en el que se es competitivo desde la cooperación y desde la participación, en el que se despliega una competitividad responsable y sostenible que no por eso obvia la viabilidad económica, y en el que se vive con sentido de grupo y de comunidad —contribución y servicio— y con visión ecosistémica y planetaria.

Con ese pensamiento de unidad tomamos conciencia de que todos formamos parte de un todo, de que somos uno, de que el «nosotros» es una suma de yos y de que «yo soy en tanto en cuanto el otro es en mí». Desde ahí nos relacionamos con las otras personas desde la confianza, desde el no juicio y desde la inocencia. Y, al comprender que todos estamos dotados de sabiduría innata, las relaciones que se establecen son de igual a igual, de tú a tú.

Se trata de un sistema que entiende la economía como «medio» —compartir, aportar, ayudar, colaborar…— y que tiene como objetivo maximizar la calidad de vida. De manera que, en ese sistema, lo que cuenta es la calidad de vida, que implica riqueza y bienestar personal, y lo que prevalece es el «vales por lo que eres» y el «dime cómo lo ganas». Es un sistema en el que se vincula la felicidad con ser y con sentir, entendiendo que de un «buen ser» se obtienen un «buen hacer» y un «buen tener», y, por tanto, la cadena es ahora ser-hacer-tener. Es un modelo fundamentado en la percepción de abundancia interior, que encuentra su expresión en la vida cotidiana y que cuenta con la riqueza del poder creativo propio.

Esas serían algunas de las creencias —visión completa, autoconocimiento, valores sentidos, visión de unidad, cultura del ser— propias de un sistema de pensamiento colectivo que tiene una percepción completa del ser humano y con el que podemos cocrear en el presente un mundo más humano. En definitiva, es un modelo de sociedad que sitúa a la persona en su compleción, y no los objetos, en el centro de toda consideración.

Transición / punto de bifurcación

Esa parece que es nuestra realidad, una realidad de transición, de punto de bifurcación entre dos ciclos en el que conviven valores de modelos de progreso diferentes:

a un modelo en fase de agotamiento, en decadencia, cuyas estructuras, tal como las conocemos, ya han dado de sí todo lo que podían y han empezado a caer;

b un modelo de sociedad emergente que se despliega en forma de tendencias intangibles de carácter constructivo: de la sociedad del conocimiento a la sociedad del autoconocimiento; de la visión parcial de la persona a la visión completa; de los valores pensados a los valores sentidos; de la visión individual, fragmentada y de separatividad a la visión sistemática, de grupo, de unidad; de la cultura del tener a la cultura del ser…

La crisis sistemática que vivimos está siendo una experiencia durísima para muchas personas. Como en todo proceso de transición dentro de la evolución de la humanidad, tomamos conciencia de que es nuestro modelo de sociedad, nuestra manera de vivir, lo que realmente está en crisis. Nos hallamos en un espacio donde se da la mezcla de elementos de un mundo antiguo conocido —muchos de los cuales vemos que ya no nos sirven— y elementos de un mundo nuevo desconocido —que todavía no sabemos si nos servirán—, una verdadera confluencia que provoca tensión en nuestras vidas y nos sitúa en el desconcierto —¿qué nos está pasando?—, en la inseguridad y en el miedo —¿hacia dónde va nuestra manera de vivir, que tan bien conocemos y que tanto nos preocupa perder?—, en la incerteza —¿cómo debería ser otra manera de vivir?—, en la incomodidad —¿cómo nos posicionamos ante las leyes sociales que ya se ven obsoletas y son contrarias a los intereses reales del ser humano?

Pero, mientras se sufre por un sistema agotado que todavía no tiene relevo, la sociedad ya va hacia aquello que ve. Y parece que tenemos los ingredientes necesarios para gestionar esa crisis como una oportunidad para cruzar el puente hacia una realidad mejor, más auténtica y más humana. De ahí un nuevo supuesto: ¿y si la experiencia de una vida excesivamente materialista fuera necesaria para comprender y para conocer mejor nuestras necesidades auténticas? ¿Y si todo lo que estamos viviendo fuera necesario para abrirnos realmente a un mundo mejor? ¿Y si, realmente, otra manera de vivir, sin estrecheces, sin injusticia, fuera posible? ¿Y si otra educación, otra economía, otra política fueran posibles? Comprender el cambio desde esa perspectiva nos evitaría, seguramente, vivir el proceso de transición de manera traumática.

Va bien pensar en procesos históricos anteriores, en el paso de la Edad Media al Renacimiento, por ejemplo. Seguramente, en plena transición caótica hacia no se sabía muy bien qué, se debía de haber dado el deseo de mantener las maneras de siempre, bien conocidas por todo el mundo. Pero ya no hubo vuelta atrás y el mundo acabó dando un paso adelante y entregándose a una auténtica mutación. Nada lo pudo frenar. La experiencia de cambios de paradigmas del pasado nos debería animar a ver nuestra situación como un movimiento natural de crecimiento.

Parece, así pues, que estamos en el centro de dos escenarios posibles. El escenario del «más de lo mismo, pero mejor», que, por miedo a lo desconocido y por resistencia al cambio profundo, nos puede llevar a convertirnos en un pueblo decadente, y el escenario de la «transformación profunda», que, con coraje y con fortaleza, apuesta por la evolución y, por tanto, por crear una realidad más humana.

El futuro está más abierto que nunca y es necesario hacer buenas elecciones. Día a día se hace más patente la necesidad de transformación profunda de nuestra organización social. Todo apunta a que las estructuras que hemos construido en el pasado y que tanto nos han servido hasta ahora irán, paulatinamente, tocando fondo y se irán desmantelando, y, seguramente, el viejo orden social cederá paso a uno nuevo, más justo y más armonioso, y las estructuras de la vida personal y colectiva se irán adaptando a ello. Todo apunta hacia un radical cambio cultural y civilizatorio.

Hay científicos que vaticinan una clara involución, por no decir colapso, de considerar el cambio solo como un «hacer más de lo mismo, pero mejor». Solo hace falta observar aquellas organizaciones que, con la buena voluntad de participar en el recorrido hacia un nuevo paradigma más humano, hacen una apuesta por su flexibilización y por su apertura. Pero lo hacen con propuestas que acaban comportando más control y más rigidez. El absentismo laboral, la falta de interés por el trabajo y la desmotivación no se resuelven con más y mejor control. Ese no parece que haya de ser el camino. Se trata de motivar, de generar confianza, de incentivar la creatividad y la ilusión por un proyecto compartido, de elevar la autoestima, de coliderar… ¿Y si empezáramos por ver cómo resolver todo lo que priva a una persona de sentirse satisfecha y feliz con su trabajo? Quien no es feliz en el trabajo, ¿puede serlo en su hogar, puede contribuir exitosamente a la mejora de la sociedad?

Es, realmente, un momento que invita a cuestionarnos creencias heredadas y a posicionarnos activamente respecto a la adquisición de otras nuevas. A medida que la persona va satisfaciendo sus necesidades básicas, gradualmente le surgen creencias de orden superior: autoestima, autorreconocimiento, autonomía, autorrealización… Se trata de las creencias que comportan un determinado nivel de crecimiento personal y sin las que difícilmente las personas pueden alcanzar el bienestar personal, un bienestar necesario para la elevación de la calidad humana del conjunto de la sociedad. El deseo de todo ser humano es vivir en armonía con todos los aspectos de su vida. A la solución de las necesidades básicas, pues, es necesario añadir ahora también la de las necesidades de un orden superior. Todo apunta a que la solución para la humanidad consiste, preferiblemente, en habitar en esferas de pensamiento más elevado.

Todo desarrollo humano tiende hacia la evolución, aún no ha concluido. Y, como miembros de la humanidad que somos, deberíamos comprender que todavía nos queda mucho camino por recorrer y que podríamos salir del espacio personal e individual y participar de ese movimiento con conciencia. No tenemos el control de lo que pasará, pero podemos ponernos al servicio de lo más inesperado. Si, realmente, queremos lograr la realización de la humanidad como humanidad, no podemos pretender que se produzca un cambio sin llevar a cabo alteraciones profundas.

Elección. Transformación profunda. Síntesis

Soñamos con una nueva era, pero no podremos llegar a ella si no hay pensamientos nuevos que nos guíen. Hoy, un nuevo comienzo ya está en camino. Cabría afrontar el futuro desde una perspectiva diferente, menos mecánica y racional y mucho más creativa. Y parece que la propuesta de transformación que se nos hace, pendiente todavía en la historia de la humanidad, empieza por un cambio de mentalidad, por un cambio cognitivo: comprender a la persona más allá de los mecanismos mentales y salir de la visión limitada que tenemos. Ese proceso ya no puede ser únicamente un proceso de maquillaje del «más de lo mismo, pero mejor». Porque ya no es suficiente con una reconexión con los valores clásicos, aprendidos de manera cognitiva. Se trata, sobre todo, de una reconexión con algo más profundo, ya lo hemos visto, con la inteligencia profunda inherente y su potencial, de la que no se puede hacer aprendizaje teórico porque solo se la puede reconocer a través de la experiencia. Lo que decidirá el éxito de la humanidad es, pues, la capacidad de permanecer abiertos a la idea del autoconocimiento y a la necesidad de mantener firmemente la confianza en la naturaleza humana. Es necesario convertirnos en buscadores del viaje interior para recuperar el camino perdido hacia la subjetividad y para adquirir visión integral. Es necesario explorarnos, ver todas las partes que nos constituyen, hacernos conscientes de nuestro potencial y de nuestra totalidad e interconexión, y entrar en el proceso de transformación. Es necesario vivir conscientes como unidad de conciencia.

Seguramente, el éxito de nuestra sociedad radica en comprender que la Modernidad pasa hoy por el autoconocimiento, por el proceso que nos sitúa en la coherencia, que no es otra que el camino de la síntesis. Para elevar a la humanidad a un estado superior de conciencia, es necesario ir más allá de la dualidad —estado inferior de conciencia— y dirigirse hacia la síntesis —estado superior de conciencia.

En esta nueva era que empezamos, cada día se hace más necesario e imprescindible escoger un camino de síntesis, un camino que integra lo mejor de nuestro paradigma materialista y lo más constructivo del emergente, y que se refleja en la nueva percepción de la persona en su compleción. El ser humano ha tenido la fortuna de haber experimentado el mundo objetivo, y se ha quedado desilusionado. La objetividad ya se ha desplegado y ha alcanzado su punto final. Ahora toca iniciar el viaje hacia el mundo subjetivo.

El ser humano es un ser objetivo —mutable— y un ser subjetivo —inmutable y permanente. Está dentro y está fuera, está fuera y está dentro. En toda manifestación están los dos aspectos. Cuando solo vemos una de las caras de la moneda, cuando tenemos solo un punto de vista, vivimos en una verdad parcial. Y, cuando vivimos en una verdad parcial, solo entendemos una parte de la verdad. Es en ese momento cuando nos dejamos llevar por el instinto de competir... Cuando vemos la moneda en su totalidad, cuando percibimos las dos partes juntas, los dos puntos de vista, hay aceptación de la alteridad y ya no nos hace falta competir. La verdad da cabida a todo, lo que aceptamos y lo que no aceptamos como verdad.

La humanidad desconoce una parte de la verdad. Muchos son los ejemplos: la negación en Occidente de la sabiduría oriental y la negación en Oriente de la ciencia occidental es uno muy importante. Negar lo que no conocemos es dogmatismo y nos sitúa en el nivel de conciencia de la dualidad. Los opuestos no son más que complementarios, están unidos en el principio del medio. Es necesario que las partes entren en cooperación. Se trata de relacionarse con los dos aspectos a la vez, de equilibrarse con ambos. Los opuestos se deben ir armonizando hasta aterrizar en la síntesis. Cuando permanecemos solo en la objetividad, nos perdemos. Y, en cambio, desde la subjetividad podemos gestionar mejor la objetividad.

El viaje de la transformación profunda es, en ese sentido, la alineación del hombre externo con el hombre interno, es interiorizarnos en nuestro ser. A saber, síntesis, fusión: ser objetivo / ser subjetivo, cultura del ego / cultura del ser, mundo de los tangibles / mundo de los intangibles, físico/sutil, hemisferio izquierdo / hemisferio derecho, conocimiento/autoconocimiento, intelecto/intuición, mundo occidental / mundo oriental, emoción positiva / emoción negativa, pasado/presente, resultado/proceso, masculino/femenino, tener/ser, inconsciente/consciente, repetición/creación, dualidad/unidad, sombra/luz, leyes sociales / leyes universales, inteligencia/corazón, bienestar material / bienestar subjetivo —bienestar integral.

Ese es el camino que, sin negar lo material, invita a la persona a vivir con plenitud todas las facetas de la vida y a experimentarla en todos sus aspectos. Ese es el camino que pone a la persona, en su integridad, en el centro de toda consideración y del relato del mundo. La empodera —sitúa el poder en la persona—, la convierte en actor activo de su propia vida y le abre las puertas hacia su autonomía y hacia su plenitud.

Tenemos el poder y la responsabilidad de elegir, y tenemos la oportunidad de elegir la transformación profunda que aporta la visión de síntesis.

Cataluña

En Cataluña, toda una masa social empuja con fuerza y es el motor de una transformación personal que lleva a una verdadera transformación cultural y social. Se está abriendo una nueva manera de entender la vida, que pone de manifiesto procesos emergentes sutiles de carácter constructivo. Cataluña ya está anticipando un nuevo y mejor horizonte que eleva la calidad humana de nuestra sociedad. Es necesario que nos pongamos todos a disposición de ese horizonte, porque un cambio de mentalidad es posible. Si nos hemos convertido en gestores del mundo objetivo, también podemos hacerlo con el mundo subjetivo e intangible. Si hemos hecho experiencia de crecimiento en calidad material, también podemos hacer experiencia de crecimiento en calidad humana. Si hemos cofabricado, en el pasado, este mundo, también podemos cocrear, en el presente, una nueva realidad para el futuro.

Se entiende que la opción para la transformación profunda sea una tarea de largo recorrido, que cabe abordarla paulatinamente, asumirla con serenidad pero con contundencia. Y en Cataluña se da un marco circunstancial singular para hacer un ensayo de sociedad con esos parámetros innovadores, aplicables universalmente y con los que puede contribuir al progreso de la humanidad.

29-9-2014

PEPA NINOU PERE
Licenciada en Filología Catalana y postgraduada en desarrollo directivo. Posee el título profesional de piano. Es directora del Programa de Civismo y Valores de la Dirección General de Acción Cívica del Departamento de Bienestar Social y Familia, y responsable del Plan Nacional de Valores impulsado por la Generalitat de Cataluña; ha sido jefa de estudios del Conservatorio de Música de Granollers, directora de la Escuela Municipal de Música de Montblanc, y gerente del Centro de Promoción de la Cultura Popular y Tradicional Catalana de la Generalitat de Cataluña.

220

Iguales, sin embargo

Es sabido que, gracias al diseño inteligente, a la ingeniería biológica, a la cibernética e, incluso, a la ciencia aplicada a la vida inorgánica, los *Homo sapiens* occidentales hemos evolucionado más en los últimos diez años que, seguramente, en toda la historia de la humanidad. Ciertamente, durante los procesos de la Revolución Industrial vividos en Occidente durante el siglo XIX, hijos de la fe ciega de los ilustrados en el progreso a través del avance de la razón y de la innovación tecnológica, el convencimiento de que «el cielo en la tierra» nos era alcanzable ya estuvo en el pensamiento de los hombres y de las mujeres más inquietos del siglo de las revoluciones, el siglo de Tocqueville y de Marx, pero también de Frankenstein y de Dorian Grey. Desde entonces, y hasta ahora, los humanos nos hemos sentido semidioses capaces de desafiar las leyes de la naturaleza, de buscar la eterna juventud —sin tener que pactar con el demonio— y de jugar a crear y a destruir vida según nuestra voluntad. Todo eso ha sido compatible, ciertamente, con la pervivencia de una fuerte dosis de insatisfacción existencial, y hemos aprendido, no sin traumas, que el progreso material no guarda, necesariamente, relación con el progreso moral y que, como nos enseñó, implacable, el siglo XX, es posible ser a la vez la sociedad más avanzada y la más sanguinaria, la más culta y la más infeliz. En nuestros tiempos modernos, liberados de las cadenas de la ignorancia y de los prejuicios que nos impedían salir de la autoculpable minoría de edad —que habría dicho Kant—, seguimos teniendo el reto de dar respuesta a las grandes preguntas que han sacudido la conciencia humana desde el inicio de los tiempos. ¿Quiénes somos? ¿Por qué estamos aquí? Y, yendo a cosas prácticas, ¿dónde está escrito que, finalmente, tengamos que morir?

Y es que, por mucho que evolucionemos tecnológicamente, pienso que, en lo esencial, los humanos nos parecemos mucho, aparte de los tiempos y del lugar en que y donde nos ha tocado vivir. Eso es lo que explica que, hace más de un millón y medio de años, una cuadrilla de homínidos protegiesen a un miembro de su comunidad pese a que, por el hecho de ser viejo y mellado, les resultase más una carga que un beneficio. O que, por muy tecnológicos que seamos, continuemos emocionándonos con una obra de Shakespeare que nos habla de amor, de orgullos heridos o de ambiciones infinitas. O que nos sigamos sintiendo interpelados cuando Séneca, hace dos mil años, advertía que el hombre tendría que ser siempre sagrado para el hombre. Y eso es lo que explica, pienso, que un mismo político sea igualmente inteligible cuando habla ante un auditorio en el corazón de Manhattan y cuando lo hace entre los vecinos de una pequeña aldea del Pirineo. En lo esencial, los humanos compartimos siempre los mismos miedos y las mismas esperanzas, aspiramos a una vida en libertad y segura, para nosotros y para los nuestros.

¿Qué pasa, sin embargo, cuando tomamos conciencia de que en el siglo XXI, por primera vez, los avances científicos nos permiten romper nuestras propias limitaciones biológicas? Si pudiéramos llegar a crear hombres realmente mejores que nosotros, cognitivamente más listos, más rápidos, pero también emocionalmente más estables, menos violentos, más nobles... ¿lo tendríamos que hacer? ¿Estaría al alcance de todo el mundo tener la memoria de un elefante, la fuerza de un león, la audacia de un hurón, la bondad de Jesús?

Ante esos dilemas trascendentes, se hace imprescindible actualizar nuestro posicionamiento ético frente a los grandes conceptos que, hasta ahora, han referenciado nuestro modelo de convivencia: el humanismo, la democracia, la idea del bien común. Nada partidario de limitar la ciencia ni la curiosidad infinita de los hombres, pienso, no obstante, que los únicos muros infranqueables en el jardín que cuidamos y que hemos heredado tienen que ser los que impone la ética de la reverencia para la vida, en la que —como diría san Francisco— hombres, animales, plantas, el sol, la luna, la tierra, el agua y el aire somos hermanos, y con la que sabemos que nada de lo que decidimos habría de comprometer la posibilidad de transmitir ese legado a las generaciones futuras. Con esos límites, soñar que algún día venceremos a la muerte —o, por lo menos, el dolor— y que «el cielo en la tierra», finalmente, será posible, me resulta realmente estimulante e, incluso, ¡un buen argumento, por el que vale la pena vivir!

29-9-2014

SANTI VILA VICENTE
Historiador y político catalán, consejero de Territorio y Sostenibilidad de la Generalitat de Cataluña; ha sido alcalde de Figueres, diputado del Parlamento de Cataluña, presidente de la Fundación Salut Empordà y patrón de la Fundación Altem, dedicada a la integración de discapacitados psíquicos, y de la Fundación Tutelar de l'Empordà.

221

Humanos, ni más ni menos

Asistimos, en nuestra atribulada contemporaneidad, a una destrucción persistente del entorno natural sin precedentes en la historia de la humanidad. De hecho, más que de destrucción, cabría hablar de una auténtica profanación de eso que los antiguos consideraron como el *templo* de la naturaleza, término, este, que, en su etimología latina, *nascitura,* evoca la función generadora de vida de la naturaleza. Y todo ello como consecuencia de la desacralización y de la consiguiente laicización del universo, proceso que ha corrido en paralelo al desarrollo de una ciencia y de una tecnología, núcleos rectores de la civilización moderna, cuya capacidad de destrucción resulta hoy inimaginable y que llega, incluso, a amenazar la estructura misma de la vida.

Paralelamente, se ha generalizado una visión unívocamente materialista del ser humano, impuesta desde el Renacimiento, caracterizada por la absolutización del hombre terrestre, llamémoslo así, que, *liberado* del cielo, es preso de la ambición prometeica del poder y de la dominación.

Pero ni el cosmos ni el mismo ser humano son máquinas que puedan retocarse a voluntad. El hombre no es un reloj —como sostenía Descartes—, una suma de distintas partes susceptibles de mejoramiento. Tampoco es un potente ordenador, como acostumbra a oírse hoy. Se trata de la epidemia moderna del maquinismo. En ese sentido, ¿de qué hablan algunos hoy cuando esgrimen el deber moral de mejorar las capacidades físicas y cognitivas de la especie humana?

De hecho, el único deber moral del ser humano es cumplir el imperativo pindárico de ser lo que realmente se es y no otra cosa. Esto es, ser realmente humanos, ni más ni menos. Porque, como escribía el sabio sufí del siglo XIII Mevlânâ Rûmî, al hombre no le basta con nacer para devenir un ser humano, en la acepción más profunda de la palabra. En ese sentido, no es que el hombre sea la única criatura que rechace ser lo que es, como afirmaba el escritor Albert Camus, porque, bien mirado, el hombre, sobre todo el hombre moderno, no sabe a ciencia cierta qué es ni quién es, y ese es el nudo de todo ese drama. Era el mismo Aristóteles quien decía que hay un chispazo divino en el fondo del hombre, que es lo que hace de él un ser plenamente ¡...humano! Pero no nos confundamos, puesto que no es lo mismo la divinización a la que aspira el hombre espiritual, por ejemplo, que no es sino la realización de todas las posibilidades humanas, una experiencia plena de la vida que requiere una nobleza de corazón que no es fácil de alcanzar, que el endiosamiento del hombre prometeico. Porque el hombre puede haber llegado a la Luna, pero, habiendo amputado su dimensión espiritual, que es un constituyente antropológico y no un añadido fruto de la fe, resta en un estadio de infrahumanidad lamentable, lo cual explica, en parte, el cansancio existencial de la civilización moderna que, de forma más acusada, se palpa en un Occidente que parece haber olvidado que no solo de pan —¡ni de circo!— vive el hombre.

Porque la crisis medioambiental a la que nos referíamos al inicio no es más que el reflejo exterior de la profunda crisis espiritual y axiológica que sufre el hombre moderno, que, en palabras del profesor Seyyed Hossein Nasr, habiendo dado la espalda al cielo en nombre de lo terrenal, corre el riesgo ahora de destruir la Tierra también. La crisis actual, la verdadera crisis que padecemos hoy en día, no es resultado de la mala gestión de las capacidades tecnológicas, sino consecuencia, primeramente, de la ignorancia de eso que los sabios sufís denominan «conocimiento sapiencial de la naturaleza» y, en segundo lugar, del marasmo espiritual del hombre, que desconoce su verdadera naturaleza.

El hombre es mucho más de lo que piensa, pero mucho menos de lo que se cree. El hombre es, como afirmaban los antiguos, *criatura* del cielo, el ser a través del cual transita el aliento divino, y no un mero amasijo de órganos, de tejidos y de reacciones químicas cuyas capacidades, ya de por sí extraordinarias, puedan desarrollarse ilimitadamente. Es *criatura* del cielo, pero de carne y hueso, es decir, contingente y mortal. Afirmar lo contrario es desconocer la naturaleza real de las cosas, puesto que es ley de vida, más allá de la voluntad humana y de cualquier desvarío científico, que todo cuanto nace debe morir.

El hombre no puede reinventarse, como sostienen algunos, o *transhumanizarse,* como afirman otros. Y es que, a veces, perdemos la perspectiva de las cosas. El ser humano no puede dejar de ser lo que es. Porque nadie puede saltar más allá de su sombra, como reza un viejo proverbio derviche. Tampoco bastará, para salir del atolladero presente, con un mero cambio de paradigma ni con la irrupción de nuevas ideologías. Hoy lo que se requiere no son soluciones retóricas o cambios cosméticos, sino una profunda y radical transformación del ser humano: *metanoia,* lo llaman los teólogos católicos; *tawba,* los sabios sufís.

29-9-2014

HALIL BÁRCENA GÓMEZ
Islamólogo, escritor, profesor de Estudios Islámicos y director del Instituto de Estudios Sufís de Barcelona.

222

Para continuar el debate: ¿hay respuestas?

A lo largo de las páginas de este libro, que nace como un conjunto de aportaciones en torno a un tema que podría considerarse «nuevo», podemos encontrar maravillosos pensamientos de muchas personas, verdaderas autoridades y lumbreras en las más diversas áreas de la vida y de la actividad del hombre.

La primera cuestión interesante que se nos presenta es que el tema no es «nuevo», sino que es, de algún modo, tan antiguo como el hombre y se ha manifestado de diversas maneras y en diferentes ocasiones: el «superhombre» siempre fue un objetivo apetecible. Pero sí podemos verificar que, hoy, y más en el futuro, las tecnologías presentan nuevos e importantes caminos en esa dirección.

Los interrogantes que van surgiendo a lo largo de los diversos textos, enfocados desde distintos puntos de vista, experiencias, especialidades e investigaciones, manifiestan la complejidad de la cuestión y la necesidad de buscarle verdaderamente un sentido. Sería muy interesante poder dar una organización a las *preguntas* que se plantean a lo largo de todo el libro. El conjunto de estas, por sí solo, podría presentarse como un programa de trabajo y de investigación muy importante.

En este breve texto, que se suma a esta sinfonía de comentarios, quisiera agregar, por una parte, un par de preguntas más, y, por otra, ofrecer un principio de respuesta que pueda ayudar a continuar el debate —o a comenzar otro— para abrir caminos concretos de actividad que puedan desarrollar cuanto haya de positivo y señalar los caminos que no deben ser recorridos ni siquiera a nivel experimental.

Un par de preguntas

Primera pregunta: ¿quién busca y para qué busca?

Cuando hice la investigación para mi tesis sobre el uso de las tecnologías biomédicas no terapéuticas aplicadas a la potenciación humana, una cosa, entre todas las sorpresas que uno se va llevando durante una investigación, llamó especialmente mi atención: la brecha que se presentaba entre la intención y el objetivo de quien llevaba adelante una investigación y la intención y los objetivos tanto de quien promovía la investigación como de quien tendría la posibilidad de utilizar los resultados de esa investigación. Lamentablemente, podemos ver que esa brecha se ha verificado infinitas veces en la historia con los grandes descubrimientos, excelentes descubrimientos con devastadoras aplicaciones.

Normalmente, nos encontramos con científicos y con técnicos, de brillante inteligencia, profundamente convencidos y motivados para llevar a cabo lo que consideran un «paso adelante» para la humanidad. Por otra parte, la historia nos muestra, una y otra vez, que muchas investigaciones y muchos descubrimientos que en la mente científica eran positivos han sido financiados y promovidos con intenciones y con objetivos completamente diferentes de aquellos de los investigadores. Hay también otra posibilidad, y es que los descubrimientos sigan un camino no previsto, una utilización no buscada o contraria a lo que se quería lograr. En ese sentido, el testamento de Einstein es realmente paradigmático.

Lamentablemente, los deseos de poder, de dominación y similares han llevado a la humanidad a servirse de grandes descubrimientos para mitigar el dolor y para vencer a la muerte. Basta con ojear hoy un periódico para ver que el mundo está bañado en sangre a causa de guerras, un mundo en el que las aplicaciones científico-técnicas han incrementado infinitamente la destrucción, el sufrimiento y la muerte —los periódicos, y también la historia, no parecen apoyar las teorías posthumanistas… No se puede pensar en una investigación prescindiendo de sus consecuencias. No se puede no proyectar la curva de sus aplicaciones si fácilmente puede preverse que su utilización tendrá una consecuencia negativa, directa e inmediata.

En el tema que nos ocupa —potenciar al hombre, «superar sus límites», vencer a la muerte con la tecnología—, no es difícil hacer verificaciones con respecto a la historia de la humanidad para ver lo que puede suceder… No hace falta que algo suceda para saber que sucederá. Esa ecuación no tiene incógnitas, está resuelta *a priori*, no necesitamos un *a posteriori* para saber qué puede pasar y para concluir que, lo que pase, será mal utilizado por el hombre.

¿Acaso es tan difícil pensar en ello y darse cuenta de cómo habrían usado todo eso los grandes tiranos y personajes del mal de la historia? ¿No los tendríamos a todos aquí, hoy, vivos y operativos? Esa es solo una de los millones de preguntas que podríamos hacernos para comprobar que ese camino, suponiendo que fuese posible, no vale la pena y que, perpetuando la vida, se asegura la muerte. Superar los límites no resuelve el problema del mal en el mundo y en el hombre. Es más: aumentando el poder del hombre, la ambición de poder crecería exponencialmente, y eso no se puede ignorar pensando inocentemente que «el hombre sin límites es simplemente un hombre feliz».

Segunda pregunta: ¿qué se busca?
Si lo que se busca es «robotizar al hombre», es porque se han comprobado los límites de «humanizar el robot», si bien en ese proceso de humanización del robot se han descubierto muchas perspectivas y muchas brillantes ideas respecto a cómo superar los límites del hombre.

Con todo, por mucho que hable de los *límites del hombre*, toda la investigación científico-tecnológica es, en realidad, un canto a la *perfección del hombre*. Pensemos en lo que significa para un robot mantenerse de pie, el almacenaje de la memoria, el procesamiento de datos, la autonomía de la energía... Pensemos, en cambio, en el hombre, en sus neuronas y en sus sinapsis, en sus sentimientos y en sus relaciones, en la decisión de su libertad... ¡Para un científico, todo eso sería ciencia ficción si no fuese una realidad!

Por lo tanto, parece mucho más interesante la robotización del hombre que la humanización del robot —aunque ambos caminos sigan trabajando con sus propios objetivos. Robotizando al hombre, es decir, buscando superar sus límites, los «componentes principales» están ya preparados, solo hay que encontrar la manera de suprimir sus limitaciones y de usar esos componentes —por el momento, prácticamente solo disponibles para la naturaleza... Pero la pregunta es esencial: ¿qué se busca? Porque, si lo que se busca es un objetivo técnico-científico que prescinda de las consecuencias y de todo lo que el mismo hombre podría conscientemente querer y buscar desde una teleología teórica, idealista y autorreferencial, la cuestión se presenta no solo compleja, sino también peligrosa. El objetivo de liberar al hombre de sus «límites» suena muy bien, pero, si se desconoce la interrelación de esos «límites» con el complejo articulado antropológico, ese camino puede llevar a una realidad cuyo sentido, por lo menos, debe ser pensado y discutido.

El hombre no vive solo para vivir, para mantenerse con vida y para perdurar en sí mismo independientemente de sus relaciones, de sus afectos, de sus esperanzas, de sus objetivos y de su realidad cotidiana, desde la que proyecta su futuro. La búsqueda de la felicidad es una cuestión permanente y continua, aunque el hombre goce de perfecta salud y esté lleno de conocimientos y de bienestar. Aun cuando los límites humanos no lo «fastidiasen», su felicidad y el sentido de su vida no estarían asegurados.

El límite más acuciante es la muerte. Cuando pensamos en la muerte, especialmente en la nuestra, se generan muchos sentimientos y muchos pensamientos, independientemente de nuestros credos personales, pero siempre es una realidad que repugna. Los hombres no soportamos la idea de la muerte como una realidad que puede hacernos «desaparecer». Pero, incluso en ese caso, ¿estamos seguros de que la propuesta de no morir a cualquier precio es una propuesta que, pensándola profundamente, nos convence? La propuesta de seguir eternamente vivos en este mundo prolongando la cotidianidad —sin analizar todo lo que eso significa, pues de ello saldría un libro entero—, ¿es realmente una idea que captura nuestro deseo hasta el punto de extremar cualquier esfuerzo científico-técnico para lograrlo? Para decirlo bromeando: ¿nos imaginamos una vida sin muerte en la que todos los días haya que cocinar, lavar y planchar? Sin embargo, si la cotidianidad ya tampoco existiese, porque también fuese potenciada, cambiada, transformada en «algo nuevo y mejor que no imaginamos», entonces ya no se trataría simplemente de prolongar la vida y de suprimir los límites con ayuda de la tecnología, sino que implicaría ¡«crear una realidad nueva»! Bueno, en ese caso, dejaríamos formalmente el ámbito científico-técnico para entrar en ámbito el religioso.

Un inicio para continuar el debate: las respuestas

Con toda la riqueza de las aportaciones que hemos leído a lo largo de este debate, se nos abre el enorme panorama de la complejidad del tema. Todas las preguntas y todos los interrogantes propuestos nos manifiestan su gran dimensión, y ese es un paso muy importante para entender el objeto que tratamos.

Pero es necesario dar un nuevo paso, es necesario relanzar la discusión, un debate que pueda orientar el pensamiento con respuestas para aquellos que quieren llevar adelante una investigación seria. Tras las preguntas, tenemos que hacer el esfuerzo de comenzar a ensayar respuestas, para no quedarnos en un simple análisis, nuevas *quæstiones disputatæ* que queden abiertas solo a preguntas.

Yo propondría, como inicio del debate, cuatro criterios para la valoración antropológica de la aplicación, en el hombre, de las tecnologías no terapéuticas, es decir, de todas esas tecnologías que no pretenden curar alguna enfermedad o resolver algún problema, sino que su objetivo es potenciar al hombre, mejorarlo y, si se quiere, hacer que supere sus propios límites.

La pregunta a la que yo mismo quise responder es si se puede —y, en tal caso, en qué condiciones— aplicar la tecnología para superar, al menos, ciertos límites del hombre. Para esa pregunta pensé una primera respuesta que pudiera dar criterios de aplicación al científico-técnico que se pusiera a investigar y que quisiera hacer una aportación que ayudara al hombre sin traicionarlo ni sacarlo «fuera» de su humanidad. La respuesta podría formularse así: para que una tecnología no terapéutica sea validada antropológicamente, no solo debe tener relación con cuatro criterios, sino que, además, tiene que respetarlos. Esos criterios, que han cumplirse siempre y simultáneamente, son los siguientes:

a inteligencia/voluntad;
b cuerpo / presencia espacial del hombre;
c relación social;
d carácter histórico-temporal.

La explicación de los criterios es la que sigue:

a *Inteligencia/voluntad.* La especificidad del hombre como hombre radica en su inteligencia y en su voluntad, que encuentran su expresión en la libertad para conocer la verdad y para elegir el bien. Por su inteligencia y por su voluntad, el hombre conoce el mundo y se conoce a sí mismo, y les da un sentido y una finalidad.

Por eso, las tecnologías aplicadas al hombre encuentran su *justificación antropológica* cuando colaboran para mantener tanto la inteligencia como la voluntad humanas en su plena capacidad de entender y de querer, sin forzar ni extralimitar su naturaleza.

b *Cuerpo/presencia espacial del hombre.* El cuerpo es *cuerpo-del-hombre*, no solo porque está preparado y especializado para las acciones y para las actividades humanas, que implican, paradójicamente, una no especialización —como en el resto de los animales—, sino porque está abierto a una permanente adecuación tanto a la diversidad de las acciones físicas como a la de las acciones psíquico-espirituales. Además, el cuerpo es expresión del hombre, es la identidad y la autoidentificación del *yo,* es su hermenéutica y su autocomprensión, es su carta de presentación y el medio de su donación, es la epifanía de su ser y de su sentir, es su relación con el mundo exterior y con los demás, es su prolongación y su presencia en el mundo y en la historia, es el *ubi* del yo y es el límite y la expresión de su finitud.

Por eso, las tecnologías aplicadas al hombre encuentran su *justificación antropológica* en cuanto colaboran para mantener el cuerpo/mente del hombre con salud, y para alcanzar el máximo y lo mejor de las potencias y de las capacidades que posee. Eso debe darse sin extralimitar sus capacidades naturales, fuera de lo que se establece como *normal* respecto de *sí mismo* y de *la sociedad* en la que vive.

c *Relación social.* No es simplemente un factor accidental determinado por la concomitancia espaciotemporal con otros seres humanos. El hombre es un ser *intrínsecamente* social. El ser humano no puede sobrevivir sin un ambiente social que lo acoja, necesita recibir cuanto debe poseer para moverse en una determinada cultura. Sin esa «tradición de contenidos», toda cultura partiría de cero con cada nacimiento. La vida social realiza al hombre, que encuentra el sentido de su vida en la relación con el otro. Una soledad completa —que puede surgir por la falta de relaciones deseadas— quitaría todo sentido a la vida del hombre.

Por eso, las tecnologías aplicadas al hombre encuentran su *justificación antropológica* en cuanto colaboran para mantener al hombre en su contexto y en su relación social, de modo que pueda tanto recibir como aportar a la cultura que le es propia y evitar toda segregación, discriminación, aislamiento o relación de superioridad/inferioridad.

d *Carácter histórico-temporal.* La existencia humana no es el mero transcurrir de un antes y de un después, sin conciencia, subsistiendo en el presente que se vive, perdurando en el *existir.* El hombre se incorpora a un flujo que recoge, en sí mismo, un pasado que le pertenece, interviene en un presente que está realizando y construye un futuro con la elección de su propia libertad —incluso en las peores condiciones de limitación de esta. El tiempo en el hombre se hace experiencia acumulada que, en lo bueno y en lo malo, se actualiza en el presente y, en cierto grado, también determina el futuro.

La historia no es el simple pasado vivido, sino el conjunto de los eventos que configuran el ser, el pensar y el sentir, que no condicionan, sino que configuran el elegir y la libertad del hombre. La historia no solo queda grabada en la memoria, sino que también configura la fisonomía y la forma del cuerpo. La historia se hace materia en el cuerpo y espíritu en la inteligencia y en la voluntad, surcadas por la experiencia de lo vivido.

El tiempo es la realidad a la que nadie puede sustraerse y que siempre marca el inicio y el inexorable fin de cualquier realidad que se encuentre en ese cosmos conocido. El fin, en cuanto límite, pertenece a la metafísica propia del ser material.

Por eso, las tecnologías aplicadas al hombre encuentran su *justificación antropológica* en la medida en que colaboran para mantener al hombre con vida y con salud en su realización como hombre en un tiempo determinado, con un proceso de desarrollo y de crecimiento histórico y progresivo en relación con una cultura, sin pretender una inmortalidad histórica ni una realización humana sin el correspondiente desarrollo y crecimiento personal —ambas cosas afectan al sentido de la vida en el acto mismo del ser vividas.

Conclusión

La humanidad recibe e impulsa con gran entusiasmo, pero, sobre todo, espera los trabajos que las tecnologías aplicadas al hombre realizan en el ámbito terapéutico a fin de poder liberar al mundo de las enfermedades que afligen al hombre y de colaborar en el mejoramiento de su calidad de vida. Al mismo tiempo, no obstante, el hombre de nuestros días observa con expectativa y no sin preocupación, y lo leemos a lo largo de este libro, como la ciencia y la técnica, partiendo de los esperanzadores caminos terapéuticos, construye superautopistas hacia el *mejoramiento* y hacia la *potenciación* del ser humano.

Es necesario, llegados a ese punto, investigar los aspectos esenciales de la realidad humana que hacen que el hombre sea hombre y que sus actividades y su vida puedan ser llamadas *humanas.* El trabajo, la investigación y los descubrimientos no se justifican, en sí mismos, en cuanto que trabajos bien realizados y obras magníficas del descubrimiento, sino en cuanto que realidades que son aplicadas al hombre y a su vida. Por eso, debe verificarse que posean los valores antropológicos suficientes como para respetar y para continuar la dignificación del hombre, que no crece en un «post» —posthumanismo/transhumanismo—, dado que no es «funcionando *más* y *mejor*» como logra la plenitud que él mismo busca.

Las preguntas fundamentales que no han encontrado una respuesta adecuada son estas: ¿por qué, para «mejorar al hombre», hay que realizar acciones *dentro* del hombre, *en* el hombre, o conectar al hombre a las máquinas (*direct neural interfacing*)? ¿Por qué, para «ser mejor», el hombre tiene, en definitiva, que desarrollar las actividades propias de las máquinas según un concepto de *potenciación humana*? ¿Cuál es la mejora, el conocimiento necesario, la actividad urgente o las capacidades imprescindibles no terapéuticas que pueden justificar tal invasión de la metafísica humana y que no solo hacen que el hombre pase a formar parte integrante de una realidad mayor, como si fuera un componente de un ordenador, sino que también violan, de ese modo, su dignidad ontológica? En síntesis: ¿cuál es el concepto de *progreso* que justifica que, para «ser mejor», el hombre debe ser *tecnologizado*?

El ser humano es el sistema dinámico más complejo y el único que puede desarrollar lo que las máquinas, por sí mismas, no pueden: pensar, amar, decidir. Es decir, el hombre es el sistema dinámico más complejo no solo por su biología, sino —fundamentalmente— por su *inteligencia* y por su *voluntad.*

29-9-2014

LUCIO ADRIÁN RUIZ

Sacerdote católico, licenciado en Teología Dogmática por la Pontificia Universidad de la Santa Cruz de Roma con una tesis sobre teología de la comunicación, máster en Administración de Empresas y doctor en el programa de Ingeniería Biomédica de la Universidad Politécnica de Madrid con una tesis sobre los fundamentos antropológicos de las tecnologías biomédicas no terapéuticas. Es profesor de Tecnologías Digitales en la Pontificia Universidad de la Santa Cruz en

Roma, colaborador del Pontificio Consejo para las Comunicaciones Sociales en el Vaticano, asesor de la RIIAL (Red Informática de la Iglesia en America Latina), presidente del Centro de Formación y Desarrollo de Software NSG, para la Iglesia en América Latina y jefe del Servicio Internet Vaticano de la Dirección de Telecomunicaciones de la Santa Sede.

223

La ideología que sustenta los proyectos transhumanistas solo puede tener eco entre los creyentes en el dogma del progreso técnico materialista unidimensional, no entre los que creen en el desarrollo humano auténtico, multidimensional, ético y espiritual

En la mayoría de las aportaciones a este debate se percibe o se explicita una profunda inquietud, que llega, en algunos casos, al temor o al terror, ante los escenarios que el transhumanismo y el posthumanismo plantean: la desaparición de la especie humana, que sería sustituida por unos seres posthumanos de cuerpos robóticos, quizá después de una etapa en la que los robots posthumanos habrían sometido a la humanidad. La propaganda de un «mejoramiento humano» que ignora las dimensiones más esenciales del hombre no puede ocultar que su resultado sería, en realidad, la «destrucción de la esencia y de la felicidad humanas» (J. Cos), «generar monstruos» (M. Prat), el «hundimiento de la civilización» (P. Martínez de Anguita d'Huart), «agravar desigualdades y patologías» (A. Santigosa), «nuevas esclavitudes» (J. Xercavins), «desarrollos deshumanizadores» (Ll. Torcal) y un «infrahumanismo o antihumanismo» (M. V. Roqué) que nos llevaría a una «posible autodestrucción de la especie» (T. Gironès). En definitiva, habría, en lugar de evolución, involución.

Esos temores no son recientes. Las críticas a la sociedad tecnocrática y mecanicista empezaron con la misma Revolución Industrial en la Europa occidental y se han ido desarrollando desde entonces. A esas críticas, de gran calado intelectual, habría que añadir otras muchas —aunque menos conocidas— surgidas de las civilizaciones, de las culturas y de los pueblos que han sufrido y que sufren el colonialismo cultural, tecnológico y económico de Occidente. La novedad, por decirlo así, es que unos proyectos que hace pocas décadas parecían pesadillas propias de novelas o de películas de terror y de ficción hayan conseguido enormes apoyos económicos y políticos y se hayan ido infiltrando gradualmente, mediante hábiles estrategias, en la sociedad moderna hasta crear la sensación de que son deseables e, incluso, de que han sido aceptados. Pero la verdad es muy distinta: son rechazados por la inmensa mayoría de la humanidad, incluso por grandes sectores del mundo occidental.

La ideología que sustenta los proyectos transhumanistas solo puede tener eco entre los creyentes en el dogma del progreso técnico materialista unidimensional, no entre los que creen en el desarrollo humano auténtico, multidimensional, ético y espiritual. Vista con perspectiva histórica, esa ideología es muy reciente y muy contradictoria. La ideología tecnoutópica y postbiológica se fraguó hace poco más de tres décadas en los Estados Unidos, cuando imperaba el tecnooptimismo. Richard Feynman, padre de la nanotecnología, falleció en 1988. En la misma década se publicaron *Engines of creation*, de Eric Drexler, *The tomorrow makers*, de Grant Fjermedal, y *Mind children*, de Hans Moravec. Este último ya planteaba, con todo detalle, escenarios de transferencia de la mente humana a robots «inmortales». Sin ningún tipo de debate ético ni social, EPCOT, IBM, el MIT y los mayores centros de investigación del imperio norteamericano se lanzaron a una competición frenética para hacer realidad dichos «sueños» y dedicaron sumas y talentos ingentes a dichas investigaciones. Las otras potencias tecnológicas (Europa, Rusia, Japón, China, India, etc.), temiendo ser dominadas, también se precipitaron a ello a la carrera, sin apenas reflexión ni debates proporcionados a la envergadura de sus propósitos. A medida que se ha ido revelando el alcance de sus objetivos y se adivina su viabilidad, se ha extendido el temor y han surgido debates éticos. Algo análogo a lo que ocurrió con la energía atómica, cuyo desarrollo, afortunadamente, ha podido contenerse.

Las aportaciones críticas al transhumanismo que este debate ha suscitado provienen, en su mayoría, del ámbito humanista occidental, más o menos influido por valores cristianos. Dado el alcance global de la amenaza transhumanista, me parece relevante aportar el punto de vista de otras grandes tradiciones sapienciales y espirituales de la humanidad, vinculadas tanto a religiones con escritura como a tradiciones orales, ya que, en los últimos quince años, he tenido la oportunidad y el privilegio de participar en foros internacionales con representantes cualificados de muchas de ellas. Lo más notable fue constatar la altísima concordancia en el rechazo de todos los desarrollos tecnológicos inhumanos y destructivos. Esa es una actitud universal, exceptuando la pequeña pero muy poderosa parte de la sociedad occidental u occidentalizada que ya ha sido convencida. Esa unanimidad se vincula a lo que ciertos autores denominan «fondo común de sabiduría de la humanidad» (la *sophia perennis*). Es importante destacar, especialmente, que el rechazo categórico es compartido por los sabios de las culturas más resilientes del planeta, las de los pueblos indígenas que se han salvado del genocidio o de la degradación, que son —según mi entender— los que mejor perspectiva y credibilidad tienen para opinar sobre armonía y sobre sostenibilidad.

Pero sería una grave equivocación pensar que toda la comunidad científica apoya los proyectos transhumanistas, cuando, en realidad, esos proyectos surgen de un ala fundamentalista y extremista. Sigue habiendo muchos científicos que buscan la verdad desinteresada y que se esfuerzan por actuar con responsabilidad social con vistas al bien común y no con miras a los poderes fácticos. En 1992 —el mismo año en que se celebró la Cumbre de la Tierra de Río de Janeiro— se hizo público el manifiesto crítico más importante que la comunidad científica emitió el siglo pasado, firmado por más de mil setecientos científicos de primera línea, entre los que se contaba la práctica totalidad de premios Nobel de Ciencias, así como los presidentes de las organizaciones científicas más prestigiosas del mundo. Con el título de «Aviso a la humanidad», advertía que «los seres humanos y el mundo natural se encuentran en una carrera abocada a la colisión [...]. Si no se modifican, muchas prácticas actuales crean un grave riesgo para el futuro [...] y pueden llegar a alterar el mundo viviente hasta un punto en el que sea incapaz de sostener vida en la forma que hoy conocemos. Urgen cambios fundamentales si queremos evitar la colisión que nuestra carrera actual producirá [...], si queremos evitar una inmensa miseria humana y que nuestro hogar global en este planeta sea irreparablemente mutilado.»

La novedad del «Aviso a la humanidad» —que la censura no permitió que tuviera la difusión que merecía— no radicaba en el mensaje, sino en el mensajero. En efecto, desde los inicios de la revolución científica, la ciencia occidental moderna había mantenido la promesa de un futuro mejor gracias a los avances tecnológicos continuados, cada vez más espectaculares. En la nueva ideología del «progreso» que se configuró adrede, «el paraíso» ya no se encontraba en un origen intemporal —como afirman muchas tradiciones espirituales de la humanidad—, sino en un futuro temporal, por lo que se debía acelerar para llegar a él lo antes posible. Pero la realidad es elocuente, y las tendencias insostenibles demuestran el error del reduccionismo materialista. Desde 1992, las tendencias globales no han hecho más que empeorar. Cuando Jeffrey Sachs, director del Proyecto del Milenio, presentó a la ONU los resultados de la Evaluación del Milenio sobre el estado de los ecosistemas globales, afirmó sin eufemismos que «la ignorancia, las prioridades erróneas y la indiferencia están llevando al mundo directamente por el camino del desastre».

Actualmente, cuando la crisis sistémica ha alcanzado proporciones planetarias, cuando la «inmensa miseria humana» es realidad cotidiana para más de mil millones de seres humanos, hermanos nuestros, cuando los refugiados medioambientales crecen exponencialmente y los escenarios a los que nos lleva el cambio climático global ya son de dominio público, se empieza a tomar dolorosamente conciencia del reverso de la medalla. Cada vez hay más científicos de primera fila que abandonan el ingenuo optimismo tecnológico y declaran que es preciso cambiar los valores fundamentales, que hay que replantear el modelo de desarrollo, cambiar de paradigma, etc., más allá de la ingeniería ambiental o social, si se quiere evitar el colapso ecológico global. Por otra parte, los desarrollos del conocimiento que han producido la investigación de los confines del mundo corpóreo —del microcosmos al macrocosmos— han hecho surgir lo que algunos filósofos de la ciencia —como Jordi Pigem— denominan «ciencia postmaterialista», un antídoto contra el positivismo materialista, seriamente interesada en valores humanos fundamentales como la conciencia, el amor, la generosidad, la humildad o la compasión.

Hay que subrayar que el diagnóstico y el pronóstico de los científicos coinciden, en el fondo, con los que han planteado numerosas tradiciones indígenas. Un solo ejemplo: en 1990, los líderes espirituales de la Confederación Indígena Tairona, que custodia el «corazón del mundo»

—la Sierra Nevada de Santa Marta (Colombia)—, mandaron un solemne aviso al «hermano pequeño» —es decir, a nosotros—, en el que, después de formular su diagnóstico, nos conminaban a «ver, a comprender y a asumir responsabilidades», y en el que nos advertían que, si somos incapaces de «trabajar juntos con ellos» —los pueblos indígenas— para reformar la dirección de ese desarrollo desencaminado, «el mundo perecerá».

Termino. Encuentro significativo que en las carreras universitarias que forman a los profesionales que desarrollan las tecnologías que sostienen la utopía transhumanista se hayan ignorado —o eliminado— las asignaturas vinculadas a la filosofía de la ciencia y a la ética, que suministraban una base para reflexionar sobre los límites éticos y morales de la ciencia y de la tecnología y sobre los efectos de sus transgresiones. Y me parece aún más revelador que los intentos que se han hecho para introducirlas en algunas facultades hayan chocado con la resistencia de un «fundamentalismo tecnocrático» que se ha autoproclamado autosuficiente. Creo que todos los que somos conscientes de la gravedad de los retos a los que nos enfrentamos debemos hacer lo que esté a nuestro alcance para suscitar reflexiones éticas serias y profundas sobre esos temas. Reitero mi felicitación a los promotores del debate por su valentía y por su lucidez, y deseo, sinceramente, que este tenga desarrollo. Lo precisamos.

29-9-2014

JOSEP M. MALLARACH CARRERA
Doctor en Ciencias, máster en Ciencias Medioambientales y licenciado en Ciencias Geológicas. Es miembro del comité directivo del Grupo de Especialistas en Valores Culturales y Espirituales de la Comisión Mundial de Áreas Protegidas de la Unión Internacional para la Conservación de la Naturaleza (UICN) y coordinador de la asociación Silene.

III

¿PRESENTE O FUTURO?

ALBERT CORTINA Y MIQUEL-ÀNGEL SERRA

I

El debate suscitado en el capítulo anterior ve la luz en una etapa de transición, en medio de la sustitución del viejo orden por la construcción de un nuevo orden mundial que pretende superar la actual crisis global y de civilización, que se manifiesta en aspectos tan dramáticos como el cambio climático, la gran recesión económico-financiera, la pérdida de valores éticos y espirituales, las guerras por los recursos naturales y energéticos, la cultura de la muerte y las nuevas epidemias, como la reciente del virus del Ébola, que se presentan como una amenaza para la humanidad y que afectan, de manera dramática, especialmente a las poblaciones más pobres y más desamparadas. Esa realidad no puede dejarnos tranquilos e impasibles ante la posibilidad de mejorar tecnológicamente la vida de los hombres, tal vez de unos pocos, sin pensar en las muchas personas que necesitan lo esencial para vivir.

Por otra parte, parece que, en ocasiones, la ciencia y la técnica marchan por caminos de desarrollo para la salud que podrían perder de vista al mismo ser humano, su dignidad y su finalidad intrínsecas y últimas.

Como hemos visto, en el Debate 3.0 se recogen las tesis y los comentarios de muchas personas preocupadas por los retos que nos plantean esos nuevos caminos de la ciencia, de la técnica y de la misma civilización humana. Son encomiables, sin duda, las aspiraciones de mejora cuando la persona está en una situación de debilidad; por ejemplo, por problemas de salud. En esos casos, la medicina y la técnica dan pasos importantes y necesarios para permitir al ser humano superarse y alcanzar la plenitud de la Creación. Sin embargo, conviene no olvidar que el hombre es también un ser que se debe respeto a sí mismo, a los demás seres humanos —sus iguales, sus hermanos—, a la naturaleza y, para aquellos que se consideran creyentes, a Dios. Pensamos que el ser humano únicamente podrá llegar a la felicidad —felicidad que no dan las cosas materiales— siendo consciente de su dignidad y, al mismo tiempo, suficientemente humilde para aceptar sus limitaciones.

Creemos, pues, que es más necesario que nunca desarrollar un pensamiento y una actitud impulsados por la energía y por la fuerza universal del amor, quinta esencia de la vida en nuestro planeta y en el cosmos. Necesitamos un humanismo renovado y avanzado basado en una ética universal, que pueda orientar a los científicos y a los tecnólogos, a los filósofos y a las personas que profundizan en los valores espirituales, en su itinerario de búsqueda, de investigación, de conocimiento y de labor a favor del ser humano para que dichos caminos no se vuelvan contra él.

Debates como el que nos ocupa manifiestan la necesidad de ayudar con un pensamiento organizado y sistemático a posicionarnos éticamente acerca del correcto uso de las innovaciones que la ciencia y las nuevas tecnologías emergentes nos ofrecen cuando aún estamos a tiempo de hacerlo. El ritmo frenético que marca el progreso en la actual sociedad del conocimiento y de la información, y las ansias de dominio que, frecuentemente, lo acompañan no deben ser óbice para que reflexionemos, como aquí se hace, sobre el qué, sobre el porqué, sobre el cómo y sobre el para qué de ese mismo progreso, no sea que nos encontremos con un final infeliz e injusto que nadie, en realidad, quiere.

Es nuestro deseo que todas las personas de buena voluntad se impliquen y se pueda llegar a un consenso universal que no discrimine a ningún ser humano, sino que, más bien, reconozca en todos ellos una imagen del todo, una chispa del fuego infinito, su inalienable dignidad de hijos de Dios para aquellos que somos creyentes.

La idea del ser humano como puro existir que se construye históricamente a sí mismo a través de lo que elige cabe retrotraerla a Pico della Mirandola (1463-1494), uno de los fundadores del pensamiento humanista europeo, quien escribió lo siguiente en su famosa *Oración sobre la dignidad humana*:

> Por eso Dios escogió al hombre como obra de naturaleza indefinida y, una vez lo tuvo colocado en el centro del mundo, le habló así: «No te he dado un rostro,

ni un lugar propio, ni don alguno que te sea peculiar, oh, Adán, para que tu rostro, tu lugar y tus dones tú los quieras, los conquistes y los poseas por ti mismo. La naturaleza encierra otras especies en leyes por mí establecidas. Pero tú, que no estás sometido a ningún límite, con tu propio arbitrio, al que te he confiado, te defines a ti mismo. Te he colocado en el centro del mundo para que puedas contemplar mejor lo que este contiene. No te he creado ni celeste ni terrestre, ni mortal ni inmortal, para que por ti mismo, libremente, a guisa de buen pintor o de hábil escultor, plasmes tu propia imagen. Podrás degenerar en cosas inferiores, como son las bestias; podrás, según tu voluntad, regenerarte en cosas superiores, que son divinas.»

II

En este tercer capítulo, los coordinadores del libro hemos realizado una selección de palabras clave con el objetivo de relacionarlas con un conjunto de preguntas de interés sobre aspectos relevantes que han surgido en el DEBATE 3.0.

Con dichas preguntas, pretendemos motivar la reflexión en el lector del libro e incentivarlo a que continúe el debate con otras personas en sus respectivos ámbitos de relación social: asociaciones y entidades ciudadanas de todo tipo, universidades, centros educativos, grupos de bioética y de ética aplicada, institutos científicos y de investigación, partidos políticos, colegios profesionales, escuelas de negocios, centros de espiritualidad y colectivos religiosos, centros culturales, cívicos y sociales, Gobiernos y Administraciones Públicas, empresas y grandes corporaciones, foros de discusión —presenciales o en línea—, medios de comunicación, etc.

No obstante, si tuviésemos que resumir en diez cuestiones básicas el debate recogido en esta publicación, seguramente plantearíamos las siguientes preguntas:

1 ¿Qué significa actualmente y qué implicará, en el futuro inmediato y remoto, evolucionar como seres humanos?
2 ¿Qué representa perfeccionar y mejorar de forma integral todas nuestras dimensiones y capacidades como seres humanos?

3 ¿Cuál debe ser nuestra relación con las tecnologías emergentes con respecto a nosotros mismos como individuos y como especie, con respecto a lo natural y a lo artificial, a la realidad física o virtual, a la vida sintética o a la vida inteligente que pueda descubrirse fuera de nuestro planeta?

4 ¿Sería posible la convivencia armónica, en las próximas décadas, entre los humanos y los transhumanos y una nueva especie de posthumanos?

5 ¿Cómo abordaremos, desde la ética y desde la conciencia, la *singularidad tecnológica*, así como la interacción y la integración con la inteligencia artificial?

6 ¿Qué responsabilidad tenemos, como individuos y como colectividad, en la evolución del ser humano y del conjunto de la humanidad, de los seres vivos que habitan Gaia y de todos los sistemas de la Tierra?

7 ¿Qué significa para los creyentes custodiar la Creación?

8 ¿Cómo podemos construir un humanismo avanzado, abierto a la trascendencia, que responda a la auténtica naturaleza y dignidad humanas?

9 ¿Cómo reforzar la condición de ciudadanos y la buena gobernanza, justa y democrática, en un mundo globalizado, mediante un hábitat urbano inteligente y un territorio y un paisaje de calidad que están en permanente transformación y evolución?

10 ¿Qué idea de espiritualidad y de trascendencia se va configurando en este siglo XXI?

PALABRAS CLAVE Y PREGUNTAS DE INTERÉS

AMPLIACIÓN DE LA EXPECTATIVA DE VIDA
INMORTALIDAD CIBERNÉTICA

1 ¿Podremos «clonar» la mente de un ser humano utilizando la tecnología de la inteligencia artificial? ¿Sería ese el punto de llegada para el ser humano y/o el de partida para el posthumano?
2 ¿Alcanzaremos, los seres humanos, la inmortalidad algún día con copias de nuestros cerebros creados en un laboratorio o, simplemente, cuando descarguemos su contenido en un ordenador?
3 ¿Sería posible combinar una ultralongevidad posthumana con unos recursos naturales limitados?
4 ¿Serían más felices unos transhumanos o posthumanos más longevos, o estarían sometidos a otras «limitaciones» que condicionarían de forma crónica su estado anímico?

BIOCENTRISMO - BIOCONSERVACIONISMO

5 ¿Es nuestra conciencia la que da sentido al mundo y crea el universo, o bien este es creado por la vida?
6 ¿Son la vida y la conciencia las claves para entender la verdadera naturaleza del universo?
7 Para adaptarnos mejor al medio ambiente, ¿es necesario cambiar la naturaleza del ser humano, o es mejor que cambiemos nuestro comportamiento con respecto a la naturaleza?

8 ¿Cómo conviene prevenir el creciente desequilibrio ecológico en el contexto de la revolución tecnológica?

9 ¿Son los bioconservacionistas los nuevos «luditas» del siglo XXI que se oponen al progreso tecnológico proclamado por los transhumanistas?

BIOLOGÍA SINTÉTICA

10 ¿Se ha desplazado la biología del ámbito del análisis al de la síntesis a través de la manipulación del DNA?

11 ¿Se oponen, o pueden oponerse, las tecnologías basadas en la biología sintética a la esencia/naturaleza humana, de tal manera que esta pueda quedar desvirtuada? O más bien, por el contrario, ¿es imprescindible la biología sintética para alcanzar la «perfección» que supone la *singularidad tecnológica*?

12 La denominada por Huston «vida artificial sentiente» —VAS— parece superior, evolutivamente, al *Homo sapiens*, pero ¿llegará a aparecer realmente? Si así fuera, ¿sería la nueva especie dominante?

13 ¿Están apareciendo nuevas ecologías artificiales? ¿Será posible una vida sintética aplicada al ser humano?

BIOMIMÉTICA

14 Si la técnica es la adaptación del medio al sujeto humano, ¿seguiremos la vía de una técnica biomimética capaz de aprender de la naturaleza, o más bien nos embarcaremos en los caminos que nos propone la tecnociencia sintética?

15 A partir de cierto estadio de la evolución, ¿es el ser humano el fruto de la adaptación a un medio natural, o más bien —crecientemente— es el producto de la adaptación del medio natural a él?

16 ¿Es la biomimética un planteamiento antitético respecto de la filosofía transhumanista, o pueden existir puntos de acuerdo entre ellas?

CHIP RFID —*RADIO FREQUENCY IDENTIFICATION*

17 En un mundo con la población masivamente computerizada, ¿es inminente e inevitable, la implantación obligatoria del microchip?

18 ¿Tiene el microchip el potencial suficiente para cambiar la esencia misma de lo que es el ser humano?

19 ¿Será imposible interactuar, en la sociedad del futuro, sin que nos hayan implantado un chip?

20 ¿Serán capaces, los microchips médicos implantados, de inyectar medicamentos, incluyendo anticonceptivos rutinarios, a través de comunicación inalámbrica, controlados no por el usuario, sino por profesionales de la medicina que sabrán exactamente qué medicamentos ha tomado este y cuándo, sin opción a ningún tipo de privacidad?

21 ¿Podrían estar ya implantándose microchips en pacientes de alzhéimer, en discapacitados, en funcionarios, en militares, en policías, en niños…, como sistema de detección biológica?

22 ¿Podremos, en el futuro, conectarnos de forma directa al ciberespacio por medio de interfaces del tipo neuro/chip?

23 ¿Será el cerebro un híbrido de nuestro neocórtex biológico y la extensión no biológica que tendremos en la nube? ¿Crecerá exponencialmente esa extensión no biológica en los próximos años y será nuestro cerebro dominante en las próximas décadas?

CÍBORGS - SERES BIÓNICOS

24 ¿La extensión de la tecnología cíborg irá más allá de las aplicaciones al servicio de la salud, pensando en la creación de criaturas mitad humanos y mitad máquinas?

25 ¿Podrán esas mejoras tecnológicas artificiales incorporar conciencia en esos seres biónicos?

26 ¿Podrá una máquina ser «moralmente» superior a un ser humano?

CÍBORG SOCIAL - PARADIGMA TECNOCRÁTICO

27 ¿Vamos, inexorablemente, hacia un proceso de resocialización a través del cual la comunidad se apropia de las capacidades aumentadas por la tecnología (cíborg social) y las reinvierte en la matriz social en la que se desenvuelve?

28 ¿Ese cambio social alterará la esencia del ser humano personal? ¿Dejaremos de ser individuos libres y poco eficientes para pasar a ser esclavos tecnológicos eficientísimos?

29 ¿Está reservado el papel de establecer un mando fuerte, global y centralizado a escala planetaria a los sabios o a los científicos, como máximos representantes del paradigma tecnocrático hacia el que se encamina el mundo?

30 ¿Sera ese el nuevo paradigma social, económico, político y religioso que se convertirá en hegemónico?

COMUNIDAD VIRTUAL

31 ¿Entrará la filosofía transhumanista por nuestra unidad central de procesamiento (CPU), por nuestro *smartphone* o por nuestro chip RFID sin que podamos resistirnos a ello?

32 ¿Será nuestra existencia real totalmente dependiente de la comunidad virtual a la que pertenezcamos, es decir, de aquella comunidad cuyos vínculos, interacciones y relaciones tienen lugar no en el espacio físico, sino en el ciberespacio o en un espacio virtual como Internet?

CONCIENCIA

33 Si entendemos la conciencia como la capacidad para ser conscientes de uno mismo y del entorno, ¿proclama el transhumanismo la defensa del bienestar de toda conciencia ya sea en intelectos artificiales, en humanos, en animales o en posibles especies extraterrestres?

34 ¿Son las neuronas —naturales o artificiales— las que crean tal conciencia, o solo la captan? ¿Es la conciencia la matriz sobre la que se aprehende el cosmos?

35 ¿Es posible crear un modelo informático de la conciencia humana que permita transferir la conciencia, incluida la conciencia moral, de un individuo a un soporte informático? ¿Podrían los cerebros artificiales ser receptáculos de esa conciencia, lo que representaría mucho más que mera inteligencia? En ese hipotético caso, ¿serían moralmente responsables de sus acciones?

36 ¿Podrá alguna tecnología sustituir o suplantar nuestra conciencia, en especial la que nos permite el discernimiento entre el bien y el mal?

37 ¿Cómo puede una conciencia colectiva ayudar de modo más determinante a evitar abusos a seres humanos o situaciones de poder absoluto por parte de eventuales elites posthumanas?

CONECTOMA

38 Si hoy tenemos el genoma, un «disco duro» que almacena unos veinticinco mil genes y que sirve de modelo para formar nuestro cuerpo, ¿tendremos, en el futuro, otro disco, llamado «conectoma», con todas las conexiones cerebrales?

39 Aunque muera ese cuerpo modelado por el genoma, ¿podrá seguir viviendo el conectoma? Si pudieran existir el conectoma y el genoma por separado, ¿lograríamos separar la mente del cuerpo?

40 ¿Habrá en el futuro bibliotecas de «almas», con nuestra personalidad y nuestra memoria almacenadas en un disco? ¿Podremos hablar con el programa de ordenador que contenga la memoria de nuestros antepasados?

41 ¿No es reduccionista pensar que nuestro cerebro se resume en un inmenso y complejo sistema de neuronas y de señales eléctricas? ¿Cómo separar mente y cerebro si están indisolublemente unidos como el cuerpo y el espíritu?

42 ¿Podrá tener «conciencia» mi «conectoma» tras mi muerte? ¿Podría yo perpetuarme en él?

COLONIZACIÓN ESPACIAL

43 ¿Se podrá establecer una colonia espacial autosustentable capaz de enviar sus propias sondas colonizadoras, de propiciar un aumento exponencial de esas colonias y de expandirse a través de nuestra galaxia?

44 ¿Podría la humanidad entrar en contacto con vida inteligente del espacio exterior —extraterrestre— en las próximas décadas? ¿Cómo responderíamos a ese encuentro?

45 ¿Podríamos enviar genoma y conectoma humano a otro planeta y suscitar ahí, de forma orgánica, toda una civilización? ¿Sería esa una especie de «panspermia inversa»?

46 ¿Es realmente la colonización de otros planetas la única manera de garantizar la supervivencia de la raza humana?

47 ¿Cambiaría en algo la filosofía transhumanista si se descubriera vida extraterrestre inteligente?

CREACIÓN

48 ¿El hecho de que podamos modificar nuestra misma naturaleza está separado del acto creador de Dios o en competencia con él?

49 ¿La acción humana cocrea con el impulso divino?

50 ¿Todo nos es dado? ¿Nada nos es dado? ¿O se nos dan algunos elementos para sobrevivir y para construirnos como seres humanos?

51 Según la filosofía transhumanista, ¿podrá, finalmente, el hombre ser creador omnipotente y, por tanto, prescindir de Dios como un concepto obsoleto?

52 ¿Vivimos en una simulación informática? ¿Somos una simple línea de código dentro de un superordenador?

DEMOCRACIA DIGITAL URBANA - *BIG DATA*

53 ¿Puede el ciudadano colaborar en la mejora de su ciudad y en la de sus servicios? ¿Cómo conseguir una democracia horizontal, en la

que el ciudadano interactúe directamente con el gobierno municipal en la búsqueda constante de la mejora de su calidad de vida?

54 Los datos son parte fundamental del reto de implementar la «responsabilidad social urbana» como motor del cambio en las ciudades. ¿Cómo deben analizarse y evaluarse los datos «no tratados» conocidos como *big data* para poner el «dato» al «servicio de los servicios colectivos» y no únicamente al servicio privado de las grandes corporaciones?

55 ¿Se convertirá el ciudadano en un sensor más de la ciudad que será convenientemente aprovechado mediante el uso de las aplicaciones y de los canales de comunicación bidireccional?

DIFUSIÓN CULTURAL DEL TRANSHUMANISMO

56 ¿Son las películas de ciencia ficción una especie de oráculo contemporáneo?

57 ¿Son los videojuegos, la música pop y las películas de ciencia ficción un excelente medio de transmisión cultural del transhumanismo?

58 ¿La nueva idea que entra en el imaginario popular es la de la trascendencia a través de un soporte tecnológico que pueda hospedar nuestra conciencia para que podamos conseguir la inmortalidad digital?

ELITE DIGITAL

59 ¿Podrán solo los más ricos acceder a la extensión de su cerebro, con lo que se potenciaría exponencialmente la desigualdad social?

60 ¿Han perdido las elites actuales la noción de los límites?

61 ¿Es imprescindible abogar por un «empoderamiento» de la tecnología por parte del ciudadano inteligente y responsable, o ya es tarde y tan solo podremos certificar la muerte de la privacidad y de la libertad en aras de un progreso de la sociedad de la información y de la comunicación que nos hará más fuertes, más longe-

vos y más capaces, pero también más sometidos a esa «emergencia tecnológica» y a una elite digital o posthumana?

ESCANEO CEREBRAL

62 ¿Estarán, próximamente, nuestros conocimientos, nuestros recuerdos y nuestras habilidades almacenados en una especie de «nube», a salvo de cualquier enfermedad o accidente e, incluso, de la muerte?

63 ¿Podrá realizarse un escaneo de la matriz sináptica de un individuo y reproducirla en una computadora, con lo que podría migrar desde nuestro cuerpo biológico a un sustrato puramente digital?

64 ¿Llegará un momento en el que ni siquiera nuestros propios pensamientos estén protegidos ante terceros? ¿Dejará de existir la «libertad de pensamiento», la más esencial de las libertades?

ESPIRITUALIDAD

65 En el camino de la materia hacia el espíritu, ¿puede la tecnología ser un instrumento de esa transformación o transfiguración?

66 ¿Es suficiente para el hombre una mejora en lo material u orgánico, o es necesario, sobre todo, un perfeccionamiento en lo espiritual?

67 Si uno de los modos como se manifiesta la espiritualidad es el esfuerzo de todo ser humano por hallar el sentido y la finalidad últimos de su vida, ¿tendrían alguna dimensión espiritual los seres posthumanos tal como se conciben, dado que serían conscientes del sentido de su existencia?

68 Si así fuera, ¿se trataría de una espiritualidad trascendente, liberadora y transformadora, o más bien de una espiritualidad inmanente, patológica y deshumanizadora?

69 ¿Son compatibles el proyecto transhumanista y la metafísica, la soteriología y la escatología de las grandes religiones del mundo?

70 ¿Están construyéndose nuevas formas de «transespiritualidad», que harían que las tecnologías fuesen incorporadas de manera selectiva por los grupos humanos de todas las religiones?

71 El transhumanismo considera, de manera casi unánime, que no existe un espíritu sobrenatural, que la mente es producto del cerebro, que las máquinas autoconscientes son un objetivo posible para la espiritualidad y que, en relación con el alma, esta debe entenderse como recuerdos, como personalidad y como autoconciencia racional. En ese sentido, ¿lo único que sería importante preservar es la identidad humana? Además, ¿es esa visión compatible con la visión cristiana de la existencia del alma?

72 Desde la visión religiosa se defiende que la inmortalidad solo puede alcanzarse por medios espirituales. ¿Podemos, entonces, asimilar, como hacen los transhumanistas, el término *inmortalidad* al de longevidad extrema alcanzada por medios artificiales?

73 El transhumanismo propone que, si nuestros impulsos para la virtud, para el vicio y para la religiosidad vienen determinados, en parte, por la genética o por las predisposiciones neurológicas u hormonales, ¿por qué no rediseñarnos a nosotros mismos para tener impulsos mejores, un raciocinio moral superior y experiencias trascendentes más generalizadas? Algunos afirman que, en ese sentido, la manipulación genética para hacer a la gente más compasiva, más solidaria y más fiable —si eso fuera posible— resultaría algo recomendable y ético. ¿Es así?

74 Si la tecnología pudiera ayudarnos a suprimir los vicios y a aumentar las virtudes, ¿podría pensarse que interfiere con la salvación, con la gracia o con la iluminación espiritual propias de la mayor parte de las religiones/soteriologías? ¿Es diferente el uso de la tecnología en otros campos distintos de ese que nos permitiría mejorar la virtud de manera neurotecnológica?

75 Tal como afirman algunos transhumanistas, ¿sería ese mejoramiento de la condición humana no ya una crítica a la obra del Creador, sino la capacidad para utilizar sus dones desde el intelecto en cumplimiento de nuestro propio destino?

76 En un futuro escenario religioso, ¿encontraríamos tendencias bioconservativas y transhumanistas en todas las creencias religiosas

del mundo? ¿Surgirían nuevas tradiciones religiosas a partir del proyecto transhumanista? ¿Se crearían nuevos rituales religiosos y espirituales en torno a nuestras posibilidades biotecnológicas y cibernéticas, tal como lo hicimos en torno al fuego o a las plantas medicinales?

ESTELAS QUÍMICAS —*CHEMTRAILS*— Y ALIMENTOS GENÉTICAMENTE MODIFICADOS

77 ¿Existen las estelas químicas como un fenómeno diferente del de las estelas de condensación? ¿Son, realmente, un programa de control o de modificación del clima? ¿Están, ese tipo de fumigaciones, esparciendo y contaminando el suelo con compuestos tóxicos como los metales pesados?

78 ¿Se trabaja en la creación, con ingeniería genética, de plantas tolerantes al estrés abiótico, especialmente diseñadas para ser resistentes a los metales pesados supuestamente presentes en las estelas químicas?

79 ¿Cuál es el peligro real de los alimentos genéticamente modificados, la interferencia biológica de genes extraños o la dependencia económica de poderes corporativos?

ÉTICA UNIVERSAL

80 ¿Es necesario que el avance técnico vaya acorde con el avance ético o espiritual?

81 ¿Cambiará, el estudio del cerebro y de la conciencia, nuestras consideraciones éticas?

82 ¿Es justa, la revolución transhumanista que beneficiaría a unos pocos —a la elite—, pero que dejaría a la inmensa mayoría de seres humanos fuera de sus beneficios? ¿No sería más ético dedicar antes los limitados recursos económicos a mejorar la situación de esa mayoría?

83 ¿Sería adecuado aprobar una declaración de principios en torno a una ética universal, que nazca del reconocimiento de la dignidad humana y de la necesidad de su pleno desarrollo en una convivencia armónica y pacífica que permita evitar los excesos del posthumanismo?

84 ¿Es desde una ética solidaria individual desde donde puede construirse una justicia y una convivencia social que permitan vivir y fomentar el desarrollo de los valores universales?

EUGENESIA

85 El trasfondo eugenésico de la filosofía transhumanista, ¿nos llevará, inevitablemente, a un «racismo tecnológico»?

86 ¿Quién decide lo que es despreciable y lo que hay que mejorar en el ser humano? ¿Selección natural o artificial? ¿Quién establece la línea de separación en esa «cultura del descarte»?

87 ¿Podremos aceptar una segregación artificialmente inducida de los seres humanos en dos categorías, humanos y posthumanos?

88 ¿Qué piensa el transhumanismo de las situaciones de discapacidad física y/o intelectual de algunos seres humanos que conviven hoy con nosotros y de los que puedan nacer en el futuro? ¿Y de sus derechos?

EVOLUCIÓN BIOLÓGICO-CULTURAL

89 ¿La posibilidad de que el ser humano se trascienda a sí mismo a partir de los avances tecnológicos y cambie las características de la propia especie marcará un hito en la evolución de la vida sobre la Tierra?

90 ¿Es el proceso evolutivo el que ha depositado en nosotros la posibilidad de intervenir en nuestra propia evolución?

91 La evolución cultural, exclusivamente humana y basada en la transmisión de información y de conocimiento mediante un pro-

ceso de enseñanza y de aprendizaje con independencia de la herencia biológica, ¿daría lugar a una nueva edad de los humanos que alejaría los peligros del transhumanismo?

92 ¿Debemos tener la voluntad de evolucionar artificialmente? ¿Tenemos la responsabilidad moral de evolucionar, y de hacerlo esforzándonos constantemente por ampliar nuestras capacidades a lo largo de la vida y actuando en armonía con el proceso evolutivo natural?

93 ¿Se mueve la evolución hacia una mayor complejidad, una mayor elegancia, un mayor conocimiento, una mayor inteligencia, una mayor belleza, una mayor creatividad y mayores niveles de atributos sutiles, tales como el amor?

94 ¿Es el ser humano, por primera vez en la historia, capaz de «dirigir» su propia evolución genética para no dejarla, como hasta ahora, en manos del azar, para unos, o de la Providencia, para otros?

95 ¿Es un objetivo ético que el ser humano guíe inteligentemente su propia evolución biológica y que se configure a sí mismo como mejor considere, de modo que el poder de la técnica supere cualquier limitación de la naturaleza?

96 ¿Podemos arriesgarnos a una intervención artificial y radical en el proceso evolutivo humano a cualquier precio, como la que preconiza la filosofía transhumanista, o quizá el coste puede ser demasiado elevado y las consecuencias, irreversibles?

97 ¿Puede llevar una «tecnificación excesiva» del ser humano a su involución, en lugar de a una evolución que lo mejore?

GOBERNANZA INTELIGENTE

98 ¿Es la gobernanza inteligente, fruto de una democracia real y justa y de una verdadera participación social, la garantía de un progreso sostenible y respetuoso de la dignidad humana?

99 ¿Debe trabajarse en la igualdad social y en el progreso humano realizando transformaciones sociales en las que humanos y tecnologías se conviertan en una superinteligencia colectiva capaz de alcanzar una superestructura tecnológica cooperativa?

100 ¿Serían aceptadas las tecnologías de mejora en una estructura competitiva basada en el poder si tales mejoras solo aumentaran la brecha y las desigualdades entre los humanos?

HÁBITAT URBANO INTELIGENTE

101 La evolución tecnológica y social del hábitat urbano, ¿vendrá marcada por el «Internet de las cosas», que dotará de una nueva inteligencia a las ciudades, a los territorios y a los paisajes?

102 ¿Está produciéndose la hibridación entre un urbanismo sostenible y las tecnologías del conocimiento más innovadoras aplicadas a las urbes?

103 ¿La gestión eficiente de la información, una habilidad tecnológica humana que confiera personalidad al mundo en que vivimos, permitirá a la ciudad y al territorio generar economía de la innovación urbana y, por tanto, nueva riqueza y bienestar social?

104 ¿Serán los transhumanos los nuevos ciudadanos de las *smart cities*?

105 ¿Podrá definirse, a través de un *city protocol*, una gobernanza de los modelos de ciudad que permita unificar y estandarizar las TIC como un elemento transversal que genera sinergias y conocimiento cooperativo entre diferentes áreas que hasta ahora han estado trabajando al servicio de las ciudades de forma independiente, con la finalidad de obtener más eficiencia de los servicios públicos y de mejorar la sostenibilidad ambiental, además de ofrecer más oportunidades para las personas y para las empresas?

106 ¿Son las ciudades globales *smart* los nodos básicos de gobernanza del nuevo orden mundial que podrán resolver los desafíos globales a los que nos enfrentamos? ¿Sustituirán los alcaldes de dichas ciudades globales a los primeros ministros o a los presidentes de los Estados-nación? ¿Debería darse a los alcaldes mayor control sobre la política global?

107 ¿Cómo hacer más inteligentes a los ciudadanos y más sabias a las personas que habitan una ciudad o un territorio *smart*? ¿Cómo deben estos organizarse para mejorar la democracia, para ser más justos y para alcanzar mayores grados de buena gobernanza?

108 ¿Cuáles han de ser los valores éticos que deberían regir las *smart cities* del siglo XXI? ¿Cómo se determinará el bien común en un urbanismo 3.0?

HUMANISMO AVANZADO

109 ¿Debemos construir, de forma urgente, un renovado humanismo avanzado de base ética y espiritual, sustentado en una cosmovisión que no pretenda desautorizar la ciencia y la tecnología, sino complementarlas y enriquecerlas, partiendo de la base de que el ser humano es naturaleza que integra espíritu y materia, alma y razón, y de que, mediante esa integración, podemos alcanzar el perfeccionamiento humano participando en la trascendencia divina y permanecer, así, unidos a Dios en la eternidad?

110 ¿Es la cultura el instrumento más duradero para transformar a la humanidad?

111 ¿Podemos aspirar a ser «mejores» como «transhumanos» o «posthumanos», cuando todavía no sabemos serlo como simples «humanos»? ¿No estaríamos, más bien, «deshumanizándonos» o perdiendo nuestra «alma humana»? ¿Es necesario el «amor» para asegurar la «humanidad» de nuestro progreso?

HUMANO MEJORADO

112 ¿Debería permitirse que los seres humanos sean producidos con unas características genéticas elegidas por otros? ¿Nos encontraríamos, en ese caso, ante una insidiosa forma de dominio de unos seres humanos sobre otros, o ante la emancipación de la especie humana frente a las cadenas de su propia biología?

113 Si los padres buscan lo mejor para sus hijos durante toda su vida, ¿por qué no empezar a hacerlo eligiendo las mejores características genéticas?

114 ¿Podemos mejorar radicalmente nuestra inteligencia, nuestras emociones e, incluso, nuestro comportamiento moral mediante in-

tervenciones en nuestro cerebro, tal como preconizan algunos, gracias al avance de las neurociencias?

115 ¿Será el ser humano «mejorado» esencialmente más humano —visto desde una perspectiva evolutiva— o no?

INTEGRACIÓN COGNITIVA

116 ¿Será la integración cognitiva la que marque la consecución de la meta transhumanista?

117 ¿Significará, la integración cognitiva que prevé la singularidad tecnológica, el final de la educación como la concebimos ahora? ¿Se habrá acabado la «cultura del esfuerzo»?

118 ¿Puede existir una integración cognitiva respetuosa con la esencia del hombre, o necesariamente acabará convirtiéndonos en posthumanos?

119 La revolución de la información, ¿viene o vendrá como el resultado de un salto cognitivo que reintegra la realidad, un proceso al que podríamos denominar *ecología cognitiva*?

INTELIGENCIA ARTIFICIAL

120 ¿Es peligroso, el desarrollo de una inteligencia artificial puesta al servicio del poder o de las ambiciones económicas porque puede provocar un aumento de la desigualdad social y de la destrucción ecológica del planeta?

121 ¿Es capaz, la inteligencia artificial, de producir conciencia?

122 ¿Serán capaces, las redes neuronales artificiales, de superar a los mejores cerebros humanos en prácticamente cualquier disciplina, incluyendo creatividad científica, sentido común y habilidades sociales?

123 ¿Es una amenaza que las computadoras ganen más y más inteligencia, más capacidades y más modos independientes de «pensamiento»?

«INTERNET DE LAS COSAS»

124 ¿El «Internet de las cosas» tiene el potencial para cambiar el mundo, tal como hizo la revolución digital hace unas décadas?

125 En la llamada «interacción predecible», ¿se tomarán las decisiones en la nube de manera independiente y se predecirá la siguiente acción del usuario para provocar alguna reacción?

126 ¿El «Internet de las cosas» será «no determinista» y de red abierta —ciberespacio— en la que entidades inteligentes autoorganizadas u objetos virtuales —«avatares»— serán interoperables y capaces de actuar de forma independiente —para perseguir objetivos propios o compartidos— en función del contexto, de las circunstancias o del ambiente?

127 ¿De qué manera cambian, en el mundo del «Internet de las cosas», la gobernanza, el control y la responsabilidad sobre la información?

LEYES DE LA NATURALEZA

128 ¿Es la tecnología una nueva dimensión de la naturaleza?

129 ¿Gran parte de lo que actualmente percibimos como *lo natural* es meramente una simulación, una idea romántica de una entidad equilibrada, armónica, intrínsecamente buena y profundamente amenazada?

130 Si las personas somos catalizadores de la evolución y apenas estamos empezando a entrar en sintonía con ese nuevo sujeto *tecnonatural,* ¿estamos a tiempo de obtener una naturaleza que garantice nuestro futuro como especie?

131 ¿Es el amor una fuerza universal extremadamente poderosa para la que hasta ahora la ciencia no ha encontrado una explicación formal, que incluye y gobierna todas las otras y que, incluso, está detrás de cualquier fenómeno que opera en el universo?

132 ¿Es esa fuerza la que lo explica todo y la que da Sentido, en mayúsculas, a la vida? ¿Es esa la variable que hemos obviado durante

demasiado tiempo, tal vez porque el amor nos da miedo, ya que es la única energía del universo que el ser humano no ha aprendido a manejar a su antojo?

133 Si queremos que nuestra especie sobreviva, si nos proponemos encontrarle un sentido a la vida, si queremos salvar el mundo y a cada ser sentiente que en él habita, ¿es el amor la única y la última respuesta?

MÁQUINAS SUPERINTELIGENTES

134 ¿Vamos a ser, los humanos de nuestra generación, los cargadores biológicos para inicializar la superinteligencia digital?

135 ¿Las máquinas superinteligentes van a vernos a los humanos como una especie impredecible y peligrosa?

136 ¿Llegarán las máquinas a ser autoconscientes y tendrán capacidades para protegerse de los humanos?

137 ¿Podrán las máquinas ser espirituales?

MEDICINA REGENERATIVA - REPROGRAMACIÓN GENÉTICA

138 ¿Es ético intervenir no ya sobre las células enfermas de un paciente, sino también sobre las células de la línea germinal humana —en definitiva, sobre óvulos y sobre espermatozoides— con objeto de introducir «mejoras» genéticas en los futuros seres humanos que sean, así, transmisibles a su descendencia? ¿Bajo qué condiciones deberían llevarse a cabo esas intervenciones para que no resultaran atentatorias contra las personas?

139 ¿Existen límites biológicos y bioéticos en la aplicación al ser humano de técnicas de medicina regenerativa?

140 ¿Son realistas, los proyectos de algunos científicos transhumanistas para extender la longevidad a través de medios biológicos como el cultivo de nuevos órganos a partir de células madre, la sustitución de partes desgastadas del cuerpo por modelos actualizados de alta

tecnología y la curación de enfermedades mediante la reprogramación genética?

141 ¿Sería posible lograr esa reprogramación a través de la fusión de lo biológico y lo no biológico a partes iguales, por ejemplo, con la incorporación de nanorrobots al torrente sanguíneo y al cerebro, y sustituyendo determinadas estructuras por nanoordenadores para resolver la degeneración que acompaña el envejecimiento?

142 ¿El futuro de la medicina regenerativa está en las células madre pluripotentes inducidas, o estas serán solo un medio más a su disposición?

MEJORAMIENTO HUMANO

143 ¿Estamos dispuestos a aceptar a una especie humana mejorada tecnológicamente a partir de la transformación radical de sus condiciones naturales?

144 Cuando sustituyamos, incluso, partes del cuerpo sanas con nanotecnología y con órganos artificiales sin entender cómo afectan a la biología humana, ¿se alterará la sincronía entre estos y los sistemas esenciales de nuestro cuerpo? ¿Empezaríamos a perder nuestra humanidad y, a largo plazo, nos pareceríamos más a androides?

145 ¿Puede utilizarse la tecnología en armonía con la naturaleza para ayudarnos a evolucionar como seres humanos?

146 ¿Vamos a tener que «mejorarnos» a nosotros mismos con tecnología solo para ser útiles como fuerza de trabajo?

147 ¿Puede el ser humano alcanzar por sí mismo, mediante las técnicas de «mejoramiento», esa «perfección» que auguran los transhumanistas, o bien necesita la intervención de «Alguien» para librarse de las imperfecciones inherentes a su naturaleza?

148 ¿Estaríamos dispuestos a renunciar a nuestra libertad en aras de una «mejora cognitiva» falsamente eterna? ¿Creemos que así seremos más felices?

149 ¿Es preferible hablar de «mejoramiento humano», o más bien de «mejoramiento de la humanidad»?

150 ¿Está configurándose y extendiéndose una auténtica «cultura de la mejora» como una ideología que va más allá del mejoramiento humano y que alcanza el mejoramiento del hábitat, de las ciudades (*smart cities*), de los espacios agrarios y naturales, de las reservas de la biosfera, de los océanos, del paisaje y, en definitiva, de todo, ya que todo puede ser «mejorado» en clave transhumanista, para ponerse al servicio de esa «nueva humanidad»?

MUNDO FELIZ

151 ¿El «mundo feliz» de Huxley es una antiutopía solo por lo que tiene de totalitario, o también por lo que tiene de eugenésico? El hecho de que la eugenesia actual sea liberal y no totalitaria, ¿no evitaría la llegada de un «mundo feliz», tan indeseable como el de Huxley, aunque no fuera totalitario?

152 ¿En qué situación estaría, en una sociedad posthumanista, el poder detentado por la política en relación con el poder de la economía? ¿Serán las grandes corporaciones económicas las verdaderas instituciones dominadoras en esa sociedad futura?

NANOTECNOLOGÍA MOLECULAR

153 ¿Podrá la nanotecnología construir el primer ensamblador molecular universal?

154 ¿Puede la nanotecnología ser un gran peligro para nuestra existencia si es utilizada por grupos terroristas o por algún gobierno hostil?

155 ¿Serán las *smart drugs* tan habituales que se harán imprescindibles para garantizar nuestro «mejoramiento» transhumano?

NOOCRACIA DEMOCRÁTICA

156 ¿Es posible una noocracia democrática como un nuevo sistema político verdaderamente diferente, en el que el poder ya no esté a cargo únicamente de un grupo de elite excluyente y extractiva sino de todos y de cada uno de los ciudadanos de la comunidad?

157 ¿Podemos entender la noocracia como un nuevo sistema social y político que estaría basado en la prioridad de la mente humana o del intelecto? ¿El reciente conocimiento de los ecosistemas y del impacto humano en la biosfera ha conducido a un vínculo entre la noción de sostenibilidad y la coevolución, a la armonización de la evolución cultural y biológica?

158 ¿Sería, pues, la noocracia el poder de la inteligencia colectiva con una base institucionalizada de manera científica?

159 Para tomar una decisión en el futuro, ¿los ordenadores calcularán probabilidades de triunfo o de fracaso del aspecto por tratar, informarán de ellas a un consejo de sabios —rotatorio, constituido por los mejores especialistas del mundo en todas las disciplinas— y estos las someterán a votación a través de Internet, en cuanto que cibercracia que permitiría realizar referéndums diarios a través de la Red?

160 ¿Desarrollaría, ese sistema, el pensamiento crítico de los ciudadanos y les permitiría hacer proposiciones de ley?

161 Si el cuarto poder, en ese nuevo sistema político y social, estuviese en manos de la inteligencia colectiva, ¿ello provocaría la sabiduría y el empuje necesarios para que la humanidad entrase en un nuevo nivel de crecimiento tecnológico y social? ¿Ello conduciría, necesariamente, a un superorganismo mundial?

162 ¿Qué modelo de sociedad se quiere construir para un futuro posthumano, una sociedad más justa o una sociedad más eficiente?

163 ¿Tendrían todos los miembros de esa noocracia un derecho objetivo a acceder a la «mejora»? ¿Hay que articular mecanismos legales para que sea la misma sociedad la que ejerza democráticamente el control de la aplicación de esas tecnologías?

NOOSFERA

164 ¿La noosfera, literalmente la «esfera de la mente», es el cerebro global de Gaia en una visión del planeta Tierra como un organismo vivo que evoluciona?

165 ¿La noosfera es la emergencia del pensamiento humano transformadora de la biosfera —la esfera de la vida biológica y el lugar de la transformación de la energía cósmica en la Tierra— hacia su próxima fase de desarrollo?

166 ¿Es la noosfera el lugar donde ocurren todos los fenómenos del pensamiento y de la inteligencia?

167 ¿La evolución va desde la biosfera —o evolución biológica— a la noosfera —o evolución de la conciencia universal—?

168 ¿Define, la noosfera, la próxima etapa inevitable de la evolución terrestre que abarcaría y transformaría la biosfera? ¿Se verían afectados los procesos biológicos de la biosfera por efecto del pensamiento humano y, a raíz de ello, la biosfera sufriría una crisis cuando llegara a su máximo punto culminante y se transformaría en noosfera?

169 Teilhard de Chardin previó el surgimiento de la noosfera en un momento místico cumbre conocido como «punto omega». ¿Sería ese momento el resultado de las interacciones de la actividad creciente de las redes humanas al crear una «capa de pensamiento», al extender una «red sobre la Tierra entera»?

170 ¿Existe una etapa de transición entre la biosfera y la noosfera que sería la llamada «tecnosfera»? ¿Hemos llegado al punto en el que la biosfera ya no puede sostener más el impacto de la tecnosfera? ¿Ese es el punto que podemos llamar de «transición biosfera-noosfera»?

171 Para los que definen la siguiente era geológica como la era psicozoica —la espiritualización de la materia—, ¿sería la emergencia de la noosfera igual que los grandes eventos geológicos del pasado?

172 Si se entiende el relato sobre la noosfera desde la óptica de la evolución de la conciencia, ¿se abre la posibilidad, para toda la humanidad, gracias a ese acontecimiento, de una evolución de la conciencia más expandida?

NUEVO ORDEN MUNDIAL

173 ¿Es el transhumanismo un punto clave en la agenda hacia el Nuevo Orden Mundial —NWO—?

174 ¿Realmente una elite mundial tiene planificada una transición transhumanista hacia un futuro posthumano? ¿Teorías de la conspiración o realidad?

175 ¿Permitiría una sociedad posthumanista un pensamiento crítico, o bien no existirá ni siquiera la posibilidad de que este se dé?

176 ¿Suponen ya, los superordenadores, la inteligencia artificial en estado inicial, que se desarrollará y se expandirá en los próximos tiempos del NWO a partir de la singularidad tecnológica, controlada por una supermente «consciente» que fusionará la inteligencia colectiva y que centralizará la gobernanza global del ciberespacio y de la realidad universal?

177 En las próximas décadas, ¿estará toda la población mundial identificada con un código y con un chip, y conectada a la supermente o cerebro mundial?

178 ¿Esa gobernanza inteligente será ejercida por una comunidad posthumana que dirigirá a una sociedad humana-transhumana?

179 ¿Nos conducirá el NWO a un «comunitarismo global»?

180 ¿Son el caos, el ciberespionaje y la guerra mundial híbrida el estadio previo al advenimiento de un NWO transhumanista?

NEW AGE

181 ¿Es la filosofía transhumanista la versión agnóstica de la *New Age*?

182 ¿Es la mejora espiritual de uno mismo y del conjunto de la humanidad la principal prioridad de los avances tecnológicos propugnados por el transhumanismo?

183 ¿Están hibridándose y unificándose las creencias y las prácticas sincréticas de la *New Age* con el neopaganismo, el gnosticismo, el misticismo, el ocultismo hermético, la ecología profunda, la física cuántica, las pseudociencias, la escatología religiosa, algunas tradi-

ciones espirituales milenarias y de sabiduría perenne y el transhumanismo, mediante cierto «ecumenismo globalizante», con el objetivo de favorecer el nacimiento y la proclamación de una nueva religión mundial basada en la visión transhumanista?

184 ¿Qué visión tienen de ese fenómeno los denominados «poderes fácticos mundiales»? ¿Actúan como espectadores o como protagonistas?

ORDENADOR CUÁNTICO

185 ¿Tienen, los sistemas cuánticos, el potencial para cambiar irrevocablemente la evolución de la computación al permitir encontrar en un instante todas las soluciones posibles a un problema concreto?

186 ¿Es esa la próxima generación de sistemas de control, que actualmente se llevan a cabo de forma centralizada, pero que, en etapas posteriores, requerirán un control más distribuido y, por tanto, un sistema de optimización que el ordenador cuántico podría resolver?

187 ¿Podrán las computadoras cuánticas utilizarse para desarrollar algoritmos de aprendizaje para que puedan desempeñar un papel importante en el desarrollo de la inteligencia artificial?

PÍLDORAS DE LA PERSONALIDAD

188 ¿Pueden, los fármacos inteligentes y la terapia génica, evitar los efectos negativos de factores externos sobre la conciencia del sujeto y sobre sus emociones, ayudándolo a mantener constante un alto nivel anímico sin provocar adicción?

189 ¿Podrán las píldoras de la personalidad, con el apoyo de la terapia génica, modificar la personalidad y ayudar a superar la timidez, a eliminar los celos, a incrementar la creatividad y a aumentar la capacidad emocional? ¿Existirá la píldora «perfecta» para cada necesidad del individuo?

POSTHUMANO

190 Según el transhumanismo, un «posthumano» podría ser alguien cuyas capacidades excediesen de forma excepcional a las del humano actual, por lo que no se plantearía la ambigüedad entre humano y posthumano. ¿En qué consistiría realmente, en un futuro, ser posthumano?

191 ¿Lo posthumano implica que está dándose simplemente una mutación, o bien un trascendimiento de nuestra especie?

192 ¿Tendrán los posthumanos un espíritu fraternal, o perseguirán intereses personales o elitistas?

193 ¿Podemos encontrar analogías de ese proceso en la historia evolutiva humana, como, por ejemplo, el *Homo neanderthalensis* respecto del *Homo sapiens* que lo superó?

194 ¿Sustituirán esos seres supuestamente evolucionados y superiores «éticamente» a los simples humanos?

195 ¿Tendrán los posthumanos sentido del humor?

PRINCIPIO DE PRECAUCIÓN - PRINCIPIO DE RESPONSABILIDAD

196 ¿Debería aplicarse el principio de precaución o prudencia a muchas de las innovaciones que propone la corriente transhumanista, como se hace, por ejemplo, con los riesgos potenciales asociados a los organismos modificados genéticamente?

197 ¿Serían lícitas únicamente aquellas intervenciones —analizando caso por caso— que no supusieran riesgo para la integridad física y para la vida de la persona, según el principio de precaución o prudencia, por el bien del hombre y de las futuras generaciones y aplicadas con justicia y con equidad?

198 ¿Es cierto, como afirma el filósofo alemán Hans Jonas, que el ser humano ha aumentado su poder dominador sobre la naturaleza, pero no se ha preocupado por crecer con la misma intensidad en el conocimiento de las consecuencias de ese poder?

PRIVACIDAD

199 En la era de Internet, ¿la privacidad ha muerto y ha sido enterrada en los circuitos cibernéticos?

200 ¿Debemos abandonar la idea de un derecho a la vida privada, reformular el concepto o bien dedicarnos a abordar los nuevos riesgos que este comporta?

201 ¿Ha dejado de ser privado nuestro «rastro digital»?

202 ¿Deberían ser reconceptualizados los derechos vinculados al tratamiento de la información personal por parte de terceros a la luz de los cambios de paradigma de las nuevas tecnologías?

203 Una vez garantizado que los ciudadanos tienen derecho a ser informados y a decidir sobre cómo se utilizan sus datos, ¿lo deciden realmente?

PROGRAMA 2045

204 El Programa 2045 preconizado por los transhumanistas, ¿creará una nueva visión del desarrollo humano que cumpla con los desafíos globales a los que se enfrenta hoy la humanidad, la posibilidad de realizar una ampliación radical de la vida humana por medio de la tecnología cibernética y la formación de una nueva cultura asociada a esas tecnologías?

205 ¿Es el Programa 2045 la nueva estrategia evolutiva que la humanidad necesita para alcanzar un equilibrio entre la complejidad de los avances tecnológicos y la aceleración de los procesos de información para ampliar al limitado «humano primitivo» en una «inteligencia superior» tecnológica y autoorganizada?

206 ¿Es posible alcanzar el objetivo final del Programa 2045 de tener cerebros artificiales controlando cuerpos holográficos? ¿Son posibles las tecnologías que permitan introducir la conciencia humana en equipos artificiales con neurocerebros y con cuerpos-hologramas? ¿Quién financia esos proyectos?

207 ¿Qué papel desempeñan ciertas tradiciones espirituales milenarias en esos proyectos de transferencia de la conciencia a un «avatar»?

208 ¿Serían los superhumanos surgidos del Programa 2045 el epítome del comunitarismo y del colectivismo como una nueva visión globalista del avance de la sociedad hacia el superhombre inmortal?

209 ¿El comunitarismo será la ideología que, basándose en la importancia de la comunidad sobre el individuo, cree una sociedad comunalista con excesivo énfasis en valorar que, si el individuo tecnológico no contribuye al conjunto, al «bien común», no es digno de trabajar por él?

210 ¿Es acertado pensar, tal como propugna el Programa 2045, que lo que necesitamos no es una nueva revolución tecnológica, sino un nuevo paradigma de civilización, una nueva filosofía y una nueva ideología, una nueva ética, una nueva cultura, una nueva psicología y una nueva metafísica?

ROBOTS - HUMANOIDES

211 ¿Es lo mismo humanizar a los robots que robotizar a los seres humanos?

212 Poner nuestros cerebros biológicos en cuerpos robóticos puede prolongar nuestra vida, pero ¿la hace, necesariamente, más elevada?

213 ¿Existe un puente que nos ayude, a través de la robótica, a integrar lo humano y a trascenderlo, o simplemente a conseguir posponerlo?

214 ¿Tendrán los robots los mismos derechos que las personas?

215 Si los robots van a ser tan avanzados, ¿por qué las empresas necesitarán emplear a trabajadores humanos?

216 ¿Podrán los robots inteligentes diseñar perfeccionamientos para sí mismos y ser más astutos que todos los seres humanos juntos?

217 ¿Podrá, alguna vez, un robot tener una conciencia «humana» y ser responsable de sus actos?

SINGULARIDAD TECNOLÓGICA

218 ¿Está produciéndose ya la *singularidad tecnológica* que dará lugar a un salto evolutivo irreversible del género humano hacia el posthumano?

219 ¿Cuándo se producirá la *singularidad tecnológica*, entendida como el momento en el que la inteligencia artificial superará a la inteligencia humana y provocará una reacción tecnológica en cadena? En ese momento, ¿se fusionará la inteligencia biológica con la inteligencia no biológica y la humanidad se convertirá en mucho más inteligente de lo que lo es hoy?

220 ¿Supondrá la *singularidad tecnológica* que la inteligencia artificial podría tomar el control de los humanos?

221 ¿Cómo podemos convertir la *singularidad tecnológica* en una verdadera aliada del ser humano para su progreso sostenible, y no en un elemento de riesgo para su desaparición como especie o para la constitución de elites *posthumanas* y de masas de población *humana* a su servicio?

222 ¿Qué naturaleza tienen los cambios propugnados por la *singularidad tecnológica*? ¿Quiénes y cómo controlan esos cambios para conocer mejor sus consecuencias?

223 La diversidad de proyectos actuales que llevan a la *singularidad tecnológica*, ¿están generando un debate suficientemente profundo y amplio sobre sus consecuencias, tanto positivas como negativas?

224 ¿Hacemos caso de las advertencias que, sobre estos riesgos, nos hacen científicos de la talla de Stephen Hawking (Universidad de Cambridge), tecno-empresarios como Bill Joy (Sun Microsystems) o Elin Musk (Tesla, SpaceX, Solar City) o que se encuentran en manifiestos como la reciente carta abierta (enero 2015), firmada por 5 000 expertos en inteligencia artificial, promovida por el Future of Life Institute (Boston)?

225 ¿Podemos instaurar leyes que limiten la «cantidad de inteligencia» que una máquina podría tener y lo interconectada que podría estar?

SUSPENSIÓN CRIOGÉNICA

226 ¿Tiene sentido una suspensión criogénica «condicionada» al progreso científico-tecnológico, o se trata de un engaño comercial?

227 ¿Posibilitará la nanotecnología madura la vuelta a la vida de los pacientes que se encuentren en suspensión criogénica?

TECNOLOGÍAS NBIC — EMERGENTES/CONVERGENTES

228 ¿Están impregnadas las tecnologías NBIC —nanotecnología, biotecnología, TIC, conocimiento y neurociencias— de filosofía transhumanista?

229 ¿Evolucionan más rápidamente nuestras tecnologías que nuestra capacidad para darles sentido y para entender sus efectos?

230 ¿Es preferible más tecnología a cambio de un mayor control sobre las personas que la utilizan, o debe existir una mayor garantía de preservación de la libertad y dc la dignidad humanas, aun a costa de menos tecnología?

TOTALITARISMO CIBERNÉTICO

231 ¿Es imparable el control total de los individuos, primero ideológico, político y económico y, ahora, también tecnológico y mental? ¿Qué mecanismos de regulación ética deben existir?

232 ¿Quién establece los límites de las mejoras biotecnológicas? ¿Los científicos, las corporaciones o el Estado?

TRANSHUMANO - TRANSHUMANISMO

233 El «transhumano» —un humano en fase de transición hacia lo posthumano—, es decir, alguien con capacidades físicas, intelectuales y psicológicas mejoradas respecto a las de un «humano

normal», ¿ya existe en nuestros días? ¿Qué se entiende por *mejor* y por *normal*?

234 ¿Cómo debería regirse una posible etapa de coexistencia entre transhumanos y humanos?

235 ¿Es el transhumanismo el nuevo paradigma sobre el futuro del ser humano que desecha el postulado fundamental que está implícito en todo el pensamiento actual que considera que la naturaleza o condición humana es esencialmente inalterable?

236 ¿Es el transhumanismo «la idea más peligrosa del mundo», como lo ha descrito Francis Fukuyama? ¿O es, más bien, un movimiento que personifica las más audaces, valientes, imaginativas e idealistas aspiraciones de la humanidad, como considera Ronald Bailey?

237 ¿Trata el transhumanismo de mejorar la salud de las personas, de eliminar las discapacidades o de curar las enfermedades? ¿O, más bien, trata de producir seres humanos más fuertes, más rápidos y atléticos y más inteligentes, mediante la tecnología, para mejorar radicalmente a los seres humanos como individuos, como sociedades y como especie?

238 ¿Es el transhumanismo una nueva religión basada en la fe ciega en la aplicación sin límites de las tecnologías?

239 ¿Debe ser el acceso a las tecnologías un nuevo derecho humano?

240 ¿Se conformarán los transhumanistas con una simple expansión de métodos terapéuticos al servicio de una medicina social, o irán más allá y buscarán unos seres con una esperanza de vida ilimitada, con una capacidad intelectual ilimitada y con un dominio total de los sentidos?

241 ¿Se trata de una ideología materialista que ignora nuestra doble dimensión corpórea y espiritual para reducir la idea del hombre a pura materia?

242 ¿Puede existir un transhumanismo democrático que proponga que los seres humanos sean, generalmente, más felices cuando tomen control racional de las fuerzas naturales y sociales que ahora dominan sus vidas?

243 ¿Puede considerarse el transhumanismo democrático como una forma radical del tecnoprogresismo?

TRASCENDENCIA

244 En los próximos años, ¿el ser humano va a trascender por encima de sus limitaciones biológicas con la ayuda de la tecnología?

245 ¿Es verdaderamente inteligente vivir sin la corporalidad como la conocemos, más allá de que podamos simular todas las sensaciones ligadas a nuestro cuerpo con una conciencia descarnada?

246 A pesar de las limitaciones, de las deficiencias y de la vulnerabilidad de nuestro cuerpo, ¿puede verse la congruencia con nuestra alma, la unidad del ser, como un modo de explicar la complejidad del ser humano, su capacidad de autonomía consciente y de trascendencia?

247 ¿Son el ansia intrínseca de inmortalidad y la pulsión de perfección los impulsores últimos de la filosofía transhumanista? ¿Podría el ser humano «trascenderse» desde su «inmanencia»? ¿No sería esta, más bien, una paradoja de funestas consecuencias?

248 ¿Qué papel tiene la visión trascendente y espiritual del hombre en una adecuada comprensión y regulación del progreso, tal como se entiende desde una visión transhumanista? ¿Puede el hombre «jugar» a ser Dios, como esta plantea?

249 Las grandes religiones monoteístas subrayan tanto la necesaria humildad del ser humano como su dignidad intrínseca, otorgada por Dios. ¿Pueden esas convicciones reafirmar la primacía del ser humano respecto del posthumano, o bien serían poseedores, ambos, de idéntica dignidad?

250 ¿Seguirá siendo el amor la fuerza universal, el motor que todo lo mueve, también en una futura era posthumana?

BIBLIOGRAFÍA

ADAMI, Christoph / Arend HINTZE, «Evolutionary instability of zero-determinant strategies demonstrates that winning is not everything», *Nature Communications*, vol. IV, núm. 2193 (2013), p. 1-7.

AGAR, Nicholas, *Liberal eugenics. In defence of human enhancement*, Blackwell Publishing Ltd., Oxford, 2004.

ALEXANDER, Brian, *Raptur. How biotech became the new religion. A raucous tour of cloning, transhumanism, and the new era of immortality*, Basic Books / Perseus Books Group, Nueva York, 2004.

ALLHOFF, Fritz / Patrick LIN, *Nanotechnology & society. Current and emerging ethical issues*, Springer, Dordrecht, 2008.

—— / Patrick LIN / James MOOR / John WECKERT, «Ethics of human enhancement: 25 questions and answers», *Studies in Ethics, Law and Technology*, vol. 4, núm. 1 (2010), p. 1-39.

—— / Patrick LIN / Jesse STEINBERG, «Ethics of human enhancement. An executive summary», *Science and Engineering Ethics*, vol. XVII (2011), p. 201-212.

ASIMOV, Isaac, «My own view», en Robert HOLDSTOCK (ed.), *The Encyclopedia of Science Fiction*, St. Martin's Press, Nueva York, 1978.

——, *Yo, robot*, Edhasa, Barcelona, 2007.

AULETTA, Gennaro, *Cognitive biology. Dealing with information from bacteria to minds*, Oxford University Press, Oxford, 2011.

—— / Ivan COLAGÉ / Paolo D'AMBROSIO / Lluc TORCAL, *Integrated cognitive strategies in a changing world*, Gregorian & Biblical Press, Roma, 2011.

—— / Ivan COLAGÉ / Lluc TORCAL, «Discontinuity and continuity between the present creation and new creation», *Theology and Science*, vol. XII, núm. 1 (2014), p. 81-89.

BALLESTEROS, Jesús, «Más allá de la eugenesia. El posthumanismo como negación del Homo patiens», *Cuadernos de Bioética*, vol. XXIII (2012, 1.ª edición).

—— / Ángela APARISI, *Biotecnología, dignidad humana y derecho. Bases para un diálogo*, EUNSA, Pamplona, 2004.

—— / Encarnación FERNÁNDEZ (ed.), *Biotecnología y posthumanismo*, Aranzadi, Cizur Menor, 2007.

BELLVER, Vicente, «La "lógica" de la biotecnología y las intervenciones genéticas en la línea germinal humana con fines de mejora», *Anamnesis Revista de Bioética*, núm. 8 (enero a julio del 2013).

BERGOGLIO, Jorge Mario (papa Francisco), *Carta encíclica «La luz de la fe»*, Claret, Barcelona, 2013.

BOER, Theo / Richard FISCHER (ed.), *Human enhancement. Scientific, ethical and theological aspects from a european perspective*, Comisión Iglesia y Sociedad de la Conferencia de las Iglesias Europeas, Estrasburgo, 2012.

BOORSE, Christopher, «Health as a theoretical concept», *Philosophy of Science*, vol. XLIV (1977), p. 542-573.

BOSTROM, Nick, *Intensive seminar on transhumanism* (Universidad Yale, New Haven, 26 de junio del 2003).

——, «A history of transhumanist thought», *Journal of Evolution and Technology*, vol. XIV, núm. 1 (2005), p. 1-25.

——, «In defence of posthuman dignity», *Bioethics*, vol. XIX, núm. 3 (2005), p. 202-214.

——, «Dignity and enhancement», en CONSEJO PRESIDENCIAL DE BIOÉTICA, *Human dignity and bioethics*, Oficina de Imprenta del Gobierno de Estados Unidos, Washington D. C., 2007, p. 173-207.

——, «The future of humanity», en Jan Kyrre Berg OLSEN / Evan SELINGER / Søren RIIS (ed.), *New waves in philosophy of technology*, Palgrave Macmillan, Basingstoke (Hampshire), 2007, p. 186-215.

—— / Rebecca ROACHE, «Ethical issues in human enhancement», en Thomas S. PETERSEN / Jesper RYBERG / Clark WOLF (ed.), *New waves in applied ethics*, Palgrave Macmillan, Basingstoke (Hampshire), 2008, p. 120-152.

——, *Superintelligence. Paths, dangers, strategies*, Oxford University Press, Oxford, 2014.

BOTTON, Alain de, *Las consolaciones de la filosofía*, Taurus, Barcelona, 2013.

BRYNJOLFSSON, Erik / Andrew MCAFEE, *La carrera contra la máquina. Cómo la revolución digital está acelerando la innovación, aumentando la productividad y transformando irreversiblemente el empleo y la economía*, Antoni Bosch, Barcelona, 2013.

——, *The second machine age. Work, progress, and prosperity in a time of brilliant technologies*, W. W. Norton & Company, Nueva York, 2014.

CARR, Nicholas, *Atrapados. Cómo las máquinas se apoderan de nuestras vidas*, Taurus, Barcelona, 2014.

CATHERINE, David, «In defiance of natural order: the origins of "transhuman" techno-utopia», *Eye of the Heart*, vol. I (2008), p. 81-103.

COLADO, Sergio / Abelardo GUTIÉRREZ / Eduardo VALENCIA / Carlos J. VIVES, *Smart city. Hacia la gestión inteligente*, Marcombo, Barcelona, 2013.

COLSON, Charles W. / Nigel M. de S. CAMERON (ed.), *Human dignity in the biotech century. A christian vision for public policy*, InterVarsity Press, Downers Grove (Illinois), 2004.

CONSEJO PRESIDENCIAL DE BIOÉTICA, *Beyond therapy. Biotechnology and the pursuit of happiness*, Oficina de Imprenta del Gobierno de Estados Unidos, Washington D. C., 2003.

DALÁI LAMA, *El universo en un solo átomo*, Debolsillo, Barcelona, 2011.

DANIELS, Norman, «Normal functioning and the treatment-enhancement distinction», *Cambridge Quarterly of Healthcare Ethics*, vol. IX (2000), p. 309-322.

DIAMANDIS, Peter H. / Steven KOTLER, *Abundancia. El futuro es mejor de lo que piensas*, Antoni Bosch, Barcelona, 2013.

DOUEIHI, Milad, *La gran conversión digital*, Fondo de Cultura Económica, Buenos Aires, 2010.

ELLIOTT, Carl, *What's wrong with enhancement technologies?* (CHIPS conferencia pública, Universidad de Minnesota, 26 de febrero de 1998).

FITZPATRICK, Tony, «Before the cradle. New genetics, biopolicy and regulated eugenics», *Journal of Social Policy*, vol. XXX, núm. 4 (2001), p. 589-612.

FUKUYAMA, Francis, *Our posthuman future. Consequences of the biotechnology revolution*, Farrar, Straus & Giroux, Nueva York, 2002.

——, *Beyond bioethics. A proposal for modernizing the regulation of human biotechnologies*, Escuela de Estudios Internacionales Avanzados Paul H. Nitze de la Universidad Johns Hopkins, Washington D. C., 2006.

FUNTOWICZ, Silvio O. / Jerome R. RAVETZ, «Science for the post-normal age», *Futures*, vol. XXV, núm. 7 (1993), p. 739-755.

FUSCHETTO, Christian, *Fabbricare l'uomo. L'eugenetica tra biologia e ideologia*, Armando, Roma, 2004.

GABRIELI, John de / Satrajit S. GHOSH / Susan WHITFIELD-GABRIELI, «Prediction as a humanitarian and pragmatic contribution from human cognitive neuroscience», *Neuron*, vol. LXXXV (2015), p. 11-26.

GARCÍA DONCEL, Manuel, «La técnica como factor humano de una "creación evolutiva"», en Carlos Alonso BEDATE (ed.), *Lo natural, lo artificial y la cultura*, Universidad Pontificia de Comillas, Madrid, 2011 (actas de la reunión de ASINJA 2010, vol. XXXVII, novena ponencia), p. 167-184.

GARREAU, Joel, *Radical evolution. The promise and peril of enhancing our minds, our bodies and what it means to be human*, Broadway Books, Nueva York, 2006.

GARRONE, Giuseppe (ed.), *Fecondazione extra-corporea: pro o contro l'uomo?*, Gribaudi, Milán, 2001.

GÉNOVA OMEDES, Francisco José, *Anne Foerst. Dimensión religiosa de la búsqueda de inteligencia artificial*, Facultad de Teología de Cataluña, Instituto de Teología Fundamental, Barcelona, 2015 (tesis doctoral dirigida por Javier Melloni Ribas).

GEORGES, Thomas M., *Digital soul. Intelligent machines and human values*, Westview Press, Boulder (Colorado), 2003.

GILDER, George F. / Ray KURZWEIL, *Are we spiritual machines? Ray Kurzweil vs. the Critics of Strong A.I.*, Instituto del Descubrimiento, Seattle, 2001.

GREELY, Henry T., «Regulating human biological enhancements. Questionable justifications and international complications», *Law Review*, vol. VII (2005), p. 87-110.

——, «The mind, the body, and the law», *Santa Clara Journal of International Law*, vol. IV (2006), p. 87-110.

GREY, Aubrey de, *El fin del envejecimiento. Los avances que podrían revertir el envejecimiento humano durante nuestra vida*, Lola Books, Berlín, 2013.

GUALLART, Vicente, *La ciudad autosuficiente. Habitar en la sociedad de la información*, RBA, Barcelona, 2012.

GUSTON, Dave / John PARSI / Justin TOSI, «Anticipating the ethical and political challenges of human nanotechnologies», en Fritz ALLHOFF / Patrick LIN / James MOOR / John WECKERT (ed.), *Nanoethics. The ethical and social implications of nanotechnology*, John Wiley & Sons, Hoboken (Nueva Jersey), 2007.

HABERMAS, Jürgen, *El futuro de la naturaleza humana. ¿Hacia una eugenesia liberal?*, Paidós, Barcelona, 2002.

HALL, Josh S., *Nanofuture. What's next for nanotechnology*, Prometheus Books, Nueva York, 2005.

HARARI, Yuval Noah, *De animales a dioses. Una breve historia de la humanidad*, Debate (Penguin Random House Grupo Editorial), Barcelona, 2014.

HARRIS, John, *Enhancing evolution. The ethical case for making better people*, Princeton University Press, Princeton (Nueva Jersey), 2007.

HEIDEGGER, Martin, «La pregunta por la técnica», en *Conferencias y artículos*, Ediciones del Serbal, Barcelona, 1994, p. 9-37.

HESSEL, Stéphane, *¡Indignaos!*, Destino, Barcelona, 2010.

——, *¡Comprometeos!*, Destino, Barcelona, 2011.

HUGHES, James, *Citizen cyborg. Why democratic societies must respond to the redesigned human of the future*, Westview Press, Cambridge (Massachusetts), 2004.

HUSTON, Jan, «Which way is up?», *Journal of Futures Studies*, vol. X, núm. 2 (2005), p. 35-53.

HUXLEY, Aldous, *Un mundo feliz*, Debolsillo, Barcelona, 2014.

JIMÉNEZ, Carlos E. / Francisco FALCONE / Agustí SOLANAS / Héctor PUYOSA / Federico GONZÁLEZ / Saleem ZOUGHBI, «Smart government. Opportunities and challenges in smart cities development», en Ćemal DOLIĆANIN / Ejub KAJAN / Dragan RANDJELOVIĆ / Boban STOJANOVIĆ (ed.), *Handbook of research on democratic strategies and citizen-centered e-government services*, IGI Global, Hershey (Pensilvania), 2014, p. 1-19.

JONAS, Hans, *El principio de responsabilidad. Ensayo de una ética para la civilización tecnológica*, Herder, Barcelona, 1995.

——, *Técnica, medicina y ética. Sobre la práctica del principio de responsabilidad*, Paidós, Barcelona, 1997.

JOU, David / Ramon M. NOGUÉS / Javier MELLONI / Joaquim GOMIS, «Reivindiquem Teilhard de Chardin. Des d'un món ensopit, recordem el profeta del progrés», *Foc Nou*, núm. 457 (2013), p. 20-28.

JUENGST, Eric T., «What does enhancement mean?», en Erik PARENS (ed.), *Enhancing human traits. Ethical and social implications*, Georgetown University Press, Washington, D. C., 1998, p. 29-47.

KAMPOWSKI, Stephan / Dino MOLTISANTI (ed.), *Migliorare l'uomo? La sfida etica dell'enhancement*, Cantagalli, Roma, 2011.

KASS, Leon R., *Towards a more natural science. Biology and human affairs*, Free Press, Nueva York, 1985.

——, *Life, liberty and the defense of dignity. The Challenge for Bioethics*, Encounter, Nueva York, 2002.

——, «Ageless bodies, happy souls. Biotechnology and the pursuit of perfection», *The New Atlantis*, vol. I (2003), p. 9-28.

KELLY, Kevin, *Out of control. The rise of neo-biological civilization*, Perseus Books Group, Nueva York, 1994.

KEMPF, Hervé, *La révolution biolithique. Humains artificiels et machines animées*, Albin Michel, París, 1998.

KNAFO, Shira / César VENERO (ed.), *Cognitive enhancement. Pharmacologic, environmental and genetic factors*, Academic Press, Londres, 2015 (1.ª edición).

KURZWEIL, Ray, *The age of intelligent machines*, MIT Press, Cambridge (Massachusetts), 1992.

——, *La singularidad está cerca. Cuando los humanos trascendamos la biología*, Lola Books, Berlín, 2012.

LAFONTAINE, Céline, *L'empire cybernétique. Des machines à penser à la pensée machine*, Seuil, París, 2004.

LAST, Cadell, «Human evolution, life history theory, and the end of biological reproduction», *Current Aging Science*, vol. VII (2014), p. 17-24.

Libro blanco: smart cities, Madrid Network / Ernst & Young / Ferrovial Servicios / Enerlis, Madrid, 2012.

LIN, Patrick / Fritz ALLHOFF, «Untangling the debate. The ethics of human enhancement», *NanoEthics*, vol. II (2008), p. 251-264.

LIN, Patrick / Keith ABNEY / George A. BEKEY (ed.), *Robot ethics. The ethical and social implications of robotics*, MIT Press, Cambridge (Massachusetts), 2011.

MCKIBBEN, Bill, *Enough. Staying human in an engineered age*, Owl Books Henry Holt and Company, Nueva York, 2004.

MINSKY, Marvin, *La máquina de las emociones. Sentido común, inteligencia artificial y el futuro de la mente humana*, Debate, Barcelona, 2010.

MITCHELL, C. Ben / Edmund D. PELLEGRINO / Jean Bethke ELSHTAIN / John F. KILNER / Scott RAE, *Biotechnology and the human good*, Georgetown University Press, Washington D. C., 2007.

NAAM, Ramez, *More than human. Embracing the promise of biological enhancement*, Broadway Books, Nueva York, 2005.

NEGRO, Dalmacio, *El mito del hombre nuevo*, Encuentro, Madrid, 2009.

NIETZSCHE, Friedrich, *Así habló Zaratustra*, Alianza, Madrid, 2011.

NUSSBAUM, Martha C., *Las mujeres y el desarrollo humano*, Herder, Barcelona, 2012.

ORWELL, George, *1984*, Destino, Barcelona, 2007.

PEPPERELL, Robert, *The posthuman condition. Consciousness beyond the brain*, Intellect Ltd., Bristol, 2003.

PERSAUD, Raj, «Does smarter mean happier?», en James WILSDON / Paul MILLER (ed.), *Better humans? The politics of human enhancement and life extension*, Demos, Londres, 2006, p. 129-136.

PESSINA, Adriano, *Bioetica. L'uomo esperimentale*, Mondadori, Milán, 1999.

PETERS, Ted, «Are we playing God with nanoenhancement?», en Fritz ALLHOFF / Patrick LIN / James MOOR / John WECKERT (ed.), *Nanoethics. The ethical and social implications of nanotechnology*, John Wiley & Sons, Hoboken (Nueva Jersey), 2007, p. 173-184.

PIREDDU, Mario / Antonio TURSI (ed.), *Post-umano. Relazioni tra uomo e tecnologia nella società delle reti*, Guerini e Associati, Milán, 2006.

POSTIGO, Elena, «Transhumanismo y post-humano: principios teóricos e implicaciones bioéticas», *Medicina e Morale*, vol. II (2009), p. 267-282.

—— / María Cruz DÍAZ, «Nueva eugenesia. La selección de embriones in vitro», en Jesús BALLESTEROS / Ángela APARISI (ed.), *Biotecnología, dignidad humana y derecho. Bases para un diálogo*, EUNSA, Pamplona, 2004, p. 79-110.

RAND, David G. / Martin A. NOWAK, «Human cooperation», *Trends in Cognitive Sciences*, vol. XVII, núm. 8 (2013), p. 413-425.

RATZINGER, Joseph (Benedicto XVI), *Carta encíclica «La caridad en la verdad»*, EDICEP, C. B., Valencia, 2009.

RIECHMANN, Jorge, «Biomímesis», *El Ecologista*, vol. XXXVI (2003), p. 28-31.

——, *Biomímesis. Ensayos sobre imitación de la naturaleza, ecosocialismo y autocontención*, Catarata, Madrid, 2006.

——, *Un buen encaje en los ecosistemas. Segunda edición (revisada) de Biomímesis*,

Catarata, Madrid, 2014

RIFKIN, Jeremy, *El siglo de la biotecnología. El comercio genético y el nacimiento de un mundo feliz*, Crítica, Barcelona, 1999.

——, *La civilización empática. La carrera hacia una conciencia global en un mundo en crisis*, Paidós, Barcelona, 2010.

ROCO, Mihail C. / William Sims BAINBRIDGE (ed.), *Converging technologies for improving human performance. Nanotechnology, biotechnology, information technology and cognitive science*, Kluwer Academic, Dordrecht, 2003.

ROSE, Steven, *Tu cerebro mañana. Cómo será la mente del futuro*, Paidós, Barcelona, 2008.

RUBERT DE VENTÓS, Xavier, *Dios, entre otros inconvenientes*, Anagrama, Barcelona, 1996, p. 57-66.

RUEDA, Salvador / Rafael DE CÁCERES / Albert CUCHÍ / Lluís BRAU, *El urbanismo ecológico: su aplicación en el diseño de un ecobarrio en Figueras*, Agencia de Ecología Urbana de Barcelona, Barcelona, 2012.

RUIZ, Lucio Adrián, *Fundamentos antropológicos de las tecnologías biomédicas no terapéuticas*, Universidad Politécnica de Madrid, ETSI Telecomunicación, Madrid, 2012 (tesis doctoral dirigida por Francisco del Pozo Guerrero).

SANDEL, Michael J., *Contra la perfección. La ética en la era de la ingeniería genética*, Marbot, Barcelona, 2007.

SANFELIU, Alberto / María Rosa LLÁCER / Maria Dolors GRAMUNT / Albert PUNSOLA / Yuji YOSHIMURA, «Influence of the privacy issue in the deployment and design of networking robots in European urban areas, special issue on legal and safety constraints for service robots deployment», *Advanced Robotics Journal*, vol. XXIV, núm. 13 (2010), p. 1873-1899.

SARDAR, Ziauddin, «Welcome to postnormal times», Futures, vol. XLII, núm. 5 (2010), p. 435-444.

SAVULESCU, Julian, «New breeds of humans: the moral obligation to enhance», *Ethics, Law and Moral Philosophy of Reproductive Biomedicine*, vol. I (2005), p. 36-40.

——, *¿Decisiones peligrosas? Una bioética desafiante*, Tecnos, Madrid, 2012.

—— / Nick BOSTROM (ed.), *Human enhancement*, Oxford University Press, Oxford, 2009.

SCHERMER, Maartje, «Enhancements, easy shortcuts, and the richness of human activities», *Bioethics*, vol. VII (2008), p. 355-363.

——, «On the argument that enhancement is 'cheating'», *Journal of Medical Ethics*, vol. XXXIV (2008), p. 85-88.

SERRA, Jordi, *La gestión de la incertidumbre*, Eskeletra, Quito, 2014.

SGRECCIA, Palma, *La dinamica esistenziale dell'uomo*, Vita e Pensiero, Milán, 2008.

SHELLEY, Mary W., *Frankenstein o el moderno Prometeo*, Anaya, Madrid, 2010.

SINGER, Peter / Deane WELLS, *The reproduction revolution. New ways of making babies*, Oxford University Press, Oxford, 1984.

SINSHEIMER, Robert L., «The end of the beginning», *Engineering and Science*, vol. XXX (1966), núm. 3, p. 7-10.

——, «The prospect of designed genetic change», en Ruth F. CHADWICK (ed.), *Ethics, reproduction and genetic control*, Routledge, Nueva York, 1994, p. 145-146.

SPAEMANN, Robert, *Felicidad y benevolencia*, Rialp, Madrid, 1991.

STOCK, Gregory, *Redesigning humans. Our inevitable genetic future*, Houghton Mifflin, Boston, 2002.

YEHYA, Naief, *El cuerpo transformado. Cyborgs y nuestra descendencia tecnológica en la realidad y en la ciencia ficción*, Paidós, México D. F., 2001.

YOUNG, Simon, *Designer Evolution. A transhumanist manifesto*, Prometheus Books, Nueva York, 2006.

ÍNDICE ALFABÉTICO DE LOS PARTICIPANTES EN EL DEBATE 3.0